建筑工程资料管理与表格填写系列丛书

建筑设备安装工程资料管理与表格填写范例

北京土木建筑学会　主编

中国计划出版社

图书在版编目（CIP）数据

建筑设备安装工程资料管理与表格填写范例 / 北京土木建筑学会主编. -- 北京 : 中国计划出版社, 2018.8
（建筑工程资料管理与表格填写系列丛书）
ISBN 978-7-5182-0597-4

Ⅰ. ①建… Ⅱ. ①北… Ⅲ. ①房屋建筑设备－建筑安装－技术档案－档案管理 Ⅳ. ①G275.3

中国版本图书馆CIP数据核字(2017)第044633号

建筑工程资料管理与表格填写系列丛书
建筑设备安装工程资料管理与表格填写范例
北京土木建筑学会 主编

中国计划出版社出版发行
网址：www.jhpress.com
地址：北京市西城区木樨地北里甲11号国宏大厦C座3层
邮政编码：100038 电话：(010)63906433(发行部)
北京天宇星印刷厂印刷

787mm×1092mm 1/16 30印张 702千字
2018年8月第1版 2018年8月第1次印刷
印数1—2000册

ISBN 978-7-5182-0597-4
定价：84.00元

建筑工程资料管理与表格填写系列丛书

《建筑设备安装工程资料管理与表格填写范例》

编 委 会 名 单

前　言

建筑工程资料是在工程建设过程中形成的各种形式的信息记录。它既是反映工程质量的客观见证，又是对工程建设项目进行过程检查、竣工验收、质量评定、维修管理的依据，是城市建设档案的重要组成部分。工程资料实现规范化、标准化管理，可以体现企业的技术水平和管理水平，进而提升企业的市场竞争能力，是适应我国工程建设质量管理改革形势的需要。鉴于此，北京土木建筑学会组织有丰富施工经验的技术人员及专家组成了编写组和审编组，编写了建筑工程资料管理与表格填写系列丛书。

丛书依据工程质量验收标准《建筑工程施工质量验收统一标准》GB 50300—2013、资料管理标准《建筑工程资料管理规程》JGJ/T 185—2009、文件归档标准《建设工程文件归档规范》GB/T 50328—2014 及《建筑地基基础工程施工规范》GB 51004—2015、《混凝土结构工程施工质量验收规范》GB 50204—2015、《砌体结构工程施工规范》GB 50924—2014、《屋面工程质量验收规范》GB 50207—2012、《通风与空调工程施工规范》GB 50738—2011、《通风与空调工程施工质量验收规范》GB 50243—2016、《建设工程监理规范》GB/T 50319—2013 等最新专业工程的施工及验收规范，参考了大量相关专业的书籍，并结合建筑工程专业特点，根据资料类型对资料进行了整理与编制，以方便读者的使用。

建筑工程资料管理与表格填写系列丛书共分为九个分册，分别为：《地基与基础工程资料管理与表格填写范例》、《建筑结构工程资料管理与表格填写范例》、《钢结构工程资料管理与表格填写范例》、《建筑装饰装修工程资料管理与表格填写范例》、《建筑设备安装工程资料管理与表格填写范例》、《电气、智能建筑工程资料管理与表格填写范例》、《隐蔽工程验收资料管理与表格填写范例》、《建筑工程监理资料管理与表格填写范例》、《建筑施工安全资料管理与表格填写范例》。

本书为第五分册，共分为六章，分别为：工程资料的管理要求、施工物资资料(C4)、施工记录(C5)、施工试验记录及检测报告(C6)、质量验收资料(C7)、资料组卷与归档(实例)范本。按规范要求对给水排水、采暖工程及通风与空调工程的资料进行了分类整理，对施工过程中形成的资料表格给出了填写范例及填写说明，方便施工人员在资料形成过程中参考使用。读者在阅读本书时，可参考本书的附录“工程资料类别、来源及保存”，以核查在资料收集工作中是否有疏漏。

本书的表格范例样式主要参考了北京、河北、吉林的地方标准，适用于工程施工、建设、监理、设计等广大技术人员，可供其在编制工程资料时以有益的借鉴、学习、参考和指导。本书资料全面，贴近现场，并将新规范的内容融会贯通，做到通俗易懂，具有较强的指导作用和使用价值，可视为规范实施的技术性工具书。

由于时间关系以及编者水平所限，书中难免存在错误与疏漏，恳请广大读者批评指正。

编　者

2018 年 8 月

目　　录

第一章　工程资料的管理要求

第二章　建筑设备安装工程施工物资资料(C4)

第一章

工程资料的管理要求

本章内容包括下列资料：

- 工程资料的分类及编号
- 工程准备阶段文件管理
- 监理资料管理
- 施工资料管理
- 建筑设备安装工程资料管理流程图
- 工程资料组卷及归档管理

第一节　工程资料的分类及编号

一、工程资料的分类

建筑工程资料是在建筑工程建设过程中形成的各种形式信息记录的统称，简称为工程资料。工程资料分为工程准备阶段文件、监理资料、施工资料、竣工图和工程竣工文件5类，其分类是按照不同收集单位、不同资料类别进行的，同时兼顾了工程的专业不同。

1.工程准备阶段文件

工程准备阶段文件由建设单位负责形成。建设单位应当按照基本建设程序进行工作，重视工程资料管理，配备专职或兼职的工程资料管理人员。建设单位的资料管理人员应负责及时收集基本建设程序各个环节所形成的文件资料，并按类别、形成时间进行登记、立卷、保管。工程竣工后，建设单位应按规定进行移交。涉及需要向政府行政主管部门申报的工程准备阶段文件，应按政府行政主管部门的有关规定执行。

工程准备阶段文件经归纳可以分为6种，具体名称如下：

(1)决策立项文件。

(2)建设用地文件。

(3)勘察设计文件。

(4)招投标及合同文件。

(5)开工文件。

(6)商务文件。

2.监理资料

监理资料由工程建设监理单位负责形成。监理单位应当按照监理规程的要求，重视资料管理工作，配备专职或兼职的监理资料管理人员，及时收集各个环节所形成的文件资料，并按类别、形成时间进行登记、立卷、保管。工程竣工后，监理单位应按规定将监理资料移交给建设单位。

监理资料可以分为6种，具体名称如下：

(1)监理管理资料。

(2)进度控制资料。

(3)质量控制资料。

(4)造价控制资料。

(5)合同管理资料。

(6)竣工验收资料。

3.施工资料

施工资料内容与种类繁多，应由施工单位负责形成，其中部分资料需要监理、设计、勘察等单位签认。施工单位应当按照法律法规和标准规范的要求，高度重视资料管理工作，配备专职的资料管理人员，及时收集各个环节所形成的文件资料，并按类别、形成时间进行登记、立卷、保管。施工中，应按照规定接受有关单位的检查。工程竣工后，施工单位应按规定将施工资料移交给建设单位。

施工资料可以分为8种，具体名称如下：

(1)施工管理资料。

(2)施工技术资料。

(3)施工进度及造价资料。

(4)施工物资资料。

(5)施工记录。

(6)施工试验记录。

(7)施工质量验收记录。

(8)竣工验收资料。

施工资料一般应为2套，工程竣工后移交建设单位1套，施工单位自留1套。施工资料的保存期限应符合有关规定。

4.竣工图

竣工图是建筑工程竣工档案的重要组成部分，是工程建设完成后一种凭证性材料。竣工图是建设过程的真实记录，也是工程竣工验收的必备条件。建筑工程日后的维修、管理、改建、扩建，都需要竣工图。因此，所有新建、改建、扩建的工程项目在竣工时必须绘制竣工图。竣工图绘制工作应由建设单位负责，也可由建设单位委托施工单位、监理单位或设计单位。

编制费用应由建设单位负责。绘制竣工图的主要规定有：

(1)工程竣工后，凡按施工图施工没有变动的，可在施工图图签附近空白处加盖并签署竣工图章。一般性图纸变更，编制单位可根据设计变更依据，在施工图上直接改绘，并加盖及签署竣工图章。

工程竣工后，凡结构形式、工艺、平面布置、项目等重大改变及图面变更超过40%的，应重新绘制竣工图。重新绘制的图纸必须有图名和图号，图号可按原图编号。

(2)竣工图应专业齐全，并应有图纸目录。绘制的竣工图必须准确、清楚、完整、规范，修改必须符合工程的真实情况，即应真实反映项目竣工验收时的客观情况。

(3)用于改绘竣工图的图纸必须是新蓝图或使用绘图仪绘制的白图，不得使用复印的图纸。竣工图编制单位应按照国家建筑制图标准的要求绘制竣工图，使用绘图笔或签字笔及不褪色的绘图墨水。竣工图应采用仿宋字，字体的大小要与原图采用字体的大小相协调，不应出现错别字。竣工图应使用绘图工具或计算机绘制，不得徒手绘制。

(4)竣工图应加盖竣工图印章。竣工图印章应具有明显的“竣工图”字样，并包括编制单位名称、制图人、审核人和编制日期等内容。编制单位、制图人、审核人、技术负责人要对竣工图负责。

(5)竣工图的主要组成内容如下：

1)工艺布置图，包括工艺平面、立面、轴侧图等竣工图。

2)建筑竣工图，包括幕墙竣工图。

3)结构竣工图，包括混凝土、砌体、钢结构等竣工图。

4)建筑给水、排水与采暖竣工图。

5)燃气竣工图。

6)建筑电气竣工图。

7)智能建筑竣工图,包括综合布线、监控、电视天线、火灾报警等竣工图。

8)通风空调竣工图。

9)地面的道路、绿化、庭院照明、喷泉、喷灌等竣工图。

10)地下部分的各种市政、电力、电信管线等竣工图。

5. 工程竣工文件

工程竣工文件是建筑工程竣工验收、备案和移交等活动中形成的文件。主要包括《建设工程文件归档规范》GB/T 50328—2014 中提出的"竣工验收文件",以及工程竣工决算文件、竣工交档文件和竣工总结文件等内容。

工程竣工文件主要包括"单位(子单位)工程质量竣工验收记录"、"工程竣工验收报告"等;工程竣工决算文件主要包括"竣工决算资料"等;竣工交档文件主要包括"施工资料移交书"、"城市建设档案移交书"等;竣工总结文件包括"工程竣工总结"等。

(1)《单位(子单位)工程质量竣工验收记录》。

《单位(子单位)工程质量竣工验收记录》是一个建筑工程项目的最后一份验收资料,应由施工单位填写。

1)单位工程完工,施工单位组织自检合格后,应报请监理单位进行工程预验收,通过后向建设单位提交工程竣工报告并填报《单位(子单位)工程质量竣工验收记录》。建设单位应组织设计单位、监理单位、施工单位等进行工程质量竣工验收并记录,验收记录上各单位必须签字并加盖公章。

2)进行单位(子单位)工程质量竣工验收时,施工单位应同时填报《单位(子单位)工程质量控制资料检查记录》、《单位(子单位)工程安全和功能检验资料核查及主要功能抽查记录》、《单位(子单位)工程观感质量检查记录》,作为《单位(子单位)工程质量竣工验收记录》的附表。

3)"分部工程"栏根据各《分部(子分部)工程质量验收记录》填写。应对所含各分部工程,由竣工验收组成员共同逐项核查。对表中内容如有异议,应对工程实体进行检查或测试。核查并确认合格后,由监理单位在"验收记录"栏注明共验收了几个分部,符合标准及设计要求的有几个分部,并在右侧的"验收结论"栏内,填入具体的验收结论。

4)"质量控制资料核查"栏根据《单位(子单位)工程质量控制资料核查记录》的核查结论填写。建设单位组织由各方代表组成的验收组成员,或委托总监理工程师,按照《单位(子单位)工程质量控制资料核查记录》的内容,对资料进行逐项核查。

确认符合要求后,在《单位(子单位)工程质量竣工验收记录》右侧的"验收结论"栏内,填写具体验收结论。

5)"安全和主要使用功能核查及抽查结果"栏根据《单位(子单位)工程安全和功能检验资料核查及主要功能抽查记录》的核查结论填写。

对于分部工程验收时已经进行了安全和功能检测的项目,单位工程验收时不再重复检测。但要核查以下内容。

①单位工程验收时按规定、约定或设计要求,需要进行的安全功能抽测项目是否都进

行了检测；具体检测项目有无遗漏。

②抽测的程序、方法是否符合规定。

③抽测结论是否达到设计及规范规定。

经核查认为符合要求的，在《单位(子单位)工程质量竣工验收记录》中的“验收结论”栏填入符合要求的结论。如果发现某些抽测项目不全，或抽测结果达不到设计要求，可进行返工处理，使之达到要求。

6)“观感质量验收”栏根据《单位(子单位)工程观感质量检查记录》的检查结论填写。参加验收的各方代表，在建设单位主持下，对观感质量抽查，共同做出评价。如确认没有影响结构安全和使用功能的项目，符合或基本符合规范要求，应评价为“好”或“一般”。如果某项观感质量被评价为“差”，应进行修理。如果确难修理时，只要不影响结构安全和使用功能的，可采用协商解决的方法进行验收，并在验收表上注明。

7)“综合验收结论”栏应由参加验收各方共同商定，并由建设单位填写，主要对工程质量是否符合设计和规范要求及总体质量水平做出评价。

(2)《工程竣工报告》。

1)工程概况。写明工程名称、工程地址、工程结构类型、建筑面积、占地面积、地下及地上层数、基础类型、建筑物檐高、主要工程量、开工和完工日期。建设、勘察、设计、监理、总包及分包施工单位名称。

2)施工主要依据。说明施工主要依据，标明合同名称及备案编号、设计图工程号及主要设计变更编号，施工执行的主要标准。

3)工程施工情况。

①人员组织情况：总包单位项目部项目经理、技术负责人、专业负责人、施工现场管理负责人等姓名、执业证书及编号。特殊工种人员持证上岗情况。

②项目专业分包情况：专业分包情况，分包单位名称、资质证书号码和技术负责人姓名、执业证书及编号。

③工程施工过程：施工工期定额规定的施工天数，实际施工天数，工程总用工工日。按照《建筑工程施工质量验收统一标准》GB 50300—2013 中分部工程的划分，简介各分部主要施工方法，说明主要建筑材料使用情况，用于设备安装工程的设备、管道等产品是否符合相关规定，生产厂家是否具有生产许可证品牌和生产厂家名称。

建筑材料、构配件设备是否按规定进行了报验，是否按规定进行了复试、有见证取样与送检，有见证取样与送样见证人姓名和见证试验机构名称，是否有合格证明文件，是否符合国家及相关地方标准。

④工程施工技术措施及质量验收情况：简介各工序采用了哪些技术、质量控制措施及新技术、新工艺和特殊工序。评定工程质量采用的标准，执行《工程建设标准强制性条文》和国家工程施工质量验收规范及安全与功能性检测、原材料试验、施工试验、主要建筑设备、系统调试的情况，说明验收质量达标、企业竣工自检、施工资料管理等情况。

⑤工程完成情况：是否依法完成了合同约定的各项内容，有无甩项，有无质量遗留问题，需要说明的其他事项。

4)工程质量总体评价：工程是否达到设计要求，是否符合《工程建设标准强制性条文》

和国家工程施工质量验收规范，是否达到了施工合同的质量目标，是否具备竣工验收条件。《单位工程竣工报告》同时应有总监理工程师签字。

(3)《施工总结》。

1)编制责任和时限要求。施工总结是在施工过程中和工程完工后，根据工程特点、性质，进行的阶段性、综合性或专题性总结材料。应由项目经理统筹协调项目有关部门和管理人员共同完成。

2)施工总结包括以下方面的内容。

①工程概况：工程名称、建筑用途、基础结构类型、建筑面积、主要建筑材料、主要分部、分项工程、设计特点等。

②管理方面总结要点：对施工过程中所采用的质量管理措施、消除质量通病措施、降低成本措施、安全技术措施、环境管理措施、文明施工措施、合同管理措施、QC质量管理活动等。

③技术方面总结要点：主要针对工程施工中采用的新技术、新产品、新工艺、新材料进行总结；施工组织设计(施工方案)编制的合理性以及实施情况等。

④经验与教训方面总结：施工过程中出现的质量、安全事故的分析；事故的处理情况；如何杜绝类似事件发生等。

3)施工总结应由项目经理和项目技术负责人签名。

二、工程资料的编号

(1)工程准备阶段文件：可按文件形成时间的先后顺序和类别，由建设单位确定编号原则。

(2)监理资料：可按资料形成时间的先后顺序编号。

(3)施工资料：应按以下形式编号。

$$\underset{①}{\underline{××}}-\underset{②}{\underline{××}}-\underset{③}{\underline{××}}-\underset{④}{\underline{×××}}$$

注：①为分部工程代号(2位)，按《建筑工程施工质量验收统一标准》GB 50300—2013规定的代号填写。

②为子分部工程代号(2位)，按《建筑工程施工质量验收统一标准》GB 50300—2013规定的代号填写。

③为资料的类别编号(2位)，按《建筑工程资料管理规程》JGJ/T 185—2009规定的类别编号填写。

④为顺序号，按资料形成时间的先后顺序从001开始逐张编号。

(4)分部工程中每个子分部工程，应根据资料属性不同按资料形成的先后顺序分别编号；使用表格相同但检查项目不同时应按资料形成的先后顺序分别编号。

(5)对按单位工程管理，不属于某个分部、子分部工程的施工资料，其编号中分部、子分部工程代号用"00"代替。

(6)同一批物资用在两个以上分部、子分部工程中时，其资料编号中的分部、子分部工程代号按主要使用部位的分部、子分部工程代号填写。

(7)资料编号应填写在资料专用表格右上角的资料编号栏中；无专用表格的资料，应在资料右上角的适当位置注明资料编号。

(8)由施工单位形成的资料，其编号应与资料的形成同步编写；由施工单位收集的资料，其编号应在收集的同时进行编写。

(9)类别及属性相同的施工资料，数量较多时宜建立资料管理目录。管理目录分为通用管理目录和专项管理目录。

(10)资料管理目录的填写要求：

1)工程名称：单位或子单位（单体）工程名称。

2)资料类别：资料项目名称，如工程洽商记录、钢筋连接技术交底等。

3)序号：按时间形成的先后顺序用阿拉伯数字从1开始依次编写。

4)内容摘要：用精练语言提示资料内容。

5)编制单位：资料形成单位名称。

6)日期：资料形成的时间。

7)资料编号：施工资料右上角资料编号中的顺序号。

8)备注：填写需要说明的其他问题。

(11)建筑工程资料管理使用的各种表格应符合资料管理规程的要求，规程没有提供表样的可自行设计，本书提供了各资料表格相应的填写范例。

第二节　工程准备阶段文件管理

工程准备阶段文件是建设单位从立项申请并依法进行项目申报、审批、开工、竣工及备案全过程所形成的全部资料。按其性质可分为：立项决策、建设用地、勘察设计、招投标及合同、开工、商务文件。

一、工程准备阶段文件的基本要求

(1)立项决策文件包括：项目建议书（代可行性研究报告）及其批复、有关立项的会议纪要及相关批示、项目评估研究资料及专家建议等。根据项目大小、投资主体的不同，项目建议书的批复文件分别由国家、行业或地方相关政府管理部门审批。

(2)建设用地文件包括：征占用地的批准文件、国有土地使用证、国有土地使用权出让交易文件、规划意见书、建设用地规划许可证等。建设用地文件分别由国有土地管理部门和规划部门审批形成。

(3)勘察设计文件包括：工程地质勘查报告、土壤氡浓度检测报告、建筑用地钉桩通知单、验线合格文件、设计审查意见、设计图纸及设计计算书、施工图设计文件审查通知书等。建筑用地钉桩通知单、验线合格文件、审定设计方案通知书由规划部门审批形成。

(4)招投标及合同文件包括：工程建设招标文件、投标文件、中标通知书及相关合同文件。

(5)开工文件包括：建设工程规划许可证、建设工程施工许可证等。工程开工文件分别由规划部门和建设行政管理部门审批形成。

(6)商务文件包括：工程投资估算、工程设计概算、施工图预算、施工预算、工程结算等。

二、工程准备阶段文件的形成流程

工程准备阶段文件可按下列流程形成(见图 1-1)。

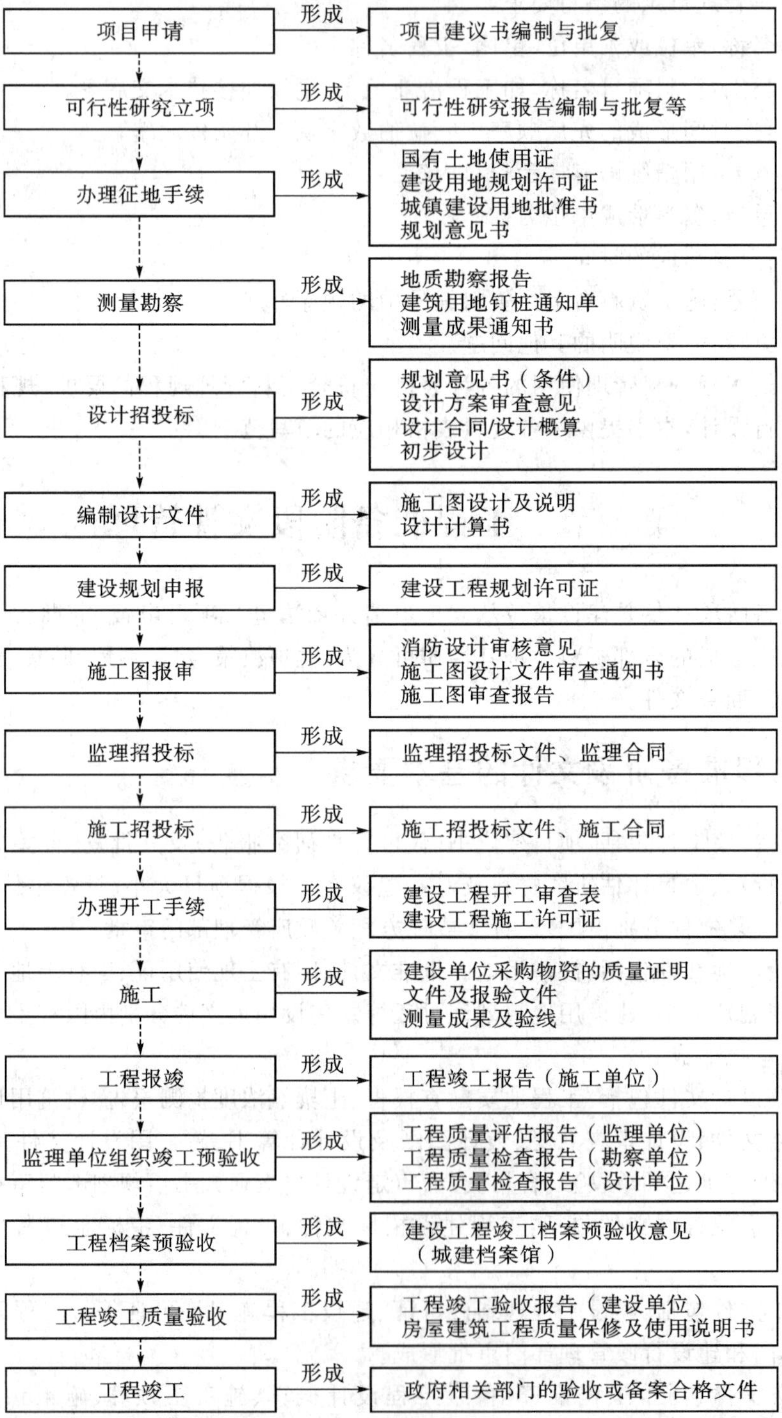

图 1-1　工程准备阶段文件形成流程图

第三节 监理资料管理

监理资料是监理单位在工程建设监理活动过程中所形成的全部资料。

一、监理资料的形成流程

监理资料可按下列流程形成(见图 1-2)。

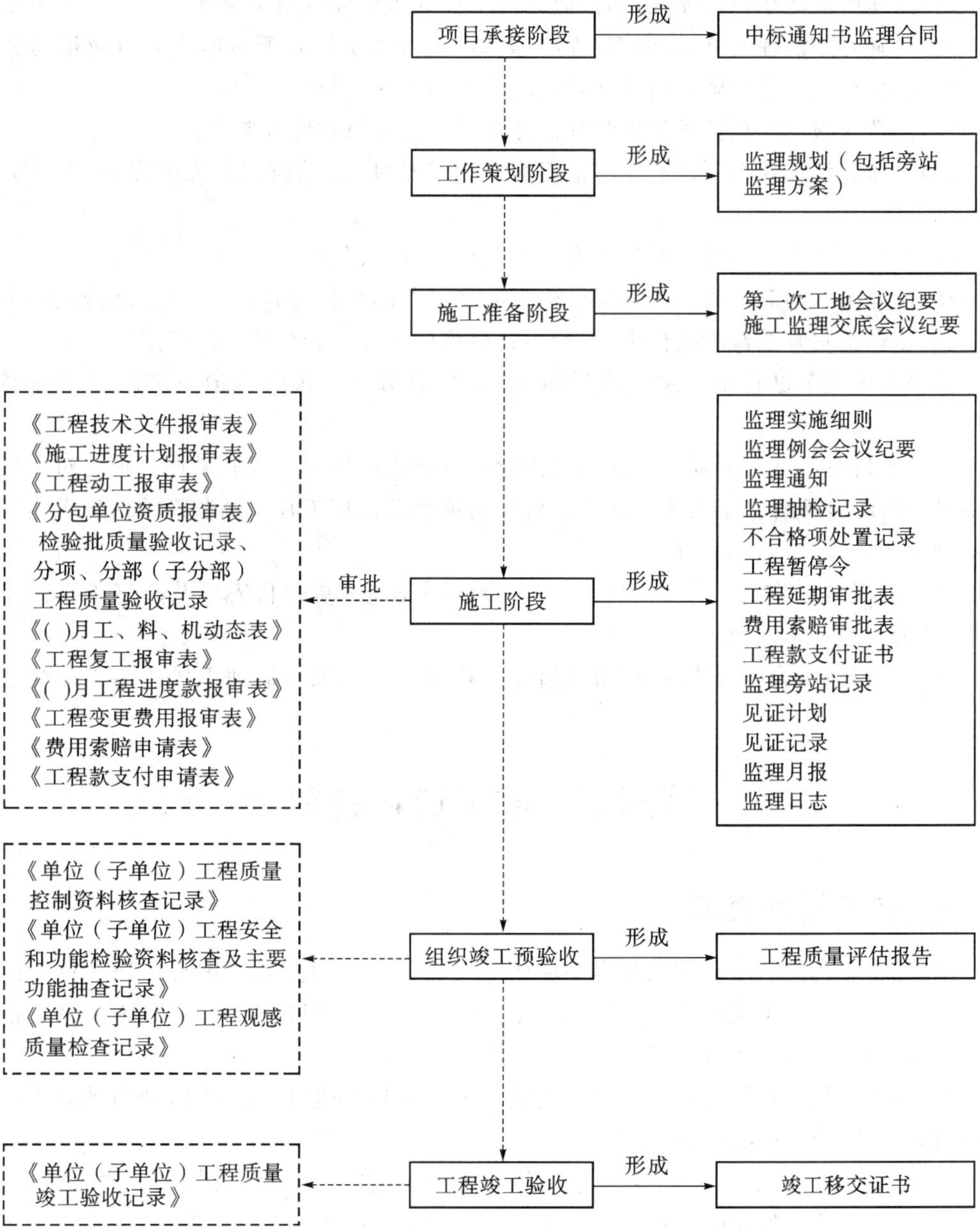

图 1-2 监理资料形成流程图

二、监理资料的基本要求

(1)监理(建设)单位应在工程开工前按相关规定确定本工程的见证人员。见证人应履行见证职责,填写见证记录。

(2)监理规划应由总监理工程师审核签字,并经监理单位技术负责人批准。

(3)监理实施细则应由监理工程师根据专业工程特点编制,经总监理工程师审核批准。

(4)监理单位在编制监理规划时,应针对工程的重要部位及重要施工工序制定旁站监理方案,明确旁站监理的范围、内容、程序和旁站监理人员职责等。监理人员应根据旁站监理方案实施旁站,在实施旁站监理时应填写旁站监理记录。

(5)监理月报应由总监理工程师签认并报送建设单位和监理单位。

(6)监理会议纪要由项目监理部根据会议记录整理,经总监理工程师审阅,由与会各方代表会签。

(7)项目监理部的监理工作日志应由专人负责逐日记载。

(8)监理工程师对工程所用物资或施工质量进行随机抽检时,应填写监理抽检记录。

(9)监理工程师在监理过程中,发现不合格项应填写不合格项处置记录。

(10)工程施工过程中如发生质量事故,项目总监理工程师应记录事故情况并书面上报。

(11)项目总监理工程师在工程竣工预验收合格后应撰写工程质量评估报告对工程建设质量做出综合评价。工程质量评估报告应由项目总监理工程师及监理单位技术负责人签认,并加盖公章。

(12)工程竣工验收合格后,项目总监理工程师及建设单位代表应共同签署竣工移交证书,并加盖监理单位、建设单位公章。

(13)工程竣工验收合格后,项目总监理工程师应组织编写监理工作总结并提交建设单位。

第四节　施工资料管理

一、施工管理资料

(1)施工管理资料是在施工过程中形成的反映施工组织及监理审批等情况资料的统称。主要内容有:施工现场质量管理检查记录、施工过程中报监理审批的各种报验报审表、施工试验计划及施工日志等。

(2)施工现场质量管理检查记录应由施工单位填写报项目总监理工程师(或建设单位项目负责人)审查,并做出结论。

(3)单位工程施工前,施工单位应科学、合理地编制施工试验计划并报送监理单位。

(4)施工日志应以单位工程为记载对象,从工程开工起至工程竣工止,按专业指定专人负责逐日记载,其内容应真实。

二、施工技术资料

(1)施工技术资料是在施工过程中形成的,用以指导正确、规范、科学施工的技术文件及反映工程变更情况的各种资料的总称。主要内容有:施工组织设计及施工方案、技术交底记录、图纸会审记录、设计变更通知单、工程变更洽商记录等。

(2) 施工技术资料可按下列流程形成(见图 1-3)。

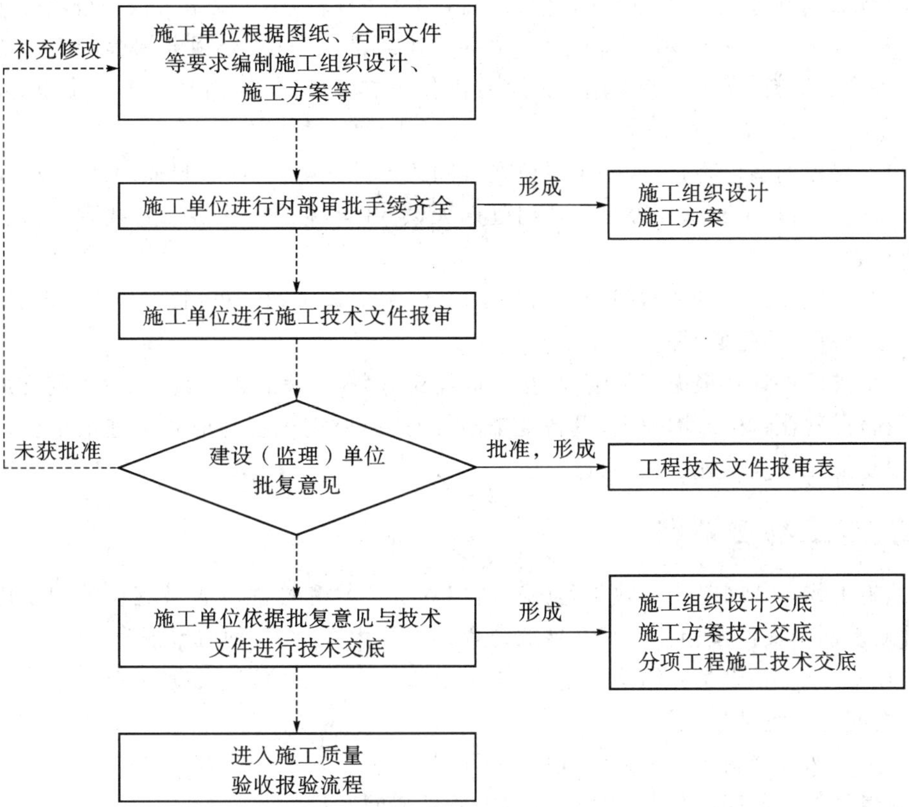

图 1-3 施工技术资料形成流程图

(3)施工组织设计由施工单位编制完成,经企业技术负责人审批并填写工程技术文件报审表报监理单位批准实施。

(4)施工方案编制内容应齐全有针对性,可根据工程规模大小、技术复杂程度、施工重点部位及施工季节变化等情况分别编制。施工方案应经项目部技术负责人或公司技术部门负责人审批,并填写工程技术文件报审表报请监理单位批准实施。

(5)施工组织设计应由施工单位的技术负责人组织交底,"四新"(新材料、新产品、新技术、新工艺)技术应用及专项施工方案应由项目技术负责人组织交底;分项工程施工方案应由专业工长组织交底。各项交底应有文字记录并有交底双方人员的签字。

(6)图纸会审应由建设单位组织,设计、监理和施工单位技术负责人及有关人员参加。设计单位对各专业问题进行交底,施工单位负责将设计交底内容按专业汇总、整理形成图纸会审记录,有关各方签字确认。

三、施工进度及造价资料

(1)施工单位根据现场实际情况达到开工条件时,应向项目监理部申报《工程动工报审表》,由监理工程师审核,总监理工程师签署审批结论,并报建设单位。

(2)施工单位应根据建设工程施工合同的约定,按时编制施工总进度计划、季度进度计划、月进度计划,并按时填写《施工进度计划报审表》报项目监理部审批。

(3)施工单位每月25日前报《( )月工、料、机动态表》。主要施工设备进场并调试合格后也应填写《( )月工、料、机动态表》报项目监理部。塔吊、外用电梯等的安检资料及计量设备检定资料,应于开始使用的一个月内作为本表的附件,由施工单位报审,监理单位留存备案。

(4)工程延期事件终止后,施工单位在合同约定的期限内,向项目监理部提交《工程延期申请表》,总监理工程师在最终评估出延期天数,并与建设单位协商一致后,签发《工程延期审批表》。

(5)对于较复杂或持续时间较长的延期申请,总监理工程师可用《工作联系单》给予施工单位一个暂定的延期时间。

(6)总监理工程师根据实际情况,按合同约定签发《工程暂停令》。无论由何方原因造成的工程暂停,在暂停原因消失,具备复工条件时,总监理工程师应要求施工单位及时填写《工程复工报审表》,并予以签批。

四、施工物资资料

(1)施工物资资料是指反映工程施工所用物资质量和性能是否满足设计和使用要求的各种质量证明文件及相关配套文件的统称。主要内容有:各种质量证明文件、材料及构配件进场检验记录、设备开箱检验记录、设备及管道附件试验记录、设备安装使用说明书、各种材料的进场复试报告等。

(2)施工物资资料可按下列流程形成(见图1-4)。

(3)建筑工程使用的各种主要物资应有质量证明文件。

(4)产品质量合格证、型式检验报告、性能检测报告、生产许可证、商检证明、中国强制认证(CCC)证书、计量设备检定证书等均属质量证明文件。

(5)涉及消防、电力、卫生、环保等有关物资,须经行政管理部门认可的,应有相应的认可文件。

(6)进口材料和设备应有中文安装使用说明书及性能检测报告。

(7)国家规定须经强制认证的产品应有认证标志(CCC),生产厂家应提供认证证书复印件,认证证书应在有效期内。

(8)施工物资进场后施工单位应对进场物资数量、型号和外观等进行检查,并填写材料及构配件进场检验记录或设备开箱检验记录。

(9)施工单位应按国家有关规范、标准的规定对进场物资进行复试或试验,没有专用试验表格的可用本规程提供的材料通用试验表格;规范、标准要求实行见证时,应按规定进行有见证取样和送检。

(10)施工物资进场后施工单位应报监理单位查验并签字。

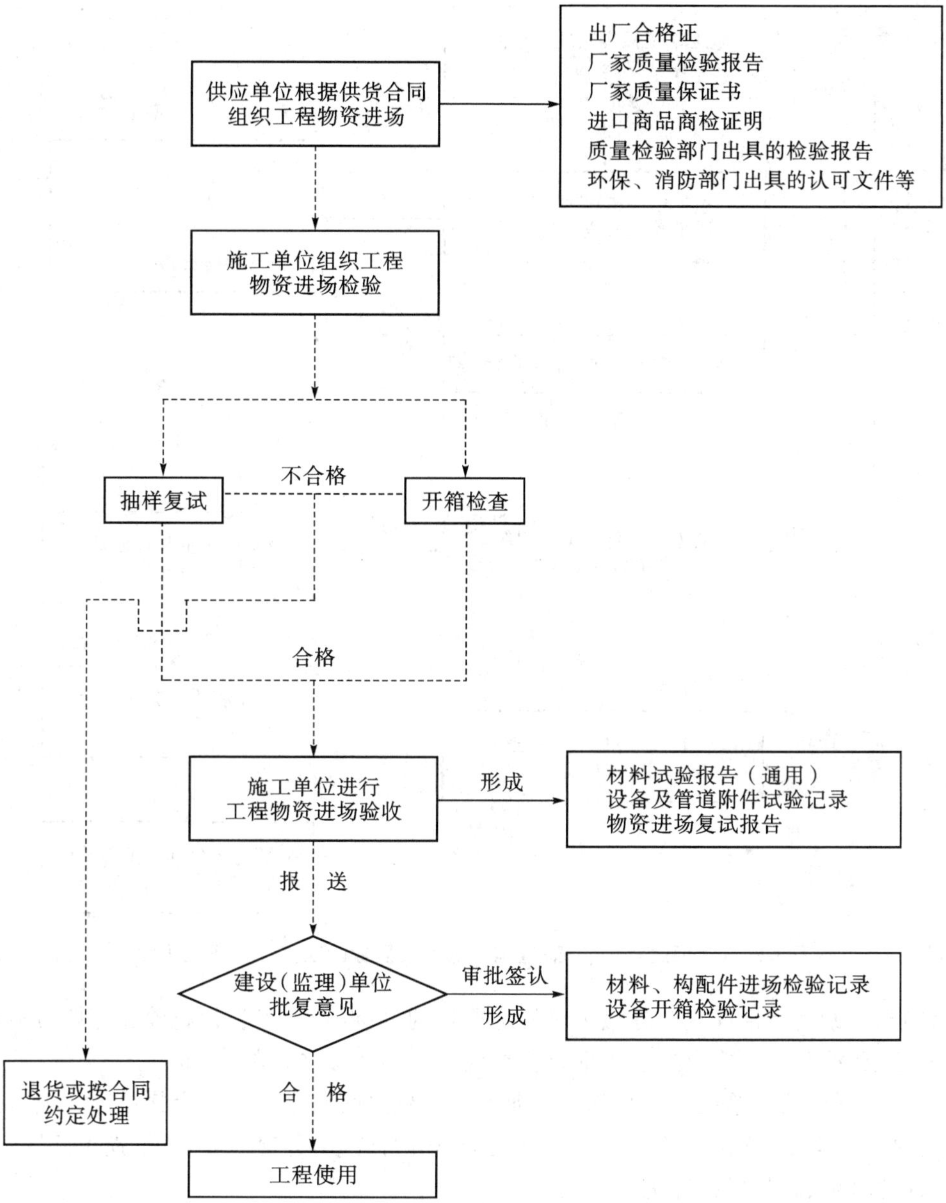

图 1-4 施工物资资料形成流程图

五、施工记录

(1)施工记录是施工单位在施工过程中形成的,为保证工程质量和安全的各种内部检查记录的统称。主要内容有:隐蔽工程验收记录、交接检查记录、地基验槽记录、地基处理记录、桩施工记录、混凝土浇灌申请书、混凝土养护测温记录、构件吊装记录、预应力筋张拉记录等。

(2)施工测量、施工记录、施工试验及质量验收资料可按下列流程形成(见图 1-5)。

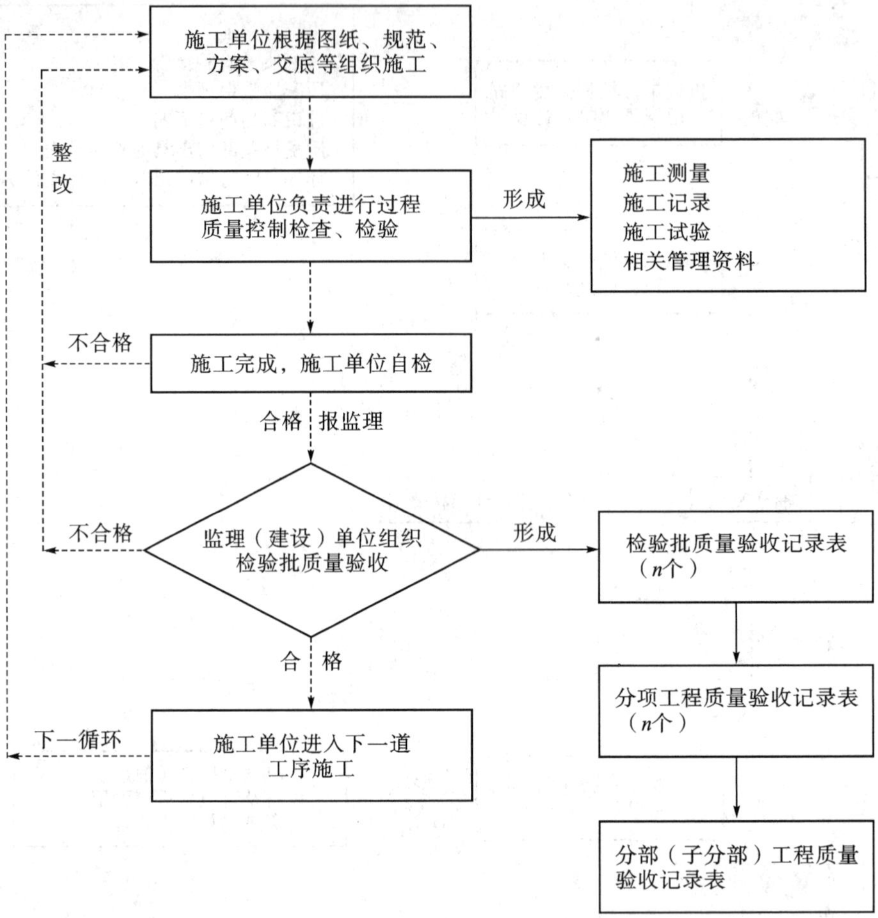

图 1-5 施工测量、施工记录、施工试验及质量验收资料形成流程图

(3)凡国家规范标准规定隐蔽工程检查项目的,应做隐蔽工程检查验收并填写隐蔽工程验收记录,涉及结构安全的重要部位应留置隐蔽前的影像资料。

(4)同一单位(子单位)工程,不同专业施工单位之间应进行工程交接检查并填写交接检查记录。移交单位、接收单位共同对移交工程进行验收,并对质量情况、遗留问题、工序要求、注意事项、成品保护等进行记录。

(5)单位(子单位)工程的土方开挖分项工程完工后应进行地基验槽,地基验槽应由建设、勘察、设计、监理和施工单位共同进行,并填写地基验槽检查记录表。检查内容包括基坑位置、平面尺寸、持力层核查、基底绝对高程和相对标高、基坑土质及地下水位等,有桩支护、桩基的工程还应进行桩的检查。地基需处理时,应由勘察、设计单位提出处理意见。

(6)勘察设计单位要求对地基进行处理的,地基处理完后应填写地基处理记录表,报请勘察、设计、监理单位复查。

(7)勘察设计要求对基槽浅层土质的均匀性和承载力进行钎探的,钎探前应绘制钎探点平面布置图,确定钎探点布置及顺序编号,按照钎探图及有关规定进行钎探并填写地基钎探记录表。

(8)混凝土正式浇筑前,应检查各项准备工作(如钢筋、模板、水电预埋、设备材料准备情况等),自检合格填写混凝土浇灌申请书,并告知监理单位。

(9)采用钢筋机械连接的工程应有钢筋机械连接质量的检查记录。

(10)拆除现浇混凝土结构板、梁、悬臂构件等底模及冬季施工的柱、墙侧模前,应填写混凝土拆模申请单,报项目专业技术负责人审批,通过后方可拆模。

(11)冬季混凝土施工时应进行温度测定并填写测温记录表。冬施混凝土养护测温应绘制测温点布置图,确定测温点的部位和深度等。

(12)大体积混凝土施工时应进行测温记录,填写大体积混凝土测温记录表并附温度测点布置图。

(13)地下工程验收时,应对地下工程有无渗漏现象进行检查,填写地下工程防水效果检查记录表,检查内容包括:裂缝、渗漏部位、大小、渗漏情况和处理意见等。

(14)有防水要求的房间和屋面工程完工后应按标准规定进行蓄水或淋水防水性能试验,填写防水工程试水检查记录表。淋水试验持续时间不得少于2h;蓄水试验时间不得少于24h。屋面工程应对细部构造(屋面天沟、檐沟、檐口、泛水、水落口、变形缝、伸出屋面管道等)重点检查。

(15)建筑通风道(烟道)应全数做通(抽)风和漏风、串风试验,并填写通风(烟)道检查记录表。

(16)桩基施工应按规定做桩施工记录,检查内容包括孔位、孔径、孔深、桩体垂直度、桩顶标高、桩位偏差、桩顶完整性和接桩质量等。

(17)预应力工程施加预应力时应填写预应力筋张拉记录表;孔道灌浆时应填写预应力结构灌浆记录表。

(18)钢结构(网架结构)在主体结构形成空间刚度单元并连接固定后,应检查整体垂直度、挠度值变形值及安装偏差,并做施工记录。

(19)大型混凝土构件、钢构件安装时应填写构件吊装记录表。

(20)按照规范和工艺文件等规定须烘焙的焊接材料应进行烘焙,并填写焊接材料烘焙记录表。

(21)幕墙工程施工应有幕墙注胶检查记录和幕墙淋水检查记录。幕墙注胶应记录内容包括宽度、厚度、连续性、均匀性、密实度和饱满度等;淋水检查应在易渗漏部位进行并填写《防水工程试水检查记录》。

(22)智能建筑工程应对设备安装工程质量及观感质量进行检查,并做智能建筑工程安装质量检查记录。

(23)国家规范标准要求或施工需要对施工过程进行记录时应留有施工记录,没有专用记录表格的可使用施工检查通用记录表。

六、施工试验资料

(1)施工试验资料是指按照设计及国家规范标准的要求,在施工过程中所进行的各种检测及测试资料的统称。主要内容有:土工、基桩性能、钢筋连接、埋件(植筋)拉拔、混凝土(砂浆)性能、施工工艺参数、饰面砖拉拔、钢结构焊缝质量检测及水暖、机电系统运转测试报告或测试记录。

(2)土方回填工程应进行土工击实试验，测定回填土质的最大干密度和最佳含水量，按规范要求分段、分层(步)回填，并取样对回填质量进行检验。

(3)钢筋连接应有满足钢筋焊接、机械连接相关技术规程要求的力学性能试验报告。机械连接工程开始前及施工过程中，应对每批进场钢筋，在现场条件下进行工艺检验，工艺检验合格后方可进行机械连接的施工。每台班钢筋焊接前宜先制作班前焊试件，确定焊接工艺参数。

(4)砌筑砂浆应有配合比申请单和试验室签发的配合比通知单(现场搅拌时)；并有按规定留置的龄期为28d标养试块的抗压强度试验报告。单位工程应有砌筑砂浆试块抗压强度统计、评定记录。

(5)混凝土应有配合比申请单和试验室签发的配合比通知单(现场搅拌时)；有按规定留的28d标养、同条件养护、拆模强度、受冻临界强度、预应力张拉强度等试件的抗压强度试验报告及抗渗、抗冻性能试验报告。单位工程应有混凝土试块抗压强度统计、评定记录。

(6)混凝土(砌筑砂浆)未按规定留置试块的或试件强度不满足设计及规范标准要求时，应委托有资质的检测机构出具相应的结构检测报告，由设计人员提出处理方案。

(7)建筑物外墙采用饰面砖装饰工程，应有饰面砖黏结强度检验报告。

(8)用于承重结构的后置埋件、化学植筋、膨胀螺栓等应有满足设计要求的承载力拉拔试验报告；设计没有要求时应满足《混凝土结构后锚固技术规程》JGJ 145—2013的要求。

(9)采用锚杆、土钉墙技术的基坑支护工程应有满足支护设计要求的锚杆、土钉抗拔力试验报告。

(10)地基应有满足设计要求的地基承载力检测报告；桩基应有满足设计和相关规范、标准要求的承载力和桩身完整性检测报告。

(11)后张法有黏结预应力工程应有灌浆用水泥浆性能试验报告。

(12)钢结构子分部工程中设计要求一、二级焊缝的应有超声波或射线探伤检验报告。

(13)建筑安全等级为一级、跨度40m及以上的公共建筑钢网架结构及设计有要求的，应有焊(螺栓)球节点承载力试验报告。

(14)钢结构子分部工程所使用的防腐、防火涂料应有涂层厚度检测报告。

(15)混凝土子分部工程应有结构实体检验的混凝土强度试件报告。

(16)门窗子分部工程应有外门窗气密、水密性能试验报告。

(17)节能工程外墙保温板材与基层采用黏结或连接时应有保温板材与基层的现场黏结强度试验报告；墙体保温砂浆应有强度试验报告。外墙采用保温浆料做保温层时，应在施工中制作同条件养护试件，检测其导热系数、干密度和压缩强度。

(18)幕墙面积大于3000m^2或超过建筑外墙面积50%时，应现场抽取材料和配件，在试验室安装制作试件进行气密性能检测。

(19)给排水采暖工程、通风空调工程中的各类水泵、风机、冷水机组、冷却塔、空调机组、新风机组等设备应有单机试运转记录。

(20)采暖系统、消防系统、通风空调系统等应有系统试运转及调试记录。

(21)非承压管道、设备,包括开式水箱、卫生洁具、安装在室内的雨水管道等,以及暗装、埋地、有绝热层的排水管道应有灌(满)水试验记录。

(22)承压管道、设备应有强度试验记录;自动喷水灭火系统、气体灭火系统管道应有严密性试验记录。

(23)给排水系统及游泳池水系统应有通水试验记录。

(24)给水系统、自动喷水灭火系统、固定消防炮灭火系统、空调水系统等及设计有要求的管道应有冲洗试验记录;介质为气体的管道系统应有吹洗试验记录。

(25)排水水平干管、主立管应有通球试验记录。

(26)补偿器安装应有补偿器安装记录。

(27)室内消火栓系统应有消火栓试射试验记录。

(28)锅炉安装应有按相关规范和职能管理部门要求的安装记录。

(29)自动喷水灭火系统应有验收缺陷项目划分记录。

(30)建筑工程中的主要设备、系统的防雷接地、保护接地、工作接地、防静电接地以及设计有要求的接地电阻应有电阻测试记录,并应附《电气防雷接地装置隐检与平面示意图》说明。

(31)建筑工程中的主要电气设备和动力、照明线路及其他必须摇测绝缘电阻,配管及管内穿线分项质量验收前和单位工程质量竣工验收前,应分别按系统回路进行测试,不得遗漏。

(32)电气器具安装完成后,按层、按部位(户)进行的通电检查,并进行记录,内容包括接线情况、电气器具开关情况等。电气器具应全数进行通电安全检查。

(33)电气设备应有空载试运行记录,空载试运行应符合安装工艺、产品技术条件及相关规范标准的要求。

(34)建筑物照明应有通电试运行记录。公用建筑照明系统通电连续试运行时间为24h,民用住宅照明系统通电连续试运行时间为8h。所有照明灯具均应开启,且每2h记录运行状态1次,连续试运行时间内无故障。

(35)漏电开关应有模拟试验记录,动力和照明工程的漏电保护装置应全数做模拟动作试验,并符合设计要求的额定值。

(36)大容量(630A及以上)导线、母线连接处或开关,在设计计算负荷运行情况下应做温度抽测记录,温升值稳定且不大于设计值。

(37)避雷带的每个支持件应做垂直拉力试验,支持件的承受垂直拉力应大于49N(5kg)。

(38)逆变应急电源安装完毕后应全数做测试试验,并应符合设计要求的额定值和《逆变应急电源》GB/T 21225—2007的规定。

(39)柴油发电机安装完毕后应全数做测试试验,并应符合设计要求的额定值和国家相应的规范标准的规定。

(40)电气工程施工完毕后应对低压配电系统进行调试,调试合格后应对低压配电电源质量进行检测，并应符合设计要求的额定值和《建筑节能工程施工质量验收规范》GB 50411—2007 的规定。

(41)建筑安装工程施工完毕后各系统进行联合调试时，应全数检查监测与控制节能工程的设备是否齐全，使用功能是否达到设计要求和《建筑节能工程施工质量验收规范》GB 50411—2007 的规定。

(42)建筑物照明系统通电试运行中，应测试并记录照明系统的照度和功率密度值，并应符合设计要求的额定值和《建筑节能工程施工质量验收规范》GB 50411—2007 的规定。

(43)智能建筑各系统在安装调试完成后，应对设备及系统逐项进行自检，填写自检测记录。

(44)智能建筑各系统，应按规范要求进行不中断试运行，填写试运行记录并提供试运行报告。

(45)风管系统应有风管漏光或漏风测试记录。

(46)现场组装的除尘器壳体、组合式空气调节机组应有漏风量检测记录。

(47)通风与空调工程无生产负荷联合试运转应有管网风量平衡记录、空调系统试运转调试记录、空调水系统试运转调试记录及各房间室内风量温度测量记录。

(48)组装式的制冷机组和现场充注制冷剂的机组应有制冷系统气密性试验记录。

(49)净化空调系统无生产负荷试运转应有净化空调系统测试记录。

(50)防排烟系统联合试运行和调试应有防排烟系统联合试运行记录。

(51)国家规范标准中要求进行的各种施工试验应有施工试验报告，没有专用试验报告表格的可使用通用试验表格。

七、施工质量验收资料

(1)施工质量验收资料是参与工程建设的有关单位根据相关标准、规范对工程质量是否达到合格做出确认的各种文件的统称。主要内容有：检验批质量验收记录、分项工程质量验收记录、分部(子分部)工程质量验收记录、结构实体检验等。

(2)施工单位在完成分项工程检验批施工，自检合格后，由项目专业质量检查员填写检验批质量验收记录表，报请项目专业监理工程师组织质量检查员等进行验收确认。

(3)分项工程所包含的检验批全部完工并验收合格后，由施工单位技术负责人填写分项工程质量验收记录表，报请项目专业监理工程师组织有关人员验收确认。

(4)分部(子分部)工程所包含的全部分项工程完工并验收合格后，由施工单位技术负责人填写分部(子分部)工程质量验收记录表，报请项目总监理工程师组织有关人员验收确认。

(5)地基与基础、主体结构分部工程完工，由建设、监理、勘察、设计和施工单位进行分部工程验收并加盖公章。

(6)涉及混凝土结构安全的重要部位应进行结构实体检验，并实行有见证取样和送检。结构实体混凝土应有同条件混凝土强度验收记录；结构实体重要部位的钢筋应有钢筋保护层厚度验收记录。

八、工程竣工质量验收资料

(1)工程竣工质量验收资料是指工程竣工时必须具备的各种质量验收资料。主要内容有:单位工程竣工预验收报验表、单位(子单位)工程质量竣工验收记录、单位(子单位)工程质量控制资料核查记录、单位(子单位)工程安全和功能检查资料核查及主要功能抽查记录、单位(子单位)工程观感质量检查记录、室内环境检测报告、建筑节能工程现场实体检验报告、工程竣工质量报告、工程概况表等。

(2)工程竣工质量验收资料可按下列流程形成(见图 1-6)。

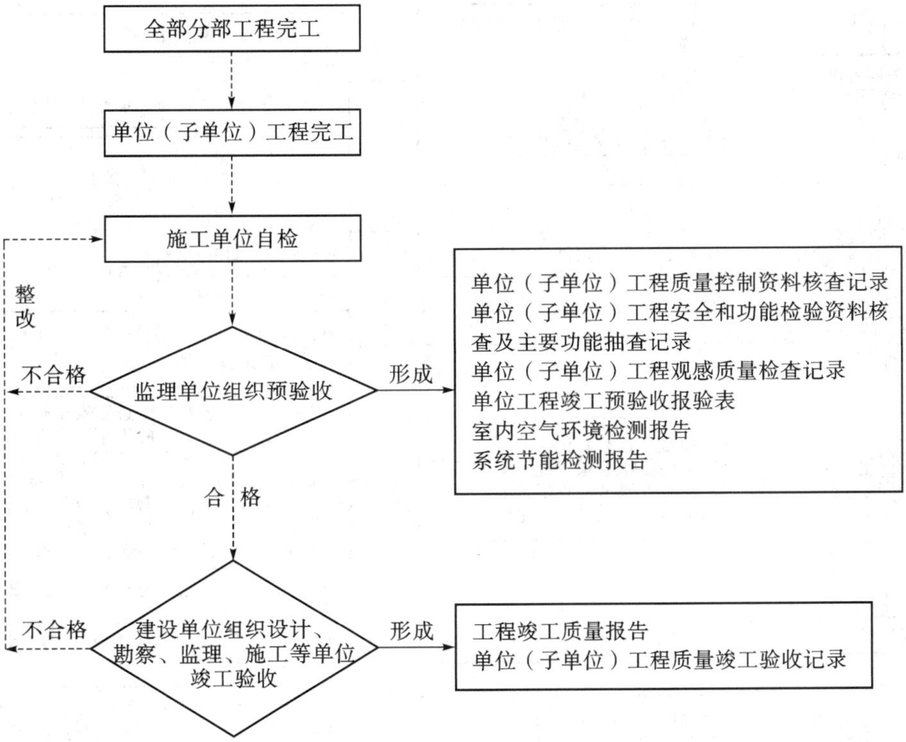

图 1-6 工程竣工质量验收资料形成流程图

(3)单位(子单位)工程的室内环境、建筑工程节能性能应检测合格并有检测报告。

(4)单位工程完工后施工单位应编写工程竣工报告,内容包括:工程概况及实际完成情况、工程实体质量、施工资料、主要建筑设备、系统调试、安全和功能检测、主要功能抽查等。

(5)单位(子单位)工程完工后,由施工单位填写单位工程竣工预验收报验表报项目监理部,申请工程竣工预验收。总监理工程师组织项目监理部人员与施工单位进行检查预验收,合格后总监理工程师签署单位工程竣工预验收报验表、单位(子单位)工程质量控制资料核查记录、单位(子单位)工程安全和功能检查资料核查及主要功能抽查记录和单位(子单位)工程观感质量检查记录等并报建设单位,申请竣工验收。

(6)建设单位应组织设计、监理、施工等单位对工程进行竣工验收,各单位应在单位(子单位)工程质量竣工验收记录上签字并加盖公章。

第五节　建筑设备安装工程资料管理流程图

一、建筑给水排水及采暖工程资料管理

（1）室内给水系统工程资料标准化管理流程，见图 1-7。

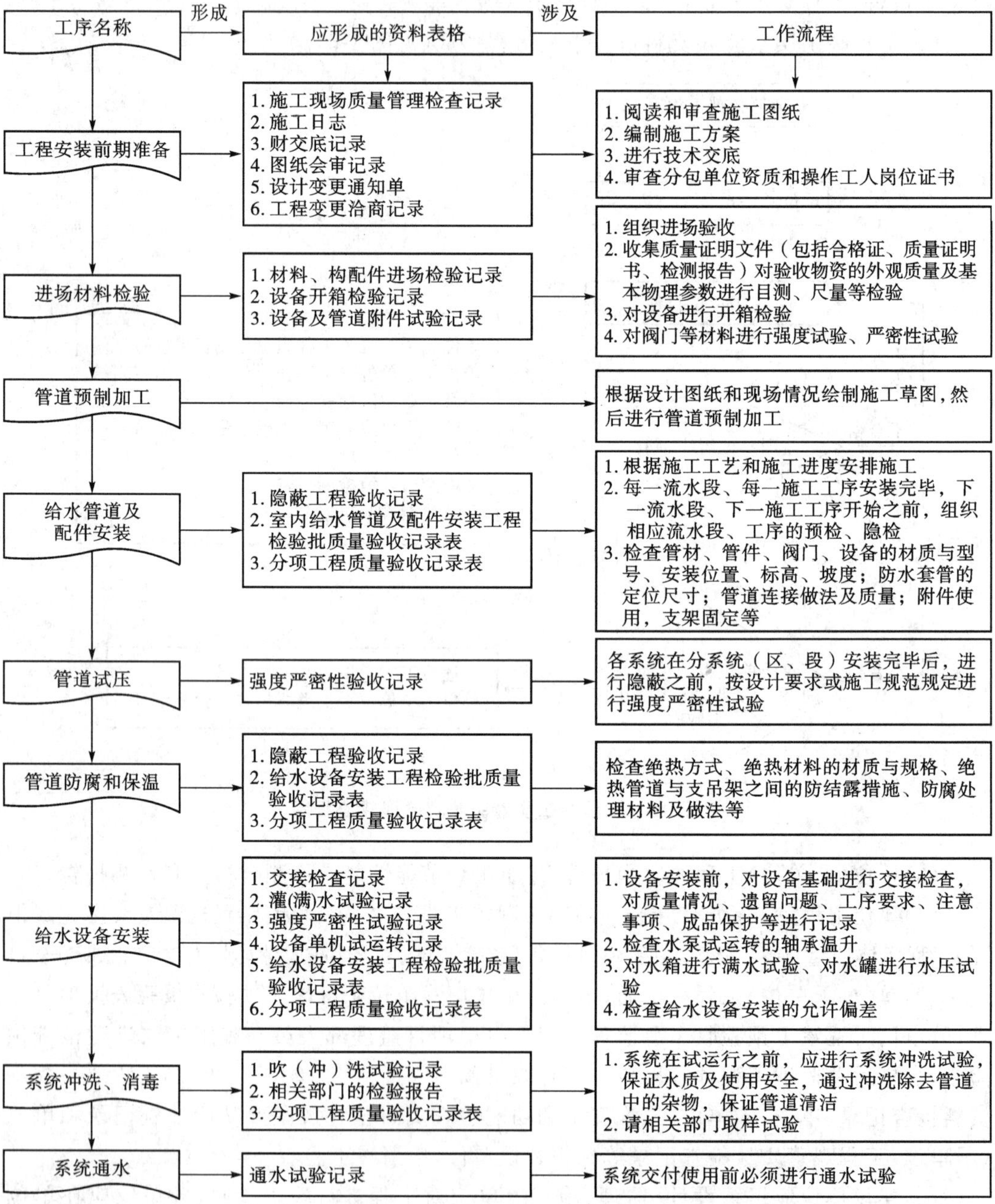

图 1-7　室内给水系统工程资料标准化管理流程

(2)室内排水系统工程应形成的资料及流程，见图 1-8。

工序名称	应形成的资料表格	工作流程
工程安装前期准备	1. 施工现场质量管理检查记录 2. 施工日志 3. 技术交底记录 4. 图纸会审记录 5. 设计变更通知单 6. 工程变更洽商记录 7. 施工专项方案	1. 阅读和审查施工图纸 2. 编制施工方案 3. 进行技术交底 4. 审查分包单位资质和操作工人岗位证书
进场材料检验	1. 材料、构配件进扬检验记录 2. 设备开箱检验记录	1. 组织进场验收 2. 收集质量证明文件（包括合格证、质量证明书、检测报告） 3. 对验收物资的外观质量及基本物理参数进行目测、尺量等检验 4. 对设备进行开箱检验 5. 对阀门等材料进行强度试验、严密性试验
管道预制加工		根据设计图纸和现场情况绘制施工草图，然后进行管道预制加工
排（雨）水管道及配件安装	1. 隐蔽工程验收记录 2. 室内排水管道及配件安装工程检验批质量验收记录 3. 雨水管道及配件安装工程检验批质量验收记录表 4. 分项工程质量验收记录表	1. 根据干管施工、立管施工及支管施工的施工顺序及相应的施工工艺和施工进度安排施工 2. 每一流水段、每一施工工序安装完毕，下一流水段、下一施工工序开始之前，组织相应流水段、工序的预检、隐检 3. 检查管材、管件的材质与型号、安装位置、标高、坡度；防水套管的定位及尺寸；管道连接作法及质量；附件使用，支架固定等
排（雨）水管道灌水试验	灌（满）水试验记录	隐蔽或埋地的管道进行隐蔽之前，按设计要求或施工规范规定进行灌水试验
排（雨）水管道通球试验	通球试验记录	排（雨）水主立管及水平干管均应进行通球试验
排水管道防结露保温	1. 隐蔽工程验收记录 2. 排水管道保温安装工程检验批质量验收记录表 3. 分项工程质量验收记录表	检查保温方式、保温材料的材质与规格、保温管道与支吊架之间的防结露措施、防腐处理材料及做法等
卫生器具安装	1. 灌（满）水试验记录 2. 卫生器具及给水配件安装工程检验批质量验收记录表 3. 分项工程质量验收记录表	1. 检查卫生器具安装的偏差，支托架的防腐、安装是否平整、牢固，与器具接触是否紧密、平稳 2. 卫生器具交工前应做满水和通水试验
卫生器具排水管道安装	1. 隐蔽工程验收记录 2. 通水试验记录 3. 卫生器具排水管道安装工程检验批质量验收记录表 4. 分项工程质量验收记录表	1. 检查卫生器具排水管道安装的偏差、管道管径及最小坡度是否符合设计要求及施工规范规定 2. 通过试水检查排水栓和地漏的安装是否低于排水表面，周边是否有渗漏 3. 通过通水检查连接卫生器具的排水管道接口是否紧密不漏
污水泵安装	设备单机试运转记录	检查给水设备安装的允许偏差
系统通水	通水试验记录	系统交付使用前必须进行通水试验

（流程图中：工序名称 —形成→ 应形成的资料表格 —涉及→ 工作流程）

图 1-8 室内排水系统工程资料标准化管理流程

二、通风与空调工程资料管理

(1)空调风系统工程应形成的资料及流程,见图 1-9。

工序名称	形成 → 应形成的资料表格	涉及 → 工作流程
工程安装前期准备	1. 施工现场质量管理检查记录 2. 施工日志 3. 技术交底记录 4. 图纸会审记录 5. 设计变更通知单 6. 工程变更洽商记录	1. 阅读和会审施工图纸 2. 编制施工方案 3. 逐级进行技术交底 4. 审查分包单位资质和操作工人岗位证书
进场材料检验、设备检验	1. 材料、构配件进场检验记录 2. 设缺箱检验记录 3. 设备及管道附件试验记录	1. 组织进场验收 2. 收集质量证明文件(包括合格证、质量证明书、检测报告) 3. 对验收物资的外观质量及基本物理参数进行目测、尺量等检验 4. 对设备进行开箱检验 5. 对阀门等材料进行强度试验、严密性试验
管道与配件制作	1. 风管漏风检测记录 2. 风管与配件制作工程检验批质量验收记录表 3. 分项工程质量验收记录表	1. 根据设计图纸和现场情况绘制加工草图,然后进行风管的制作加工 2. 风管加工必须通过工艺性的检测 3. 风管加工完毕后,应组织分系统进行风管制作的预检 4. 检查风道的标高、材质、接头、接口严密性、风道分支、变径处理是否合理,是否符合要求
部件制作	1. 风管配件与消声器制作工程检验批质量验收记录表 2. 分项工程质量验收记录表	1. 对风口、风阀、罩类、风冒及柔性管道等部件的规格、尺寸、材质进行观察、尺量 2. 对风阀进行操作检查和测试
风管系统安装	1. 隐蔽工程验收记录 2. 分项工程质量验收记录表	1. 根据施工工艺和施工进度安排施工 2. 每一流水段、每一施工工序安装完毕,下一流水段、下一施工工序开始之前,组织相应流水段、工序的预检、隐检 3. 检查风管的安装位置,支、吊、托架安装、固定,活动部件是否灵活可靠、方向正确,风管的连接做法及质量;附件使用,支架固定等
风管严密性检测	1. 风管漏光检测记录 2. 风管漏风检测记录	按风管系统的系统类别划分及漏光检验方法、允许漏风量及漏风量检测方法对风管严密性进行检测
空气处理设备安装	1. 交接检查记录 2. 现场组装除尘器、空调机漏风检测记录 3. 通风与空调没备安装工程检验批质量验收记录表(空调系统) 4. 分项工程质量验收记录表	1. 设备运输就位前,应编制设备运输方案 2. 设备安装前,对设备基础进行交接检查,对质量情况、遗留问题、工序要求、注意事项、成品保护等进行记录 3. 现场组装的除尘器壳体、组合式空气调节机组在安装完成后,按设计要求及规范规定进行漏风量的检测
消声设备安装	1. 通风与空调设备安装工程检验批质量验收记录表(空调系统) 2. 分项土程质量验收记录表	对消声器的选用方式、安装位置、方向、连接严密性进行检测
风管与设备绝热	1. 隐蔽工程验收记录 2. 防腐与绝热施工检验批质量验收记录表 3. 通风与空调工程系统调试验收记录表 4. 分项工程质量验收记录表	风管的防腐、绝热施工完成后,对相应的管道的防腐、绝热施工进行检查,检查绝热形式与做法、绝热材料的材质和规格、防腐处理材料及做法。绝热管道与支吊架之间应垫以绝热衬垫或经防腐处理的木衬垫,其厚度应与绝热层厚度相同,表面平整,衬垫接合面的空隙应填实
设备单机试运转及调试	1. 设备单机试运转记录 2. 通风与空调工程系统调试验收记录表 3. 分项工程质量验收记录表	1. 试运转及调试前,应编制调试方案 2. 对通风机、空调机组、水泵等设备的风扇、叶轮的旋转方向、运转状态、振动情况、轴承温升等进行检查
系统无生产负荷的联合试运转及调试	1. 各房间室内风量温度测量记录 2. 管网风量平衡记录 3. 空调系统试运转调试记录	1. 对各房间内的风量进行测量。实测风量与设计风量的相对偏差不应大于10% 2. 对房间室内温度进行测量,温度应符合设计要求及规范规定 3. 对系统总风量调试结果与设计风量的偏差进行调整

图 1-9　空调风系统工程资料标准化管理流程

(2)空调水系统工程应形成的资料及流程，见图 1-10。

工序名称	应形成的资料表格（形成）	工作流程（涉及）
工程安装前期准备	1. 施工现场质量管理检查记录 2. 施工日志 3. 技术交底记录 4. 图纸会审记录 5. 设计变更通知单 6. 工程变更洽商记录	1. 阅读和审查施工图纸 2. 编制施工方案 3. 进行技术交底 4. 审查分包单位资质和操作工人岗位证书
进场材料检验	1. 材料、构配件进场检验记录 2. 设备开箱检验记录 3. 设备及管道附件试验记录	1. 组织进场验收 2. 收集质量证明文件（包括合格证、质量证明书、检测报告） 3. 对验收物资的外观质量及基本物理参数进行目测、尺量等检验 4. 对设备进行开箱检验 5. 对阀门等材料进行强度试验、严密性试验
管道预制加工		根据设计图纸和现场情况绘制加工草图，然后进行风管的制作加工
管道冷热水系统安装	1. 隐蔽工程验收记录 2. 空调水系统安装检验批质量验收记录表 3. 空调水系统安装检验批质量验收记录表（非金属管道） 4. 分项工程质量验收记录表	1. 根据干管施工、立管施工及支管施工的施工顺序及相应的施工工艺和施工进度安排施工 2. 检查管材、管件、阀门的材质与型号、安装位置、标高、坡度；防水套管的定做尺寸；管道连接做法及质量；附件使用，支架固定等
管道试压	强度严密性试验记录	各系统在分系统（区、段）安装完毕后，进行隐蔽之前，按设计要求或施工规范规定进行强度严密性试验
补偿器安装	补偿器安装记录	1. 检查相尝器是否进行预压缩（拉伸） 2. 检查定支架、导向支架的结构形式及设置位置是否正确
冷却水系统安装	1. 隐蔽工程验收记录 2. 空调水系统安装检验批质量验收记录表（金属管道） 3. 分项工程质量验收记录表	根据干管施工、立管施工及支管施工的施工顺序及相应的施工工艺和施工进度安排施工检查管材、管件、阀门的材质与型号、安装位置、标高、坡度；防水套管的定位及尺寸；管道连接作法及质量；附件使用，支架固定等
管道试压	强度严密性试验记录	各系统在分系统（区、段）安装完毕后，进行隐蔽之前，按设计要求或施工规范规定进行强度严密性试验
冷凝水系统安装	1. 隐蔽工程验收记录 2. 空调水系统安装检验批质量验收记录表（金属管道） 3. 分项工程质量验收记录表	根据干管施工、立管施工及支管施工的施工顺序及相应的施工工艺和施工进度安排施工检查管材、管件的材质与型号、安装位置、标高、坡度；管道连接做法及质量；附件使用，支架固定等
灌水试验	灌（满）水试验记录	冷凝水管管道进行隐蔽之前，按设计要求或施工规范规定进行灌水试验
空调水设备安装	1. 交接检查记录 2. 灌（满）水试验记录 3. 设备单机试运转记录 4. 制冷系统气密性试验记录 5. 空调水系统安装检验批质量验收记录表（设备） 6. 分项工程质量验收记录表	1. 设备运输就位就应编制设备运输方案，设备安装前，对设备基础进行交接检查，对质量情况、遗留问题、工序要求、注意事项、成品保护等进行记录，检查制冷机组、冷却塔，水泵安装情况及试运转情况 2. 对水箱进行满水试验、对水罐进行水压试验 3. 检查空调水设备安装的允许偏差
管道防腐和绝热	1. 隐蔽工程验收记录 2. 防腐与绝热检验批质量验收记录表 3. 分项工程质量验收记录表	检查绝热方式、绝热材料的材质与规格、绝热管道与支吊架之间的防结露措施、防腐处理材料及做法等
系统冲洗	吹（冲）洗试验记录	系统在试运行之前，应进行系统冲洗试验，保证水质及使用安全，通过冲洗除去管道中的杂物，保证管道清洁
系统调试	1. 空调水系统试运转调试记录 2. 通风与空调工程系统调试验收记录表 3. 分项工程质量验收记录表	试运转及调试前，应编制调试方案设备单机试运行合格后进行通风与空调系统无生产负荷的联合试运转及调试，不少于8h

图 1-10　空调水系统工程资料标准化管理流程

第六节　工程资料组卷及归档管理

一、工程资料组卷

(1)工程竣工后,工程建设的各参建单位应对工程资料编制组卷。

(2)工程资料组卷应遵循以下原则:

1)组卷应遵循工程文件资料的形成规律,保持卷内文件资料的内在联系。

2)工程准备阶段文件和监理资料可按一个项目或一个单位工程进行整理和组卷。

3)施工资料应按单位工程进行组卷,可根据工程大小及资料的多少等具体情况选择按专业或按分部、分项等进行整理和组卷。

4)竣工图应按设计单位提供的施工图专业序列组卷。

5)专业承包单位的工程资料应单独组卷。

6)建筑节能工程现场实体检验资料应单独组卷。

7)移交城建档案馆保存的工程资料案卷中,施工验收资料部分应单独组成一卷。

8)资料管理目录应与其对应工程资料一同组卷。

9)工程资料可根据资料数量多少组成一卷或多卷。

(3)工程资料案卷应符合以下要求:

1)案卷应有案卷封面、卷内目录、内容、备考表及封底。

2)案卷不宜过厚,一般不超过 40mm。

3)案卷应美观、整齐,案卷内不应有重复资料。

二、工程资料归档

(1)专业承包单位应向总承包单位(或建设单位)移交不少于一套完整的工程档案,并办理相关移交手续。

(2)监理单位、施工总承包单位应各自向建设单位移交不少于一套完整的工程档案,并办理相关的移交手续。

(3)建设单位应在工程竣工验收合格后 6 个月内,将城建档案馆预验收合格的工程档案移交城建档案馆,并办理相关手续。

(4)国家和北京市重点工程及 5 万 m^2 以上的大型公建工程,建设单位应将列入城建档案馆保存的工程档案制作成缩微胶片,移交城建档案馆。

(5)工程参建各方应将各自的工程档案归档保存,归档内容见《建筑工程施工质量验收统一标准》GB 50300—2013。

(6)监理单位、施工单位应根据有关规定合理确定工程档案的保存期限。

(7)建设单位工程档案的保存期限应与工程使用年限相同。

第二章

建筑设备安装工程施工物资资料（C4）

本章内容包括下列资料：

- 建筑给水排水及采暖工程施工物资资料
- 通风与空调工程施工物资资料

第一节 建筑给水排水及采暖工程施工物资资料

一、《材料、构配件进场检验记录》填写范例

<table>
<tr><td colspan="5">材料、构配件进场检验记录</td><td>资料编号</td><td colspan="3">×××</td></tr>
<tr><td colspan="3">工程名称</td><td colspan="2">××工程</td><td>检验日期</td><td colspan="3">××年×月×日</td></tr>
<tr><td rowspan="2">序号</td><td rowspan="2">名　称</td><td rowspan="2">规格型号</td><td rowspan="2">进场数量</td><td>生产厂家</td><td rowspan="2">检验项目</td><td rowspan="2">检验结果</td><td rowspan="2" colspan="2">备注</td></tr>
<tr><td>合格证号</td></tr>
<tr><td>1</td><td>给水衬塑复合钢管</td><td>DN100</td><td>36m</td><td>××钢管厂
合格证:××</td><td>外观、管径及壁厚、质量证明文件</td><td>合格</td><td colspan="2"></td></tr>
<tr><td>2</td><td>给水衬塑复合钢管</td><td>DN65</td><td>180m</td><td>××钢管厂
合格证:××</td><td>外观、管径及壁厚、质量证明文件</td><td>合格</td><td colspan="2"></td></tr>
<tr><td>3</td><td>给水衬塑复合钢管</td><td>DN50</td><td>108m</td><td>××钢管厂
合格证:××</td><td>外观、管径及壁厚、质量证明文件</td><td>合格</td><td colspan="2"></td></tr>
<tr><td>4</td><td>给水衬塑复合钢管</td><td>DN40</td><td>108m</td><td>××钢管厂
合格证:××</td><td>外观、管径及壁厚、质量证明文件</td><td>合格</td><td colspan="2"></td></tr>
<tr><td>5</td><td>给水衬塑复合钢管</td><td>DN32</td><td>180m</td><td>××钢管厂
合格证:××</td><td>外观、管径及壁厚、质量证明文件</td><td>合格</td><td colspan="2"></td></tr>
<tr><td>6</td><td>给水衬塑复合钢管</td><td>DN25</td><td>180m</td><td>××钢管厂
合格证:××</td><td>外观、管径及壁厚、质量证明文件</td><td>合格</td><td colspan="2"></td></tr>
<tr><td>7</td><td>给水衬塑复合钢管</td><td>DN20</td><td>48m</td><td>××钢管厂
合格证:××</td><td>外观、管径及壁厚、质量证明文件</td><td>合格</td><td colspan="2"></td></tr>
<tr><td>8</td><td>给水衬塑复合钢管</td><td>DN15</td><td>156m</td><td>××钢管厂
合格证:××</td><td>外观、管径及壁厚、质量证明文件</td><td>合格</td><td colspan="2"></td></tr>
<tr><td colspan="9">检验结论:
以上管材经外观检查合格,管径、壁厚均匀,钢管外表面光滑,无伤痕和裂纹,内表面无气泡、裂纹、脱皮,无明显痕纹、凹陷、色泽不均,钢与塑之间无离层,两端截面与管轴线成垂直。材质、规格型号及数量经复检符合设计、规范要求,产品质量证明文件齐全,并与实际进场管材相符。同意验收</td></tr>
<tr><td rowspan="3">签字栏</td><td rowspan="2" colspan="2">施工单位</td><td rowspan="2" colspan="2">××机电
安装工程公司</td><td>专业质检员</td><td>专业工长</td><td colspan="2">检验员</td></tr>
<tr><td>×××</td><td>×××</td><td colspan="2">×××</td></tr>
<tr><td colspan="2">监理(建设)单位</td><td colspan="3">××建设监理有限公司</td><td>专业工程师</td><td colspan="2">×××</td></tr>
</table>

注:本表由施工单位填写,施工单位、监理单位各保存一份。

材料、构配件进场检验记录					资料编号	×××	
工程名称		××工程			检验日期	××年×月×日	
序号	名　称	规格型号	进场数量	生产厂家 合格证号	检验项目	检验结果	备注
1	镀锌钢管	$DN100$	3t	××钢管厂 合格证：××	外观、管径及壁厚、质量证明文件	合格	
2	焊接钢管	$DN100$	2t	××钢管厂 合格证：××	外观、管径及壁厚、质量证明文件	合格	
3	圆钢	$\phi100$	0.5t	××钢管厂 合格证：××	直径、外观、质量证明文件	合格	
4	钢板	$\delta=10mm$	0.1t	××钢管厂 合格证：××	厚度、外观、质量证明文件	合格	
5	角钢	∟5×5	0.3t	××钢管厂 合格证：××	边长、厚度、质量证明文件	合格	

检验结论：

符合设计及施工规范要求

签字栏	施工单位	××机电安装工程公司	专业质检员	专业工长	检验员
			×××	×××	×××
	监理（建设）单位	××建设监理有限公司		专业工程师	×××

注：本表由施工单位填写，施工单位、监理单位各保存一份。

二、《材料、构配件进场检验记录》填写说明

(1)责任部门。

项目物资部、机电部。

(2)提交时限。

进场验收通过后1d内提交。

(3)资料归档。

本表一式两份,由施工单位填写,施工单位、监理单位共同保存。

(4)填写要点。

1)"工程名称"栏与施工图纸标签栏内名称相一致。

2)"检验日期"栏按实际日期填写,一般为物资进场日期。

3)"名称"栏填写物资的名称。

4)"规格型号"栏按材料、构配件铭牌填写。

5)"进场数量"栏填写物资的数量,且应有计量单位。

6)"生产厂家、合格证号"栏应填写物资的生产厂家,合格证编号。

7)"检验项目"栏应包括物资的质量证明文件、外观质量、数量、规格型号等。

8)"检验结果"栏填写该物资的检验情况。

9)"检验结论"栏是对所有物资从外观质量、材质、规格型号、数量做出的综合评价。

10)"专业质检员"为现场质量检查员;"专业工长"为材料使用部门的主管负责人;"检验员"为物资接收部门的主管负责人。

(5)参考规范。

《建筑给水排水及采暖工程施工质量验收规范》GB 50242—2002。

(6)相关要求。

1)应对工程所使用的材料、配件品种、规格、外观、数量及质量证明文件等进行检查验收。

2)各类管材应具有符合国家标准要求的产品质量合格证,生活给水系统所涉及的材料必须具有达到饮用水卫生标准的证明文件,相关质量证明文件的日期、编号、批号等内容应与实际进场的材料相符。

3)阀门应提供产品质量合格证,其生产日期、规格、型号和生产厂家等内容应与实际进场的材料相符。减压阀、安全阀等特殊用途的阀门还应有测试结果证明书。

4)各种保温材料应有产品质量合格证和材质检测报告,其生产日期、规格、型号和生产厂家等内容应与实际进场的材料相符。

5)各种管道系统附件、安全附件应有产品质量合格证,其日期、规格型号、生产厂家等内容应与实际进场的材料相符。

6)进口材料应有商检证明和中文的质量证明文件(国家认证委员会公布的强制性认证产品除外[CCC认证])、性能检测报告以及安装、使用、维修等技术文件。

7)所有材料进场时包装应完好,表面无划痕及外力冲击破损。

应按照相关的标准、采购合同的要求对所有材料的产地、规格型号、数量等项目进行验收,符合要求方可接收。

三、《设备开箱检验记录》填写范例

<table>
<tr><td colspan="3">设备开箱检验记录</td><td colspan="3">资料编号</td><td colspan="2">×××</td></tr>
<tr><td colspan="2">工程名称</td><td colspan="2">××工程</td><td colspan="2">检验日期</td><td colspan="2">××年×月×日</td></tr>
<tr><td colspan="2">设备名称</td><td colspan="2">离心式水泵</td><td colspan="2">规格型号</td><td colspan="2">65DL×7</td></tr>
<tr><td colspan="2">生产厂家</td><td colspan="2">××机电设备公司</td><td colspan="2">产品合格证编号</td><td colspan="2">××××-××</td></tr>
<tr><td colspan="2">总数量</td><td colspan="2">4台</td><td colspan="2">检验数量</td><td colspan="2">4台</td></tr>
<tr><td rowspan="5">检验记录</td><td>包装情况</td><td colspan="6">包装完好、无损坏，标识明确</td></tr>
<tr><td>随机文件</td><td colspan="6">出厂合格证、安装使用说明书、装箱单、检验报告、保修卡</td></tr>
<tr><td>备件与附件</td><td colspan="6">法兰4套、单流阀4个</td></tr>
<tr><td>外观情况</td><td colspan="6">泵体表面无损坏、无锈蚀、漆面完好</td></tr>
<tr><td>测试情况</td><td colspan="6"></td></tr>
<tr><td rowspan="8">检验结果</td><td colspan="7">缺、损附备件明细表</td></tr>
<tr><td>序号</td><td>名称</td><td>规格</td><td>单位</td><td>数量</td><td colspan="2">备注</td></tr>
<tr><td></td><td></td><td></td><td></td><td></td><td colspan="2"></td></tr>
<tr><td></td><td></td><td></td><td></td><td></td><td colspan="2"></td></tr>
<tr><td></td><td></td><td></td><td></td><td></td><td colspan="2"></td></tr>
<tr><td></td><td></td><td></td><td></td><td></td><td colspan="2"></td></tr>
<tr><td></td><td></td><td></td><td></td><td></td><td colspan="2"></td></tr>
<tr><td></td><td></td><td></td><td></td><td></td><td colspan="2"></td></tr>
<tr><td colspan="8">检验结论：
检查包装、随机文件齐全，外观良好，符合设计及规范要求，同意验收</td></tr>
<tr><td rowspan="2">签字栏</td><td colspan="2">建设（监理）单位</td><td colspan="3">施工单位</td><td colspan="2">供应单位</td></tr>
<tr><td colspan="2">×××</td><td colspan="3">×××</td><td colspan="2">×××</td></tr>
</table>

注：本表由施工单位填写，施工单位、监理单位各保存一份。

<table>
<tr><td colspan="4">设备开箱检验记录</td><td colspan="2">资料编号</td><td>×××</td></tr>
<tr><td colspan="2">工程名称</td><td colspan="2">××工程</td><td colspan="2">检验日期</td><td>××年×月×日</td></tr>
<tr><td colspan="2">设备名称</td><td colspan="2">全自动气压供水罐</td><td colspan="2">规格型号</td><td>ZYG-2，ϕ1000×2300</td></tr>
<tr><td colspan="2">生产厂家</td><td colspan="2">××机电设备公司</td><td colspan="2">产品合格证编号</td><td>××××-××</td></tr>
<tr><td colspan="2">总数量</td><td colspan="2">1套</td><td colspan="2">检验数量</td><td>1套</td></tr>
<tr><td rowspan="5">检验记录</td><td colspan="2">包装情况</td><td colspan="5">良好</td></tr>
<tr><td colspan="2">随机文件</td><td colspan="5">装箱单、产品说明书及合格证</td></tr>
<tr><td colspan="2">备件与附件</td><td colspan="5">齐全</td></tr>
<tr><td colspan="2">外观情况</td><td colspan="5">良好</td></tr>
<tr><td colspan="2">测试情况</td><td colspan="5">良好</td></tr>
<tr><td rowspan="8">检验结果</td><td colspan="7">缺、损附备件明细表</td></tr>
<tr><td>序号</td><td>名　称</td><td>规　格</td><td>单位</td><td>数量</td><td colspan="2">备注</td></tr>
<tr><td></td><td></td><td></td><td></td><td></td><td colspan="2"></td></tr>
<tr><td></td><td></td><td></td><td></td><td></td><td colspan="2"></td></tr>
<tr><td></td><td></td><td></td><td></td><td></td><td colspan="2"></td></tr>
<tr><td></td><td></td><td></td><td></td><td></td><td colspan="2"></td></tr>
<tr><td></td><td></td><td></td><td></td><td></td><td colspan="2"></td></tr>
<tr><td></td><td></td><td></td><td></td><td></td><td colspan="2"></td></tr>
<tr><td colspan="8">检验结论：
检查包装、随机文件齐全，外观良好，符合设计及规范要求，同意验收</td></tr>
<tr><td rowspan="2">签字栏</td><td colspan="2">建设(监理)单位</td><td colspan="2">施工单位</td><td colspan="3">供应单位</td></tr>
<tr><td colspan="2">×××</td><td colspan="2">×××</td><td colspan="3">×××</td></tr>
</table>

注：本表由施工单位填写，施工单位、监理单位各保存一份。

四、《设备开箱检验记录》填写说明

(1)责任部门。

项目机电部。

(2)提交时限。

进场验收通过后 1d 内提交。

(3)资料归档。

本表一式两份，由施工单位填写，施工单位、监理单位共同保存。

(4)填写要点。

与《材料、构配件进场检验记录》填写要求相同。

(5)参考规范。

《建筑给水排水及采暖工程施工质量验收规范》GB 50242—2002。

(6)相关要求。

1)检验项目主要包括：设备的产地、品种、规格、外观、数量、附件情况、标识和质量证明文件、相关技术文件等。

2)设备开箱时应具备的质量证明文件、相关技术要求如下：

① 各类设备均应有产品质量合格证，其生产日期、规格型号、生产厂家等内容应与实际进场的设备相符。

② 对于国家及地方所规定的特定设备，应有相应资质等级检测单位的检测报告，如锅炉(压力容器)的焊缝无损伤检验报告、卫生器具的环保检测报告、水表、热量表的计量检测证书等。

③ 主要设备、器具应有安装使用说明书。

④ 成品补偿器应有预拉伸证明书。

⑤ 进口设备应有商检证明(国家认证委员会公布的强制性认证[CCC 认证]产品除外)和中文版的质量证明文件、性能检测报告以及中文版的安装、使用、维修和试验要求等技术文件。

3)所有设备进场时包装应完好，表面无划痕及外力冲击破损。应按照相关的标准和采购合同的要求对所有设备的产地、规格、型号、数量、附件等项目进行检测，符合要求方可接收。

4)水泵、锅炉、热交换器、罐类等设备上应有金属材料印制的铭牌，铭牌的标注内容应准确，字迹应清楚。

5)对涉及安全、卫生、功能的有关物资应按施工质量验收规范及相关规定进行进场复验及有见证取样和送检，具有相应试验(检验)报告。

6)对有异议的设备应由相应资质等级检测单位进行抽样检测，并出具检测报告。异议是指：

① 近期该产品因质量低劣而被曝光的。

② 经了解在其他工程使用中发生过质量问题的。

③ 进场后经观察与同类产品有明显差异，有可能不符合有关标准的。

五、《设备及管道附件试验记录》填写范例

设备及管道附件试验记录				资料编号	×××	
工程名称		××大厦		系统名称	给水系统	
设备/管道附件名称		蝶阀		试验日期	××年×月×日	
试验要求:						
型号、材质		*DN*73F-10C	*DN*73F-10C	*DN*73F-10C	*DN*73F-10C	
规格		*DN*100	*DN*80	*DN*65	*DN*50	
总数量		××	××	××	××	
试验数量		××	××	××	××	
公称或工作压力(MPa)		1	1	1	1	
强度试验	试验压力(MPa)	1.5	1.5	1.5	1.5	
	试验持续时间(s)	60	60	60	15	
	试验压力降(MPa)	0	0	0	0	
	渗漏情况	无渗漏	无渗漏	无渗漏	无渗漏	
	试验结论	合格	合格	合格	合格	
严密性试验	试验压力(MPa)	1.1	1.1	1.1	1.1	
	试验持续时间(s)	30	30	30	15	
	试验压力降(MPa)	0	0	0	0	
	渗漏情况	无渗漏	无渗漏	无渗漏	无渗漏	
	试验结论	合格	合格	合格	合格	
签字栏	施工单位	××建设集团有限公司	专业技术负责人	专业质检员	专业工长	
			×××	×××	×××	
	监理(建设)单位	××工程建设监理有限公司		专业工程师	×××	

注:本表由施工单位填写,施工单位、监理单位、建设单位各保存一份。

六、《设备及管道附件试验记录》填写说明

(1)责任部门。

项目机电部。

(2)提交时限。

进场验收通过后1d内提交。

(3)资料归档。

本表一式三份，由施工单位填写，施工单位、监理单位、建设单位共同保存。

(4)填写要点。

1)除签字栏必须由相关人员亲笔签字外，其余项目栏均应打印。

2)表格中凡需填写的地方，根据实际试验情况如实填写。

(5)参考规范。

《建筑给水排水及采暖工程施工质量验收规范》GB 50242—2002。

(6)相关要求。

1)设备、阀门、密闭水箱(罐)、风机盘管、成组散热器及其他散热设备安装前，均应按规定进行强度严密性试验并做记录，填写《设备及管道附件试验记录》。

2)阀门试验要求如下：

① 阀门安装前，应做强度和严密性试验。试验应在每批(同牌号、同型号、同规格)数量中抽查10%，且不少于1个。对于安装在主干管上起切断作用的闭路阀门，应逐个做强度和严密性试验。

② 阀门的强度和严密性试验应符合以下规定：阀门的强度试验压力为公称压力的1.5倍；严密性试验压力为公称压力的1.1倍；试验压力在试验持续时间内应保持不变，且壳体填料及阀瓣密封面无渗漏。

阀门试验的持续时间应不少于表2-1的规定。

表2-1　阀门试验持续时间

公称直径 *DN* (mm)	最短试验持续时间(s)		
	严密性试验		强度试验
	金属密封	非金属密封	
≤50	15	15	15
65～200	30	15	60
250～450	60	30	180

3)散热器组对后，以及整组出厂的散热器在安装之前应做水压试验。试验压力如设计无要求时应为工作压力的1.5倍，但不得小于0.6MPa。检验方法是试验压力下2～3min压力不降且不渗不漏。

七、《工程物资进场报验表》填写范例

工程物资进场报验表				资料编号	×××
工程名称	××工程			报验日期	××年×月×日
现报上关于＿送排风系统＿工程的物资进场检验记录，该批物资经我方检验符合设计、规范及合约要求，请予以批准使用。					
物资名称	主要规格	单位	数量	选样报审表编号	使用部位
镀锌钢板	$\delta=0.5$	片	300	—	各层
镀锌钢板	$\delta=0.75$	片	900	—	各层

附件： 名 称 页 数 编 号

1. ☑ 出厂合格证 ＿×＿页 ＿×××＿
2. ☑ 厂家质量检验报告 ＿×＿页 ＿×××＿
3. ☐ 厂家质量保证书 ＿＿页 ＿＿＿
4. ☐ 商检证 ＿＿页 ＿＿＿
5. ☑ 进场检验报告 ＿×＿页 ＿×××＿
6. ☐ 进场复试报告 ＿＿页 ＿＿＿
7. ☐ 备案情况 ＿＿页 ＿＿＿
8. ☐ ＿＿页 ＿＿＿

申报单位名称：××建设集团有限公司　　申报人(签字)：×××

施工单位检验意见：

报验的工程材料的质量证明文件齐全，同意报项目监理部审批

☑有 / ☐无 附页

施工单位名称：××建设集团有限公司　技术负责人(签字)：×××　审核日期：××年×月×日

验收意见：

1. 物资质量控制资料齐全、有效。
2. 材料检验合格

审定结论：　☑同意　☐补报资料　☐重新检验　☐退场

监理单位名称：××建设监理有限公司　监理工程师(签字)：×××　验收日期：××年×月×日

注：本表由施工单位填报，建设单位、监理单位、施工单位各存一份。

第二节 通风与空调工程施工物资资料

一、《材料、构配件进场检验记录》填写范例

<table>
<tr><td colspan="5">材料、构配件进场检验记录</td><td>资料编号</td><td colspan="2">×××</td></tr>
<tr><td colspan="2">工程名称</td><td colspan="3">××工程</td><td>检验日期</td><td colspan="2">××年×月×日</td></tr>
<tr><td rowspan="2">序号</td><td rowspan="2">名称</td><td rowspan="2">规格型号</td><td rowspan="2">进场数量</td><td>生产厂家</td><td rowspan="2">检验项目</td><td rowspan="2">检验结果</td><td rowspan="2">备注</td></tr>
<tr><td>合格证号</td></tr>
<tr><td>1</td><td>镀锌钢板</td><td>1.0×1000×2000</td><td>10.5t</td><td>××钢铁公司
××××</td><td>外观、板厚、数量、材质证明</td><td>符合要求</td><td></td></tr>
<tr><td>2</td><td>镀锌钢板</td><td>0.75×1000×2000</td><td>9.355t</td><td>××钢铁公司
××××</td><td>外观、板厚、数量、材质证明</td><td>符合要求</td><td></td></tr>
<tr><td>3</td><td>镀锌钢板</td><td>0.60×1000×2000</td><td>6.8t</td><td>××钢铁公司
××××</td><td>外观、板厚、数量、材质证明</td><td>符合要求</td><td></td></tr>
<tr><td></td><td></td><td></td><td></td><td></td><td></td><td></td><td></td></tr>
<tr><td></td><td></td><td></td><td></td><td></td><td></td><td></td><td></td></tr>
<tr><td></td><td></td><td></td><td></td><td></td><td></td><td></td><td></td></tr>
<tr><td></td><td></td><td></td><td></td><td></td><td></td><td></td><td></td></tr>
<tr><td></td><td></td><td></td><td></td><td></td><td></td><td></td><td></td></tr>
<tr><td></td><td></td><td></td><td></td><td></td><td></td><td></td><td></td></tr>
<tr><td></td><td></td><td></td><td></td><td></td><td></td><td></td><td></td></tr>
<tr><td colspan="8">检验结论：
经检查，进场材料外观质量良好，厚度均匀，符合设计要求及施工规范规定，合格</td></tr>
<tr><td rowspan="3">签字栏</td><td rowspan="2">施工单位</td><td rowspan="2">××机电安装工程公司</td><td>专业质检员</td><td>专业工长</td><td>检验员</td></tr>
<tr><td>×××</td><td>×××</td><td>×××</td></tr>
<tr><td>监理(建设)单位</td><td colspan="2">××建设监理有限公司</td><td>专业工程师</td><td>×××</td></tr>
</table>

注：本表由施工单位填写，施工单位、监理单位各保存一份。

<table>
<tr><td colspan="5">材料、构配件进场检验记录</td><td>资料编号</td><td colspan="2">×××</td></tr>
<tr><td colspan="2">工程名称</td><td colspan="3">××工程</td><td>检验日期</td><td colspan="2">××年×月×日</td></tr>
<tr><td rowspan="2">序号</td><td rowspan="2">名称</td><td rowspan="2">规格型号</td><td rowspan="2">进场数量</td><td>生产厂家</td><td rowspan="2">检验项目</td><td rowspan="2">检验结果</td><td rowspan="2">备注</td></tr>
<tr><td>合格证号</td></tr>
<tr><td>1</td><td>橡塑海绵保温板</td><td>10000×100×20</td><td>$10m^3$</td><td>××公司
××××</td><td>外观及厚度</td><td>合格</td><td>材料为 B_1 级</td></tr>
<tr><td>2</td><td>橡塑海绵保温壳</td><td>$DN25$、$\delta=30$</td><td>$6m^3$</td><td>××公司
××××</td><td>外观及厚度</td><td>合格</td><td></td></tr>
<tr><td>3</td><td>橡塑海绵保温壳</td><td>$DN32$、$\delta=30$</td><td>$5m^3$</td><td>××公司
××××</td><td>外观及厚度</td><td>合格</td><td></td></tr>
<tr><td>4</td><td>橡塑海绵保温壳</td><td>$DN40$、$\delta=30$</td><td>$5m^3$</td><td>××公司
××××</td><td>外观及厚度</td><td>合格</td><td></td></tr>
<tr><td>5</td><td>橡塑海绵保温壳</td><td>$DN50$、$\delta=30$</td><td>$4.5m^3$</td><td>××公司
××××</td><td>外观及厚度</td><td>合格</td><td></td></tr>
<tr><td>6</td><td>橡塑海绵保温壳</td><td>$DN70$、$\delta=30$</td><td>$3m^3$</td><td>××公司
××××</td><td>外观及厚度</td><td>合格</td><td></td></tr>
<tr><td>7</td><td>橡塑海绵保温壳</td><td>$DN80$、$\delta=30$</td><td>$2m^3$</td><td>××公司
××××</td><td>外观及厚度</td><td>合格</td><td></td></tr>
<tr><td></td><td></td><td></td><td></td><td></td><td></td><td></td><td></td></tr>
<tr><td></td><td></td><td></td><td></td><td></td><td></td><td></td><td></td></tr>
<tr><td></td><td></td><td></td><td></td><td></td><td></td><td></td><td></td></tr>
<tr><td></td><td></td><td></td><td></td><td></td><td></td><td></td><td></td></tr>
<tr><td></td><td></td><td></td><td></td><td></td><td></td><td></td><td></td></tr>
<tr><td colspan="8">检验结论：
经检查，进场材料外观质量良好，厚度均匀，符合设计要求及施工规范规定，合格</td></tr>
<tr><td rowspan="3">签字栏</td><td rowspan="2">施工单位</td><td rowspan="2" colspan="2">××机电安装工程公司</td><td>专业质检员</td><td>专业工长</td><td colspan="2">检验员</td></tr>
<tr><td>×××</td><td>×××</td><td colspan="2">×××</td></tr>
<tr><td>监理(建设)单位</td><td colspan="3">××建设监理有限公司</td><td>专业工程师</td><td colspan="2">×××</td></tr>
</table>

注：本表由施工单位填写，施工单位、监理单位各保存一份。

二、《材料、构配件进场检验记录》填写说明

(1)责任部门、提交时限、资料归档及填写要点。

参见建筑给水排水及采暖工程《材料、构配件进场检验记录》填写说明相关内容。

(2)参考规范。

《通风与空调工程施工质量验收规范》GB 50243—2016。

(3)相关要求。

1)通风与空调工程应用的材料、构配件种类。

① 制冷机组、空调机组、风机、水泵、冰蓄冷设备、热交换设备、冷却塔、除尘设备、风机盘管、诱导器、水处理设备、补水装置、软化水装置、加热器、空气幕、空气净化设备、蒸汽调压设备、热泵机组、去(加)湿机(器)、装配式洁净室、变风量末端装置、过滤器、消声器、软接头、风口、风罩等应有产品合格证和质量证明文件。

② 阀门、疏水器、水箱、分(集)水器、减振器、储冷罐、集气罐、仪表、绝热材料等应有出厂合格证、质量证明文件及检验报告。

③ 压力表、温度计、湿度计、流量计、水位计等应有产品合格证和检测报告。

④ 各类板材、管材等应有质量证明文件。

⑤ 主要设备应有安装使用说明书。

2)工程物资选样送审。

工程物资选样送审是在工程中结合实际情况而约定的企业行为。按合同、施工图或其他文件如《设备考察表》,《设备考察选厂报审表》等文件的约定,施工单位根据建设单位、监理方或本方所提出的选样项目,在本工程物资订货或进场之前进行选样审批手续。主要内容为材料、设备的品种、规格、型号、质量等级、生产厂商、价格、产品合格证明等。送审样品应是免费提供、现场封存,随时作为样品与今后进厂货物进行按样验收。

根据下面情况都可以进行工程物资选样:

① 某物资项目,根据建设单位要求的条件选定厂家,报监理有关技术文件及样品。如风管的材质、连接形式、阀部件形式、风口或通风器形式、颜色等。

② 由于所订某项设备、配件批量大,为保证工程质量,责成已选定的厂商先选送一个样机(件)和技术文件。施工单位封存样品,将来货到现场后按样品条件验收。

③ 物资项目须选至少两家以上厂商进行工厂实地考察或产品展示或应用工程的考察,然后共同选定厂商并决定是否选择。

技术文件一般包括:生产厂家资质文件、产品性能说明书、质量检验报告、质量保证书(售后服务承诺)、工程应用实例(厂家业绩)、产品合格证、产品样本等。

3)材料、构配件进场检查验收。

工程物资(包括主要原材料、成品、半成品、构配件、设备等)质量必须合格。进场时要进行检查和验收。材料、配件、产品等进场后,施工单位采用相应手段、方法进行检验。需进行抽检的材料、配件按不同规格、型号、批量或按规定比例进行检验,记录在材料、配件进场检验记录表,及时向监理报验签认。

三、《设备开箱检验记录》填写范例

<table>
<tr><td colspan="4">设备开箱检验记录</td><td>资料编号</td><td colspan="2">×××</td></tr>
<tr><td colspan="2">设备名称</td><td colspan="2">屋顶风机</td><td>检验日期</td><td colspan="2">××年×月×日</td></tr>
<tr><td colspan="2">规格型号</td><td colspan="2">XYF-6</td><td>总 数 量</td><td colspan="2">10 台</td></tr>
<tr><td colspan="2">装箱单号</td><td colspan="2">500～509</td><td>检验数量</td><td colspan="2">10 台</td></tr>
<tr><td rowspan="5">检验记录</td><td>包装情况</td><td colspan="6">塑料布包装</td></tr>
<tr><td>随机文件</td><td colspan="6">装箱清单、产品合格证书、出厂检测报告、设备说明书齐全</td></tr>
<tr><td>备件与附件</td><td colspan="6">减振垫、螺栓等齐全</td></tr>
<tr><td>外观情况</td><td colspan="6">外观情况良好、喷涂均匀、无铸造缺陷</td></tr>
<tr><td>测试情况</td><td colspan="6">经手动测试运转情况良好</td></tr>
<tr><td rowspan="9">检验结果</td><td colspan="6">缺、损附备件明细表</td></tr>
<tr><td>序号</td><td>名　　称</td><td>规　　格</td><td>单位</td><td>数量</td><td>备注</td></tr>
<tr><td></td><td></td><td></td><td></td><td></td><td></td></tr>
<tr><td></td><td></td><td></td><td></td><td></td><td></td></tr>
<tr><td></td><td></td><td></td><td></td><td></td><td></td></tr>
<tr><td></td><td></td><td></td><td></td><td></td><td></td></tr>
<tr><td></td><td></td><td></td><td></td><td></td><td></td></tr>
<tr><td></td><td></td><td></td><td></td><td></td><td></td></tr>
<tr><td></td><td></td><td></td><td></td><td></td><td></td></tr>
<tr><td colspan="7">检验结论：
检查包装、随机文件齐全，外观良好，符合设计及规范要求，同意验收</td></tr>
<tr><td rowspan="2">签字栏</td><td colspan="2">建设(监理)单位</td><td colspan="2">施工单位</td><td colspan="2">供应单位</td></tr>
<tr><td colspan="2">×××</td><td colspan="2">×××</td><td colspan="2">×××</td></tr>
</table>

注：本表由施工单位填写，施工单位、监理单位各保存一份。

<table>
<tr><td colspan="3">设备开箱检验记录</td><td colspan="4">资料编号</td><td colspan="2">×××</td></tr>
<tr><td colspan="2">设备名称</td><td colspan="2">风机盘管</td><td colspan="3">检验日期</td><td colspan="2">××年×月×日</td></tr>
<tr><td colspan="2">规格型号</td><td colspan="2">YGFC-06、03、08（左）（右）</td><td colspan="3">总 数 量</td><td colspan="2">60 台</td></tr>
<tr><td colspan="2">装箱单号</td><td colspan="2">×××</td><td colspan="3">检验数量</td><td colspan="2">8 台</td></tr>
<tr><td rowspan="5">检验记录</td><td>包装情况</td><td colspan="7">厚板纸盒包装、无破损</td></tr>
<tr><td>随机文件</td><td colspan="7">装箱单、合格证、技术说明书、检测报告等齐全</td></tr>
<tr><td>备件与附件</td><td colspan="7">减振吊架</td></tr>
<tr><td>外观情况</td><td colspan="7">外观无损伤、锈蚀，完好</td></tr>
<tr><td>测试情况</td><td colspan="7">通电测试运转正常、无阻滞及卡碰现象</td></tr>
<tr><td rowspan="9">检验结果</td><td colspan="8">缺、损附备件明细表</td></tr>
<tr><td>序号</td><td colspan="2">名　称</td><td colspan="2">规　格</td><td>单位</td><td>数量</td><td>备注</td></tr>
<tr><td></td><td colspan="2"></td><td colspan="2"></td><td></td><td></td><td></td></tr>
<tr><td></td><td colspan="2"></td><td colspan="2"></td><td></td><td></td><td></td></tr>
<tr><td></td><td colspan="2"></td><td colspan="2"></td><td></td><td></td><td></td></tr>
<tr><td></td><td colspan="2"></td><td colspan="2"></td><td></td><td></td><td></td></tr>
<tr><td></td><td colspan="2"></td><td colspan="2"></td><td></td><td></td><td></td></tr>
<tr><td></td><td colspan="2"></td><td colspan="2"></td><td></td><td></td><td></td></tr>
<tr><td></td><td colspan="2"></td><td colspan="2"></td><td></td><td></td><td></td></tr>
<tr><td colspan="9">检验结论：
风机盘管质量证明文件齐全；经目测及通电试验，外观良好、运转正常，符合设计及规范要求，同意验收</td></tr>
<tr><td rowspan="2">签字栏</td><td colspan="2">建设（监理）单位</td><td colspan="3">施工单位</td><td colspan="3">供应单位</td></tr>
<tr><td colspan="2">×××</td><td colspan="3">×××</td><td colspan="3">×××</td></tr>
</table>

注：本表由施工单位填写，施工单位、监理单位各保存一份。

<table>
<tr><td colspan="5">设备开箱检验记录</td><td colspan="2">资料编号</td><td>×××</td></tr>
<tr><td colspan="2">设备名称</td><td colspan="3">冷水机组</td><td colspan="2">检验日期</td><td>××年×月×日</td></tr>
<tr><td colspan="2">规格型号</td><td colspan="3">YSCACAS25CED</td><td colspan="2">总 数 量</td><td>3 台</td></tr>
<tr><td colspan="2">装箱单号</td><td colspan="3">×××</td><td colspan="2">检验数量</td><td>3 台</td></tr>
<tr><td rowspan="5">检验记录</td><td>包装情况</td><td colspan="6">外木板条箱、内塑料布包装</td></tr>
<tr><td>随机文件</td><td colspan="6">合格证、安装维护说明书、接线图装箱单</td></tr>
<tr><td>备件与附件</td><td colspan="6">齐全(按装箱单查)</td></tr>
<tr><td>外观情况</td><td colspan="6">良好、无锈蚀、损坏</td></tr>
<tr><td>测试情况</td><td colspan="6">目测合格(待安装后运转测试)</td></tr>
<tr><td rowspan="9">检验结果</td><td colspan="7">缺、损附备件明细表</td></tr>
<tr><td>序号</td><td>名　　称</td><td>规　　格</td><td>单位</td><td>数量</td><td colspan="2">备注</td></tr>
<tr><td></td><td></td><td></td><td></td><td></td><td colspan="2"></td></tr>
<tr><td></td><td></td><td></td><td></td><td></td><td colspan="2"></td></tr>
<tr><td></td><td></td><td></td><td></td><td></td><td colspan="2"></td></tr>
<tr><td></td><td></td><td></td><td></td><td></td><td colspan="2"></td></tr>
<tr><td></td><td></td><td></td><td></td><td></td><td colspan="2"></td></tr>
<tr><td></td><td></td><td></td><td></td><td></td><td colspan="2"></td></tr>
<tr><td></td><td></td><td></td><td></td><td></td><td colspan="2"></td></tr>
<tr><td colspan="8">检验结论：
符合设计与规范要求。设备及资料完好、合格，可进行安装</td></tr>
<tr><td rowspan="2">签字栏</td><td colspan="2">建设(监理)单位</td><td colspan="2">施工单位</td><td colspan="3">供应单位</td></tr>
<tr><td colspan="2">×××</td><td colspan="2">×××</td><td colspan="3">×××</td></tr>
</table>

注：本表由施工单位填写，施工单位、监理单位各保存一份。

四、《设备开箱检验记录》填写说明

(1)责任部门、提交时限、资料归档及填写要点。

参见建筑给水排水及采暖工程《设备开箱检验记录》填写说明相关内容。

(2)参考规范。

《通风与空调工程施工质量验收规范》GB 50243—2016。

(3)相关要求。

1)参检人员。

设备安装前应进行开箱检查，开箱检查人员可由建设、监理、施工单位的代表组成。施工单位由材料员、质检员、施工员或技术人员会同有关供货方共同查验签字(为保证真实可靠性，需厂家参加)，在提供设备单位记录栏内必须盖单位章并签字。

2)参检事项。

设备的开箱检验是设备安装的一个重要步骤，主要设备应开箱检验，清点附件，按说明书及设备明细表核查其规格、型号、数量、生产日期、合格证、专用工具，并进行外观检查和测试，性能检验按《通风与空调工程施工质量验收规范》GB 50243—2016 执行。

检查发现的问题及处理结果要如实记录，不合格材料、设备不得使用。

3)通风机的开箱检查。

① 根据设备装箱清单，核对叶轮、机壳和其他部件的主要尺寸，进风口、出风口的位置等应与设计相符。

② 叶轮旋转方向应符合设备技术文件的规定。

③ 进风口、出风口应有盖板遮盖，各切削加工面、机壳和转子不应有变形或锈蚀、破损等缺陷。

4)空调设备的开箱检查。

① 应按装箱清单核对设备的型号、规格及附件数量。

② 设备的外形应规则、平直，圆弧表面平整无明显偏差，结构应完整，焊缝应饱满，无缺损和孔洞。

③ 金属设备的构件表面应除锈和防腐处理，外表面的色调应一致，且无明显的划伤、锈斑、伤痕、气泡和剥落现象。

④ 非金属设备的构件材质应符合使用场所的环境要求，表面保护涂层应完整。

⑤ 设备的进出口应封闭良好，随机的零部件应齐全无缺损。

5)制冷设备的开箱检查。

① 根据设备装箱清单、说明书、合格证、检验记录、必要的装配图和其他技术性文件，核对型号、规格以及全部零部件、附属材料和专用工具。

② 主体和零部件等表面有无缺陷和锈蚀等情况。

③ 设备充填的保护气体应无泄漏、油封完好，开箱检查后，设备应采取保护措施，不宜过早任意拆除，以免设备受损。

五、《设备及管道附件试验记录》填写范例

设备及管道附件试验记录					资料编号	×××
工程名称		××工程			系统名称	通风系统
设备/管道附件名称		风机盘管			试验日期	××年×月×日
试验要求：						
型号、材质		YGFC	YGFC	YGFC	YGFC	YGFC
规格		05-CC-3SL	05-CC-3S	04-CC-3S	04-CC-3S	04-CC-3S
总数量		1	1	1	1	1
试验数量		1	1	1	1	1
公称或工作压力(MPa)						
强度试验	试验压力(MPa)	2.4	2.4	2.4	2.4	2.4
	试验持续时间(s)	120	120	120	120	120
	试验压力降(MPa)	0	0	0	0	0
	渗漏情况	无渗漏	无渗漏	无渗漏	无渗漏	无渗漏
	试验结论	合格	合格	合格	合格	合格
严密性试验	试验压力(MPa)					
	试验持续时间(s)					
	试验压力降(MPa)					
	渗漏情况					
	试验结论					
签字栏	施工单位	××建筑有限公司	专业技术负责人		专业质检员	专业工长
			×××		×××	×××
	监理(建设)单位	××建设监理有限公司			专业工程师	×××

注：本表由施工单位填写，施工单位、监理单位、建设单位各保存一份。

六、《设备及管道附件试验记录》填写说明

参见建筑给水排水及采暖工程《设备及管道附件试验记录》填写说明相关内容。

第三章

建筑设备安装工程施工记录（C5）

本章内容包括下列资料：

- 建筑给水排水及采暖工程施工记录
- 通风与空调工程施工记录

第一节　建筑给水排水及采暖工程施工记录

一、《隐蔽工程验收记录》填写范例

<table>
<tr><td colspan="4">隐蔽工程验收记录</td><td>资料编号</td><td>×××</td></tr>
<tr><td colspan="2">工程名称</td><td colspan="4">××工程</td></tr>
<tr><td colspan="2">隐检项目</td><td colspan="2">给水出外墙防水套管安装</td><td>隐检日期</td><td>××年×月×日</td></tr>
<tr><td colspan="2">隐检部位</td><td colspan="4">地下一 层　　①～③/Ⓕ～Ⓚ轴线　　－1.85m 标高</td></tr>
<tr><td colspan="6">隐检依据：施工图图号（　水施××　），设计变更/洽商（编号　/　）及有关国家现行标准等。
主要材料名称及规格/型号：刚性防水套管　DN80</td></tr>
<tr><td colspan="6">隐检内容：
1. 防水套管的材质为焊接钢管，防水翼环壁厚为5mm，翼环高度为50mm。
2. 防水套管安装在地下一层（①～③/Ⓕ～Ⓚ）外墙上，标高为－1.85m。
3. 套管固定采用附加筋的形式，安装牢固。翼环焊缝均匀，表面无裂纹。
4. 套管断面及管内壁涂刷樟丹油，防腐良好。
隐检内容已做完，请予以检查
申报人：×××</td></tr>
<tr><td colspan="6">检查意见：
经检查，防水套管的制作、安装位置、固定方式等均符合设计要求和《建筑给水排水及采暖工程施工质量验收规范》GB 50242—2002 的规定

检查结论：　☑同意隐蔽　　□不同意，修改后进行复查</td></tr>
<tr><td colspan="6">复查结论：

复查人：　　　　　　　　复查日期：</td></tr>
<tr><td rowspan="3">签字栏</td><td rowspan="2">施工单位</td><td rowspan="2">××机电工程有限公司</td><td>专业技术负责人</td><td>专业质检员</td><td>专业工长</td></tr>
<tr><td>×××</td><td>×××</td><td>×××</td></tr>
<tr><td>监理（建设）单位</td><td colspan="2">××工程建设监理有限公司</td><td>专业工程师</td><td>×××</td></tr>
</table>

注：本表由施工单位填写，建设单位、施工单位、监理单位、城建档案馆各保存一份。

<table>
<tr><td colspan="3">隐蔽工程验收记录</td><td>资料编号</td><td colspan="2">×××</td></tr>
<tr><td colspan="2">工程名称</td><td colspan="4">××工程</td></tr>
<tr><td colspan="2">隐检项目</td><td colspan="2">低区冷水导管安装</td><td>隐检日期</td><td>××年×月×日</td></tr>
<tr><td colspan="2">隐检部位</td><td colspan="4">地下一 层　　⑪～⑰/Ⓖ～Ⓜ 轴线　　－1.90m 标高</td></tr>
<tr><td colspan="6">隐检依据：施工图图号（水施 1、水施 3），设计变更/洽商（编号 / ）及有关国家现行标准等。
主要材料名称及规格/型号：给水涂塑复合钢管　DN50、DN40、DN25</td></tr>
<tr><td colspan="6">隐检内容：
1. 本层低区冷水导管采用给水涂塑复合钢管，管径为 DN50～DN25，采用丝扣连接，管件使用应正确，丝扣合格，接口应严密。
2. 导管安装在地下一层⑪～⑰轴交Ⓖ～Ⓜ轴顶板下，标高为－0.80m，进户管道标高为－1.90m，坡度为 2‰。
3. 管道位置合理，管道使用 ϕ10 圆钢吊架固定，吊架间距不大于 0.7m。
4. 管道及支吊架防腐没有遗漏，无脱皮、起泡现象。
5. 阀门安装位置、方向应正确。
6. 强度试验结果合格。
隐检内容已做完，请予以检查
申报人：×××</td></tr>
<tr><td colspan="6">检查意见：
经检查，管道安装使用的材质、连接方式、安装位置、坡度、固定方式、阀门安装、管道及支吊架防腐以及单项水压试验结果等符合设计要求和《建筑给水排水及采暖工程施工质量验收规范》GB 50242—2002 的规定

检查结论：　☑同意隐蔽　　☐不同意，修改后进行复查</td></tr>
<tr><td colspan="6">复查结论：

复查人：　　　　　　　　复查日期：</td></tr>
<tr><td rowspan="3">签字栏</td><td rowspan="2">施工单位</td><td rowspan="2">××机电工程有限公司</td><td>专业技术负责人</td><td>专业质检员</td><td>专业工长</td></tr>
<tr><td>×××</td><td>×××</td><td>×××</td></tr>
<tr><td>监理（建设）单位</td><td colspan="2">××工程建设监理有限公司</td><td>专业工程师</td><td>×××</td></tr>
</table>

注：本表由施工单位填写，建设单位、施工单位、监理单位、城建档案馆各保存一份。

<table>
<tr><td colspan="4">隐蔽工程验收记录</td><td>资料编号</td><td>×××</td></tr>
<tr><td>工程名称</td><td colspan="5">××办公楼工程</td></tr>
<tr><td>隐检项目</td><td colspan="3">消火栓系统管道安装</td><td>隐检日期</td><td>××年×月×日</td></tr>
<tr><td>隐检部位</td><td colspan="5">地下一层～三 层　　①～⑬/Ⓐ～Ⓖ 轴线　　－4.800～9.400m 标高</td></tr>
<tr><td colspan="6">隐检依据：施工图图号（　水施-15～水施-18　），设计变更/洽商（编号　/　）及有关国家现行标准等。
主要材料名称及规格/型号：　热镀锌焊接钢管　DN100～DN65</td></tr>
<tr><td colspan="6">隐检内容：
1. 管材、管件产品合格证、质量证明书、检测报告齐全、有效，合格；其品种、规格符合设计要求。
2. 管材及管件安装的位置、标高、坡度符合设计要求。消防管道 DN≥100 采用沟槽连接，DN<100 采用丝扣连接，外露丝扣做防锈处理。
3. 管道变径位置、管道支架规格、位置及固定形式符合设计及规范要求。
4. 管道水压试压结果符合设计及规范要求

影像资料的部位、数量：
隐检内容已做完，请予以检查

申报人：×××</td></tr>
<tr><td colspan="6">检查意见：
经检查，符合设计要求及《建筑给水排水及采暖工程施工质量验收规范》GB 50242—2002 的规定

检查结论：　☑同意隐蔽　　□不同意，修改后进行复查</td></tr>
<tr><td colspan="6">复查结论：

复查人：　　　　　　复查日期：</td></tr>
<tr><td rowspan="3">签字栏</td><td rowspan="2">施工单位</td><td rowspan="2">××消防工程有限公司（专业分包）
××建设集团有限公司（总包）</td><td>专业技术负责人</td><td>专业质检员</td><td>专业工长</td></tr>
<tr><td>×××（专业分包）
×××（总包）</td><td>×××（专业分包）
×××（总包）</td><td>×××（专业分包）
×××（总包）</td></tr>
<tr><td>监理（建设）单位</td><td colspan="2">××工程建设监理有限公司</td><td>专业工程师</td><td>×××</td></tr>
</table>

注：本表由施工单位填写，建设单位、施工单位、监理单位、城建档案馆各保存一份。

隐蔽工程验收记录		资料编号	×××
工程名称	××工程		
隐检项目	污水托吊立、支管	隐检日期	××年×月×日
隐检部位	一层～三 层　①～⑳/Ⓐ～Ⓗ 轴线　0.300～8.700mm 标高		

隐检依据：施工图图号（设施 4、设施 6），设计变更/洽商（编号 / ）及有关国家现行标准等。

主要材料名称及规格/型号：排水铸铁管 $DN100$～$DN50$

隐检内容：

检查污水托吊立、支管安装：各器具排水口尺寸、安装位置正确，立管采用法兰承口柔性连接，法兰螺栓为镀锌螺栓，支管采用普通铸铁管，捻口连接，水泥捻口饱满；立管与横支管连接采用 TY 三通，立管垂直度不大于 2mm/m，支管坡度不小于 25‰；地漏水封不小于 50mm，立管根部设置地坪卡子；管道及支吊架进行防腐处理，有闭水试验记录。

隐检内容已做完，请予以检查

申报人：×××

检查意见：

经检查，污水立管、支管安装使用的材质、连接方式、安装位置、坡度、固定方式、管道及支吊架防腐以及闭水试验结果等符合设计要求和《建筑给水排水及采暖工程施工质量验收规范》GB 50242—2002 的规定。地漏水封均大于 50mm，标高正确

检查结论：☑同意隐蔽　□不同意，修改后进行复查

复查结论：

复查人：　　　　复查日期：

签字栏	施工单位	××机电工程有限公司	专业技术负责人	专业质检员	专业工长
			×××	×××	×××
	监理（建设）单位	××工程建设监理有限公司		专业工程师	×××

注：本表由施工单位填写，建设单位、施工单位、监理单位、城建档案馆各保存一份。

<table>
<tr><td colspan="3">隐蔽工程验收记录</td><td>资料编号</td><td colspan="3">×××</td></tr>
<tr><td colspan="2">工程名称</td><td colspan="5">××工程</td></tr>
<tr><td colspan="2">隐检项目</td><td colspan="2">卫生间排水导、支管安装</td><td>隐检日期</td><td colspan="2">××年×月×日</td></tr>
<tr><td colspan="2">隐检部位</td><td colspan="5">地下一 层　　①～⑫/Ⓐ～Ⓖ 轴线　　－1.80m 标高</td></tr>
<tr><td colspan="7">隐检依据：施工图图号（　设施 9　），设计变更/洽商（编号　/　）及有关国家现行标准等。
主要材料名称及规格/型号：　灰口铸铁机制管　DN100、DN50</td></tr>
<tr><td colspan="7">隐检内容：
1. 管道为灰口铸铁机制管，管径为 DN100、DN50，水泥捻口连接。
2. 地下埋设安装，标高为－1.80m，坡度为 15‰。
3. 管道外刷防锈漆一遍，沥青防腐两道。
4. 管道使用砖砌墩水泥固定，间距为 1.2m。
5. 卫生间地漏标高低于实际地面 5mm。
6. 灌水试验结果合格

申报人：×××</td></tr>
<tr><td colspan="7">检查意见：
经检查，排水导、支管安装符合设计要求及《建筑给水排水及采暖工程施工质量验收规范》GB 50242—2002 的规定

检查结论：　☑同意隐检　　□不同意，修改后进行复查</td></tr>
<tr><td colspan="7">复查结论：

复查人：　　　　　　　　复查日期：</td></tr>
<tr><td rowspan="3">签字栏</td><td rowspan="2">施工单位</td><td rowspan="2">××机电工程有限公司</td><td>专业技术负责人</td><td colspan="2">专业质检员</td><td>专业工长</td></tr>
<tr><td>×××</td><td colspan="2">×××</td><td>×××</td></tr>
<tr><td>监理(建设)单位</td><td colspan="2">××工程建设监理有限公司</td><td colspan="2">专业工程师</td><td>×××</td></tr>
</table>

注：本表由施工单位填写，建设单位、施工单位、监理单位、城建档案馆各保存一份。

<table>
<tr><td colspan="4">隐蔽工程验收记录</td><td>资料编号</td><td colspan="2">×××</td></tr>
<tr><td colspan="2">工程名称</td><td colspan="5">××工程</td></tr>
<tr><td colspan="2">隐检项目</td><td colspan="2">室内排水系统(雨水干管)</td><td>隐检日期</td><td colspan="2">××年×月×日</td></tr>
<tr><td colspan="2">隐检部位</td><td colspan="5">地下一 层　⑯～㉔/Ⓑ～Ⓕ 轴线　－3.540～0.640m 标高</td></tr>
<tr><td colspan="7">隐检依据：施工图图号（　水施 8　），设计变更/洽商（编号　/　）及有关国家现行标准等。
主要材料名称及规格/型号：　铸铁管　DN150</td></tr>
<tr><td colspan="7">隐检内容：
1. 管材的规格、质量、安装位置准确，管道的固定牢固。
2. 管道及管道支座下的土质情况。
3. 检查雨水管道的坡度，接口结构和所用填料符合设计和规范要求。
4. 管道支(吊、托)架及管座(墩)构造正确，埋设平正牢固，排列整齐，支架与管道接触紧密。
5. 管道漆膜厚度均匀，色泽一致，无流淌及污染现象

申报人：×××</td></tr>
<tr><td colspan="7">检查意见：
经检查，上述项目均符合设计要求及《建筑给水排水及采暖工程施工质量验收规范》GB 50242—2002 的规定

检查结论：　☑同意隐蔽　　□不同意，修改后进行复查</td></tr>
<tr><td colspan="7">复查结论：

复查人：　　　　　　复查日期：</td></tr>
<tr><td rowspan="3">签字栏</td><td rowspan="2">施工单位</td><td rowspan="2">××机电工程有限公司</td><td>专业技术负责人</td><td>专业质检员</td><td colspan="2">专业工长</td></tr>
<tr><td>×××</td><td>×××</td><td colspan="2">×××</td></tr>
<tr><td>监理(建设)单位</td><td colspan="2">××工程建设监理有限公司</td><td>专业工程师</td><td colspan="2">×××</td></tr>
</table>

注：本表由施工单位填写，建设单位、施工单位、监理单位、城建档案馆各保存一份。

<table>
<tr><td colspan="4">隐蔽工程验收记录</td><td colspan="2">资料编号</td><td>×××</td></tr>
<tr><td colspan="2">工程名称</td><td colspan="5">××工程</td></tr>
<tr><td colspan="2">隐检项目</td><td colspan="2">卫生间热水支管安装</td><td colspan="2">隐检日期</td><td>××年×月×日</td></tr>
<tr><td colspan="2">隐检部位</td><td colspan="5">三 层　①～⑥/Ⓒ～Ⓙ 轴线　－0.2m 标高</td></tr>
<tr><td colspan="7">隐检依据：施工图图号（水施 5、水施 8），设计变更/洽商（编号 / ）及有关国家现行标准等。
主要材料名称及规格/型号：PP-R 管　D_e25、D_e20</td></tr>
<tr><td colspan="7">隐检内容：
1. 支管采用 PP-R 管，管径为 D_e25、D_e20，标高为－0.2m，热熔连接。
2. 管道使用专用管卡固定，管卡间距为 600mm。
3. 各器具甩口尺寸、安装位置符合设计要求。
4. 强度严密性试验结果合格

申报人：×××</td></tr>
<tr><td colspan="7">检查意见：
经检查，热水支管管材、规格及安装技术要求均符合设计要求及《建筑给水排水及采暖工程施工质量验收规范》GB 50242—2002 的规定

检查结论：　☑同意隐蔽　　□不同意，修改后进行复查</td></tr>
<tr><td colspan="7">复查结论：

复查人：　　　　复查日期：</td></tr>
<tr><td rowspan="3">签字栏</td><td rowspan="2">施工单位</td><td rowspan="2">××机电工程有限公司</td><td>专业技术负责人</td><td colspan="2">专业质检员</td><td>专业工长</td></tr>
<tr><td>×××</td><td colspan="2">×××</td><td>×××</td></tr>
<tr><td>监理（建设）单位</td><td colspan="2">××工程建设监理有限公司</td><td colspan="2">专业工程师</td><td>×××</td></tr>
</table>

注：本表由施工单位填写，建设单位、施工单位、监理单位、城建档案馆各保存一份。

<table>
<tr><td colspan="3">隐蔽工程验收记录</td><td>资料编号</td><td colspan="3">×××</td></tr>
<tr><td colspan="2">工程名称</td><td colspan="5">××工程</td></tr>
<tr><td colspan="2">隐检项目</td><td colspan="2">室内热水供应系统刚性套管安装</td><td>隐检日期</td><td colspan="2">××年×月×日</td></tr>
<tr><td colspan="2">隐检部位</td><td colspan="5">四 层　　顶板　　①～⑨/Ⓔ～Ⓗ 轴线　　12.900m 标高</td></tr>
<tr><td colspan="7">隐检依据：施工图图号（　水施 7　），设计变更/洽商（编号　/　）及有关国家现行标准等。
主要材料名称及规格/型号：　钢套管</td></tr>
<tr><td colspan="7">隐检内容：
1. 根据楼板厚度及管径尺寸确定套管规格、长度，下料后套管端面及套管内刷防锈漆两道。
2. 该部位刚性套管有 30 处，其中直径为 D_e50 的 15 处，直径为 D_e40 的 15 处，套管安装位置准确，符合施工图纸要求。
3. 套管与管道之间的环形缝用 C15 细石混凝土分两次嵌缝，第一次嵌缝至板厚的 2/3 高度，待达到 50%强度后进行第二次嵌缝至板面平，并用 M10 水泥砂浆抹高、宽不小于 25mm 的三角灰

申报人：×××</td></tr>
<tr><td colspan="7">检查意见：
经检查：符合设计要求及《建筑给水排水及采暖工程施工质量验收规范》GB 50242—2002 的规定

检查结论：　☑同意隐蔽　　□不同意，修改后进行复查</td></tr>
<tr><td colspan="7">复查结论：

复查人：　　　　　　复查日期：</td></tr>
<tr><td rowspan="3">签字栏</td><td rowspan="2">施工单位</td><td rowspan="2">××机电工程有限公司</td><td>专业技术负责人</td><td>专业质检员</td><td colspan="2">专业工长</td></tr>
<tr><td>×××</td><td>×××</td><td colspan="2">×××</td></tr>
<tr><td>监理（建设）单位</td><td colspan="2">××工程建设监理有限公司</td><td>专业工程师</td><td colspan="2">×××</td></tr>
</table>

注：本表由施工单位填写，建设单位、施工单位、监理单位、城建档案馆各保存一份。

<table>
<tr><td colspan="4">隐蔽工程验收记录</td><td>资料编号</td><td colspan="2">×××</td></tr>
<tr><td colspan="2">工程名称</td><td colspan="5">××工程</td></tr>
<tr><td colspan="2">隐检项目</td><td colspan="2">采暖导管安装</td><td>隐检日期</td><td colspan="2">××年×月×日</td></tr>
<tr><td colspan="2">隐检部位</td><td colspan="5">地下一 层　　①～㉑/Ⓐ～Ⓖ 轴线　　－3.420m 标高</td></tr>
<tr><td colspan="7">隐检依据：施工图图号（　暖施 1、暖施 3　），设计变更/洽商（编号　/　）及有关国家现行标准等。
主要材料名称及规格/型号：　焊接钢管　DN125～DN40，截止阀　DN125～DN80</td></tr>
<tr><td colspan="7">隐检内容：
地下采暖导管采用焊接钢管，安装位置正确，焊接、焊缝饱满、圆滑，无夹渣、气孔，无错口；导管坡度为 3‰；导管与导管连接采用“羊角”连接，变径采用上平偏心变径；穿墙时设置的套管大管道两号，管道在套管的中心位置，填料、密封严密；固定支架以及活动支吊架制作按 91SB 施工图集，固定支架安装位置按图示，其他支吊架间距按规范要求，安装位置距焊口或分支路大于 50mm 以上；管道及支吊架防腐没有遗漏，无脱皮、起泡现象；阀门安装位置、方向正确；采暖导管单项水压试验符合要求。
隐检内容已做完，请予以检查

申报人：×××</td></tr>
<tr><td colspan="7">检查意见：
经检查，采暖导管安装使用的材质、连接方式、安装位置、坡度、固定方式、阀门安装、管道及支吊架防腐以及单项水压试验结果等符合设计要求和《建筑给水排水及采暖工程施工质量验收规范》GB 50242—2002 的规定

检查结论：　☑同意隐蔽　　☐不同意，修改后进行复查</td></tr>
<tr><td colspan="7">复查结论：

复查人：　　　　　　　　复查日期：</td></tr>
<tr><td rowspan="3">签字栏</td><td rowspan="2">施工单位</td><td rowspan="2">××机电工程有限公司</td><td>专业技术负责人</td><td>专业质检员</td><td colspan="2">专业工长</td></tr>
<tr><td>×××</td><td>×××</td><td colspan="2">×××</td></tr>
<tr><td>监理（建设）单位</td><td colspan="2">××工程建设监理有限公司</td><td>专业工程师</td><td colspan="2">×××</td></tr>
</table>

注：本表由施工单位填写，建设单位、施工单位、监理单位、城建档案馆各保存一份。

隐蔽工程验收记录		资料编号	×××
工程名称	××工程		
隐检项目	采暖支管安装	隐检日期	××年×月×日
隐检部位	二 层 ①～⑩/Ⓒ～Ⓙ 轴线 4.500m 标高		

隐检依据：施工图图号（ 暖施×× ），设计变更/洽商（编号 / ）及有关国家现行标准等。

主要材料名称及规格/型号： PB 管 D_e25、D_e20

隐检内容：

1. 本层采暖支管采用 PB 管，管径为 D_e25、D_e20，热熔连接。
2. 敷设于垫层中，标高为 4.500m。
3. 管道使用专用管卡固定，间距为 600mm。
4. 散热器甩口尺寸、位置符合设计要求。
5. 检查管道的弯曲倍数不小于 $8D_e$。
6. 单项水压试验结果合格

申报人：×××

检查意见：

经检查，采暖支管的管材、规格、敷设位置、固定卡、单项水压试验等均符合设计要求及《建筑给水排水及采暖工程施工质量验收规范》GB 50242—2002 的规定

检查结论：☑同意隐蔽 □不同意，修改后进行复查

复查结论：

复查人： 复查日期：

签字栏	施工单位	××机电工程有限公司	专业技术负责人	专业质检员	专业工长
			×××	×××	×××
	监理（建设）单位	××工程建设监理有限公司		专业工程师	×××

注：本表由施工单位填写，建设单位、施工单位、监理单位、城建档案馆各保存一份。

隐蔽工程验收记录		资料编号	×××
工程名称	××工程		
隐检项目	埋地采暖管道	隐检日期	××年×月×日
隐检部位	一层～三 层　①～⑳/Ⓐ～Ⓖ 轴线　0.300～8.700m 标高		

隐检依据：施工图图号（暖施 2、暖施 3），设计变更/洽商（编号 / ）及有关国家现行标准等。

主要材料名称及规格/型号：铝塑复合管 D_e20

隐检内容：

埋地铺设采暖管道采用 D_e20 铝塑复合管，铺设在预留沟槽内，无接头，整根管道铺设，管道弯曲半径大于 100mm，采用半圆形金属卡子固定，中间加胶皮，间距不大于 300mm；水压试验合格。

隐检内容已做完，请予以检查

申报人：×××

检查意见：

经检查，埋地铺设的铝塑复合管材质、规格、弯曲半径倍数、固定方式、安装位置以及水压试验结果符合设计要求和《建筑给水排水及采暖工程施工质量验收规范》GB 50242—2002 的规定

检查结论：☑同意隐蔽　□不同意，修改后进行复查

复查结论：

复查人：　复查日期：

签字栏	施工单位	××机电工程有限公司	专业技术负责人	专业质检员	专业工长
			×××	×××	×××
	监理（建设）单位	××工程建设监理有限公司		专业工程师	×××

注：本表由施工单位填写，建设单位、施工单位、监理单位、城建档案馆各保存一份。

<table>
<tr><td colspan="3">隐蔽工程验收记录</td><td>资料编号</td><td colspan="2">×××</td></tr>
<tr><td colspan="2">工程名称</td><td colspan="4">××工程</td></tr>
<tr><td colspan="2">隐检项目</td><td colspan="2">采暖管道保温</td><td>隐检日期</td><td>××年×月×日</td></tr>
<tr><td colspan="2">隐检部位</td><td colspan="4">地下一 层　　①～⑳/Ⓐ～Ⓖ 轴线　　－3.460m 标高</td></tr>
<tr><td colspan="6">隐检依据：施工图图号（　暖施 6、暖施 8　），设计变更/洽商（编号　/　）及有关国家现行标准等。
主要材料名称及规格/型号：　聚乙烯发泡管壳　D125～D50，玻璃丝布，防火涂料</td></tr>
<tr><td colspan="6">隐检内容：
采暖导管采用 40mm 厚聚乙烯发泡管壳进行保温，保温管厚度偏差在－2～＋4mm 范围内；保温管缝错开安装，接缝严密，绑扎牢固，阀门单独保温；保温管外缠两道玻璃丝布，压接密实，表面平整，无凹陷；防火涂料涂刷均匀，无遗漏。
隐检内容已做完，请予以检查
申报人：×××</td></tr>
<tr><td colspan="6">检查意见：
采暖管道保温的材质、规格以及做法、防火涂料的涂刷等符合设计要求和《建筑给水排水及采暖工程施工质量验收规范》GB 50242—2002 的规定
检查结论：　☑同意隐蔽　　□不同意，修改后进行复查</td></tr>
<tr><td colspan="6">复查结论：
复查人：　　　　复查日期：</td></tr>
<tr><td rowspan="3">签字栏</td><td rowspan="2">施工单位</td><td rowspan="2">××机电工程有限公司</td><td>专业技术负责人</td><td>专业质检员</td><td>专业工长</td></tr>
<tr><td>×××</td><td>×××</td><td>×××</td></tr>
<tr><td>监理（建设）单位</td><td colspan="2">××工程建设监理有限公司</td><td>专业工程师</td><td>×××</td></tr>
</table>

注：本表由施工单位填写，建设单位、施工单位、监理单位、城建档案馆各保存一份。

二、《隐蔽工程验收记录》填写说明

(1)责任部门。

项目工程部、项目技术部。

(2)提交时限。

检查合格后1d内完成,检验批验收前提交。

(3)资料归档。

本表一式四份,由施工单位填写,施工单位、监理单位、建设单位、城建档案馆共同保存。

(4)填写要点。

1)工程名称:与施工图纸中图签一致。

2)隐检记录编号:按专业工程分类编码填写,按组卷要求进行组卷。

3)隐检项目:应按实际检查项目填写,具体写明(子)分部工程名称和施工工序主要检查内容。隐检项目栏填写举例:桩基工程钢筋笼安装、支护工程锚杆安装、门窗工程(预埋件、锚固件或螺栓安装)、吊顶工程(龙骨、吊件、填充材料安装)。

4)隐检部位:对于结构工程隐检部位应体现层、轴线、标高和构件名称(墙、柱、板、梁);对于装饰工程隐检部位应体现楼层、轴线(或建筑功能房间/区域名称,如楼梯间、公共走廊、会议室、餐厅等)。

5)隐检日期:按实际检查时间填写。

6)隐检依据:施工图纸、设计变更、工程洽商及相关的施工质量验收规范、标准、规程;本工程的施工组织设计、施工方案、技术交底等。特殊的隐检项目如新材料、新工艺、新设备等要标注具体的执行标准文号或企业标准文号。

7)主要材料名称及规格、型号:按实际发生材料、设备填写,各主要材料的规格、型号要表述清楚。

8)隐检内容:应将隐检的项目、具体内容描述清楚。应严格反映施工图的设计要求;按照施工质量验收规范的自检情况。若文字不能表达清楚的,可用详图或大样图表示。

9)检查意见和检查结论:应由监理单位填写。所有隐检内容是否全部符合要求应明确。隐检中第一次验收未通过的,应注明质量问题和复查要求。

10)复查结论:应由监理单位填写,主要是针对第一次检查存在的问题进行复查,描述对质量问题的整改情况。

11)签字栏:应本着谁施工谁签认的原则。各方签字后生效。

12)隐蔽工程验收记录应由项目专业工长填报,项目资料员按照不同的隐检项目分类汇总整理。施工单位、监理单位、建设单位各留存一份。

13)隐蔽工程验收记录填写与主要签认责任。

专业质检员、专业工长。

(5)参考规范。

《建筑给水排水及采暖工程施工质量验收规范》GB 50242—2002。

(6)相关要求。

隐蔽工程是指上道工序被下道工序所掩盖,其自身的质量无法再进行检查的工程。

隐检即对隐蔽工程进行检查验收，并通过表格的形式将工程隐检项目的隐检内容、质量情况、检查意见、复查意见等记录下来，作为以后建筑工程的维护、改造、扩建等重要的技术资料。隐检合格后方可进行下道工序施工。

1)隐蔽工程检查项目的划分。

隐蔽工程检查项目的划分一般按系统、安装部位和时间、工序进行。

① 检查的项目按系统分为子分部和分项工程，详细划分情况可参考《建筑给水排水及采暖工程施工质量验收规范》GB 50242—2002 中附录 A 的要求。

② 每个子分部、分项工程的检查、记录应按施工部位（分区、层、段或干、支管）和安装时间、工序的先后顺序进行。

③ 一般情况下，不同类型建筑的施工检查项目可按以下情况进行划分：

a. 各子分部工程的系统干管应作为一个项目检查一次。

b. 多层民用住宅可按不同子分部工程，每一单元的立、支管安装作为一个项目检查一次。

c. 高层民用住宅工程可按不同的子分部工程，分系统进行检查，每个系统可将 5～6 个层的立、支管安装作为一个项目检查一次。

d. 多层公用建筑工程可按不同的子分部工程，每个系统的管道安装作为一个项目检查一次。

e. 高层公用建筑工程可按不同的子分部工程，分系统进行检查，每个系统可将 10～12 个层的立、支管安装作为一个项目检查一次。

2)主要隐检项目及内容。

① 直埋于地下或结构中，暗敷设于沟槽、管井、不进人吊顶内及不进人设备层内的给水、排水、雨水、采暖、消防管道和相关设备，以及有防水要求的套管：检查管材、管件、阀门、设备的材质与型号、安装位置、标高、坡度；防水套管的形式、做法、定位及尺寸；管道连接做法及质量；附件使用，支架固定，以及是否已按照设计要求及施工规范规定完成强度严密性、冲洗等试验。

② 有绝热、防腐要求的给水、排水、采暖、消防、喷淋管道和相关设备：检查绝热方式、绝热材料的材质与规格、绝热管道与支吊架之间的防结露措施、防腐处理材料及做法等。

③ 埋地的采暖、热水管道，在保温层、保护层完成后，所在部位进行回填之前，应进行隐检：检查安装位置、标高、坡度；支架做法；保温层、保护层设置；水压试验结果及冲洗情况等。

④ 埋地管道穿卫生间门口或墙体应设置套管，在垫层施工之前也应对该套管进行隐检。

3)隐检程序。

隐蔽工程检查是保证工程质量与安全的重要过程控制检查，应分专业、分系统、分区段（划分的施工段）、分部位、分工序、分层进行。

隐蔽工程施工完毕后，由专业工长填写隐蔽工程验收记录，项目技术负责人组织监理单位旁站，施工单位专业工长、质量检查员共同参加。验收后由监理单位签署审核意见，并下审核结论。

若检查存在问题，则在审核结论中给予明示。对存在的问题，必须按处理意见进行处理，处理后对该项进行复查，并将复查结论填入栏内。

凡未经过隐蔽工程验收或验收不合格的工程，不允许进行下一道工序的施工。

隐蔽工程验收记录所反映的部位、时间、检查要求等应与相应的施工日志、方案和交底、试验报告、检验批质量验收记录等反映的内容相一致。

凡国家规范标准规定隐蔽工程检查项目的，应做隐蔽工程检查验收并填写隐蔽工程验收记录。涉及结构安全的重要部位应留置隐蔽前的影像资料。

4)“隐检”与“检验批验收”的关系。

“隐检”与“检验批验收”都是对受检对象的一种“验收”。在国家验收规范中，“验收”与“检查”在概念上明显不同。“验收”不能由施工单位自己单方面进行，必须由施工单位之外的监理或建设单位参加，是一种具有公证性的确认或认可，而“检查”则可以仅由施工单位自己单方面进行。

但是，建筑工程的验收要求比较复杂。“隐检”与“检验批验收”虽然都属于验收的范畴，但两者针对的对象、所起的作用有所不同。

检验批验收是所有验收的最基本层次，即所有其他层次(分项、分部、单位工程等)的验收都是建立在检验批验收基础上的，工程的所有部位、工序都应归入某个检验批验收，不应遗漏。而隐蔽工程验收则仅仅针对将被隐蔽的工程部位做出验收。

施工中隐蔽工程虽然很多，但一个建筑工程，还有大量非隐蔽部位。因此，两者并不相同，“隐检”与“检验批验收”应分别进行。

在施工中，“隐检”验收与“检验批”验收的关系，可以有“之前”、“之后”和“等同”三种不同情况：

第一种情况，在“检验批验收”之前进行的“隐蔽工程验收”：这种情况主要针对某些工作量相对较小的部位或施工做法、处理措施等。如抹灰的不同基层交接部位加强措施、桩孔的沉渣厚度、基槽槽底的清理、胡子筋处理、被隐蔽的重要节点做法、被隐蔽的螺栓紧固、被隐蔽的预埋件防腐阻燃处理等。

这些工作量相对较小的部位或施工做法、处理措施，不宜作为一个“检验批”来验收，施工中将其列为“隐蔽工程验收”。

第二种情况，在“检验批验收”之后进行的“隐蔽工程验收”：这种情况主要针对某些工作量相对较大的工程部位，如分部、子分部工程等。这些工作量相对较大的工程部位往往作为一个整体，需要同时进行隐蔽，这时可能有若干个检验批已经验收合格。按照国家验收规范规定，这些工程部位在整体隐蔽之前，需做“隐蔽工程验收”。如整个地基基础的隐蔽验收、主体结构验收(进入装饰装修施工将隐蔽主体结构)等，显然是在检验批验收之后进行。

第三种情况，与“检验批验收”内容相同的“隐蔽工程验收”：当“隐蔽工程验收”针对的部位已经被列为“检验批”进行验收时，“隐蔽工程验收”就与“检验批验收”具有同样的验收内容，此时“隐蔽工程验收”可与“检验批验收”合并进行。亦即按照“检验批验收”的要求进行即可，使用“检验批验收单”来代替“隐蔽工程验收单”，不必再重复进行“隐蔽工程验收”，这种情况见于钢筋安装的验收，屋面保温层验收，各种防水层、找平层验收等。

三、《施工检查记录》填写范例

<table>
<tr><td colspan="3">施工检查记录(通用)</td><td>资料编号</td><td>×××</td></tr>
<tr><td>工程名称</td><td colspan="2">××大厦</td><td>检查项目</td><td>结构预留</td></tr>
<tr><td>检查部位</td><td colspan="2">二层顶板</td><td>检查日期</td><td>××年×月×日</td></tr>
<tr><td colspan="5">依据：施工图纸(施工图图号 水 5、水 7)、设计变更/洽商(编号 /)和有关规范、规程。
主要材料或设备：UPVC 管、钢板、圆钢
规格/型号：$DN110$、$\delta=5mm$、$\phi6$</td></tr>
<tr><td colspan="5">检查内容：
1. 二层顶板共预留 $DN110$ 的 UPVC 套管孔洞 15 个，供给水、排水、采暖系统的立管使用；共预留钢埋件 25 个，供管道吊架生根使用。
2. 所有预留孔洞和埋件的尺寸、坐标均符合设计要求和施工规范规定</td></tr>
<tr><td colspan="5">检查结论：
符合设计和施工规范要求，合格</td></tr>
<tr><td colspan="5">复查意见：

复查人：　　　　　　　　复查日期：</td></tr>
<tr><td rowspan="3">签字栏</td><td>施工单位</td><td colspan="3">××建设集团有限公司</td></tr>
<tr><td>专业技术负责人</td><td>专业质检员</td><td colspan="2">专业工长</td></tr>
<tr><td>×××</td><td>×××</td><td colspan="2">×××</td></tr>
</table>

注：本表由施工单位填写并保存。

施工检查记录(通用)		资料编号	×××
工程名称	××大厦	检查项目	室内给水系统管道安装
检查部位	地下一层水平干管	检查日期	××年×月×日

依据:施工图纸(施工图图号 设3)、设计变更/洽商(编号 /)和有关规范、规程。

主要材料或设备: 镀锌钢管

规格/型号: $DN100 \sim DN32$

检查内容:

1.管道的坐标、标高均符合设计要求和施工规范规定。

2.管道采用丝扣连接,配件为镀锌管件。

3.吊卡采用圆钢制作,采用膨胀螺栓或在楼板上穿孔生根,其制作形式、安装位置、数量均符合设计和施工规范要求。

4.管道穿结构梁、墙处均使用预留的钢套管。套管的安装位置和填料均符合设计和施工规范要求。

5.管道镀锌层破坏处,已刷两道防锈漆。

6.阀门均采用铜闸阀,安装位置符合设计要求,启闭灵活

检查结论:

符合设计要求和施工规范规定

复查意见:

复查人: 复查日期:

签字栏	施工单位	××建设集团有限公司	
	专业技术负责人	专业质检员	专业工长
	×××	×××	×××

注:本表由施工单位填写并保存。

四、《施工检查记录》填写说明

(1)责任部门。

项目工程部、项目技术部。

(2)相关规定及要求。

按照现行规范要求应进行施工检查的重要工序，且无相应施工记录表格的，应填写本表，本表适用于各专业。对于施工过程中影响质量、观感、安装、人身安全的工序，尤其是建筑与结构工程中的砌筑工程、装饰装修工程等应在过程中做好过程控制检查并填写本表。

(3)检查内容。

1)设备基础：包括设备基础位置、混凝土强度、高程、几何尺寸、预留孔、预埋件等是否符合设计要求及施工规范规定。

2)管道、设备：主要包括位置、高程、坡度、材质、防腐、保温、接口方式、支架型式、固定方式、规格、安装方法、预留孔洞位置、标高、预埋件规格、型式和尺寸、位置、标高等是否符合设计要求及施工规范规定。

3)器具：包括消防栓、卫生器具等的规格、型号、位置、标高、固定情况、外观效果等是否符合设计要求及施工规范规定。

五、《交接检查记录》填写范例

<table>
<tr><td colspan="2">交接检查记录</td><td>资料编号</td><td>×××</td></tr>
<tr><td>工程名称</td><td colspan="3">××大厦</td></tr>
<tr><td>移交单位名称</td><td>××机电工程有限公司</td><td>接收单位名称</td><td>××装饰装修工程有限公司</td></tr>
<tr><td>交接部位</td><td>地下一层水泵基础</td><td>检查日期</td><td>××年×月×日</td></tr>
<tr><td colspan="4">交接内容：
检查××(移交单位)施工的水泵房内水泵基础的坐标、标高、几何尺寸、预留螺栓孔的尺寸情况、基础混凝土强度等项目</td></tr>
<tr><td colspan="4">检查结果：
经双方检查，水泵基础坐标、标高均符合设计和施工质量验收规范的要求；基础长 1500mm、宽 700mm、高 350mm，符合产品说明书的要求；预留螺栓孔的深度、大小符合产品要求；基础混凝土强度已达到设计要求。
双方同意移交。由××(接收单位)接收并进行成品保护，可以进行水泵稳装施工工序的施工</td></tr>
<tr><td colspan="4">复查意见：

复查人：　　　　　　　　复查日期：</td></tr>
<tr><td rowspan="2">签字栏</td><td>移交单位</td><td colspan="2">接收单位</td></tr>
<tr><td>×××</td><td colspan="2">×××</td></tr>
</table>

注：本表由施工单位填写并保存。

<table>
<tr><td colspan="2">交接检查记录</td><td>资料编号</td><td>×××</td></tr>
<tr><td>工程名称</td><td colspan="3">××办公楼工程</td></tr>
<tr><td>移交单位名称</td><td>××建设集团有限公司</td><td>接收单位名称</td><td>××装饰装修工程有限公司</td></tr>
<tr><td>交接部位</td><td>六层～十一层卫生间给水、排水管道</td><td>检查日期</td><td>××年×月×日</td></tr>
<tr><td colspan="4">交接内容：
检查××建设集团有限公司(移交单位)施工的六～十一层卫生间给水、排水管道各甩口坐标、标高是否正确；给水系统的试压情况；排水系统的灌水试验情况；排水系统的临时通水试验情况；各甩口的临时封堵情况；各管道、甩口的完整性等</td></tr>
<tr><td colspan="4">检查结果：
经双方检查，六层～十一层卫生间给水、排水管道各甩口坐标、标高正确，符合设计要求；给水系统试压合格；排水管道系统畅通，无渗漏，符合施工质量验收规范要求；各甩口齐全无遗漏、封堵良好；地漏位置和标高正确。
双方同意移交。由××装饰装修工程有限公司(接收单位)接收并进行成品保护，可以进行卫生间吊顶等装饰工序的施工</td></tr>
<tr><td colspan="4">复查意见：

复查人：　　　　复查日期：</td></tr>
<tr><td rowspan="2">签字栏</td><td colspan="2">移交单位</td><td>接收单位</td></tr>
<tr><td colspan="2">×××</td><td>×××</td></tr>
</table>

注：本表由施工单位填写并保存。

<table>
<tr><td colspan="2">交接检查记录</td><td>资料编号</td><td>×××</td></tr>
<tr><td>工程名称</td><td colspan="3">××大厦</td></tr>
<tr><td>移交单位名称</td><td>××机电工程有限公司</td><td>接收单位名称</td><td>××消防工程有限公司</td></tr>
<tr><td>交接部位</td><td>消防系统配管
（结构构件内）</td><td>检查日期</td><td>××年×月×日</td></tr>
<tr><td colspan="4">交接内容：
1. 该工程消防系统配管所使用管材、管件的规格、型号。
2. 管路敷设情况。
3. 成品保护情况</td></tr>
<tr><td colspan="4">检查结果：
1. 该工程消防系统配管按设计图纸电施××施工。
2. 消防系统配管所使用的 JDG20、JDG25、JDG32 热镀锌钢管、管件及金属线盒的材质、型号、规格均符合设计要求。
3. 管路敷设的位置、标高、固定方式、保护层厚度等符合设计及规范要求。
4. 导管的弯曲半径符合设计及规范要求，且无折扁和裂缝。
5. JDG 热镀锌钢筋采用固定连接，导管与导管之间、导管与金属线盒之间的连接均设跨接地线并采用专用接地线卡连接，跨接线为 $6mm^2$ 的铜芯软线。且 JDG 热镀锌钢管已做等电位连接。
6. 该工程消防系统配管，已全部施工完毕。带线已穿完，管路畅通，无堵塞现象，管口进行了封堵</td></tr>
<tr><td colspan="4">复查意见：

复查人：　　　　　　　　复查日期：</td></tr>
<tr><td rowspan="2">签字栏</td><td colspan="2">移交单位</td><td>接收单位</td></tr>
<tr><td colspan="2">×××</td><td>×××</td></tr>
</table>

注：本表由施工单位填写并保存。

六、《交接检查记录》填写说明

《交接检查记录》适用于不同施工单位之间的移交检查，当前一专业工程施工质量对后续专业工程施工质量产生直接影响时，应进行交接检查。移交单位、接收单位共同对移交工程进行验收，并对质量情况、遗留问题、工序要求、注意事项、成品保护等进行记录。须强调一点，不同工序之间交接应填写《工序交接检查记录》，此表由施工企业自行设定，不使用《交接检查记录》。

(1)责任部门。

移交单位，接收单位。

(2)提交时限。

交接完毕后 1d 内提交。

(3)资料归档。

本表由施工单位填写并保存。

(4)填写要点。

1)移交单位和接收单位应根据实际检查情况，对质量情况、遗留问题、工序要求、注意事项、成品保护等进行记录。

2)由移交单位、接收单位共同签认的《交接检查记录》方可生效。

(5)参考规范。

《建筑给水排水及采暖工程施工质量验收规范》GB 50242—2002。

(6)相关要求。

1)设备基础交接检查。

设备就位前应对其基础进行验收，合格后方能安装。而设备基础通常都由土建专业施工、验收，并填写相应检查、验收表格。对设备基础的混凝土强度、坐标、标高、尺寸和螺栓孔位置等按设计规定进行复核。

2)给排水管道交接检查。

给水管道、排水管道由一方施工单位施工，卫生器具及给水配件由另一方施工，在卫生器具安装之前应对给水、排水管道的预留口的坐标、位置以及管口尺寸大小、排水系统是否畅通等进行交接检查，以确定前者的施工是否正确。

3)隐蔽管道交接检查。

交接检查还有会发生在吊顶施工时，各管道系统已安装完毕，并且已进行过灌水或强度严密性试验，有合格记录，防腐、保温施工完毕，在土建进行装饰施工时，需要对水暖成品进行保护。在这种情况下，也需要与装饰单位办理交接验收，以防止管道成品被破坏时分不清责任。

第二节 通风与空调工程施工记录

一、《隐蔽工程验收记录》填写范例

<table>
<tr><td colspan="3">隐蔽工程验收记录</td><td>资料编号</td><td colspan="2">×××</td></tr>
<tr><td colspan="2">工程名称</td><td colspan="4">××工程</td></tr>
<tr><td colspan="2">隐检项目</td><td>风管保温前检查</td><td>隐检日期</td><td colspan="2">××年×月×日</td></tr>
<tr><td colspan="2">隐检部位</td><td colspan="4">一 层 ①～⑫/Ⓐ～Ⓗ 轴线</td></tr>
<tr><td colspan="6">隐检依据:施工图图号(设施××),设计变更/洽商(编号 /)及有关国家现行标准等。
主要材料名称及规格/型号:镀锌钢板 厚度 0.5～1.2mm;角钢 ∟25×3、∟30×4、∟40×4</td></tr>
<tr><td colspan="6">隐检内容:
金属风管的材料品种、规格、性能与厚度等符合设计规定。风管制作符合规范要求。风管法兰材料规格符合设计及规范要求,型材应等型、均匀、无裂纹及严重锈蚀等情况。风管加固方法及加固材料符合设计及规范要求。风管安装的位置、标高、走向符合设计要求。风管接口的连接严密、牢固,连接法兰的螺栓应均匀拧紧,其螺母宜在同一侧。风管法兰的垫片材质符合系统功能要求。无法兰连接风管的连接处,完整无缺损、表面应平整,无明显扭曲。风管的连接平直、不扭曲。风管路上的阀门种类正确,安装位置及方向符合图纸要求。风阀安装在便于操作及检修的部位,安装后的手动或电动操作装置应灵活、可靠。柔性管松紧适度,长度符合设计要求和施工规范的规定,无开裂、扭曲现象。风管表面平整,外观应无明显划痕、无镀锌层脱落并无裂纹、锈蚀等质量缺陷。风管已进行严密性试验
申报人:×××</td></tr>
<tr><td colspan="6">检查意见:
上述项目均符合设计要求和《通风与空调工程施工质量验收规范》GB 50243—2016 的规定。同意隐蔽
检查结论: ☑同意隐蔽 □不同意,修改后进行复查</td></tr>
<tr><td colspan="6">复查结论:

复查人: 复查日期:</td></tr>
<tr><td rowspan="3">签字栏</td><td rowspan="2">施工单位</td><td rowspan="2">××机电安装工程有限公司</td><td>专业技术负责人</td><td>专业质检员</td><td>专业工长</td></tr>
<tr><td>×××</td><td>×××</td><td>×××</td></tr>
<tr><td>监理(建设)单位</td><td colspan="2">××建设监理有限公司</td><td>专业工程师</td><td>×××</td></tr>
</table>

注:本表由施工单位填写,建设单位、施工单位、监理单位、城建档案馆各保存一份。

<table>
<tr><td colspan="2">隐蔽工程验收记录</td><td>资料编号</td><td>×××</td></tr>
<tr><td>工程名称</td><td colspan="3">××工程</td></tr>
<tr><td>隐检项目</td><td>风管保温吊顶前检查</td><td>隐检日期</td><td>××年×月×日</td></tr>
<tr><td>隐检部位</td><td colspan="3">一 层 ①～⑫/Ⓐ～Ⓗ 轴线</td></tr>
<tr><td colspan="4">隐检依据：施工图图号（设施××），设计变更/洽商（编号 / ）及有关国家现行标准等。
主要材料名称及规格/型号：镀锌钢板 厚度 30mm；角钢 ∟30×4、∟40×4；圆钢 ϕ8、ϕ10</td></tr>
<tr><td colspan="4">隐检内容：
风管保温材料材质、密度、规格与厚度应符合设计要求。保温层密实，无裂缝、空隙等缺陷，表面应平整。保温钉与风管、部件表面的连接应牢固，不得脱落。矩形风管保温钉的分布应均匀，其数量底面每平方米不少于16个，侧面不少于10个，顶面不少于8个；首行保温钉至保温材料边沿的距离小于120mm。风管法兰部位保温层厚度不低于风管保温层的0.8倍。保温板拼缝处铝箔隔气层用粘胶带封严，粘胶带的宽度不小于50mm。粘胶带应牢固地粘贴在防潮面层上，不得有胀裂和脱落。玻璃纤维布保护层搭接的宽度应均匀，为30～50mm，且松紧适度。风管系统部件的保温，不得影响其操作功能。
风管支吊架形式、规格符合图集与规范要求，所用型材应等型、均匀、无裂纹等情况。风管水平安装：直径或长边尺寸≤400mm，支吊架间距≤4m；长边尺寸>400mm，支吊架间距≤3m。风管垂直安装：支吊架间距≤4m，单根直管至少应有2个固定点。支、吊架不得设在风口、阀门、检查门及自控机构处。水平风管长度超过20m时，设置防止摆动的固定点，每个系统不少于1个。吊杆平直，螺纹完整、光洁。安装后各支、吊架的受力均匀，无明显变形。抱箍支架折角平直，抱箍紧贴并箍紧风管。油漆的漆膜应均匀、无堆积、皱纹、气泡、掺杂、混色与漏涂等缺陷
申报人：×××</td></tr>
<tr><td colspan="4">检查意见：
上述项目均符合设计要求和《通风与空调工程施工质量验收规范》GB 50243—2016的规定。同意隐蔽
检查结论：☑同意隐蔽 □不同意，修改后进行复查</td></tr>
<tr><td colspan="4">复查结论：

复查人： 复查日期：</td></tr>
</table>

<table>
<tr><td rowspan="3">签字栏</td><td rowspan="2">施工单位</td><td rowspan="2">××机电安装工程有限公司</td><td>专业技术负责人</td><td>专业质检员</td><td>专业工长</td></tr>
<tr><td>×××</td><td>×××</td><td>×××</td></tr>
<tr><td>监理（建设）单位</td><td colspan="2">××建设监理有限公司</td><td>专业工程师</td><td>×××</td></tr>
</table>

注：本表由施工单位填写，建设单位、施工单位、监理单位、城建档案馆各保存一份。

<table>
<tr><td colspan="2">隐蔽工程验收记录</td><td>资料编号</td><td>×××</td></tr>
<tr><td>工程名称</td><td colspan="3">××大厦</td></tr>
<tr><td>隐检项目</td><td>排风系统风管安装</td><td>隐检日期</td><td>××年×月×日</td></tr>
<tr><td>隐检部位</td><td colspan="3">二层 $1^{\#}2^{\#}3^{\#}4^{\#}$ 卫生间吊顶内 ①～⑬/Ⓐ～Ⓖ 轴线 5.800～6.120m 标高</td></tr>
<tr><td colspan="4">隐检依据：施工图图号（ 设施-03 ），设计变更/洽商（编号 / ）及有关国家现行标准等。
主要材料名称及规格/型号：镀锌钢板（δ＝0.6mm、δ＝0.75mm）400×320、400×250、200×200（mm）</td></tr>
<tr><td colspan="4">隐检内容：
1. 二层 $1^{\#}$、$2^{\#}$、$3^{\#}$、$4^{\#}$ 卫生间吊顶内卫生间排风风管底相对建筑楼面的相对标高为××m。
2. 吊杆采用 ϕ8mm 镀锌通丝杆，吊架间距不大于 30m。
3. 每个系统风管共设 1 个固定支架，采用 30mm×3mm 的角钢。
4. 风管的横担采用 30mm×3mm 的角钢。
5. 风管采用无法兰连接形式，在风管连接时采用钢板抱卡连接，抱卡安装为一正一反，间距不大于 150mm，法兰四角处螺栓方向一致，出螺母长度 2～3 扣。风管密封垫采用××胶条、厚度不小于 3mm。
6. 风阀采用单独的支、吊架，吊杆采用 ϕ8mm 镀锌通丝杆，采用 M8 的镀锌螺母、M8 的镀锌螺栓固定；安装方向正确，安装后的手动操作装置灵活、可靠，阀板关闭严密；风阀安装距墙表面距离不大于 200mm。
7. 风管系统已按照设计要求及施工规范规定完成风管漏光检测，其结果符合设计要求和施工规范规定
申报人：×××</td></tr>
<tr><td colspan="4">检查意见：
经检查，符合设计要求及《通风与空调工程施工质量验收规范》GB 50243—2016 规定
检查结论： ☑同意隐蔽 □不同意，修改后进行复查</td></tr>
<tr><td colspan="4">复查结论：
复查人： 复查日期：</td></tr>
</table>

<table>
<tr><td rowspan="3">签字栏</td><td rowspan="2">施工单位</td><td rowspan="2">××机电安装工程有限公司</td><td>专业技术负责人</td><td>专业质检员</td><td>专业工长</td></tr>
<tr><td>×××</td><td>×××</td><td>×××</td></tr>
<tr><td>监理（建设）单位</td><td colspan="2">××建设监理有限公司</td><td>专业工程师</td><td>×××</td></tr>
</table>

注：本表由施工单位填写，建设单位、施工单位、监理单位、城建档案馆各保存一份。

<table>
<tr><td colspan="3">隐蔽工程验收记录</td><td>资料编号</td><td>×××</td></tr>
<tr><td>工程名称</td><td colspan="4">××大厦</td></tr>
<tr><td>隐检项目</td><td colspan="2">排烟系统风管安装</td><td>隐检日期</td><td>××年×月×日</td></tr>
<tr><td>隐检部位</td><td colspan="4">地下一层～屋面 层 走道吊顶及排风井道 ①～⑬/Ⓐ～Ⓗ 轴线 ×× 标高</td></tr>
</table>

隐检依据：施工图图号（ 设施-01、设施-13 ），设计变更/洽商（编号 / ）及有关国家现行标准等。

主要材料名称及规格/型号： 镀锌钢板（δ＝0.6mm、δ＝1.0mm、δ＝1.5mm）1200×1200、1800×1800、500×500、200×400（mm）

隐检内容：

1. 地下一层～屋面层××走道排烟系统风管主立管位于结构竖井内，排烟支管位于楼层走道吊顶内。

2. 竖井风管立管全部采用三角斜撑架，支架紧贴风管法兰，并用钢筋抱箍，固定风管。支架靠墙部分采用膨胀螺栓固定，此段角钢长度为600mm，螺栓数量为2个，此间距为300mm。支架紧贴法兰或紧贴风管部分采用钢筋抱箍，此段角钢长度为根据风管大小而定，钢筋孔间距根据风管大小而定。

3. 水平风管吊杆采用 ϕ8mm、ϕ10mm 镀锌通丝杆，吊架间距不大于3m。水平风管设固定支架，采用40mm×4mm的角钢。风管大边长小于等于1250mm的横担采用30mm×3mm的角钢，风管大边长大于1250mm的横担采用40mm×4mm的角钢。

4. 对于风管大边长小于或等于1000mm的风管采用无法兰连接形式，在风管连接时采用钢板抱卡连接，抱卡安装为一正一反，间距不大于150mm；对于风管大边长大于或等于1000mm的风管采用法兰连接形式，风管连接件采用M8、M10的镀锌螺母、M8、M10的镀锌螺栓固定，间距不大于150mm，螺栓方向一致，出螺母长度2～3扣。风管密封垫采用石棉橡胶板、厚度2mm。

5. 风阀采用单独的支、吊架，吊杆采用 ϕ8mm、ϕ10mm 镀锌通丝杆，采用M8、M10的镀锌螺母、M8、M10的镀锌螺栓固定；安装方向正确，安装后的手动或电动操作装置灵活、可靠，阀板关闭严密；风阀安装距墙表面距离不大于200mm。

6. 风管系统已按照设计要求及施工规范规定完成风管漏风检测

申报人：×××

检查意见：

经检查，符合设计要求及《通风与空调工程施工质量验收规范》GB 50243—2016规定，合格

检查结论： ☑同意隐蔽 □不同意，修改后进行复查

复查结论：

复查人： 复查日期：

<table>
<tr><td rowspan="3">签字栏</td><td rowspan="2">施工单位</td><td rowspan="2">××机电安装工程有限公司</td><td>专业技术负责人</td><td>专业质检员</td><td>专业工长</td></tr>
<tr><td>×××</td><td>×××</td><td>×××</td></tr>
<tr><td>监理（建设）单位</td><td colspan="2">××建设监理有限公司</td><td>专业工程师</td><td>×××</td></tr>
</table>

注：本表由施工单位填写，建设单位、施工单位、监理单位、城建档案馆各保存一份。

<table>
<tr><td colspan="3">隐蔽工程验收记录</td><td>资料编号</td><td colspan="2">×××</td></tr>
<tr><td>工程名称</td><td colspan="5">××工程</td></tr>
<tr><td>隐检项目</td><td colspan="2">空调水导管安装</td><td>隐检日期</td><td colspan="2">××年×月×日</td></tr>
<tr><td>隐检部位</td><td colspan="5">一 层 ①～⑫/Ⓐ～Ⓖ 轴线 2.80m 标高</td></tr>
<tr><td colspan="6">隐检依据：施工图图号（设施××），设计变更/洽商（编号 / ）及有关国家现行标准等。
主要材料名称及规格/型号：镀锌钢管 DN40～DN20</td></tr>
<tr><td colspan="6">隐检内容：
1. 空调水导管采用镀锌钢管，规格 DN40～DN20，均为丝扣连接，明露丝接部分刷防锈漆。
2. 管道起始点标高为 2.55m，末端标高 2.65m。管道坡度 5‰，应均匀无倒坡、平坡。各管道甩口正确。
3. 管道支架采用角钢∟30×3，吊架吊杆为 ϕ10，采用 ϕ8 膨胀螺栓固定在楼板下，支吊架间距为 4m，防腐良好。
4. 管道穿墙体设置钢制套管大两号，并与墙体饰面齐平，套管内使用不燃绝热材料填塞紧密。
5. 阀门安装位置、高度、进出口方向符合要求，连接牢固紧密。
6. 水压试验结果合格。
7. 支吊架防腐良好

申报人：×××</td></tr>
<tr><td colspan="6">检查意见：
经检查，符合设计要求和《通风与空调工程施工质量验收规范》GB 50243—2016 的规定

检查结论： ☑同意隐检 □不同意，修改后进行复查</td></tr>
<tr><td colspan="6">复查意见：

复查人： 复查日期：</td></tr>
<tr><td rowspan="3">签字栏</td><td rowspan="2">施工单位</td><td rowspan="2">××机电安装工程有限公司</td><td>专业技术负责人</td><td>专业质检员</td><td>专业工长</td></tr>
<tr><td>×××</td><td>×××</td><td>×××</td></tr>
<tr><td>监理（建设）单位</td><td colspan="2">××建设监理有限公司</td><td>专业工程师</td><td>×××</td></tr>
</table>

注：本表由施工单位填写，建设单位、施工单位、监理单位、城建档案馆各保存一份。

<table>
<tr><td colspan="4">隐蔽工程验收记录</td><td>资料编号</td><td colspan="2">×××</td></tr>
<tr><td colspan="2">工程名称</td><td colspan="5">××办公楼工程</td></tr>
<tr><td colspan="2">隐检项目</td><td colspan="2">冷凝水系统管道安装</td><td>隐检日期</td><td colspan="2">××年×月×日</td></tr>
<tr><td colspan="2">隐检部位</td><td colspan="5">三 层　　吊顶内　　①～⑬/Ⓐ～Ⓖ 轴线　　7.800～9.020m 标高</td></tr>
<tr><td colspan="7">隐检依据：施工图图号（　设施-05　），设计变更/洽商（编号　/　）及有关国家现行标准等。
主要材料名称及规格/型号：　热镀锌钢管　DN50、DN40、DN32、DN25、DN20</td></tr>
<tr><td colspan="7">隐检内容：
1. 三层冷凝水管采用热镀锌钢管，坐标为①～⑬/Ⓐ～Ⓖ轴，标高为 7.800～9.020m，管道定位准确，丝扣连接，坡度为 0.5%，符合设计及规范要求。
2. 支架安装：
（1）管道支吊架距接口距离大于等于 50mm，悬吊式管道长度超过 15m 时，加防摆动固定支架，保温管托架间距 4m，采用橡胶垫作为保温管托；
（2）水平管横担架采用 10 号槽钢做吊耳，吊耳使用 10 号膨胀螺栓固定于顶板或梁侧下，采用 ϕ10 圆钢做吊杆，8 号扁钢做抱箍；
（3）水平管固定支架采用 5 号角钢做门形架，使用 10 号膨胀螺栓固定于梁侧，支架朝向一致，符合设计及规范要求。
3. 管道安装横平竖直，各种管径水平管固定点间距小于规范要求的最大间距，符合设计及规范要求。
4. 管道支吊架刷防锈漆两道，附着良好，色泽一致，无脱皮、起泡、流淌和漏涂现象，符合设计及规范要求。
5. 管道穿越墙及楼板设大两号套管，套管之间塞油麻，套管两端填充水泥，油麻填堵均匀密实，水泥填堵均匀密实且与套管两端平齐，符合设计及规范要求。
6. 管道已按照设计要求及施工规范规定完成管道的灌水试验，试验结果合格
影像资料的部位、数量：
申报人：×××</td></tr>
<tr><td colspan="7">检查意见：
经检查，符合设计要求和《通风与空调工程施工质量验收规范》GB 50243—2016 的规定
检查结论：　☑同意隐蔽　　□不同意，修改后进行复查</td></tr>
<tr><td colspan="7">复查结论：
复查人：　　　　复查日期：</td></tr>
<tr><td rowspan="3">签字栏</td><td rowspan="2">施工单位</td><td rowspan="2">××建设集团有限公司</td><td>专业技术负责人</td><td>专业质检员</td><td colspan="2">专业工长</td></tr>
<tr><td>×××</td><td>×××</td><td colspan="2">×××</td></tr>
<tr><td>监理（建设）单位</td><td colspan="2">××工程建设监理有限公司</td><td>专业工程师</td><td colspan="2">×××</td></tr>
</table>

注：本表由施工单位填写，建设单位、施工单位、监理单位、城建档案馆各保存一份。

隐蔽工程验收记录

<table>
<tr><td colspan="2">隐蔽工程验收记录</td><td>资料编号</td><td>×××</td></tr>
<tr><td>工程名称</td><td colspan="3">××工程</td></tr>
<tr><td>隐检项目</td><td>制冷管道防腐</td><td>隐检日期</td><td>××年×月×日</td></tr>
<tr><td>隐检部位</td><td colspan="3">一 层　①～⑨/Ⓐ～Ⓓ轴线　×× 标高</td></tr>
<tr><td colspan="4">隐检依据:施工图图号(设施××),设计变更/洽商(编号 /)及有关国家现行标准等。
主要材料名称及规格/型号: 环氧耐热漆 H61-1</td></tr>
<tr><td colspan="4">隐检内容:
1. 检查材料的出厂合格证、性能检测报告,齐全、合格。
2. 做好表面处理,清除金属表面的氧化物、铁锈、灰尘、污垢。
3. 喷环氧耐热漆,漆膜均匀、无堆积、漏涂、皱纹、气泡掺杂及混色

申报人:×××</td></tr>
<tr><td colspan="4">检查意见:
经检查,符合设计要求及《通风与空调工程施工质量验收规范》GB 50243—2016 的规定

检查结论: ☑同意隐蔽　□不同意,修改后进行复查</td></tr>
<tr><td colspan="4">复查结论:

复查人:　　　　复查日期:</td></tr>
</table>

<table>
<tr><td rowspan="3">签字栏</td><td rowspan="2">施工单位</td><td rowspan="2">××机电安装工程有限公司</td><td>专业技术负责人</td><td>专业质检员</td><td>专业工长</td></tr>
<tr><td>×××</td><td>×××</td><td>×××</td></tr>
<tr><td>监理(建设)单位</td><td colspan="2">××建设监理有限公司</td><td>专业工程师</td><td>×××</td></tr>
</table>

注:本表由施工单位填写,建设单位、施工单位、监理单位、城建档案馆各保存一份。

<table>
<tr><td colspan="4">隐蔽工程验收记录</td><td>资料编号</td><td colspan="2">×××</td></tr>
<tr><td>工程名称</td><td colspan="6">××工程</td></tr>
<tr><td>隐检项目</td><td colspan="3">制冷管道保护层</td><td>隐检日期</td><td colspan="2">××年×月×日</td></tr>
<tr><td>隐检部位</td><td colspan="6">一 层　①～⑨/Ⓐ～Ⓓ 轴线　×× 标高</td></tr>
<tr><td colspan="7">隐检依据：施工图图号（设施××），设计变更/洽商（编号 / ）及有关国家现行标准等。
主要材料名称及规格/型号：镀锌钢板 δ=0.5mm 厚</td></tr>
<tr><td colspan="7">隐检内容：
1. 镀锌钢板的材质、规格符合设计要求，有合格证明文件，合格。
2. 施工紧贴绝热层，不得有脱壳、褶皱、强行接口现象。
3. 接口搭接顺水，并有凸筋加强，搭接尺寸为 20～25mm。
4. 采用自攻螺丝固定，螺钉间距均称，不得刺破防潮层

申报人：×××</td></tr>
<tr><td colspan="7">检查意见：
经检查，符合设计要求及《通风与空调工程施工质量验收规范》GB 50243—2016 的规定

检查结论：　☑同意隐蔽　　□不同意，修改后进行复查</td></tr>
<tr><td colspan="7">复查结论：

复查人：　　　　复查日期：</td></tr>
<tr><td rowspan="3">签字栏</td><td rowspan="2">施工单位</td><td rowspan="2">××机电安装工程有限公司</td><td colspan="2">专业技术负责人</td><td>专业质检员</td><td>专业工长</td></tr>
<tr><td colspan="2">×××</td><td>×××</td><td>×××</td></tr>
<tr><td>监理（建设）单位</td><td colspan="3">××建设监理有限公司</td><td>专业工程师</td><td>×××</td></tr>
</table>

注：本表由施工单位填写，建设单位、施工单位、监理单位、城建档案馆各保存一份。

<table>
<tr><td colspan="3">隐蔽工程验收记录</td><td>资料编号</td><td colspan="2">×××</td></tr>
<tr><td>工程名称</td><td colspan="5">××工程</td></tr>
<tr><td>隐检项目</td><td colspan="2">制冷管道隔热层</td><td>隐检日期</td><td colspan="2">××年×月×日</td></tr>
<tr><td>隐检部位</td><td colspan="5">一 层　①～⑨/Ⓐ～Ⓓ 轴线　×× 标高</td></tr>
<tr><td colspan="6">隐检依据：施工图图号（设施××），设计变更/洽商（编号 / ）及有关国家现行标准等。
主要材料名称及规格/型号：保温瓦、镀锌铁丝</td></tr>
<tr><td colspan="6">隐检内容：
1. 已检查管道的气密性、真空试验、充注制冷剂检漏的记录，确认合格，已做防腐处理。
2. 硬质管壳隔热层粘贴牢固，绑扎紧密，无滑动、松弛、断裂，管壳之间的长缝及环形缝用树脂腻子嵌填饱满，接缝≤200mm。
3. 包扎保温瓦时，互相交错 1/2，紧密合拢。
4. 留出螺栓间距的距离，为螺栓长度加 25～30mm，接缝处用隔热材料填实。
5. 用镀锌铁丝网包扎，镀锌铁丝紧贴隔热层，间距 300mm，断头嵌入隔热层内

申报人：×××</td></tr>
<tr><td colspan="6">检查意见：
经检查，符合设计要求及《通风与空调工程施工质量验收规范》GB 50243—2016 的规定

检查结论：☑同意隐蔽　□不同意，修改后进行复查</td></tr>
<tr><td colspan="6">复查结论：

复查人：　　　　复查日期：</td></tr>
<tr><td rowspan="3">签字栏</td><td rowspan="2">施工单位</td><td rowspan="2">××机电安装工程有限公司</td><td>专业技术负责人</td><td>专业质检员</td><td>专业工长</td></tr>
<tr><td>×××</td><td>×××</td><td>×××</td></tr>
<tr><td>监理（建设）单位</td><td colspan="2">××建设监理有限公司</td><td>专业工程师</td><td>×××</td></tr>
</table>

注：本表由施工单位填写，建设单位、施工单位、监理单位、城建档案馆各保存一份。

二、《隐蔽工程验收记录》填写说明

(1)责任部门、提交时限、资料归档及填写要点。

参见本章第一节建筑给水排水及采暖工程《隐蔽工程验收记录》填写说明相关内容。

(2)参考规范。

《通风与空调工程施工质量验收规范》GB 50243—2016。

(3)相关要求。

通风与空调工程隐检应严格按照施工图的设计要求;按照施工质量验收规范的自检情况(如管道安装及保温使用的管材品种、主要施工工艺做法等)。若文字不能表达清楚的,宜采用详图或大样图表示。

1)送排风系统风管安装隐蔽工程验收记录。

敷设于封闭竖井内、不进人吊顶内的送排风系统的送风风管、排风风管,或有保温要求的送排风风管,在完成漏风或漏光检测后,进行下一工序之前,都应对送排风系统风管安装进行隐蔽检查。明设于不吊顶区域或房间及可进人的竖井及吊顶内且无保温要求的送排风风管,则应进行隐蔽验收。

隐蔽工程验收记录主要内容:检查风管的标高、使用材质,风管连接方式、接口严密性,风管法兰垫料的材质及使用,支、吊、托架材质、安装间距、固定,风道分支、变径处理是否合理,风管附件、风阀、消声器等部件的安装方式,风阀活动部件是否灵活可靠、方向正确,是否已按照设计要求及施工规范规定完成风管的漏光、漏风检测,其结果符合设计要求和施工规范规定。

2)防排烟系统风管安装隐蔽工程验收记录。

敷设于封闭竖井内、不进人吊顶内的防排烟系统的正压送风风管、排烟风管,或有外包防火材料要求的排烟风管,在完成漏风或漏光检测后,进行下一工序之前,都应对防排烟风管安装进行隐蔽检查。明设于不吊顶区域或房间及可进人的竖井及吊顶内的防排烟风管,则应进行隐蔽验收。

隐蔽检查记录主要内容:检查风管的标高、使用材质,风管连接方式、接口严密性,风管法兰垫料的材质及使用,支、吊、托架材质、安装间距、固定,风道分支、变径处理是否合理,风管附件、风阀、消声器等部件的安装方式,风阀活动部件是否灵活可靠、方向正确,是否已按照设计要求及施工规范规定完成风管的漏光、漏风检测,其结果符合设计要求和施工规范规定。

3)空调风系统风管安装隐蔽工程验收记录。

有保温要求的空调风系统风管,在完成漏风或漏光检测后,进行保温之前,都应对空调风系统风管安装进行隐蔽检查。

隐蔽检查记录主要内容:检查风管的标高、使用材质,风管连接方式、接口严密性,风管法兰垫料的材质及使用,支、吊、托架材质、安装间距、固定,风道分支、变径处理是否合理,风管附件、风阀、消声器等部件的安装方式,风阀活动部件是否灵活可靠、方向正确,是否已按照设计要求及施工规范规定完成风管的漏光、漏风检测,其结果符合设计要求和施工规范规定。

4)空调风系统风管保温安装隐蔽工程验收记录。

敷设于封闭竖井内、不进人吊顶内的保温空调风系统风管,在风管保温安装完成后,应对空调风系统风管保温安装进行隐蔽检查。明设于不吊顶区域或房间及可进人的竖井及吊顶内的保温空调风系统风管,在保温安装完成后则应进行风管保温安装隐蔽验收。

隐蔽检查记录内容:检查保温材料的材质与规格、保温工艺做法及质量、保温管道与支吊架之间的防结露措施等。

5)冷冻水系统管道安装隐蔽工程验收记录。

有保温要求的冷冻水系统管道,在完成强度严密性试验之后,进行保温之前,都应对冷冻水管道安装进行隐蔽检查。

隐蔽检查记录内容:使用的管材的材质、安装位置、标高;管道连接做法及质量;阀部件的使用;支吊架做法及固定方式;防腐处理材料及做法;管道穿墙及楼板的做法,以及是否已按照设计要求及施工规范规定完成强度严密性试验。

6)冷凝水系统管道安装隐蔽工程验收记录。

有保温要求的冷凝水系统管道,在完成灌水试验之后,进行保温之前,都应对冷凝水管道安装进行隐蔽检查。

隐蔽检查记录内容:使用的管材、管件的材质与型号、安装位置、标高;管道连接做法及质量;阀部件的使用;支吊架做法及固定方式;防腐处理材料及做法;以及是否已按照设计要求及施工规范规定完成灌水试验。其内容应与设计要求和施工规范规定相一致。

7)管道保温隐蔽工程验收记录。

敷设于封闭竖井内、不进人吊顶内的保温冷冻水系统、冷凝水系统、冷却水管道,在管道保温安装完成后,应对管道保温安装工作进行隐蔽检查。明设于不吊顶区域或房间及可进人的竖井及吊顶内的保温管道,在保温安装完成后则应进行管道保温安装隐蔽验收。

隐蔽检查记录内容:检查保温材料的材质与规格、保温工艺做法及质量、保温管道与支吊架之间的防结露措施等。

三、《施工检查记录》填写范例

<table>
<tr><td colspan="3">施工检查记录(通用)</td><td>资料编号</td><td>×××</td></tr>
<tr><td colspan="2">工程名称</td><td>××大厦</td><td>检查项目</td><td>预留孔洞(空调水管)</td></tr>
<tr><td colspan="2">检查部位</td><td>地下层－4.85m ①～⑧/©～Ⓙ轴</td><td>检查日期</td><td>××年×月×日</td></tr>
<tr><td colspan="5">依据:施工图纸(施工图图号 SES-28图)、设计变更/洽商(编号 /)和有关规范、规程。
主要材料或设备: 无缝钢管
规格/型号: ϕ450,2个</td></tr>
<tr><td colspan="5">检查内容:
预检该部位空调水管预留孔洞及套管尺寸,坐标标高是否正确,管内刷防锈漆情况(墙体预留刚性防水套管)</td></tr>
<tr><td colspan="5">检查结论:
符合设计与规范要求,质量合格</td></tr>
<tr><td colspan="5">复查意见:

复查人: 复查日期:</td></tr>
<tr><td rowspan="3">签字栏</td><td colspan="2">施工单位</td><td colspan="2">××建设集团有限公司</td></tr>
<tr><td colspan="2">专业技术负责人</td><td>专业质检员</td><td>专业工长</td></tr>
<tr><td colspan="2">×××</td><td>×××</td><td>×××</td></tr>
</table>

注:本表由施工单位填写并保存。

四、《施工检查记录》填写说明

参见本章第一节建筑给水排水及采暖工程《施工检查记录》填写说明相关内容。

五、《交接检查记录》填写范例

<table>
<tr><td colspan="2">交接检查记录</td><td>资料编号</td><td>×××</td></tr>
<tr><td>工程名称</td><td colspan="3">××办公楼工程</td></tr>
<tr><td>移交单位名称</td><td>××设备安装公司</td><td>接收单位名称</td><td>××建设集团有限公司</td></tr>
<tr><td>交接部位</td><td>三台外置冷却塔</td><td>检查日期</td><td>××年××月××日</td></tr>
<tr><td colspan="4">交接内容：
不锈钢冷却塔三台经委托安装完毕。检验安装质量及调试情况</td></tr>
<tr><td colspan="4">检查结果：
1.3 台冷却塔设备符合甲方订货要求。
2.安装后外观清洁，坐标、位置、垂直与水平度符合技术文件要求。
3.智能装置准确，工艺安装符合规范及设备技术文件规定。
4.运转顺畅，无卡阻现象，质量符合有关规程规范要求。
5.未进行调试属遗留问题</td></tr>
<tr><td colspan="4">复查意见：

复查人：　　　　　　　　复查日期：</td></tr>
<tr><td rowspan="2">签字栏</td><td>移交单位</td><td colspan="2">接收单位</td></tr>
<tr><td>×××</td><td colspan="2">×××</td></tr>
</table>

注：本表由施工单位填写并保存。

六、《交接检查记录》填写说明

参见本章第一节建筑给水排水及采暖工程《交接检查记录》填写说明相关内容。

第四章

建筑设备安装工程施工试验记录及检测报告（C6）

本章内容包括下列资料：

- 建筑给水排水及采暖工程施工试验记录
- 通风与空调工程施工试验记录

第一节　建筑给水排水及采暖工程施工试验记录

一、《灌(满)水试验记录》填写范例

<table>
<tr><td colspan="4">灌(满)水试验记录</td><td colspan="2">资料编号</td><td>×××</td></tr>
<tr><td colspan="2">工程名称</td><td colspan="2">××工程</td><td colspan="2">试验日期</td><td>××年×月×日</td></tr>
<tr><td colspan="2">试验项目</td><td colspan="2">室内给水系统</td><td colspan="2">试验部位</td><td>水箱间</td></tr>
<tr><td colspan="2">材　　质</td><td colspan="2">玻璃钢</td><td colspan="2">规　　格</td><td>3000×2000×2000</td></tr>
<tr><td colspan="7">试验要求:
满水后静置24h,不渗不漏,水箱不变形</td></tr>
<tr><td colspan="7">试验记录:
试验从9月18日8:00开始,将水箱泄水阀关闭,将进水管、溢流管进行封堵,开始向水箱注水至18日9:50注满,于19日10:00,对水箱进行观察,未发现水箱及配管接口处渗漏。水箱未变形,液面未下降</td></tr>
<tr><td colspan="7">试验结论:
经检查,屋顶消防水箱满水试验符合设计要求和《建筑给水排水及采暖工程施工质量验收规范》GB 50242—2002的规定,合格,可以连接管道</td></tr>
<tr><td rowspan="3">签字栏</td><td rowspan="2">施工单位</td><td rowspan="2">××机电安装工程有限公司</td><td colspan="2">专业技术负责人</td><td>专业质检员</td><td>专业工长</td></tr>
<tr><td colspan="2">×××</td><td>×××</td><td>×××</td></tr>
<tr><td>监理(建设)单位</td><td colspan="2">××建设监理有限公司</td><td>专业工程师</td><td colspan="2">×××</td></tr>
</table>

注:本表由施工单位填写,建设单位、施工单位、监理单位各保存一份。

<table>
<tr><td colspan="2">灌(满)水试验记录</td><td>资料编号</td><td>×××</td></tr>
<tr><td>工程名称</td><td>××工程</td><td>试验日期</td><td>××年×月×日</td></tr>
<tr><td>试验项目</td><td>室内排水系统</td><td>试验部位</td><td>10 层污水立支管</td></tr>
<tr><td>材　　质</td><td>机制铸铁排水管</td><td>规　　格</td><td>D100、D50</td></tr>
<tr><td colspan="4">试验要求：
灌水高度以本层地面高度为标准。满水 15min，液面下降后再灌满，延续 5min，液面不下降，管道各连接处不渗不漏为合格</td></tr>
<tr><td colspan="4">试验记录：
十层污水立支管灌水试验，用橡胶皮球封堵下一层立管检查口上部，灌水到本层地漏上边沿高度，满水后过 15min 进行检查，液面下降为 5mm，然后再从地漏灌满水 5min 后检查，各液面均无下降，管道各连接处不渗不漏</td></tr>
<tr><td colspan="4">试验结论：
经检查，试验符合设计要求和《建筑给水排水及采暖工程施工质量验收规范》GB 50242—2002 的规定，合格</td></tr>
</table>

<table>
<tr><td rowspan="3">签字栏</td><td rowspan="2">施工单位</td><td rowspan="2">××机电安装工程有限公司</td><td>专业技术负责人</td><td>专业质检员</td><td>专业工长</td></tr>
<tr><td>×××</td><td>×××</td><td>×××</td></tr>
<tr><td>监理(建设)单位</td><td colspan="2">××建设监理有限公司</td><td>专业工程师</td><td>×××</td></tr>
</table>

注：本表由施工单位填写，建设单位、施工单位、监理单位各保存一份。

<table>
<tr><td colspan="2">灌(满)水试验记录</td><td>资料编号</td><td>×××</td></tr>
<tr><td>工程名称</td><td>××工程</td><td>试验日期</td><td>××年×月×日</td></tr>
<tr><td>试验项目</td><td>室内排水系统</td><td>试验部位</td><td>1#～4#雨水立管</td></tr>
<tr><td>材　质</td><td>铸铁管</td><td>规　格</td><td>DN150～DN100</td></tr>
<tr><td colspan="4">试验要求：
灌水高度为雨水排出口至屋面。从屋面灌水直至满水，持续时间为1h，管道及接口不渗不漏为合格</td></tr>
<tr><td colspan="4">试验记录：
用盲板堵分别封堵各雨水排水口弯头处，封闭好导管上的检查口。上午9:00开始从屋面各雨水排水口往下灌水，15min后水满停止灌水。持续检查各封堵口以及检查口、各管道接口，至10:15满水1h，1#～4#雨水排水管道以及各接口均无渗漏现象</td></tr>
<tr><td colspan="4">试验结论：
1#～4#雨水排水系统灌水试验符合设计要求和《建筑给水排水及采暖工程施工质量验收规范》GB 50242—2002的规定，合格</td></tr>
</table>

<table>
<tr><td rowspan="3">签字栏</td><td rowspan="2">施工单位</td><td rowspan="2">××机电安装工程有限公司</td><td>专业技术负责人</td><td>专业质检员</td><td>专业工长</td></tr>
<tr><td>×××</td><td>×××</td><td>×××</td></tr>
<tr><td>监理(建设)单位</td><td colspan="2">××建设监理有限公司</td><td>专业工程师</td><td>×××</td></tr>
</table>

注：本表由施工单位填写，建设单位、施工单位、监理单位各保存一份。

<table>
<tr><td colspan="2">灌(满)水试验记录</td><td>资料编号</td><td>×××</td></tr>
<tr><td>工程名称</td><td>××工程</td><td>试验日期</td><td>××年×月×日</td></tr>
<tr><td>试验项目</td><td>卫生器具</td><td>试验部位</td><td>P_1 排水系统卫生器具</td></tr>
<tr><td>材　　质</td><td>陶瓷</td><td>规　　格</td><td></td></tr>
<tr><td colspan="4">试验要求：
卫生器具满水后，各连接件不渗不漏。浴缸、洗脸盆、蹲便器、坐便器、水箱、洗涤盆满水高度均为溢水口下边缘</td></tr>
<tr><td colspan="4">试验记录：
卫生器具满水试验与卫生器具通水试验同时进行。分别灌满水后，进行检查，所有卫生器具和各连接件及接口处，均未发现渗漏</td></tr>
<tr><td colspan="4">试验结论：
P_1 排水系统所带的卫生器具满水试验符合设计要求和《建筑给水排水及采暖工程施工质量验收规范》GB 50242—2002 的规定，合格</td></tr>
</table>

<table>
<tr><td rowspan="3">签字栏</td><td rowspan="2">施工单位</td><td rowspan="2">××机电安装工程有限公司</td><td>专业技术负责人</td><td>专业质检员</td><td>专业工长</td></tr>
<tr><td>×××</td><td>×××</td><td>×××</td></tr>
<tr><td>监理(建设)单位</td><td colspan="2">××建设监理有限公司</td><td>专业工程师</td><td>×××</td></tr>
</table>

注：本表由施工单位填写，建设单位、施工单位、监理单位各保存一份。

二、《灌(满)水试验记录》填写说明

(1)责任部门。

项目机电部。

(2)提交时限。

系统管道和设备安装完毕后，暗装、埋地、有绝热层的室内外排水管道隐蔽前完成。

(3)资料归档。

本表一式三份，由施工单位填写，建设单位归档保存，施工单位、监理单位过程保存。

(4)填写要点。

1)工程名称：与施工图纸中图鉴一致。

2)试验日期：按实际试验时间填写。

3)试验项目：按实际试验项目填写，如开放式水箱、卫生器具、排水系统等。

4)试验部位：按实际试验部位填写。

5)材质：按实际发生材料、设备项目填写，如 UPVC 管、ABS 管、排水铸铁管、钢管等。

6)规格：按实际发生材料、设备各规格型号填写。

7)试验要求：应按照设计要求或施工规范提出的具体要求填写，要表述清楚。

8)试验记录：在试验过程中对试验情况作的记录，具体内容描述清楚。

9)试验结论：应根据设计和施工规范要求，对试验结果做出明确评价。

(5)相关要求。

1)各种承压管道系统和设备应做水压试验，非承压管道系统和设备应做灌水试验。

2)隐蔽或埋地的排水管道在隐蔽前必须做灌水试验，其灌水高度应不低于底层卫生器具的上边缘或底层地面高度。

检验方法：满水 15min 水面下降后，灌满观察 5min，液面不降，管道及接口无渗漏为合格。

3)安装在室内的雨水管道安装后应做灌水试验，灌水高度必须到每根立管上部的雨水斗。

检验方法：灌水试验持续 1h，不渗不漏。

4)敞口水箱的满水试验和密闭水箱(罐)的水压试验必须符合设计与《建筑给水排水及采暖工程施工质量验收规范》GB 50242—2002 的规定。

检验方法：满水试验静置 24h，观察不渗不漏；水压试验在试验压力下 10min 压力不降，不渗不漏。

5)卫生器具交工前应做满水和通水试验。

检验方法：满水后各连接件不渗不漏；通水试验给、排水畅通。

6)室外排水管道埋设前须做灌水试验和通水试验，排水畅通，无堵塞，管接口无渗漏。

检验方法：按排水检查井分段试验，试验水头应以试验段上游管顶加 1m，时间不少于 30min，逐段观察。

7)敞口箱、罐安装前应做满水试验；密闭箱、罐应以工作压力的 1.5 倍作水压试验，但不得小于 0.4MPa。

检验方法：满水试验满水后静置 24h 不渗不漏；水压试验在试验压力下 10min 内无压降，不渗不漏。

三、《强度严密性试验记录》填写范例

<table>
<tr><td colspan="2">强度严密性试验记录</td><td>资料编号</td><td>×××</td></tr>
<tr><td>工程名称</td><td>××办公楼工程</td><td>试验日期</td><td>××年×月×日</td></tr>
<tr><td>试验项目</td><td>室内给水系统支管单向试压</td><td>试验部位</td><td>五层①～⑬/Ⓓ～Ⓕ轴冷水支管</td></tr>
<tr><td>材　　质</td><td>PB管</td><td>规　　格</td><td>D_e20</td></tr>
<tr><td colspan="4">试验要求：
给水支管采用PB管，工作压力为0.3MPa，试验压力为0.6MPa，在试验压力下稳压1h，压力不降，然后降至工作压力的1.15倍0.35MPa，稳压2h，各连接处不渗不漏为合格</td></tr>
<tr><td colspan="4">试验记录：
试验压力表设在本层支管末端上，从8:00开始对干管进行上水并加压，至8:30表压试验值升至0.6MPa，关闭供水阀门，至9:30观察1h，压力没有下降，9:40将压力降为0.35MPa，稳压2h至11:40，压力没有下降，同时检查管道各连接处不渗不漏</td></tr>
<tr><td colspan="4">试验结论：
经检查，试验方式、过程及结果均符合设计要求和《建筑给水排水及采暖工程施工质量验收规范》GB 50242—2002的规定，合格</td></tr>
</table>

<table>
<tr><td rowspan="3">签字栏</td><td rowspan="2">施工单位</td><td rowspan="2">××建设集团有限公司</td><td>专业技术负责人</td><td>专业质检员</td><td>专业工长</td></tr>
<tr><td>×××</td><td>×××</td><td>×××</td></tr>
<tr><td>监理（建设）单位</td><td colspan="2">××工程建设监理有限公司</td><td>专业工程师</td><td>×××</td></tr>
</table>

注：本表由施工单位填写，建设单位、施工单位、城建档案馆各保存一份。

<table>
<tr><td colspan="2">强度严密性试验记录</td><td>资料编号</td><td>×××</td></tr>
<tr><td>工程名称</td><td>××办公楼工程</td><td>试验日期</td><td>××年×月×日</td></tr>
<tr><td>试验项目</td><td>室内给水系统综合试压</td><td>试验部位</td><td>地下一层～十一层</td></tr>
<tr><td>材　　质</td><td>PB管</td><td>规　　格</td><td>D_e20</td></tr>
<tr><td colspan="4">试验要求：
给水系统管道采用PB管，系统工作压力为0.3MPa，试验压力为0.6MPa，在试验压力下稳压1h，压力降不得超过0.05MPa，然后在工作压力的1.15倍(即0.35MPa)状态下稳压2h，压力降不得超过0.03MPa，同时检查各连接处不渗不漏为合格</td></tr>
<tr><td colspan="4">试验记录：
试验用压力表设在一层管道末端上，用手动加压泵缓慢升压，8:30系统压力升至试验压力0.6MPa，至9:30观察1h，表压降至0.58MPa(压力降为0.02MPa)，9:40将压力降为0.35MPa，稳压2h至11:40，表压降至0.34MPa(压力降为0.01MPa)，同时检查管道各连接处不渗不漏</td></tr>
<tr><td colspan="4">试验结论：
经检查，试验符合设计要求和《建筑给水排水及采暖工程施工质量验收规范》GB 50242—2002的规定，合格</td></tr>
</table>

<table>
<tr><td rowspan="3">签字栏</td><td rowspan="2">施工单位</td><td rowspan="2">××建设集团有限公司</td><td>专业技术负责人</td><td>专业质检员</td><td>专业工长</td></tr>
<tr><td>×××</td><td>×××</td><td>×××</td></tr>
<tr><td>监理(建设)单位</td><td colspan="2">××工程建设监理有限公司</td><td>专业工程师</td><td>×××</td></tr>
</table>

注：本表由施工单位填写，建设单位、施工单位、城建档案馆各保存一份。

<table>
<tr><td colspan="3">强度严密性试验记录</td><td>资料编号</td><td colspan="2">×××</td></tr>
<tr><td>工程名称</td><td colspan="2">××工程</td><td>试验日期</td><td colspan="2">××年×月×日</td></tr>
<tr><td>试验项目</td><td colspan="2">室内给水系统</td><td>试验部位</td><td colspan="2">低区给水立管阀门</td></tr>
<tr><td>材　　质</td><td colspan="2">铜闸阀</td><td>规　　格</td><td colspan="2">DN40</td></tr>
<tr><td colspan="6">试验要求：
阀门公称压力为1.6MPa，非金属密封；强度试验压力为公称压力的1.5倍，严密性试验压力为公称压力的1.1倍；强度试验时间为60s，严密性试验时间为15s；试验压力在试验时间内应保持不变，且壳体填料及阀瓣密封面无渗漏</td></tr>
<tr><td colspan="6">试验记录：
试验从13:30分开始。低区立管控制阀门共8只，逐一试验。先将闸板紧闭，从阀的一端引入压力，升压至严密度试验压力1.76MPa，试验时间15s，从另一端引入压力，反方向的一端检查其严密性，压力无变化、无渗漏；封堵一端口，全部打开闸板，从另一端引入压力，升压至试验压力2.4MPa，进行观察，壳体填料及阀瓣密封面无渗漏，没有压降。试验至14:30结束</td></tr>
<tr><td colspan="6">试验结论：
阀门强度及严密性水压试验符合设计要求和《建筑给水排水及采暖工程施工质量验收规范》GB 50242—2002的规定，合格</td></tr>
<tr><td rowspan="3">签字栏</td><td rowspan="2">施工单位</td><td rowspan="2">××机电工程有限公司</td><td>专业技术负责人</td><td>专业质检员</td><td>专业工长</td></tr>
<tr><td>×××</td><td>×××</td><td>×××</td></tr>
<tr><td>监理（建设）单位</td><td colspan="2">××工程建设监理有限公司</td><td>专业工程师</td><td>×××</td></tr>
</table>

注：本表由施工单位填写，建设单位、施工单位、城建档案馆各保存一份。

强度严密性试验记录		资料编号	×××
工程名称	××工程	试验日期	××年×月×日
试验项目	给水系统	试验部位	地下密闭水箱
材　　质	钢制水箱	规　　格	1500×2000

试验要求：

按设计要求，试验压力为0.6MPa，在试验压力下10min压力不降，不渗不漏，水箱无变形

试验记录：

对地下室内已安装完毕的密闭水箱基础、配管、配件及阀门等进行检查，安装符合要求，开始向水箱注水，水箱液位显示已经注满，检查水箱无渗漏。关闭水箱出水管阀门，用加压泵向水箱加压，压力达到0.46MPa，观察水箱及配管处无渗漏，继续加压至0.60MPa，关闭加压泵阀门，停止加压，观察10min，压力读数仍为0.60MPa，水箱未发现渗漏现象，水箱未变形

试验结论：

密闭水箱压力试验符合设计要求和《建筑给水排水及采暖工程施工质量验收规范》GB 50242—2002的规定，合格

<table>
<tr><td rowspan="3">签字栏</td><td rowspan="2">施工单位</td><td rowspan="2">××机电工程有限公司</td><td>专业技术负责人</td><td>专业质检员</td><td>专业工长</td></tr>
<tr><td>×××</td><td>×××</td><td>×××</td></tr>
<tr><td>监理（建设）单位</td><td colspan="2">××工程建设监理有限公司</td><td>专业工程师</td><td>×××</td></tr>
</table>

注：本表由施工单位填写，建设单位、施工单位、城建档案馆各保存一份。

<table>
<tr><td colspan="3">强度严密性试验记录</td><td>资料编号</td><td colspan="2">×××</td></tr>
<tr><td>工程名称</td><td colspan="2">××工程</td><td>试验日期</td><td colspan="2">××年×月×日</td></tr>
<tr><td>试验项目</td><td colspan="2">消火栓导管</td><td>试验部位</td><td colspan="2">地下一层</td></tr>
<tr><td>材　　质</td><td colspan="2">焊接钢管</td><td>规　　格</td><td colspan="2">DN100、DN65</td></tr>
<tr><td colspan="6">试验要求：
消防导管采用焊接钢管，工作压力为1.0MPa，试验压力为工作压力加0.4MPa为1.4MPa，稳压2h，目测导管无泄漏和变形，且压力不下降</td></tr>
<tr><td colspan="6">试验记录：
将导管一端封堵，另一端引出临时试压管，并安装压力表，系统注满水后，用手动加压泵缓慢升压，14:00系统压力升至试验压力1.4MPa，稳压2h至16:00，压力没有下降，同时检查管道接口及各阀件无渗漏现象</td></tr>
<tr><td colspan="6">试验结论：
经检查，试验方式、过程及结果均符合设计要求及《建筑给水排水及采暖工程施工质量验收规范》GB 50242—2002的规定，合格</td></tr>
<tr><td rowspan="3">签字栏</td><td rowspan="2">施工单位</td><td rowspan="2">××机电工程有限公司</td><td>专业技术负责人</td><td>专业质检员</td><td>专业工长</td></tr>
<tr><td>×××</td><td>×××</td><td>×××</td></tr>
<tr><td>监理(建设)单位</td><td colspan="2">××工程建设监理有限公司</td><td>专业工程师</td><td>×××</td></tr>
</table>

注：本表由施工单位填写，建设单位、施工单位、城建档案馆各保存一份。

<table>
<tr><td colspan="2">强度严密性试验记录</td><td>资料编号</td><td colspan="2">×××</td></tr>
<tr><td>工程名称</td><td>××工程</td><td>试验日期</td><td colspan="2">××年×月×日</td></tr>
<tr><td>试验项目</td><td>消火栓系统综合试压</td><td>试验部位</td><td colspan="2">全系统</td></tr>
<tr><td>材　质</td><td>焊接钢管</td><td>规　格</td><td colspan="2">$DN150\sim DN65$</td></tr>
<tr><td colspan="5">试验要求：
系统工作压力为1.0MPa，试验压力为工作压力加0.4MPa为1.4MPa，稳压2h，目测导管无泄漏和变形，且压力降不大于0.05MPa</td></tr>
<tr><td colspan="5">试验记录：
将各进户阀门关闭，封闭水泵结合器连接管，引出临时试压管，并安装压力表。系统注满水后，用手动加压泵缓慢升压，9:00压力升至试验压力1.4MPa，稳压2h至11:00，压力下降0.02MPa，同时检查管道接口及各阀件无渗漏现象</td></tr>
<tr><td colspan="5">试验结论：
经检查，试验过程及结果符合设计要求《建筑给水排水及采暖工程施工质量验收规范》GB 50242—2002的规定，合格</td></tr>
<tr><td rowspan="3">签字栏</td><td rowspan="2">施工单位</td><td rowspan="2">××机电工程有限公司</td><td>专业技术负责人</td><td>专业质检员</td><td>专业工长</td></tr>
<tr><td>×××</td><td>×××</td><td>×××</td></tr>
<tr><td>监理(建设)单位</td><td colspan="2">××工程建设监理有限公司</td><td>专业工程师</td><td>×××</td></tr>
</table>

注：本表由施工单位填写，建设单位、施工单位、城建档案馆各保存一份。

<table>
<tr><td colspan="3">强度严密性试验记录</td><td>资料编号</td><td>×××</td></tr>
<tr><td>工程名称</td><td colspan="2">××工程</td><td>试验日期</td><td>××年×月×日</td></tr>
<tr><td>试验项目</td><td colspan="2">室内给水系统</td><td>试验部位</td><td>高区消防管道系统</td></tr>
<tr><td>材　质</td><td colspan="2">无缝钢管、焊接钢管</td><td>规　格</td><td>DN150～DN70</td></tr>
<tr><td colspan="5">试验要求：
系统设计最低点工作压力为1.2MPa，水压强度试验压力应为该工作压力加0.4MPa；在强度试验压力下稳压30min，目测管网应无泄漏和变形，且压力不应大于0.05MPa。消火栓的严密性试验在强度试验合格的基础上降至工作压力后，稳压24h，应无渗漏现象</td></tr>
<tr><td colspan="5">试验记录：
先将屋顶稳压水泵和地下加压水泵阀门关闭，封堵消防结合器连接管，并引出试压临时管道，安装一压力表。待系统充满水后，从30日上午9:30开始缓慢加压，至10:00表压升至1.2MPa，检查管道系统无渗漏。至10:30再继续加压至试验压力1.6MPa，关闭加压阀门，持续稳压至11:10后，检查管道、阀件及各接口无渗漏，表压降至1.58MPa(压降0.02MPa)，然后泄压至1.2MPa。31日11:00再对管道及各接口检查，没有发现管道及各接口有渗漏现象</td></tr>
<tr><td colspan="5">试验结论：
高区消火栓系统强度及严密性水压试验符合设计要求和《建筑给水排水及采暖工程施工质量验收规范》GB 50242—2002的规定，合格</td></tr>
</table>

<table>
<tr><td rowspan="3">签字栏</td><td rowspan="2">施工单位</td><td rowspan="2">××机电工程有限公司</td><td>专业技术负责人</td><td>专业质检员</td><td>专业工长</td></tr>
<tr><td>×××</td><td>×××</td><td>×××</td></tr>
<tr><td>监理(建设)单位</td><td colspan="2">××工程建设监理有限公司</td><td>专业工程师</td><td>×××</td></tr>
</table>

注：本表由施工单位填写，建设单位、施工单位、城建档案馆各保存一份。

<table>
<tr><td colspan="4">强度严密性试验记录</td><td>资料编号</td><td>×××</td></tr>
<tr><td>工程名称</td><td colspan="3">××工程</td><td>试验日期</td><td>××年×月×日</td></tr>
<tr><td>试验项目</td><td colspan="3">热水供应系统综合试压</td><td>试验部位</td><td>地上一层～九层</td></tr>
<tr><td>材　　质</td><td colspan="3">PP-R 管</td><td>规　　格</td><td>$D_{e}50$～$D_{e}15$</td></tr>
<tr><td colspan="6">试验要求：
热水系统管道采用 PP-R 管，系统顶点工作压力为 0.4MPa，试验压力为系统顶点的工作压力加 0.1MPa 为 0.5MPa，在试验压力下稳压 1h 压力下降不得超过 0.05MPa，然后在工作压力的 1.15 倍 0.46MPa 状态下稳压 2h，压力下降不得超过 0.03MPa，同时检查各连接处不渗不漏为合格</td></tr>
<tr><td colspan="6">试验记录：
用手动打压泵，压力表设在九层，量程为 1.6MPa，8:30 系统压力升至试验压力 0.5MPa，至9:30，压力下降 0.03MPa，9:40将压力降为工作压力的 1.15 倍 0.46MPa，至11:40压力下降0.01MPa，同时检查管道各连接处不渗不漏</td></tr>
<tr><td colspan="6">试验结论：
经检查，试验符合设计要求及《建筑给水排水及采暖工程施工质量验收规范》GB 50242—2002 的规定，合格</td></tr>
<tr><td rowspan="3">签字栏</td><td rowspan="2">施工单位</td><td rowspan="2">××机电工程有限公司</td><td>专业技术负责人</td><td>专业质检员</td><td>专业工长</td></tr>
<tr><td>×××</td><td>×××</td><td>×××</td></tr>
<tr><td>监理(建设)单位</td><td colspan="2">××工程建设监理有限公司</td><td>专业工程师</td><td>×××</td></tr>
</table>

注：本表由施工单位填写，建设单位、施工单位、城建档案馆各保存一份。

<table>
<tr><td colspan="3">强度严密性试验记录</td><td>资料编号</td><td>×××</td></tr>
<tr><td>工程名称</td><td colspan="2">××工程</td><td>试验日期</td><td>××年×月×日</td></tr>
<tr><td>试验项目</td><td colspan="2">热交换器压力试验</td><td>试验部位</td><td>一层～六层</td></tr>
<tr><td>材　　质</td><td colspan="2">钢铝复合</td><td>规　　格</td><td>LRH1800×1000×800</td></tr>
<tr><td colspan="5">试验要求：
试验压力为工作压力的1.5倍做水压试验，观察10min，压力不下降，且不渗不漏</td></tr>
<tr><td colspan="5">试验记录：
热交换器安装就位后，在没有连接管道前，对其进行试验。封闭换热器的热媒回水口，从供水口连接加压泵，对热交换器进行充水、排气、加压，压力表读数值为0.80MPa时，观察10min，压力未下降，外观检查无渗漏，再封堵换热器冷媒出水口，从冷媒进水口注水，加压，压力升至0.80MPa时，观察12min，压力未降，不渗不漏</td></tr>
<tr><td colspan="5">试验结论：
经检查，热交换器压力试验符合设计要求和《建筑给水排水及采暖工程施工质量验收规范》GB 50242—2002的规定，合格</td></tr>
</table>

<table>
<tr><td rowspan="3">签字栏</td><td rowspan="2">施工单位</td><td rowspan="2">××机电工程有限公司</td><td>专业技术负责人</td><td>专业质检员</td><td>专业工长</td></tr>
<tr><td>×××</td><td>×××</td><td>×××</td></tr>
<tr><td>监理（建设）单位</td><td colspan="2">××工程建设监理有限公司</td><td>专业工程师</td><td>×××</td></tr>
</table>

注：本表由施工单位填写，建设单位、施工单位、城建档案馆各保存一份。

<table>
<tr><td colspan="2">强度严密性试验记录</td><td>资料编号</td><td>×××</td></tr>
<tr><td>工程名称</td><td>××工程</td><td>试验日期</td><td>××年×月×日</td></tr>
<tr><td>试验项目</td><td>室内采暖系统</td><td>试验部位</td><td>采暖进户控制阀门</td></tr>
<tr><td>材　　质</td><td>铸钢截止阀</td><td>规　　格</td><td>DN125</td></tr>
<tr><td colspan="4">试验要求：
阀门公称压力为 1.6MPa，非金属密封；强度试验压力为公称压力的 1.5 倍，严密性试验压力为公称压力的 1.1 倍；强度试验时间为 60s，严密性试验时间为 15s；试验压力在试验时间内应保持不变，且壳体填料及阀瓣密封面无渗漏</td></tr>
<tr><td colspan="4">试验记录：
试验从 9:00 开始，至 9:30 结束。控制阀门共 2 只，分别试验。关闭阀门，从阀孔低处的一端引入压力，升压至严密度试验压力 1.76MPa，试验时间 15s，从另一端检查，阀体无渗漏，无压降；封闭该检查端口，打开阀瓣，再升压至强度试验压力 2.4MPa，试验时间 60s，观察壳体填料及阀瓣密封面无渗漏</td></tr>
<tr><td colspan="4">试验结论：
阀门强度及严密性水压试验符合设计要求和《建筑给水排水及采暖工程施工质量验收规范》GB 50242—2002的规定，合格</td></tr>
</table>

<table>
<tr><td rowspan="3">签字栏</td><td rowspan="2">施工单位</td><td rowspan="2">××机电工程有限公司</td><td>专业技术负责人</td><td>专业质检员</td><td>专业工长</td></tr>
<tr><td>×××</td><td>×××</td><td>×××</td></tr>
<tr><td>监理(建设)单位</td><td colspan="2">××工程建设监理有限公司</td><td>专业工程师</td><td>×××</td></tr>
</table>

注：本表由施工单位填写，建设单位、施工单位、城建档案馆各保存一份。

<table>
<tr><td colspan="3">强度严密性试验记录</td><td>资料编号</td><td colspan="2">×××</td></tr>
<tr><td colspan="2">工程名称</td><td>××工程</td><td>试验日期</td><td colspan="2">××年×月×日</td></tr>
<tr><td colspan="2">试验项目</td><td>采暖单项试压</td><td>试验部位</td><td colspan="2">地下一层采暖导管</td></tr>
<tr><td colspan="2">材　　质</td><td>焊接钢管</td><td>规　　格</td><td colspan="2">DN150</td></tr>
<tr><td colspan="6">试验要求：
地下一层采暖导管为焊接钢管。系统工作压力为 0.6MPa，试验压力为工作压力的 1.5 倍即 0.9MPa，稳压 10min，压力不下降，然后降至工作压力后检查，不渗不漏为合格</td></tr>
<tr><td colspan="6">试验记录：
采暖导管设在地下一层①～⑳/Ⓐ～Ⓗ轴顶板下，压力表设置在导管进户处，末端安装放气阀。用手动加压泵缓慢升压，8:40 系统压力升至试验压力 0.9MPa，稳压 10min 至 8:50，压力没有下降，再将试验压力降至工作压力 0.6MPa，同时检查管道及各接口，没有渗漏现象</td></tr>
<tr><td colspan="6">试验结论：
经检查，采暖单项试压试验符合设计要求和《建筑给水排水及采暖工程施工质量验收规范》GB 50242—2002的规定，合格</td></tr>
<tr><td rowspan="3">签字栏</td><td rowspan="2">施工单位</td><td rowspan="2">××机电工程有限公司</td><td>专业技术负责人</td><td>专业质检员</td><td>专业工长</td></tr>
<tr><td>×××</td><td>×××</td><td>×××</td></tr>
<tr><td>监理（建设）单位</td><td colspan="2">××工程建设监理有限公司</td><td>专业工程师</td><td>×××</td></tr>
</table>

注：本表由施工单位填写，建设单位、施工单位、城建档案馆各保存一份。

<table>
<tr><td colspan="4">强度严密性试验记录</td><td colspan="2">资料编号</td><td>×××</td></tr>
<tr><td colspan="2">工程名称</td><td colspan="2">××工程</td><td colspan="2">试验日期</td><td>××年×月×日</td></tr>
<tr><td colspan="2">试验项目</td><td colspan="2">采暖支管单向试压</td><td colspan="2">试验部位</td><td>九层地埋管</td></tr>
<tr><td colspan="2">材　　质</td><td colspan="2">PB管</td><td colspan="2">规　　格</td><td>D_e25、D_e20</td></tr>
<tr><td colspan="7">试验要求：
户内采暖系统的支管采用PB管地埋安装。系统工作压力为0.6MPa，设计要求试验压力为0.8MPa，在试验压力下稳压1h，压力不降，然后降至工作压力的1.15倍0.69MPa，稳压2h，各连接处不渗不漏为合格</td></tr>
<tr><td colspan="7">试验记录：
试验压力表设在本层支管上，用手动加压泵缓慢升压，14:10系统压力升至试验的压力0.8MPa，至15:10观察1h，压力没有下降，15:20将压力降为0.69MPa，稳压2h至17:20，压力没有下降。同时检查管道各连接处不渗不漏</td></tr>
<tr><td colspan="7">试验结论：
经检查，试验符合设计要求和《建筑给水排水及采暖工程施工质量验收规范》GB 50242—2002的规定，合格</td></tr>
<tr><td rowspan="3">签字栏</td><td rowspan="2">施工单位</td><td rowspan="2">××机电工程有限公司</td><td>专业技术负责人</td><td colspan="2">专业质检员</td><td>专业工长</td></tr>
<tr><td>×××</td><td colspan="2">×××</td><td>×××</td></tr>
<tr><td>监理(建设)单位</td><td colspan="2">××工程建设监理有限公司</td><td colspan="2">专业工程师</td><td>×××</td></tr>
</table>

注：本表由施工单位填写，建设单位、施工单位、城建档案馆各保存一份。

<table>
<tr><td colspan="2">强度严密性试验记录</td><td>资料编号</td><td>×××</td></tr>
<tr><td>工程名称</td><td>××办公楼工程</td><td>试验日期</td><td>××年×月×日</td></tr>
<tr><td>试验项目</td><td>散热器水压试验</td><td>试验部位</td><td>二层①～⑬/Ⓐ～Ⓖ轴散热器</td></tr>
<tr><td>材　　质</td><td>铸铁、钢制散热器</td><td>规　　格</td><td>TTZ4-6-6(760)、
TYZ5-230-6(375)、3067 型</td></tr>
<tr><td colspan="4">试验要求：
采暖系统最低处的散热器工作压力为 0.6MPa，水压试验压力为最大工作压力的 1.5 倍即 0.9MPa，试验时间 3min，试验压力在试验时间内应压力不降且不渗不漏为合格</td></tr>
<tr><td colspan="4">试验记录：
散热器水压试验压力为 0.9MPa，试验从 7:30 开始，全数试验，共计××组。分两个试验台同时逐一试验。试验时均从散热器一端引入压力，升压至试验压力 0.9MPa，散热器稳压均在 3～5min 范围内。检查结果：试验压力不降，散热器各接口均无渗漏现象。试验至 10:40 结束</td></tr>
<tr><td colspan="4">试验结论：
经检查，散热器水压试验符合设计要求及《建筑给水排水及采暖工程施工质量验收规范》GB 50242—2002的规定，合格</td></tr>
</table>

<table>
<tr><td rowspan="3">签字栏</td><td rowspan="2">施工单位</td><td rowspan="2">××机电工程有限公司</td><td>专业技术负责人</td><td>专业质检员</td><td>专业工长</td></tr>
<tr><td>×××</td><td>×××</td><td>×××</td></tr>
<tr><td>监理(建设)单位</td><td colspan="2">××工程建设监理有限公司</td><td>专业工程师</td><td>×××</td></tr>
</table>

注：本表由施工单位填写，建设单位、施工单位、城建档案馆各保存一份。

<table>
<tr><td colspan="4">强度严密性试验记录</td><td>资料编号</td><td>×××</td></tr>
<tr><td>工程名称</td><td colspan="3">××工程</td><td>试验日期</td><td>××年×月×日</td></tr>
<tr><td>试验项目</td><td colspan="3">低温热水地板盘管压力</td><td>试验部位</td><td>一层大厅</td></tr>
<tr><td>材　质</td><td colspan="3">FEX</td><td>规　格</td><td>ϕ20</td></tr>
<tr><td colspan="6">试验要求：
盘管铺设完毕隐蔽前必须进行水压试验，试验压力为工作压力的 1.5 倍，但不得小于 0.60MPa，本工程为 0.70MPa，试压稳压 1h 内压力降不大于 0.05MPa，且不渗不漏</td></tr>
<tr><td colspan="6">试验记录：
8:30，对连接好的地热盘管进行检查，从分集水器处接上压力表及加压泵，关闭分、集水器的供回管阀门，对地热盘管进行注水、排气、打压，至 9:10，压力表读数升至 0.70MPa，停止加压，对地热盘管及集水器进行检查，没有发现盘管有破损漏水现象，分集水器接口处亦无渗漏。观察至 10:10，压力表读数为 0.68MPa。然后拆除加压泵泄压至 0.46MPa，开始做填充层进行隐蔽</td></tr>
<tr><td colspan="6">试验结论：
一层大厅内热水地板盘管水压试验符合设计要求和《建筑给水排水及采暖工程施工质量验收规范》GB 50242—2002 的规定，合格</td></tr>
<tr><td rowspan="3">签字栏</td><td rowspan="2">施工单位</td><td rowspan="2">××机电工程有限公司</td><td>专业技术负责人</td><td>专业质检员</td><td>专业工长</td></tr>
<tr><td>×××</td><td>×××</td><td>×××</td></tr>
<tr><td>监理(建设)单位</td><td colspan="2">××工程建设监理有限公司</td><td>专业工程师</td><td>×××</td></tr>
</table>

注：本表由施工单位填写，建设单位、施工单位、城建档案馆各保存一份。

强度严密性试验记录		资料编号	×××
工程名称	××工程	试验日期	××年×月×日
试验项目	室内采暖系统综合试压	试验部位	低区采暖系统(一层～六层)
材　　质	焊接钢管、铝塑复合管	规　　格	*DN*125～*DN*25，D_e20

试验要求：

本系统为钢管系统。试验压力应为系统顶点工作压力加 0.1MPa 水压试验，同时在系统顶点的试验压力不小于 0.3MPa。应在试验压力下 10min 内压力降不大于 0.02MPa，降至工作压力后检查，不渗不漏

试验记录：

试验压力表设在采暖入口处一块，手摇加压泵亦设在入口。因本次试压为地下采暖回水干管试压，按设计给出的试验压力进行试压，即入口处试验压力为 0.70MPa。首先用自来水向管道充水，待管道充满水后，在下午 2:40 在入口处缓慢加压，至 3:20 压力升至工作压力 0.46MPa，检查管道无渗漏。继续加压，至3:59压力升至 0.70MPa，观察 10min，压力降至 0.693MPa(压降 0.007MPa)。再把压力降至 0.46MPa，持续检查管道至 5:10，管道及各连接处不渗不漏

试验结论：

低区采暖系统水压试验符合设计要求和《建筑给水排水及采暖工程施工质量验收规范》GB 50242—2002的规定，合格

签字栏	施工单位	××机电工程有限公司	专业技术负责人	专业质检员	专业工长
			×××	×××	×××
	监理(建设)单位	××工程建设监理有限公司		专业工程师	×××

注：本表由施工单位填写，建设单位、施工单位、城建档案馆各保存一份。

<table>
<tr><td colspan="2">强度严密性试验记录</td><td>资料编号</td><td>×××</td></tr>
<tr><td>工程名称</td><td>××办公楼工程</td><td>试验日期</td><td>××年×月×日</td></tr>
<tr><td>试验项目</td><td>采暖系统综合试压</td><td>试验部位</td><td>一层至屋顶水箱间(西区)采暖系统</td></tr>
<tr><td>材　　质</td><td>焊接钢管</td><td>规　　格</td><td>DN100、DN80、DN70、DN50、DN40、DN32、DN25、DN20、DN15</td></tr>
<tr><td colspan="4">试验要求:
试验用压力表设在一层手压泵出口处和系统顶点各一个。首层水压试验值为 0.6MPa,系统顶点水压试验值为 0.4MPa,在试验压力下观测 10min,压力降不大于 0.02MPa,然后将系统顶点试验压力降至工作压力 0.3MPa 后检查,不渗不漏为合格</td></tr>
<tr><td colspan="4">试验记录:
试验用压力表设在一层手压泵出口处和系统顶点各一个。从 14:00 开始对系统管道进行上水并加压,同时排汽,至 14:30,首层表压试验值升至 0.6MPa,系统顶点表压试验值升至 0.4MPa。关闭供水阀门后进行观测,至 14:40,首层压力表降至 0.59MPa(压力降 0.01MPa),系统顶点压力表降至 0.39MPa(压力降 0.01MPa),然后将系统顶点试验压力降至工作压力 0.3MPa,同时检查管道及各接口,没有渗漏现象</td></tr>
<tr><td colspan="4">试验结论:
经检查,试验方式、过程及结果均符合设计要求和《建筑给水排水及采暖工程施工质量验收规范》GB 50242—2002 的规定,合格</td></tr>
</table>

<table>
<tr><td rowspan="3">签字栏</td><td rowspan="2">施工单位</td><td rowspan="2">××机电工程有限公司</td><td>专业技术负责人</td><td>专业质检员</td><td>专业工长</td></tr>
<tr><td>×××</td><td>×××</td><td>×××</td></tr>
<tr><td>监理(建设)单位</td><td colspan="2">××工程建设监理有限公司</td><td>专业工程师</td><td>×××</td></tr>
</table>

注:本表由施工单位填写,建设单位、施工单位、城建档案馆各保存一份。

四、《强度严密性试验记录》填写说明

管道、设备进行强度、严密性试验，主要为了通过试验检验管道设备等的材质本身及安装质量，防止管道、设备在系统运行时，如果出现损坏漏水，会造成较大的危害。

(1)责任部门。

项目机电部。

(2)提交时限。

承压管道、设备在安装完毕后进行，并要在进行隐蔽之前完成。

(3)资料归档。

本表一式三份，由施工单位填写，施工单位、建设单位、城建档案馆归档保存，监理单位过程保存。

(4)填写要点。

记录内容要写明试验日期、试验项目、试验部位、材质、规格、试验要求、试验记录(压力表设置位置、试验压力、试压时间、压力降数值、渗漏情况、试验介质)、试验结论等。一般按规范和设计要求分部位、分系统进行。

(5)参考规范。

《建筑给水排水采暖工程施工质量验收规范》GB 50242—2002。

(6)相关要求

1)阀门安装前，应做强度和严密性试验。试验应在每批(同牌号、同型号、同规格)数量中抽查10%，且不少于一个。对于安装在主干管上起切断作用的闭路阀门，应逐个做强度和严密性试验。

2)阀门的强度和严密性试验，应符合以下规定：阀门的强度试验压力为公称压力的1.5倍；严密性试验压力为公称压力的1.1倍；试验压力在试验持续时间内应保持不变，且壳体填料及阀瓣密封面无渗漏。阀门试压的试验持续时间应不少于表4-1的规定。

表 4-1 阀门试验持续时间

公称直径 *DN* (mm)	最短试验持续时间(s)		
	严密性试验		强度试验
	金属密封	非金属密封	
≤50	15	15	15
65～200	30	15	60
250～450	60	30	180

3)各种承压管道系统和设备应做水压试验，非承压管道系统和设备应做灌水试验。

4)室内给水管道的水压试验必须符合设计要求。当设计未注明时，各种材质的给水

管道系统试验压力均为工作压力的1.5倍，但不得小于0.6MPa。

检验方法：金属及复合管给水管道系统在试验压力下观测10min，压力降不应大于0.02MPa，然后降至工作压力进行检查，应不渗不漏；塑料管给水系统应在试验压力下稳压1h，压力降不得超过0.05MPa，然后在工作压力的1.15倍状态下稳压2h，压力降不得超过0.03MPa，同时检查各连接处不得渗漏。

5)敞口水箱的满水试验和密闭水箱(罐)的水压试验必须符合设计与《建筑给水排水采暖工程施工质量验收规范》GB 50242—2002的规定。

检验方法：满水试验静置24h观察，不渗不漏；水压试验在试验压力下10min压力不降，不渗不漏。

6)热水供应系统安装完毕，管道保温之前应进行水压试验。试验压力应符合设计要求。当设计未注明时，热水供应系统水压试验压力应为系统顶点的工作压力加0.1MPa，同时在系统顶点的试验压力不小于0.3MPa。

检验方法：钢管或复合管道系统试验压力下。10min内压力降不大于0.02MPa，然后降至工作压力进行检查，压力应不降，且不渗不漏；塑料管道系统在试验压力下稳压1h，压力降不得超过0.05MPa；然后在工作压力的1.15倍状态下稳压2h，压力降不得超过0.03MPa，连接处不得渗漏。

7)在安装太阳能集热器玻璃前，应对集热排管和上、下集管做水压试验，试验压力为工作压力的1.5倍；热交换器应以工作压力的1.5倍做水压试验。蒸汽部分应不低于蒸汽供汽压力加0.3MPa；热水部分应不低于0.4MPa。

检验方法：试验压力下10min内压力不降，不渗不漏。

8)散热器组对后，以及整组出厂的散热器在安装之前应做水压试验。试验压力如设计无要求时应为工作压力的1.5倍，但不小于0.6MPa。

检验方法：试验时间为2～3min，压力不降且不渗不漏。

9)辐射板在安装前应作水压试验，如设计无要求时试验压力应为工作压力1.5倍，但不得小于0.6MPa。

检验方法：试验压力下2～3min，压力不降且不渗不漏。

10)盘管隐蔽前必须进行水压试验，试验压力为工作压力的1.5倍，但不小于0.6MPa。

检验方法：稳压1h内压力降不大于0.05MPa且不渗不漏。

11)采暖系统安装完毕，管道保温之前应进行水压试验。试验压力应符合设计要求，当设计未注明时，应符合下列规定：

①蒸汽、热水采暖系统，应以系统顶点工作压力加0.1MPa做水压试验，同时在系统顶点的试验压力不小于0.3MPa。

②高温热水采暖系统，试验压力应为系统顶点工作压力加0.4MPa。

③使用塑料管及复合管的热水采暖系统，应以系统顶点工作压力加0.2MPa做水压试验，同时在系统顶点的试验压力不小于0.4MPa。

④检验方法：

a.使用钢管及复合管的采暖系统应在试验压力下10min内压力降不大于0.02MPa，

降至工作压力后检查，不渗、不漏。

b.使用塑料管的采暖系统应在试验压力下 1h 内压力降不大于 0.05MPa，然后降压至工作压力的 1.15 倍，稳压 2h，压力降不大于 0.03MPa，同时各连接处不渗、不漏。

12）室外给水管网必须进行水压试验，试验压力为工作压力的 1.5 倍，但不得小于 0.6MPa。

检验方法：管材为钢管、铸铁管时，试验压力下 10min 内压力降不应大于 0.05MPa，然后降至工作压力进行检查。压力应保持不变，不渗不漏；管材为塑料管时，试验压力下稳压 1h 压力降不大于 0.05MPa，然后降至工作压力进行检查，压力应保持不变，不渗不漏。

13）（消防水泵接合器及室外消火栓）系统必须进行水压试验，试验压力为工作压力的 1.5 倍，但不得小于 0.6MPa。

检验方法：试验压力下，10min 内压力降不大于 0.05MPa，然后降至工作压力进行检查，压力保持不变，不渗不漏。

14）供热管道必须进行水压试验，试验压力为工作压力的 1.5 倍，但不得小于 0.6MPa。

检验方法：在试验压力下 10min 内压力降不应大于 0.05MPa，然后降至工作压力进行检查，应不渗不漏。

15）锅炉和省煤器安全阀的定压和调整应符合表 4-2 的规定。锅炉上装有两个安全阀时，其中的一个按表中较高值定压，另一个按较低值定压。装有一个安全阀时，应按较低值定压。

表 4-2 安全阀定压规定

项次	工作设备	安全阀开启压力（MPa）
1	蒸汽锅炉	工作压力+0.02MPa
		工作压力+0.04MPa
2	热水锅炉	1.12 倍工作压力，但不少于工作压力+0.07MPa
		1.14 倍工作压力，但不少于工作压力+0.10MPa
3	省煤器	1.1 倍工作压力

检验方法：检查定压合格证书。

16）热交换器应以工作压力的 1.5 倍作水压试验，蒸汽部分应不低于蒸汽供汽压力加 0.3MPa；热水部分应不低于 0.4MPa。在试验压力下，保持 10min 压力不降。

检验方法：在试验压力下，保持 10min 压力不降。

五、《通水试验记录》填写范例

<table>
<tr><td colspan="3">通水试验记录</td><td>资料编号</td><td colspan="2">×××</td></tr>
<tr><td colspan="2">工程名称</td><td>××工程</td><td>试验日期</td><td colspan="2">××年×月×日</td></tr>
<tr><td colspan="2">试验项目</td><td>室内给水系统</td><td>试验部位</td><td colspan="2">一层～四层低区供水</td></tr>
<tr><td colspan="6">试验系统简述及试验要求：
低区供水系统一层～四层由市政自来水直接供给，分两个进户，由地下一层导管供各立管，每户设铜截止阀 1 只、DN20 水表 1 只。每层 16 个坐便器、16 个洗脸盆水嘴、8 个浴缸水嘴、8 个淋浴器用水器具、8 个洗衣机水嘴、8 个洗菜盆水嘴</td></tr>
<tr><td colspan="6">试验记录：
通水试验从上午 8:30 开始，与排水系统同时进行。开启全部分户截止阀，打开全部给水水嘴，供水流量正常，最高点 4 层各水嘴出水均畅通，水嘴及阀门启闭灵活。试验至 11:30 结束</td></tr>
<tr><td colspan="6">试验结论：
一层～四层低区供水系统通水试验符合设计要求和《建筑给水排水及采暖工程施工质量验收规范》GB 50242—2002 的规定，合格</td></tr>
<tr><td rowspan="3">签字栏</td><td rowspan="2">施工单位</td><td rowspan="2">××建设集团有限公司</td><td>专业技术负责人</td><td>专业质检员</td><td>专业工长</td></tr>
<tr><td>×××</td><td>×××</td><td>×××</td></tr>
<tr><td>监理(建设)单位</td><td colspan="2">××工程建设监理有限公司</td><td>专业工程师</td><td>×××</td></tr>
</table>

注：本表由施工单位填写，建设单位、施工单位、监理单位各保存一份。

<table>
<tr><td colspan="3">通水试验记录</td><td>资料编号</td><td>×××</td></tr>
<tr><td>工程名称</td><td colspan="2">××工程</td><td>试验日期</td><td>××年×月×日</td></tr>
<tr><td>试验项目</td><td colspan="2">室内排水系统</td><td>试验部位</td><td>一层～九层污水管道</td></tr>
<tr><td colspan="5">试验系统简述及试验要求：
本楼地上共二十七层，为了满足同时开放 1/3 配水点进行放水，分 3 次通水试验，本次记录的是一层～九层通水试验。每层 8 个厨房，16 个卫生间。主卫生间设有坐便器、洗脸盆、浴盆，次卫生间设有坐便器、洗脸盆，厨房设有洗菜盆和洗衣机排水口，卫生间和厨房污水立管均为 DN100，设专用透气立管。一层～四层为市政自来水直接供给，五层以上为变频泵加压供水</td></tr>
<tr><td colspan="5">试验记录：
通水试验从上午 8:30 开始。按每个污水导管出户所对应的立管进行通水试验，然后分开卫生间和厨房从一层～九层同时从卫生器具排水。检查各管道排水情况，均畅通无堵塞，能及时排到室外污水检查井，管道及各接口无渗漏现象。试验至 11:30 结束</td></tr>
<tr><td colspan="5">试验结论：
一层～九层污水排水管道通水试验符合设计要求和《建筑给水排水及采暖工程施工质量验收规范》GB 50242—2002的规定，合格</td></tr>
</table>

<table>
<tr><td rowspan="3">签字栏</td><td rowspan="2">施工单位</td><td rowspan="2">××建设集团有限公司</td><td>专业技术负责人</td><td>专业质检员</td><td>专业工长</td></tr>
<tr><td>×××</td><td>×××</td><td>×××</td></tr>
<tr><td>监理(建设)单位</td><td colspan="2">××工程建设监理有限公司</td><td>专业工程师</td><td>×××</td></tr>
</table>

注：本表由施工单位填写，建设单位、施工单位、监理单位各保存一份。

<table>
<tr><td colspan="3">通水试验记录</td><td>资料编号</td><td colspan="2">×××</td></tr>
<tr><td colspan="2">工程名称</td><td>××工程</td><td>试验日期</td><td colspan="2">××年×月×日</td></tr>
<tr><td colspan="2">试验项目</td><td>室内热水供应系统</td><td>试验部位</td><td colspan="2">一层～九层(低区)</td></tr>
<tr><td colspan="6">试验系统简述及试验要求：
一层～九层低区热水供应系统由外网热力站供给。供水导管设在九层，回水导管在地下一层。每户设全铜截止阀1个。每层设11个脸盆、7个淋浴、4个浴盆、7个洗菜盆水嘴甩口</td></tr>
<tr><td colspan="6">试验记录：
热水系统通水试验在给水和排水通水试验后进行，通水试验从15:30开始，打开回水总阀门，使系统充满水后逐渐打开供水阀门，系统正常循环后，逐层开启分户截止阀，打开热水水嘴，检查供水流量正常，各配水点出水畅通，阀门启闭灵活。试验至17:00结束</td></tr>
<tr><td colspan="6">试验结论：
经检查，试验符合设计要求及《建筑给水排水及采暖工程施工质量验收规范》GB 50242—2002的规定，合格</td></tr>
<tr><td rowspan="3">签字栏</td><td rowspan="2">施工单位</td><td rowspan="2">××建设集团有限公司</td><td>专业技术负责人</td><td>专业质检员</td><td>专业工长</td></tr>
<tr><td>×××</td><td>×××</td><td>×××</td></tr>
<tr><td>监理(建设)单位</td><td colspan="2">××工程建设监理有限公司</td><td>专业工程师</td><td>×××</td></tr>
</table>

注：本表由施工单位填写，建设单位、施工单位、监理单位各保存一份。

<table>
<tr><td colspan="3">通水试验记录</td><td>资料编号</td><td colspan="3">×××</td></tr>
<tr><td colspan="2">工程名称</td><td>××工程</td><td>试验日期</td><td colspan="3">××年×月×日</td></tr>
<tr><td colspan="2">试验项目</td><td>卫生器具</td><td>试验部位</td><td colspan="3">P₁ 系统地漏及清扫口</td></tr>
<tr><td colspan="7">试验系统简述及试验要求：
地漏在排水表面最低处，清扫口与地面齐平。地漏坡向正确，收水能力强，地漏、清扫口排水通畅，地面无积水。地漏水封高度≥50mm，地漏及清扫口周边无渗漏</td></tr>
<tr><td colspan="7">试验记录：
卫生间内分别从脸盆、拖布池水龙头上用软管接出，在不同位置向地面放水，进行观察，水向地漏处流动迅速，地漏排水畅通，地面无积水，打开地漏箅子进行水封高度测量，水封高度均≥50mm。套间里打开淋浴喷头向地面喷水，地面无积水，地漏水封高度≥50mm。将地面清扫口盖打开，直接用两个水头通过软管向内放水，无溢水现象，畅通 2h 后检查，地漏及清扫口周边无渗漏</td></tr>
<tr><td colspan="7">试验结论：
地漏及清扫口排水畅通，排水试验符合设计要求和《建筑给水排水及采暖工程施工质量验收规范》GB 50242—2002 的规定，合格</td></tr>
<tr><td rowspan="3">签字栏</td><td rowspan="2">施工单位</td><td rowspan="2">××建设集团有限公司</td><td>专业技术负责人</td><td>专业质检员</td><td colspan="2">专业工长</td></tr>
<tr><td>×××</td><td>×××</td><td colspan="2">×××</td></tr>
<tr><td>监理（建设）单位</td><td colspan="2">××工程建设监理有限公司</td><td>专业工程师</td><td colspan="2">×××</td></tr>
</table>

注：本表由施工单位填写，建设单位、施工单位、监理单位各保存一份。

<table>
<tr><td colspan="2">通水试验记录</td><td>资料编号</td><td colspan="2">×××</td></tr>
<tr><td>工程名称</td><td>××办公楼工程</td><td>试验日期</td><td colspan="2">××年×月×日</td></tr>
<tr><td>试验项目</td><td>地漏、排水管道通水试验</td><td>试验部位</td><td colspan="2">F03 层 1# ～4# 卫生间</td></tr>
<tr><td colspan="5">试验系统简述及试验要求：
F03 层共 4 个卫生间，4 个淋浴器、16 个地漏，排污地漏的污水以重力流方式直排入室外污水管内，淋浴废水地漏的淋浴废水以重力流方式直排入中水处理站。
检查地漏的排水能力和功能的情况，是不是在房间地面最低处，排水是否通畅，周边是否有渗漏现象</td></tr>
<tr><td colspan="5">试验记录：
上午 8:00，打开 F03 层所有淋浴器向地面放水 10min，地面所有的水能分别流入地面最低处的地漏内，地面没有积水，排水畅通，地漏排水管道接口无渗漏，污水能及时排到室外污水检查井，废水能及时排到中水处理站，排水管道均通畅无渗漏。9:00 通水试验结束</td></tr>
<tr><td colspan="5">试验结论：
经检查，通水试验符合设计要求及《建筑给水排水及采暖工程施工质量验收规范》GB 50242—2002 的规定，合格</td></tr>
<tr><td rowspan="3">签字栏</td><td rowspan="2">施工单位</td><td rowspan="2">××建设集团有限公司</td><td>专业技术负责人</td><td>专业质检员</td><td>专业工长</td></tr>
<tr><td>×××</td><td>×××</td><td>×××</td></tr>
<tr><td>监理(建设)单位</td><td colspan="2">××工程建设监理有限公司</td><td>专业工程师</td><td>×××</td></tr>
</table>

注：本表由施工单位填写，建设单位、施工单位、监理单位各保存一份。

六、《通水试验记录》填写说明

室内外给水(冷、热)、中水及游泳池水系统，卫生洁具及其排水管道，地漏，地面清扫口、排水栓及其排水管道，雨水管道及室外排水管道应分系统(区、段)进行通水试验，并做记录。

(1)责任部门。

项目机电部。

(2)提交时限。

在各系统管道、卫生洁具、地漏及地面清扫口的分系统(区、段)施工完成后进行，并要在进行隐蔽之前完成。

(3)资料归档。

本表一式三份，由施工单位填写，建设单位归档保存，施工单位、监理单位过程保存。

(4)填写要点。

1)工程名称：应与规划许可证、设计图中工程名称一致。

2)试验项目：应明确体现分项工程和施工工序名称。

3)试验部位：对于试验部位应体现楼层、轴线、建筑功能房间/区域名称，及进行试验的管道设备名称。

4)试验系统简述及试验要求：给水、热水、中水管道通水试验要求。各种给水管道通水试验时，应按实验要求开启有关所有阀门、水嘴等，检查是否达到额定流量，检查管路设备是否畅通无阻塞，是否渗漏。

5)试验记录：应按试验要求，对现场的试验过程进行详细描述，完整记录各种管道名称(编号)，试验部位的通水时间及试验结果。

6)试验结论：应明确通水试验是否符合设计要求、施工规范规定，是否合格。

7)签字原则：应本着谁施工谁签认的原则，对于专业分包工程应体现专业分包单位名称。分包单位组织各级责任人进行自检，合格后签字。由分包单位报请总包主管专业责任人签字，总包签认后再报请监理签认。各方签认后生效。

(5)参考规范。

《建筑给水排水及采暖工程施工质量验收规范》GB 50242—2002。

(6)相关要求。

1)给水系统的通水试验。

给水系统交付使用前必须进行通水试验，给水系统的通水试验主要是检查水嘴和阀门开启、关闭是否灵活，其他附件(如减压阀)工作是否正常，水流是否畅通，管路无异常现象，管道接口无渗漏。检查配水点的水压情况是否满足设计要求。给水系统通水试验：多层建筑可以按楼门单元进行，高层建筑可以按不同的区域分别进行。

2)排水管道系统的通水试验。

排水管道系统的通水试验主要是检验排水管道的通水能力以及管道是否畅通，每个卫生间或厨房内都要进行通水，应逐层从下往上进行试验；检查各管道接口不漏水后再按给水系统的 1/3 配水点同时开放，以检验排水系统的通水能力。如果是初装修，不安装卫生器具，虽然不能具备同时开放1/3配水点由卫生器具放水的条件，排水管道的通水试验应根据实际情况进行，但必须要做通水试验。用什么容器（或临时胶皮管）往排水管道灌水（要达到1/3配水点开放的水量）都要表述清楚，检查管道是否畅通，管道接口是否渗漏。根据系统情况分系统或分层、分区域进行。

3)卫生器具的通水试验。

卫生器具通水试验应给、排水畅通。卫生器具通水试验如条件限制达不到规定流量时必须进行100%满水排泄试验，满水试验水量必须达到器具溢水口处，再进行排放。并检查器具的溢水口通畅能力及排水点的通畅情况，管路设备无堵塞渗漏现象为合格。分单元、层、段，应单独进行记录。

4)地漏及地面的清扫口的排水试验。

地漏及地面的清扫口的排水试验要单独记录。检查地漏的排水能力和功能的情况，是不是在房间最低处，排水是否通畅，周边是否有渗漏现象。对于初装修的情况，地漏应高出粗地面15mm，做试验时应往地漏里面灌水，检查其通水情况。分单元、段、层填写记录。

5)室内雨水管道通水试验。

试验时往屋面放水，使排水管满流排放，检查雨水管道排水能力是否及时、流畅，屋面不能有积水。按段进行填写。

七、《冲（吹）洗试验记录》填写范例

<table>
<tr><td colspan="2">冲(吹)洗试验记录</td><td>资料编号</td><td>×××</td></tr>
<tr><td>工程名称</td><td>××大厦</td><td>试验日期</td><td>××年×月×日</td></tr>
<tr><td>试验项目</td><td>给水系统</td><td>试验部位</td><td>全系统</td></tr>
<tr><td>试验介质</td><td>自来水</td><td>试验方式</td><td>水冲洗</td></tr>
<tr><td colspan="4">试验要求：
给水系统交付使用前必须进行冲洗。单向冲洗，各配水点水色透明度与进水目测一致且无杂物时，停止冲洗</td></tr>
<tr><td colspan="4">试验记录：
从上午 8:00 开始对全楼给水系统进行冲洗，单向冲洗，以距市政自来水供水阀门的距离由近及远依次打开阀门水嘴冲洗，到上午 11:30，各配水点水色透明度与进水目测一致，无杂物，停止冲洗</td></tr>
<tr><td colspan="4">试验结论：
符合设计要求及《建筑给水排水及采暖工程施工质量验收规范》GB 50242—2002 的规定，合格</td></tr>
</table>

<table>
<tr><td rowspan="3">签字栏</td><td rowspan="2">施工单位</td><td rowspan="2">××建设集团有限公司</td><td>专业技术负责人</td><td>专业质检员</td><td>专业工长</td></tr>
<tr><td>×××</td><td>×××</td><td>×××</td></tr>
<tr><td>监理（建设）单位</td><td colspan="2">××工程建设监理有限公司</td><td>专业工程师</td><td>×××</td></tr>
</table>

注：本表由施工单位填写，建设单位、施工单位、监理单位各保存一份。

冲(吹)洗试验记录		资料编号	×××
工程名称	××办公楼工程	试验日期	××年×月×日
试验项目	地下一层～十一层　给水管道系统	试验部位	全系统
试验介质	自来水	试验方式	水冲洗

试验要求：

管道冲洗应采用设计提供的最大流量或不小于1.0m/s的流速连续进行，直至出水口处浊度、色度与入水口处冲洗水浊度、色度相同且无杂质为合格。冲洗时应保证排水管路畅通安全

试验记录：

管道进行冲洗，先从室外水表井接入临时冲洗管道和加压水泵，关闭立管阀门，从导管末端(管径 *DN*50)立管泄水口接 *DN*40 排水管道，引至室外污水井。9:00 时用加压泵往管道内加压进行冲洗，流速为1.8m/s，从排放处观察水质情况，目测排水水质与供水水质一样，无杂质。然后拆掉临时排水管道，打开各立管阀门，所有水表位置用一短管代替，用加压泵往系统加压，分别打开各层给水阀门，从支管末端放水，直至无杂质，水色透明。至 12:10 冲洗结束

试验结论：

经检查，管道冲洗试验符合设计要求和《建筑给水排水及采暖工程施工质量验收规范》GB 50242—2002的规定，合格

<table>
<tr><td rowspan="3">签字栏</td><td rowspan="2">施工单位</td><td rowspan="2">××建设集团有限公司</td><td>专业技术负责人</td><td>专业质检员</td><td>专业工长</td></tr>
<tr><td>×××</td><td>×××</td><td>×××</td></tr>
<tr><td>监理(建设)单位</td><td colspan="2">××工程建设监理有限公司</td><td>专业工程师</td><td>×××</td></tr>
</table>

注：本表由施工单位填写，建设单位、施工单位、监理单位各保存一份。

<table>
<tr><td colspan="3">冲(吹)洗试验记录</td><td>资料编号</td><td colspan="2">×××</td></tr>
<tr><td colspan="2">工程名称</td><td>××工程</td><td>试验日期</td><td colspan="2">××年×月×日</td></tr>
<tr><td colspan="2">试验项目</td><td>消火栓系统</td><td>试验部位</td><td colspan="2">全系统</td></tr>
<tr><td colspan="2">试验介质</td><td>自来水</td><td>试验方式</td><td colspan="2">水冲洗</td></tr>
<tr><td colspan="6">试验要求：
管道冲洗应采用设计提供的最大流量或不小于1.0m/s的流速连续进行，直至出水口处浊度、色度与入水口处冲洗水浊度、色度相同且无杂质为合格。冲洗时应保证排水管路畅通安全</td></tr>
<tr><td colspan="6">试验记录：
消防管道为DN150～DN65进行冲洗，关闭消防立管阀门，从室外水泵接合器接入临时冲洗管道和加压水泵，从导管末端立管DN50泄水口进行泄水，引至污水井。9:00时用加压泵往管道内加压进行冲洗，流速2.0m/s，从排放处观察水质情况，无杂质，导管冲洗干净；然后分别逐个打开立管阀门，用屋顶水箱水对立管进行冲洗，从导管末端放水。目测排水水质与供水水质一样，至12:10冲洗结束</td></tr>
<tr><td colspan="6">试验结论：
经检查，试验方式、过程及结果均符合设计要求和《建筑给水排水及采暖工程施工质量验收规范》GB 50242—2002的规定，合格</td></tr>
<tr><td rowspan="3">签字栏</td><td rowspan="2">施工单位</td><td rowspan="2">××机电工程有限公司</td><td>专业技术负责人</td><td>专业质检员</td><td>专业工长</td></tr>
<tr><td>×××</td><td>×××</td><td>×××</td></tr>
<tr><td>监理(建设)单位</td><td colspan="2">××工程建设监理有限公司</td><td>专业工程师</td><td>×××</td></tr>
</table>

注：本表由施工单位填写，建设单位、施工单位、监理单位各保存一份。

<table>
<tr><td colspan="4">冲(吹)洗试验记录</td><td colspan="2">资料编号</td><td>×××</td></tr>
<tr><td colspan="2">工程名称</td><td colspan="2">××工程</td><td colspan="2">试验日期</td><td>××年×月×日</td></tr>
<tr><td colspan="2">试验项目</td><td colspan="2">热水系统</td><td colspan="2">试验部位</td><td>全系统</td></tr>
<tr><td colspan="2">试验介质</td><td colspan="2">自来水</td><td colspan="2">试验方式</td><td>水冲洗</td></tr>
<tr><td colspan="7">试验要求:
管道冲洗应采用设计提供的最大流量或不小于 1.0m/s 的流速连续进行,直至出水口处浊度、色度与入水口处冲洗水浊度、色度相同且无杂质为合格。冲洗时应保证排水管路畅通安全</td></tr>
<tr><td colspan="7">试验记录:
热水为供回水系统,管道为 DN70～DN40,进行冲洗,先从室外水表井接入临时冲洗管道和加压水泵,关闭立管阀门,从导管末端(管径 DN50)立管泄水口接 DN40 排水管道,引至室外污水井。冲洗流速1.8m/s。从排放处观察水质情况,目测排水水质与供水水质一样,无杂质。然后拆掉临时排水管道,打开各立管阀门,所有水表位置用一短管代替,用加压泵以工作压力往系统加压,分别打开各户给水阀门,从支管末端放水,直至无杂质,水色透明。至 12:10 冲洗结束</td></tr>
<tr><td colspan="7">试验结论:
经检查,试验方式及结果均符合设计要求和《建筑给水排水及采暖工程施工质量验收规范》GB 50242—2002 的规定,合格</td></tr>
<tr><td rowspan="3">签字栏</td><td rowspan="2">施工单位</td><td rowspan="2">××机电工程有限公司</td><td>专业技术负责人</td><td colspan="2">专业质检员</td><td>专业工长</td></tr>
<tr><td>×××</td><td colspan="2">×××</td><td>×××</td></tr>
<tr><td>监理(建设)单位</td><td colspan="2">××工程建设监理有限公司</td><td colspan="2">专业工程师</td><td>×××</td></tr>
</table>

注:本表由施工单位填写,建设单位、施工单位、监理单位各保存一份。

<table>
<tr><td colspan="3">冲(吹)洗试验记录</td><td>资料编号</td><td colspan="3">×××</td></tr>
<tr><td colspan="2">工程名称</td><td>××工程</td><td>试验日期</td><td colspan="3">××年×月×日</td></tr>
<tr><td colspan="2">试验项目</td><td>采暖系统</td><td>试验部位</td><td colspan="3">一层～六层低区系统</td></tr>
<tr><td colspan="2">试验介质</td><td>自来水</td><td>试验方式</td><td colspan="3">水冲洗</td></tr>
<tr><td colspan="7">试验要求：
管道冲洗应采用设计提供的最大流量或不小于 1.0m/s 的流速连续进行，直至出水口处浊度、色度与入水口处冲洗水浊度、色度相同且无杂质为合格。冲洗时应保证排水管路畅通安全</td></tr>
<tr><td colspan="7">试验记录：
采暖系统为上供下回系统，管道为 DN100～DN15 进行冲洗，接入临时冲洗管道和加压水泵。先进行供水导管和供水主立管的冲洗，然后按照供暖的热水循环水流方向进行系统的冲洗。水流速度 1.7m/s。以工作压力用加压泵往管道内加压进行冲洗，从回水导管排放观察水质情况，目测排水水质与供水水质一样，无杂质，冲洗结束</td></tr>
<tr><td colspan="7">试验结论：
经检查，冲洗试验符合设计要求和《建筑给水排水及采暖工程施工质量验收规范》GB 50242—2002 的规定，合格</td></tr>
<tr><td rowspan="3">签字栏</td><td rowspan="2">施工单位</td><td rowspan="2">××机电工程有限公司</td><td>专业技术负责人</td><td>专业质检员</td><td colspan="2">专业工长</td></tr>
<tr><td>×××</td><td>×××</td><td colspan="2">×××</td></tr>
<tr><td>监理(建设)单位</td><td colspan="2">××工程建设监理有限公司</td><td>专业工程师</td><td colspan="2">×××</td></tr>
</table>

注：本表由施工单位填写，建设单位、施工单位、监理单位各保存一份。

八、《冲(吹)洗试验记录》填写说明

冲(吹)洗试验主要是为了保证水质及使用安全,强调通过冲洗除去管道中的杂物,保证管道清洁。

(1)责任部门。

项目机电部。

(2)提交时限。

各系统管道在分系统(区、段)施工完成后进行试验,并要在进行隐蔽之前完成。

(3)资料归档。

本表一式三份,由施工单位填写,施工单位、建设单位归档保存,监理单位过程保存。

(4)填写要点。

1)工程名称:应与规划许可证、设计图中工程名称一致。

2)试验日期:冲洗试验工序进行时间。

3)试验项目:应明确体现分项工程和施工工序名称。

4)试验记录:应按试验要求,对现场的试验过程进行详细描述,其中采暖管道冲洗前应将管道上安装的流量孔板、过滤网、温度计等阻碍污物通过的设施临时拆除,待冲洗合格后再按原样安装好。

5)试验结论:应明确冲(吹)洗试验是否符合设计要求、施工规范规定,是否合格。

6)签字原则:应本着谁施工谁签认的原则,对于专业分包工程应体现专业分包单位名称。分包单位组织各级责任人进行自检,合格后签字。由分包单位报请总包主管专业责任人签字,总包签认后再报请监理签认。各方签认后生效。

(5)参考规范。

《建筑给水排水及采暖工程施工质量验收规范》GB 50242—2002。

(6)相关要求。

《建筑给水排水及采暖工程施工质量验收规范》GB 50204—2002 规定热水供应系统竣工后必须进行冲洗,消防管道在竣工前,必须对管道进行冲洗,管道试压合格后,应进行冲洗。

1)室内外给水(冷、热)、中水及游泳池水系统、采暖、空调、消防管道的冲洗。

①水清洗。

a.给水系统在使用前,应用水进行冲洗。冲洗水选用饮用水或工业用水。冲洗用水可根据管道的工作介质及材质选用饮用水、工业用水、澄清水或蒸汽冷凝液。如用海水冲洗时,则需用清洁水再次冲洗。奥氏体不锈钢管道不得使用海水或氯离子含量超过 25 ppm 的水进行冲洗。

b.水冲洗应以管内可能达到的最大流量或不小于 1.5m/s 的流速进行。水冲洗应连续进行。

c.冲洗前,应将管道系统内的流量孔板、温度计、压力表、调节阀芯、止回阀芯等拆除,待清洗后再重新装上。

d.当设计无规定时,则以出口的水色和透明度与入口处目测一致为合格。如给水管

道试水时,应对每个出水口进行观察,以出口的水包和透明度与入口处目测一致为合格,还应对各个卫生器具、各种阀门等进行放水和开闭、扳动等试验。以灵活好用、不堵塞、不渗漏为合格。

e. 冲洗时,以系统可能达到的最大压力和流量进行,并保证冲洗水的流速不小于1.5m/s。冲洗应连续进行,直到排出口处水的色度和透明度与入口处相同且无粒状物为合格。

②空气吹扫。

a. 工作介质为气体的管道,一般应用空气吹扫,如用其他气体吹扫时,应采取安全措施。

b. 吹扫总管用总汽阀来控制空气流量,吹扫支管用管路中各分支处的阀门控制流量。吹扫压力应尽量维持在管道设计工作压力的75%左右,最低不应低于工作压力的25%。

c. 吹扫流量为管道设计流量的40%～60%。如煤气管道宜采用压缩空气进行吹扫。吹扫口应设在开阔地段并加固。

d. 每次吹扫管道的长度,应根据吹扫介质、压力和气量来确定,不宜超过3km。

e. 调压设施不得与管道同时进行吹扫。

f. 吹扫应反复进行数次,然后在排气口用白布或涂有白漆的靶板检查,并在出口处停放5min,若其上未发现铁锈、尘土、水分和其他污物,即认为合格。

③蒸汽吹洗。

a. 蒸汽管道应采用蒸汽吹扫。蒸汽吹洗与蒸汽管道的通汽运行同时进行,即先进行蒸汽吹洗,吹洗后封闭各吹洗排放口,随即正式通汽运行。

b. 蒸汽吹洗应先进行管道预热。预热时应开小阀门用小量蒸汽缓慢预热管道,同时检查管道的固定支架是否牢固,管道伸缩是否自如,待管道末端与首端温度相等或接近时,预热结束,即可开大阀门增大蒸汽流量进行吹洗。

c. 蒸汽吹洗应从总汽阀开始,沿蒸汽管道中蒸汽的流向逐段进行。一般每一吹洗管段只设一个排汽口。

d. 排汽口附近管道固定应牢固,排汽管应接至室外安全的地方,管口朝上倾斜,并设置明显标记,严禁无关人员接近。

e. 排汽管的截面积应不小于被吹洗管截面积的75%。蒸汽管道吹洗时,应关闭减压阀、疏水器的进口阀,打开阀前的排泄阀,以排泄管做排出口,打开旁通管阀门,使蒸汽进入管道系统进行吹洗。

f. 用总阀控制吹洗蒸汽流量,用各分支管上阀门控制各分支管道吹洗流量。

g. 蒸汽吹洗压力应尽量控制在管道设计工作压力的75%左右,最低不能低于工作压力的25%。吹洗流量为设计流量的40%～60%。

h. 每一排汽口的吹洗次数不应少于2次,每次吹洗15～20min,并按升温—暖管—恒温—吹洗的顺序反复进行。蒸汽阀的开启和关闭都应缓慢,不应过急,以免引起水击而损伤阀件。

i. 蒸汽吹洗的检验,可用刨光的木板置于排汽口处检查,以板上无锈点和污物为合格。对可能留存污物的部位,应用人工加以清除。

j. 蒸汽吹洗过程中不应使用疏水器来排除系统中的凝结水,而应使用疏水器旁通管疏水。

k.管道清洗一般按总管—立管—支管的顺序依次进行。当支管数量较多时，可视具体情况，关断某些支管逐根进行清洗，也可数根支管同时清洗。

2)自动喷水灭火系统。

①管网冲洗应在试压合格后分段进行。冲洗顺序应先室外，后室内，先地下，后地上，室内部分的冲洗应按配水干管、配水管、配水支管的顺序进行。

②管网冲洗宜用水进行。冲洗前，应对系统的仪表采取保护措施。

③冲洗前，应对管道支架、吊架进行检查，必要时应采取加固措施。

④冲洗直径大于100mm的管道时，应对其死角和底部进行敲打，但不能损伤管道。

⑤水压试验和水冲洗宜采用生活用水进行，不得使用海水或含有腐蚀性化学物质的水。

⑥管网冲洗的水流流速、流量不应小于系统设计的水流流速、流量；管网冲洗宜分区、分段进行；水平管网冲洗时，其排水管位置应低于配水支管。

⑦管网冲洗的水流方向应与灭火时管网的水流方向一致。

⑧管网冲洗应连续进行，当出口处水的颜色、透明度与入口处水的颜色、透明度基本一致时，冲洗方可结束。

⑨管网冲洗宜设临时专用排水管道，其排放应畅通和安全。排水管道的截面面积不得小于被冲洗管道截面面积的60%。

⑩管网的地上管道与地下管道连接前，应在配水干管底部加设堵头后，对地下管道进行冲洗。

⑪管网冲洗结束后，应将管网内的水排除干净，必要时可采用压缩空气吹干。

九、《通球试验记录》填写范例

<table>
<tr><td colspan="3">通球试验记录</td><td>资料编号</td><td colspan="2">×××</td></tr>
<tr><td colspan="2">工程名称</td><td>××工程</td><td>试验日期</td><td colspan="2">××年×月×日</td></tr>
<tr><td colspan="2">试验项目</td><td>室内排水系统</td><td>试验部位</td><td colspan="2">4/P 排水导管</td></tr>
<tr><td colspan="2">管径(mm)</td><td>DN150</td><td>球径(mm)</td><td colspan="2">100</td></tr>
<tr><td colspan="6">试验要求：
从导管端头检查口把管径不小于 2/3 管内径的塑料球放入管内，向系统内灌水，将球从室外检查井内排出，为合格</td></tr>
<tr><td colspan="6">试验记录：
将塑料球放入 4/P 排水导管起始端的检查口内，同时从一层立管检查口灌水冲洗，用隔栅网封住检查井排水导管的出口，接到球后放入第二个，试验重复三次，均畅通无阻</td></tr>
<tr><td colspan="6">试验结论：
经检查，试验符合设计要求和《建筑给水排水及采暖工程施工质量验收规范》GB 50242—2002 规定，合格</td></tr>
<tr><td rowspan="3">签字栏</td><td rowspan="2">施工单位</td><td rowspan="2">××机电工程有限公司</td><td>专业技术负责人</td><td>专业质检员</td><td>专业工长</td></tr>
<tr><td>×××</td><td>×××</td><td>×××</td></tr>
<tr><td>监理(建设)单位</td><td colspan="2">××工程建设监理有限公司</td><td>专业工程师</td><td>×××</td></tr>
</table>

注：本表由施工单位填写，建设单位、施工单位、监理单位各保存一份。

<table>
<tr><td colspan="2">通球试验记录</td><td>资料编号</td><td>×××</td></tr>
<tr><td>工程名称</td><td>××工程</td><td>试验日期</td><td>××年×月×日</td></tr>
<tr><td>试验项目</td><td>室内排水系统</td><td>试验部位</td><td>8# 污水立管</td></tr>
<tr><td>管径(mm)</td><td>DN150</td><td>球径(mm)</td><td>100</td></tr>
<tr><td colspan="4">试验要求：
从立管最上部屋顶透气帽把管径不小于 2/3 管内径球径的塑料球放入立管内，向系统内灌水，将球从室外检查井内排出，为合格</td></tr>
<tr><td colspan="4">试验记录：
8# 污水立管经横干管均汇总到 4/P 号排水出户，从 9:45 开始分别打开立管屋面透气帽，依次隔 5min 放入编号的塑料球 3 只，在首层检查口处接到球后放入第二个，同时往立管内灌水冲洗，对应 4/P号排水出户的室外污水检查井，用隔栅网封住检查口出口，至 10:00，3 只球分别被冲入检查井，8# 污水立管及所对应的污水导管均畅通无阻</td></tr>
<tr><td colspan="4">试验结论：
经检查，试验符合设计要求和《建筑给水排水及采暖工程施工质量验收规范》GB 50242—2002 规定，合格</td></tr>
</table>

<table>
<tr><td rowspan="3">签字栏</td><td rowspan="2">施工单位</td><td rowspan="2">××机电工程有限公司</td><td>专业技术负责人</td><td>专业质检员</td><td>专业工长</td></tr>
<tr><td>×××</td><td>×××</td><td>×××</td></tr>
<tr><td>监理(建设)单位</td><td colspan="2">××工程建设监理有限公司</td><td>专业工程师</td><td>×××</td></tr>
</table>

注：本表由施工单位填写，建设单位、施工单位、监理单位各保存一份。

十、《通球试验记录》填写说明

通球试验后必须填写《通球试验记录》。凡需进行通球试验而未进行试验的，该分项工程为不合格。

(1)责任部门。

项目机电部。

(2)提交时限。

排水水平干管、主立管施工完成后进行，并要在隐蔽之前完成。

(3)资料归档。

本表一式三份，由施工单位填写，施工单位、建设单位归档保存，监理单位过程保存。

(4)填写要点。

1)试验项目：应明确体现分项工程和施工工序名称。

2)试验部位：对于试验部位应体现楼层、轴线、建筑功能房间/区域名称，及进行试验的管道设备名称。

3)试验结论：应明确通球试验是否符合设计要求、施工规范规定，是否合格。

4)签字原则：应本着谁施工谁签认的原则，对于专业分包工程应体现专业分包单位名称。

分包单位组织各级责任人进行自检，合格后签字。

由分包单位报请总包主管专业责任人签字，总包签认后再报请监理签认。各方签认后生效。

(5)参考规范。

《建筑给水排水及采暖工程施工质量验收规范》GB 50242—2002。

(6)相关要求。

1)排水水平干管、主立管应进行100%通球试验，并做记录。

2)通球试验应在室内排水及卫生器具等安装全部完毕，通水检查合格后进行。

3)管道试球直径应不小于排水管道管径的2/3，应采用体轻、易击碎的空心球体进行，通球率必须达到100%。

4)主要试验方法。

①排水立管应自立管顶部将试球投入，在立管底部引出管的出口处进行检查，通水将试球从出口冲出。

②横干管及引出管应将试球在检查管管段的始端投入，通水冲至引出管末端排出。室外检查井(结合井)处需加临时网罩，以便将试球截住取出。

5)通球试验以试球通畅无阻为合格。若试球不通的，要及时清理管道的堵塞物并重新试验，直到合格为止。

6)燃气管道及其附件组装完成并试压合格后，应进行通球扫线，并不少于两次。每次吹扫管道长度不宜超过3km，通球应按介质流动方向进行，以避免补偿器内套筒被破坏，扫线结果可用贴有纸或白布的板置于吹扫口检查，当球后的气体无铁锈污物则认为合格。通球扫线后将集存在阀室放散管内的污物排出，清扫干净。

十一、《补偿器安装记录》填写范例

补偿器安装记录		资料编号	×××
工程名称	××工程	日　　期	××年×月×日
设计压力（MPa）	1.6	安装部位	一层热水立管
规格型号	0.6RFS150×16 0.6RFS100×20	材　　质	不锈钢
固定支架间距（m）	30	管内介质温度（℃）	60℃水
计算预拉值（mm）	20	实际预拉值（mm）	20

安装记录及说明：

补偿器的安装及预拉值示意图和说明均由厂家完成，如下图所示安装：

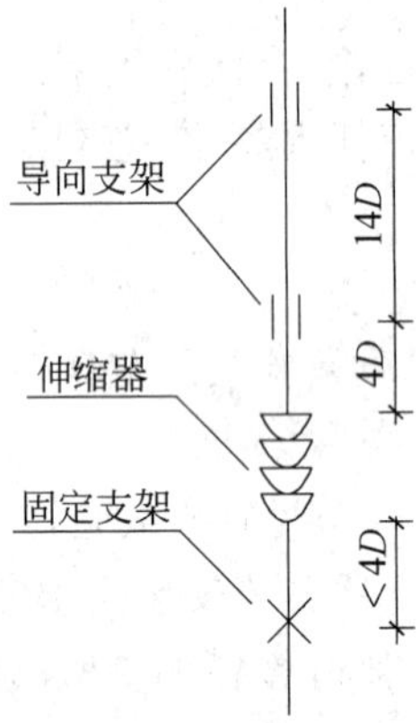

结论：

补偿器安装符合设计要求及《建筑给水排水及采暖工程施工质量验收规范》GB 50242—2002 的规定，同意验收

签字栏					
签字栏	施工单位	××机电工程有限公司	专业技术负责人	专业质检员	专业工长
			×××	×××	×××
	监理（建设）单位	××工程建设监理有限公司		专业工程师	×××

注：本表由施工单位填写，施工单位、监理单位各保存一份。

十二、《补偿器安装记录》填写说明

(1)责任部门。

项目机电部。

(2)提交时限。

在补偿器安装完成后进行。

(3)资料归档。

本表一式两份，由施工单位填写，施工单位、监理单位过程保存。

(4)填写要点。

1)设计压力：按设计说明中要求的压力值进行填写。

2)安装部位：说明补偿器所安装的管道编号，所在楼层及建筑功能房间/区域名称。

3)规格型号：按补偿器的铭牌及说明书中的型号规格填写。

4)材质：说明补偿器的形式及材质，如：轴向内压式不锈钢波纹补偿器、轴向外压式不锈钢波纹补偿器等。

5)固定支架间距：两个固定支架的间距，即为需进行补偿的管道总长度。

6)管内介质温度：填写管道介质最低温度和最高温度。

7)安装记录及说明：应包括安装部位、固定支架间距、预拉伸实测值记录、介质情况、安装时的环境温度、是否需要预压或预拉及安装情况等。

8)结论：应明确补偿器安装是否符合设计要求、施工规范规定，是否合格。

(5)参考规范。

《建筑给水排水及采暖工程施工质量验收规范》GB 50242—2002。

(6)相关要求。

1)热水供应管道应尽量利用自然弯补偿热伸缩，直线段过长则应设置补偿器。

2)各类补偿器安装时，应按要求进行补偿器安装记录。

3)补偿器的型号、安装位置及预拉伸和固定支架的构造及安装位置应符合设计要求。

4)方形补偿器制作时，应用整根无缝钢管煨制，如需要接口，其接口应设在垂直臂的中间位置，且接口必须焊接。

5)方形补偿器应水平安装，并与管道的坡度一致；如其臂长方向垂直安装，必须设排气及泄水装置。

十三、《消火栓试射记录》填写范例

<table>
<tr><td colspan="3">消火栓试射记录</td><td>资料编号</td><td colspan="2">×××</td></tr>
<tr><td colspan="2">工程名称</td><td>××工程</td><td>试射日期</td><td colspan="2">××年×月×日</td></tr>
<tr><td colspan="2">试射消火栓位置</td><td>屋顶消火栓</td><td>启泵按钮</td><td colspan="2">☑合格　□不合格</td></tr>
<tr><td colspan="2">消火栓组件</td><td>☑合格　□不合格</td><td>栓口安装</td><td colspan="2">☑合格　□不合格</td></tr>
<tr><td colspan="2">栓口水枪型号</td><td>☑合格　□不合格</td><td>卷盘间距、组件</td><td colspan="2">☑合格　□不合格</td></tr>
<tr><td colspan="2">栓口静压(MPa)</td><td>0.20</td><td>栓口动压(MPa)</td><td colspan="2">0.35</td></tr>
<tr><td colspan="6">试验要求：
取屋顶消火栓进行试射试验，观察压力表读数不应大于 0.5MPa，射出的密集水柱长度不应小于10m，屋顶消火栓静压不小于 0.07MPa</td></tr>
<tr><td colspan="6">试验记录：
试验从 14:00 开始。打开屋顶消火栓箱，按下消防泵启动按钮，取下消防水龙带迅速接好栓口和水枪，打开消火栓阀门，拉到平屋顶上水平向上倾角 30°～45°试射，同时观察压力表读数为0.35MPa，射出的密集水柱约 20m。检查屋顶消火栓静压为 0.20MPa。试验至 14:30 结束</td></tr>
<tr><td colspan="6">试验结论：
屋顶消火栓试射试验符合设计要求</td></tr>
<tr><td rowspan="3">签字栏</td><td rowspan="2">施工单位</td><td rowspan="2">××机电工程有限公司</td><td>专业技术负责人</td><td>专业质检员</td><td>专业工长</td></tr>
<tr><td>×××</td><td>×××</td><td>×××</td></tr>
<tr><td>监理(建设)单位</td><td colspan="2">××工程建设监理有限公司</td><td>专业工程师</td><td>×××</td></tr>
</table>

注：本表由施工单位填写，建设单位、施工单位、监理单位各保存一份。

<table>
<tr><td colspan="2">消火栓试射记录</td><td>资料编号</td><td>×××</td></tr>
<tr><td>工程名称</td><td>××工程</td><td>试射日期</td><td>××年×月×日</td></tr>
<tr><td>试射消火栓位置</td><td>首层消火栓</td><td>启泵按钮</td><td>☑合格 □不合格</td></tr>
<tr><td>消火栓组件</td><td>☑合格 □不合格</td><td>栓口安装</td><td>☑合格 □不合格</td></tr>
<tr><td>栓口水枪型号</td><td>☑合格 □不合格</td><td>卷盘间距、组件</td><td>☑合格 □不合格</td></tr>
<tr><td>栓口静压(MPa)</td><td>0.65</td><td>栓口动压(MPa)</td><td>0.40</td></tr>
<tr><td colspan="4">试验要求：
首层同时取两处消火栓进行试射试验，观察压力表读数不应大于 0.50MPa，射出的密集水柱不散花，应同时到达最远点，首层的消火栓静压不大于 0.80MPa</td></tr>
<tr><td colspan="4">试验记录：
试验从 14:45 开始，至 15:15 结束。打开首层两处消火栓箱，按下其中一个消防泵启动按钮，取下消防水龙带迅速接好栓口和水枪，分别接到 109 号房和 101 号房，分别从窗户向外水平倾角向上 30°～45°进行试射，同时观察两个消火栓出口压力均为 0.40MPa，两股水柱密集，没有散花，水柱达到的最远点一样。检查首层消火栓静压均为 0.65MPa</td></tr>
<tr><td colspan="4">试验结论：
首层两处消火栓试射试验符合设计要求</td></tr>
</table>

<table>
<tr><td rowspan="3">签字栏</td><td rowspan="2">施工单位</td><td rowspan="2">××机电工程有限公司</td><td>专业技术负责人</td><td>专业质检员</td><td>专业工长</td></tr>
<tr><td>×××</td><td>×××</td><td>×××</td></tr>
<tr><td>监理(建设)单位</td><td colspan="2">××工程建设监理有限公司</td><td>专业工程师</td><td>×××</td></tr>
</table>

注：本表由施工单位填写，建设单位、施工单位、监理单位各保存一份。

十四、《消火栓试射记录》填写说明

(1)责任部门。

项目机电部。

(2)提交时限。

在消火栓系统安装完成后进行。

(3)资料归档。

本表一式三份,由施工单位填写,施工单位、建设单位归档保存,监理单位过程保存。

(4)填写要点。

1)试射消火栓位置:按实际试射部位填写,如屋顶层、首层。

2)试验前应对"启泵按钮,消火栓组件,栓口安装,栓口水枪型号,卷盘间距、组件"各个项目进行检查,当检查合格时在"合格"方框内画"√",否则在"不合格"方框内画"√"。

3)试验记录:应按试验要求,对现场的试验过程进行详细描述。

4)试验结论:应明确消火栓试射是否符合设计要求、施工规范规定,是否合格。

(5)参考规范。

《建筑给水排水及采暖工程施工质量验收规范》GB 50242—2002。

(6)相关要求。

1)室内消火栓系统安装完成后,应按设计要求和《建筑设计防火规范》GB 50016—2014 及《建筑给水排水及采暖工程施工质量验收规范》GB 50242—2002 等规定进行消火栓试射试验,并做记录。

2)室内消火栓试射试验为检验其使用效果,不能逐个试射,故选取有代表性的三处:屋顶层(或水箱间内)试验消火栓和首层取两处消火栓做试射试验,达到设计要求为合格。屋顶试验消火栓试射可测出流量和压力(充实水柱);首层两处消火栓试射可检验两股充实水柱同时到达消火栓应到达的最远点的能力。

3)消火栓系统的栓口静压、动压及试验要求必须满足《建筑设计防火规范》GB 50016—2014 中相关规定。

①对于建筑高度不超过 100m 的高层建筑。

a.首层的消火栓的试验要求为:消火栓的启泵按钮应灵活有效;消火栓栓口的静压不应大于 0.80MPa,出水压力不应大于 0.50MPa,消火栓的间距应保证同层任何部位有两个消火栓的水枪充实水柱同时到达;水枪充实水柱不应小于 10m。

b.屋顶消火栓的试验要求为:消火栓的启泵按钮应灵活有效;消火栓栓口的静压不应低于 0.07MPa,水枪充实水柱不应小于 10m。

②对于建筑高度超过 100m 的高层建筑。

a.首层的消火栓的试验要求为:消火栓的启泵按钮应灵活有效;消火栓栓口的静压不应大于 0.80MPa,出水压力不应大于 0.50MPa,消火栓的间距应保证同层任何部位有两个消火栓的水枪充实水柱同时到达;水枪充实水柱不应小于 13m。

b.屋顶消火栓的试验要求为:消火栓的启泵按钮应灵活有效;消火栓栓口的静压不应低于 0.15MPa,水枪充实水柱不应小于 13m。

十五、《安全附件安装检查记录》填写范例

<table>
<tr><td colspan="3">安全附件安装检查记录</td><td>资料编号</td><td>×××</td></tr>
<tr><td colspan="2">工程名称</td><td>××工程</td><td>安装位号</td><td>3#</td></tr>
<tr><td colspan="2">锅炉型号</td><td>WNS 2.8-1.0/95/70-YQ</td><td>工作介质</td><td>水</td></tr>
<tr><td colspan="2">设计(额定)压力(MPa)</td><td>1.0</td><td>最大工作压力(MPa)</td><td>0.6</td></tr>
<tr><td colspan="3">检 查 项 目</td><td colspan="2">检 查 结 果</td></tr>
<tr><td rowspan="6">压力表</td><td colspan="2">量程及精度等级</td><td colspan="2">0～1.6MPa；　1.5 级</td></tr>
<tr><td colspan="2">校验日期</td><td colspan="2">××年×月×日</td></tr>
<tr><td colspan="2">在最大工作压力处应画红线</td><td>☑已画</td><td>□未画</td></tr>
<tr><td colspan="2">旋塞或针型阀是否灵活</td><td>☑灵活</td><td>□不灵活</td></tr>
<tr><td colspan="2">蒸汽压力表管是否设存水弯管</td><td>☑已设</td><td>□未设</td></tr>
<tr><td colspan="2">铅封是否完好</td><td>☑完好</td><td>□不完好</td></tr>
<tr><td rowspan="5">安全阀</td><td colspan="2">开启压力范围</td><td colspan="2">0.54～0.57MPa</td></tr>
<tr><td colspan="2">校验日期</td><td colspan="2">××年×月×日</td></tr>
<tr><td colspan="2">铅封是否完好</td><td>☑完好</td><td>□不完好</td></tr>
<tr><td colspan="2">安全阀排放管应引至安全地点</td><td>☑是</td><td>□不是</td></tr>
<tr><td colspan="2">锅炉安全阀应有泄水管</td><td>☑有</td><td>□没有</td></tr>
<tr><td rowspan="3">水位计(液位计)</td><td colspan="2">锅炉水位计应有泄水管</td><td>☑有</td><td>□没有</td></tr>
<tr><td colspan="2">水位计应画出高、低水位红线</td><td>☑已画</td><td>□未画</td></tr>
<tr><td colspan="2">水位计旋塞(阀门)是否灵活</td><td>☑灵活</td><td>□不灵活</td></tr>
<tr><td rowspan="3">报警装置</td><td colspan="2">校验日期</td><td colspan="2">××年×月×日</td></tr>
<tr><td colspan="2">报警高低限(声、光报警)</td><td>☑灵敏、准确</td><td>□不合格</td></tr>
<tr><td colspan="2">连锁装置工作情况</td><td>☑动作迅速、灵敏</td><td>□不合格</td></tr>
<tr><td colspan="5">说明：
安全附件安装符合设计和施工规范要求</td></tr>
</table>

<table>
<tr><td colspan="2">结论</td><td colspan="2">☑合格</td><td colspan="2">□不合格</td></tr>
<tr><td rowspan="3">签字栏</td><td rowspan="2">施工单位</td><td rowspan="2">××机电工程有限公司</td><td>专业技术负责人</td><td>专业质检员</td><td>专业工长</td></tr>
<tr><td>×××</td><td>×××</td><td>×××</td></tr>
<tr><td>监理(建设)单位</td><td colspan="2">××工程建设监理有限公司</td><td>专业工程师</td><td>×××</td></tr>
</table>

注：本表由施工单位填写，施工单位、监理单位各保存一份。

十六、《安全附件安装检查记录》填写说明

(1)责任部门。

专业分包及项目机电部。

(2)提交时限。

各安全附件安装齐全,并进行启动、联动试验后进行。

(3)资料归档。

本表一式两份,由施工单位填写并保存,监理单位过程保存。

(4)填写要点。

1)记录的内容应包括锅炉型号、工作介质、设计(额定)压力、最大工作压力、各检查项目的检查结果、必要的说明及结论等。

2)对于选择框,符合的在选择框处画"√",不符合的可空着,不必画"×"。

(5)参考规范。

《通风与空调工程施工质量验收规范》GB 50243—2016。

(6)相关要求。

1)锅炉和省煤器安全阀的定压和调整应符合表4-3的规定。锅炉上装有两个安全阀时,其中的一个按表中较高值定压,另一个按较低值定压。装有一个安全阀时,应按较低值定压。

表4-3 安全阀定压规定

项次	工作设备	安全阀开启压力(MPa)
1	蒸汽锅炉	工作压力+0.02MPa
		工作压力+0.04MPa
2	热水锅炉	1.12倍工作压力,但不少于工作压力+0.07MPa
		1.14倍工作压力,但不少于工作压力+0.10MPa
3	省煤器	1.1倍工作压力

2)压力表的刻度极限值,应大于或等于工作压力的1.5倍,表盘直径不得小于100mm。

3)水位表应有指示最高、最低安全水位的明显标志,玻璃板(管)的最低可见边缘应比最低安全水位低25mm;最高可见边缘应比最高安全水位高25mm;玻璃管式水位表应有防护装置;电接点式水位表的零点应与锅筒正常水位重合。采用双色水位表时,每台锅炉只能装设一个,另一个装设普通水位表。水位表应有放水旋塞(或阀门)和接到安全地点的放水管。

4)锅炉的高、低水位报警器和超温、超压报警器及连锁保护装置必须按设计要求安装齐全和有效,并进行启动、联动试验并做好试验记录。

5)蒸汽锅炉安全阀应安装通向室外的排气管。热水锅炉安全阀泄水管应接到安全地点。在排气管和泄水管上不得装设阀门。

6)检查项目主要包括压力表、安全阀、水位计(液位计)、报警装置等附件的安装、校验和工作情况。

十七、《锅炉烘炉试验记录》填写范例

<table>
<tr><td colspan="3">锅炉烘炉试验记录</td><td>资料编号</td><td colspan="2">×××</td></tr>
<tr><td>工程名称</td><td colspan="2">××工程</td><td>安装位号</td><td colspan="2">5#</td></tr>
<tr><td>锅炉型号</td><td colspan="2">WNS 2.8-1.0/95/70-YQ</td><td>试验日期</td><td colspan="2">××年×月×日</td></tr>
<tr><td colspan="6">需要说明的事项：
设备/管道内部封闭前情况：设备、管道内部已无任何杂物</td></tr>
<tr><td rowspan="2">烘干方法</td><td rowspan="2">木柴火焰</td><td rowspan="2">烘炉时间</td><td colspan="3">起始时间 2015 年 9 月 3 日 10 时 0 分</td></tr>
<tr><td colspan="3">终止时间 2015 年 9 月 7 日 18 时 0 分</td></tr>
<tr><td colspan="2">温度区间（℃）</td><td colspan="2">升降温度速度（℃/h）</td><td colspan="2">所用时间（h）</td></tr>
<tr><td colspan="2">14～44</td><td colspan="2">1.5</td><td colspan="2">20</td></tr>
<tr><td colspan="2">44～84</td><td colspan="2">2</td><td colspan="2">20</td></tr>
<tr><td colspan="2">84～100</td><td colspan="2">1</td><td colspan="2">16</td></tr>
<tr><td colspan="2">100～140</td><td colspan="2">2</td><td colspan="2">20</td></tr>
<tr><td colspan="2">140</td><td colspan="2">0</td><td colspan="2">18</td></tr>
<tr><td colspan="2">140</td><td colspan="2">0</td><td colspan="2">10</td></tr>
<tr><td colspan="2"></td><td colspan="2"></td><td colspan="2"></td></tr>
</table>

1. 封闭方法：按人孔、手孔和燃烧器接口的先后顺序逐个进行封闭

2. 试验结论：☑合格　　□不合格

3. 附件　烘炉曲线图（包括计划曲线及实际曲线）

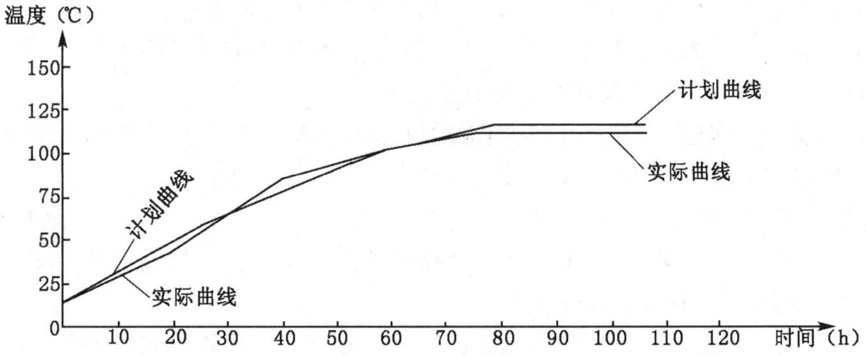

注：计划曲线与实际曲线基本重合。

<table>
<tr><td colspan="2">结论</td><td colspan="2">☑合格</td><td colspan="2">□不合格</td></tr>
<tr><td rowspan="3">签字栏</td><td rowspan="2">施工单位</td><td rowspan="2">××机电工程有限公司</td><td>专业技术负责人</td><td>专业质检员</td><td>专业工长</td></tr>
<tr><td>×××</td><td>×××</td><td>×××</td></tr>
<tr><td>监理（建设）单位</td><td colspan="2">××工程建设监理有限公司</td><td>专业工程师</td><td>×××</td></tr>
</table>

注：本表由施工单位填写，施工单位、监理单位各保存一份。

十八、《锅炉烘炉试验记录》填写说明

(1)责任部门。

专业分包及项目机电部。

(2)提交时限。

锅炉安装后进行，要在锅炉试运行前完成。

(3)资料归档。

本表一式两份，由施工单位填写并保存，监理单位过程保存。

(4)填写要点。

1)记录的内容应包括锅炉型号、位号、封闭前观察的情况、封闭方法、烘干方法、烘炉时间、温度变化情况、烘炉(烘干)曲线图及结论等。

2)试验记录应根据试验的项目，按照实际情况及时、认真填写，不得漏项，填写内容要齐全、清楚、准确，结论应明确。

各项内容的填写应符合设计及规范的要求，签字应齐全。

(5)参考规范。

《建筑给水排水及采暖工程施工质量验收规范》GB 50242—2002。

(6)相关要求。

1)烘炉前，应制订烘炉方案，并应具备下列条件：

①锅炉及其水处理、汽水、排污、输煤、除渣、送风、除尘、照明、循环冷却水等系统均应安装完毕，并经试运转合格。

②炉体砌筑和绝热工程应结束，并经炉体漏风试验合格。

③水位表、压力表、测温仪表等烘炉需用的热工和电气仪表均应安装和试验完毕。

④锅炉给水应符合现行国家标准《低压锅炉水质标准》的规定。

⑤锅筒和集箱上的膨胀指示器应安装完毕，在冷状态下应调整到零位。

⑥炉墙上的测温点或灰浆取样点应设置完毕。

⑦管道、风道、烟道、灰道、阀门及挡板均应标明介质流向、开启方向和开度指示。

⑧应有烘炉升温曲线图，炉内外及各通道应全部清理完毕。

2)锅炉火焰烘炉应符合下列规定：

①火焰应在炉膛中央燃烧，不应直接烧烤炉墙及炉拱。烘炉初期宜采用文火烘焙，初期以后的火势应均匀，并逐日缓慢加大。

②烘炉时间应根据锅炉类型、砌体湿度和自然通风干燥程度确定，一般不少于4d，升温应缓慢，后期炉温不应高于160℃，且持续时间不应少于24h。

③当炉墙特别潮湿时，应适当减慢升温速度延长烘炉时间。

④链条炉排在烘炉过程中应定期转动。

⑤烘炉的中、后期应根据锅炉水水质情况排污。

3)烘炉结束后，炉墙经烘烤后没有变形、裂纹及塌落现象，炉墙砌筑砂浆含水率达到7%以下。

十九、《锅炉煮炉试验记录》填写范例

<table>
<tr><td colspan="2">锅炉煮炉试验记录</td><td>资料编号</td><td>×××</td></tr>
<tr><td>工程名称</td><td>××工程</td><td>安装位号</td><td>3#</td></tr>
<tr><td>锅炉型号</td><td>WNS 2.8-1.0/95/70-YQ</td><td>煮炉日期</td><td>××年×月×日</td></tr>
<tr><td colspan="4">试验要求：
1. 根据煮炉前的污垢厚度，确定锅炉加药配方。
2. 检查煮炉后受热面内部清洁程度，记录煮炉时间、压力</td></tr>
<tr><td colspan="4">试验记录：
9 月 20 日上午 8:00，根据锅内的污垢厚度和产品技术文件的规定，按 1∶1 的比例配成氢氧化钠（NaOH）和磷酸三钠（$Na_3PO_4 \cdot 12H_2O$）的混合药液，并稀释成 20%的溶液，从安全阀座口处投入锅内。药水溶液加至炉水的最低水位，然后将锅炉封闭，点火加热。逐步升高水温至 90℃，保持水温煮炉至 21 日 13:00。然后逐步升高炉内压力至 0.7MPa 并保持压力继续煮炉至 22 日 15:00，煮炉结束。待水温自然降至 40℃时，放净炉水，并用清水进行清洗，清除与药液接触过的阀门和锅筒的污物。至 22 日 18:00 对锅筒内壁进行检查，内壁无油污和锈斑，阀门无堵塞现象</td></tr>
<tr><td colspan="4">试验结论：
符合设计和施工规范要求，试验结果合格</td></tr>
</table>

<table>
<tr><td rowspan="3">签字栏</td><td rowspan="2">施工单位</td><td rowspan="2">××机电工程有限公司</td><td>专业技术负责人</td><td>专业质检员</td><td>专业工长</td></tr>
<tr><td>×××</td><td>×××</td><td>×××</td></tr>
<tr><td>监理（建设）单位</td><td colspan="2">××工程建设监理有限公司</td><td>专业工程师</td><td>×××</td></tr>
</table>

注：本表由施工单位填写，施工单位、监理单位各保存一份。

二十、《锅炉煮炉试验记录》填写说明

(1)责任部门。

专业分包及项目机电部。

(2)提交时限。

锅炉安装后进行，要在锅炉试运行前完成。

(3)资料归档。

本表一式两份，由施工单位填写并保存，监理单位过程保存。

(4)填写要点。

1)试验记录应根据试验项目，按照实际情况及时、认真填写，不得漏项，填写内容齐全、清楚、准确，结论应明确。

2)各项内容的填写应符合设计及规范的要求，签字应齐全。

3) 表格中凡需要填空的地方应如实填写；未发生的，则应在空白处画“—”。

(5)参考规范。

《建筑给水排水及采暖工程施工质量验收规范》GB 50242—2002。

(6)相关要求。

1)锅炉安装完成后，在烘炉末期，应进行煮炉试验，并做记录。非砌筑或浇注保温材料的锅炉，安装后可直接进行煮炉。

2)煮炉时间一般应为 2～3d。煮炉的最后 24h 宜使压力保持在额定工作压力的 75%。如蒸汽压力较低，可适当延长煮炉时间。

3)一般采用碱性溶液煮炉，加药量根据锅炉锈蚀、油污情况及锅炉水容量而定。如锅炉出厂说明未做规定时，可按表 4-4 确定加药量。

表 4-4 每吨炉水加药量(kg)

药品名称	铁锈较薄	铁锈较厚
氢氧化钠(NaOH)	2～3	3～4
磷酸三钠($Na_3PO_4 \cdot 12H_2O$)	2～3	2～3

注：表中药品用量按 100%纯度计算；无磷酸三钠时，可用碳酸钠(Na_2CO_3)代替，用量为磷酸三钠的 1.5 倍。

4)药品应溶解成溶液后方可加入炉内。

5)加药时，炉水应在低水位。

6)煮炉期间，应定期取水样进行水质分析。当炉水碱度低于 45mol/L 时，应补充加药。

7)煮炉结束后，锅筒和集箱内壁应无油垢，擦去附着物后金属表面应无锈斑。

8)记录的内容应包括锅炉型号、位号、煮炉的药量及成分、加药程序、升降温控制、煮炉时间、煮后的清洗、除垢等试验内容及结论等。

二十一、《锅炉试运行记录》填写范例

<table>
<tr><td colspan="2">锅炉试运行记录</td><td>资料编号</td><td>×××</td></tr>
<tr><td>工程名称</td><td colspan="3">××工程</td></tr>
<tr><td>施工单位</td><td colspan="3">××机电工程有限公司</td></tr>
<tr><td colspan="4">本锅炉在安全附件校验合格后，由＿建设＿单位组织，经共同验收，自＿2015＿年＿9＿月＿28＿日＿8＿时至＿2015＿年＿9＿月＿30＿日＿8＿时试运行，运行情况正常，符合规程及设计文件要求，试运行合格，可以投入使用。</td></tr>
<tr><td colspan="4">试运行情况记录：
锅炉烘炉、煮炉和严密性试验合格后，按《锅炉安装工程施工及验收规范》GB 50273—2009 相关规定分别进行安全阀最终调整，即热状态定压检验和调整。安全阀调整后，锅炉带负荷连续试运行48h，运行全过程未出现异常，合格。
符合设计和施工规范要求

记录人：×××</td></tr>
</table>

建设单位（签章）	监理单位（签章）	管理单位（签章）	施工单位（签章）
×××	×××	×××	×××

注：本表由施工单位填写，建设单位、施工单位、监理单位各保存一份。

二十二、《锅炉试运行记录》填写说明

(1)责任部门。

专业分包及项目机电部。

(2)提交时限。

在锅炉烘炉、煮炉合格后进行。

(3)资料归档。

本表一式三份,由施工单位填写,施工单位、建设单位共同保存,监理单位过程保存。

(4)填写要点。

记录的内容应包括试运行时间、参加人员、运行情况及结果等。

(5)参考规范。

《建筑给水排水及采暖工程施工质量验收规范》GB 50242—2002。

(6)相关要求。

1) 锅炉在烘炉、煮炉合格后,必须进行 48h 的带负荷连续运行,同时应进行安全阀的热状态定压检验和调整,并做记录,以运行正常为合格。

2) 严密性试验后,蒸汽锅炉和热水锅炉的安全阀,应按表 4-5 或表 4-3 的规定进行最终调整,调整后安全阀应立即加锁或铅封。

表 4-5 安全阀的整定压力(MPa)

项次	工作设备	安全阀的整定压力
1	蒸汽锅炉	额定工作压力≤0.80MPa 时,工作压力加 0.03MPa
		额定工作压力 0.80～3.82MPa 时,工作压力加 0.05MPa
2	热水锅炉	工作压力的 1.12 倍,且不小于工作压力加 0.07MPa
		工作压力的 1.14 倍,且不小于工作压力加 0.10MPa

3) 锅炉试运行及记录除应按《建筑给水排水及采暖工程施工质量验收规范》GB 50242—2002 第 13 章的要求以外,尚应符合《锅炉安装工程施工及验收规范》GB 50273—2009 等现行国家有关规范、规程、标准的规定及产品样本、使用说明书的要求。

二十三、《设备单机试运转记录》填写范例

<table>
<tr><td colspan="3">设备单机试运转记录</td><td>资料编号</td><td colspan="2">×××</td></tr>
<tr><td>工程名称</td><td colspan="2">××工程</td><td>试运转时间</td><td colspan="2">××年×月×日</td></tr>
<tr><td>设备部位图号</td><td>水施 4</td><td>设备名称</td><td>变频泵 2#</td><td>规格型号</td><td>65DL×7</td></tr>
<tr><td>试验单位</td><td>××公司</td><td>设备所在系统</td><td>给水系统</td><td>额定数据</td><td>30m³/h，108m</td></tr>
<tr><td>序号</td><td colspan="2">试 验 项 目</td><td colspan="2">试 验 记 录</td><td>试验结论</td></tr>
<tr><td>1</td><td colspan="2">叶轮旋转方向</td><td colspan="2">与箭头所指方向一致</td><td>合格</td></tr>
<tr><td>2</td><td colspan="2">运转过程中有无异常噪声</td><td colspan="2">无异常噪声</td><td>合格</td></tr>
<tr><td>3</td><td colspan="2">额定工况下运转时间</td><td colspan="2">连续运转 2h 无异常</td><td>合格</td></tr>
<tr><td>4</td><td colspan="2">轴承温度</td><td colspan="2">运行 2h 后测量轴承温度 65℃</td><td>合格</td></tr>
<tr><td>5</td><td colspan="2"></td><td colspan="2"></td><td></td></tr>
<tr><td>6</td><td colspan="2"></td><td colspan="2"></td><td></td></tr>
<tr><td>7</td><td colspan="2"></td><td colspan="2"></td><td></td></tr>
<tr><td>8</td><td colspan="2"></td><td colspan="2"></td><td></td></tr>
<tr><td>9</td><td colspan="2"></td><td colspan="2"></td><td></td></tr>
<tr><td>10</td><td colspan="2"></td><td colspan="2"></td><td></td></tr>
<tr><td>11</td><td colspan="2"></td><td colspan="2"></td><td></td></tr>
<tr><td>12</td><td colspan="2"></td><td colspan="2"></td><td></td></tr>
<tr><td>13</td><td colspan="2"></td><td colspan="2"></td><td></td></tr>
<tr><td>14</td><td colspan="2"></td><td colspan="2"></td><td></td></tr>
<tr><td colspan="6">试运转结论：
水泵运转正常、平稳，叶轮旋转方向、轴承温升等均符合产品说明书及设计要求和《建筑给水排水及采暖工程施工质量验收规范》GB 50242—2002 的规定</td></tr>
<tr><td rowspan="3">签字栏</td><td rowspan="2">施工单位</td><td rowspan="2">××机电工程有限公司</td><td>专业技术负责人</td><td>专业质检员</td><td>专业工长</td></tr>
<tr><td>×××</td><td>×××</td><td>×××</td></tr>
<tr><td>监理（建设）单位</td><td colspan="2">××工程建设监理有限公司</td><td>专业工程师</td><td>×××</td></tr>
</table>

注：本表由施工单位填写，建设单位、施工单位、城建档案馆、监理单位各保存一份。

<table>
<tr><td colspan="3">设备单机试运转记录</td><td>资料编号</td><td colspan="2">×××</td></tr>
<tr><td>工程名称</td><td colspan="2">××工程</td><td>试运转时间</td><td colspan="2">××年×月×日</td></tr>
<tr><td>设备部位图号</td><td>水施2</td><td>设备名称</td><td>消防泵</td><td>规格型号</td><td>XBD6.1/25-100DL20</td></tr>
<tr><td>试验单位</td><td>××机电工程有限公司</td><td>设备所在系统</td><td>消火栓系统</td><td>额定数据</td><td>3L/s,15m</td></tr>
</table>

序号	试验项目	试验记录	试验结论
1	叶轮旋转方向	与箭头所指方向一致	合格
2	运转过程中有无异常噪声	无异常噪声	合格
3	额定工况下运转时间	连续运转2h无异常	合格
4	轴承温度	运行2h后测量轴承温度65℃	合格
5			
6			
7			
8			
9			
10			
11			
12			
13			
14			

试运转结论：

消防泵运转正常、平稳，叶轮旋转方向、轴承温度等均符合产品说明书及设计要求和《建筑给水排水及采暖工程施工质量验收规范》GB 50242—2002的规定，试验合格

<table>
<tr><td rowspan="3">签字栏</td><td rowspan="2">施工单位</td><td rowspan="2">××机电工程有限公司</td><td>专业技术负责人</td><td>专业质检员</td><td>专业工长</td></tr>
<tr><td>×××</td><td>×××</td><td>×××</td></tr>
<tr><td>监理(建设)单位</td><td colspan="2">××工程建设监理有限公司</td><td>专业工程师</td><td>×××</td></tr>
</table>

注：本表由施工单位填写，建设单位、施工单位、城建档案馆、监理单位各保存一份。

二十四、《设备单机试运转记录》填写说明

(1)责任部门。

项目机电部。

(2)提交时限。

在系统管道和设备安装完毕后进行，合格后1d内完成。

(3)资料归档。

本表一式四份，由施工单位填写，施工单位、建设单位、城建档案馆归档保存，监理单位过程保存。

(4)填写要点。

1) 试验记录应根据试验的项目，按照实际情况及时、认真填写，不得漏项，填写内容要齐全、清楚、准确，结论应明确。各项内容的填写应符合设计及规范的要求，签字应齐全。

2) 表格中除签字栏必须亲笔签字外，其余项目栏均须打印。

(5)参考规范。

《建筑给水排水及采暖工程施工质量验收规范》GB 50242—2002。

(6)相关要求。

1) 为保证系统的安全、正常运行，设备在安装中应进行必要的单机试运转试验。

2) 项目的划分：一般按规范和设计要求，分部位、分系统进行。

3) 设备单机试运转试验应由施工单位报请建设(监理)单位共同进行。

4) 试验的内容：给水系统设备、热水系统设备、机械排水系统设备、消防系统设备、采暖系统设备、水处理系统设备，以及通风与空调系统的各类水泵、风机、冷水机组、冷却塔、空调机组、新风机组等设备在安装完毕后，应进行单机试运转，并做记录。

5) 记录的主要内容应包括：设备名称、规格型号、所在系统、额定数据、试验项目、试验记录、试验结论、试运转结果等。

二十五、《系统试运转调试记录》填写范例

系统试运转调试记录		资料编号	×××
工程名称	××工程	试运转调试时间	××年×月×日
试运转调试项目	采暖系统调试	试运转调试部位	一层～六层低区系统

试运转调试内容：

系统所有的阀门、自动放风阀等附件全部安装完毕；压力试验、冲洗试验均已合格。

关闭总供水阀门，开启总回水阀门，使水充满系统的立支管后开启总供水阀门，关闭循环管阀门，使系统正常循环运行。

正常供暖0.5h后检查系统，没有发现管道不热的现象；供暖24h后，采暖入户的供、回水参数符合设计要求，住户逐屋进行室温测量，遇到温度不符合设计要求的，调节温控阀，重新测量室内温度，直至所有室内温度均符合设计要求

试运转调试结论：

经检查，系统调试符合设计要求和《建筑给水排水及采暖工程施工质量验收规范》GB 50242—2002的规定，同意验收

签字栏	建设单位	监理单位	施工单位
	×××	×××	×××

注：本表由施工单位填写，建设单位、施工单位、城建档案馆、监理单位各保存一份。

<table>
<tr><td colspan="2">系统试运转调试记录</td><td>资料编号</td><td>×××</td></tr>
<tr><td>工程名称</td><td>××办公楼工程</td><td>试运转
调试时间</td><td>2015 年 2 月 25 日 9 时～
2015 年 2 月 26 日 12 时</td></tr>
<tr><td>试运转
调试项目</td><td>采暖系统调试</td><td>试运转
调试部位</td><td>一层至屋顶水箱间
（西区）采暖系统</td></tr>
<tr><td colspan="4">试运转调试内容：
本工程采暖系统为上供下回单管异程式供暖系统，供回水干管分别设于顶层 F11 层及 B01 层，末端高点设有集气罐。系统管道采用焊接钢管，散热器采用铸铁、钢制散热器。
西区于 2 月 25 日 9 时开始正式通暖，至 2 月 26 日 12 时，西区供热管道及散热器受热情况基本均匀，各阀门开启灵活，管道、设备、散热器等接口处均不渗、不漏。
经进行室温测量，办公室内温度均在 18～20℃内，卫生间及走道温度在 12～16℃之间。设计温度为办公室内温度 18℃，卫生间及走道温度 15℃</td></tr>
<tr><td colspan="4">试运转调试结论：
经检查，采暖系统调试符合设计要求和《建筑给水排水及采暖工程施工质量验收规范》GB 50242—2002 的规定，调试合格</td></tr>
</table>

签字栏	建设单位	监理单位	施工单位
	×××	×××	×××

注：本表由施工单位填写，建设单位、施工单位、城建档案馆、监理单位各保存一份。

第二节 通风与空调工程施工试验记录

一、《风管漏光检测记录》填写范例

<table>
<tr><td colspan="2">风管漏光检测记录</td><td>资料编号</td><td>×××</td></tr>
<tr><td>工程名称</td><td>××大厦</td><td>试验日期</td><td>××年×月×日</td></tr>
<tr><td>系统名称</td><td>地下层送风系统</td><td>工作压力(Pa)</td><td>500</td></tr>
<tr><td>系统接缝总长度(m)</td><td>56.50</td><td>每10m接缝为一个检测段的分段数</td><td>6段</td></tr>
<tr><td>检测光源</td><td colspan="3">150W带保护罩低压照明</td></tr>
<tr><td>分段序号</td><td>实测漏光点数(个)</td><td>每10m接缝的允许漏光点数(个/10m)</td><td>结论</td></tr>
<tr><td>1</td><td>0</td><td><2</td><td>合格</td></tr>
<tr><td>2</td><td>1</td><td><2</td><td>合格</td></tr>
<tr><td>3</td><td>0</td><td><2</td><td>合格</td></tr>
<tr><td>4</td><td>0</td><td><2</td><td>合格</td></tr>
<tr><td>5</td><td>1</td><td><2</td><td>合格</td></tr>
<tr><td>6</td><td>0</td><td><2</td><td>合格</td></tr>
<tr><td></td><td></td><td></td><td></td></tr>
<tr><td rowspan="2">合　计</td><td>总漏光点数(个)</td><td>每100m接缝的允许漏光点数(个/100m)</td><td>结　论</td></tr>
<tr><td>2</td><td>平均小于16</td><td>合格</td></tr>
<tr><td colspan="4">检测结论：
按施工验收规范要求进行测试的6段中各段漏光点均未超标，评定结论合格。
已测出的漏光处用密封胶堵严</td></tr>
</table>

<table>
<tr><td rowspan="3">签字栏</td><td rowspan="2">施工单位</td><td rowspan="2">××机电工程有限公司</td><td>专业技术负责人</td><td>专业质检员</td><td>专业工长</td></tr>
<tr><td>×××</td><td>×××</td><td>×××</td></tr>
<tr><td>监理(建设)单位</td><td colspan="2">××工程建设监理有限公司</td><td>专业工程师</td><td>×××</td></tr>
</table>

注：本表由施工单位填写，建设单位、施工单位、监理单位各保存一份。

二、《风管漏光检测记录》填写说明

风管系统安装后，必须进行严密性检验，合格后方能交付下道工序。风管系统严密性检验以主、干管为主。在加工工艺得到保证的前提下，低压风管系统可采用漏光法检测。

(1)责任部门。

项目机电部。

(2)提交时限。

在风管系统安装完成后进行，并要在进行隐蔽之前完成。

(3)资料归档。

本表一式三份，由施工单位填写，建设单位归档保存，施工单位、监理单位过程保存。

(4)填写要点。

1)工作压力(Pa)：填写测试风管段的最大工作压力。

2)系统接缝总长度(m)：指被检测系统风管段的环向接缝(法兰接缝)长度的总和。

3)检测光源：不低于100W带保护罩的低压照明灯，或其他低压光源。

4)检测结论：应明确漏光检测是否符合设计要求及施工规范规定，是否合格。

(5)参考规范。

《通风与空调工程施工质量验收规范》GB 50243—2016。

(6)相关要求。

风管系统安装完毕后，应按系统类别进行严密性检验，漏风量应符合设计和GB 50243—2016中第4.2.5条的规定。风管系统的严密性的严密性检验，应符合下列规定：

1)低压系统风管的严密性检验应采用抽检，抽检率为5%，且不得少于1个系统。在加工工艺得到保证的前提下，采用漏光法检测。检测不合格时，应按规定的抽检率做漏风量测试。中压系统风管的严密性检验，应在漏光法检测合格后，对系统漏风量测试进行抽检，抽检率为20%，且不得少于1个系统。高压系统风管严密性检验，为全数进行漏风量测试。系统风管严密性检验的抽检，应全数合格，则视为通过。如有不合格时，则应再加倍抽检，直至全数合格。

2)净化空调系统风管的严密性检验，1～5级的系统按高压系统风管的规定执行；6～9级的系统按《通风与空调工程施工质量验收规范》GB 50243—2016第4.2.5条的规定执行。检查数量：按风管系统的类别和材质分别抽查，不得小于3件及$15m^2$，检查方法：按《通风与空调工程施工质量验收规范》GB 50243—2016的规定进行严密性测试。

三、《风管漏风检测记录》填写范例

风管漏风检测记录		资料编号	×××
工程名称	××大厦	试验日期	××年×月×日
系统名称	X-5 新风系统	工作压力(Pa)	500
系统总面积(m^2)	232.9	试验压力(Pa)	800
试验总面积(m^2)	185.2	系统检测分段数	2 段

检测区段图示：

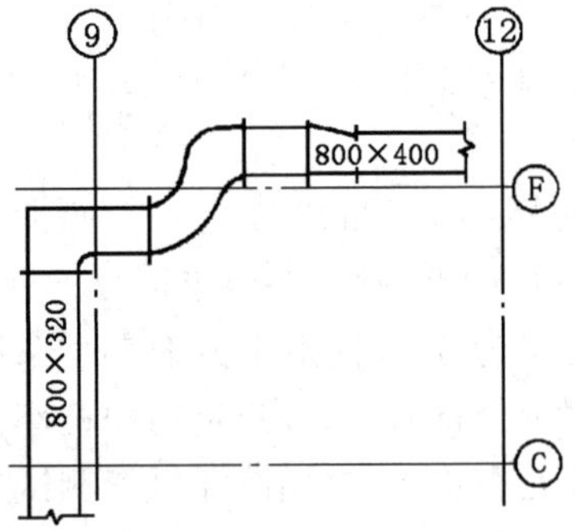

分段实测数值			
序号	分段表面积(m^2)	试验压力(Pa)	实际漏风量(m^3/h)
1	98	800	2.4
2	87.2	800	1.96

系统允许漏风量[$m^3/(m^2 \cdot h)$]	$Q_L \leqslant 0.1056P^{0.65}$ 5.99	实测系统漏风量[$m^3/(m^2 \cdot h)$]	2.18(各段平均值)

检测结论：

各段用漏风检测仪所测漏风量低于规范要求，检测评定合格

签字栏	施工单位	××机电工程有限公司	专业技术负责人	专业质检员	专业工长
			×××	×××	×××
	监理(建设)单位	××工程建设监理有限公司		专业工程师	×××

注：本表由施工单位填写，建设单位、施工单位、监理单位各保存一份。

四、《风管漏风检测记录》填写说明

风管系统安装完毕后，应按系统类别进行严密性检验。

(1)责任部门。

项目机电部。

(2)提交时限。

在风管系统安装完成后进行，并要在进行隐蔽之前完成。

(3)资料归档。

本表一式三份，由施工单位填写，施工单位、建设单位归档保存，监理单位过程保存。

(4)填写要点。

1)检测区段图示：应将被测区段系统示意图画出，并标注测试顺序段号。

2)系统总面积(m^2)：被测本系统的总面积值。

3)试验总面积(m^2)：实际被测的面积值(系统中未测到的部分，如支管、软管等末端不计算在内)。

4)实测系统漏风量[$m^3/(m^2 \cdot h)$]：各段实测漏风率的平均值。

(5)参考规范。

《通风与空调工程施工质量验收规范》GB 50243—2016。

(6)相关要求。

1)风管必须通过工艺性的检测或验证，其强度和严密性要求应符合设计或下列规定：

①风管的强度应能满足在1.5倍工作压力下接缝处无开裂。

②矩形风管的允许漏风量应符合以下规定：

$$\begin{aligned} &\text{低压系统风管} \quad Q_L \leqslant 0.1056P^{0.65} \\ &\text{中压系统风管} \quad Q_M \leqslant 0.0352P^{0.65} \\ &\text{高压系统风管} \quad Q_H \leqslant 0.0117P^{0.65} \end{aligned} \tag{4-1}$$

式中 Q_L、Q_M、Q_H——系统风管在相应工作压力下，单位面积风管单位时间内的允许漏风量[$m^3/(m^2 \cdot h)$]；

P——指风管系统的工作压力(Pa)。

③低压、中压圆形金属风管、复合材料风管以及采用非法兰形式的非金属风管的允许漏风量，应为矩形风管规定值的50%。

④砖、混凝土风道的允许漏风量不应大于矩形低压系统风管规定值的1.5倍。

⑤排烟、除尘、低温送风系统按中压系统风管的规定，1～5级净化空调系统按高压系统风管的规定。

2)风管系统的严密性检验，应符合下列规定。

①低压系统风管的严密性检验应采用抽检，抽检率为5%，且不得小于1个系统。在加工工艺及安装操作质量得到保证的前提下，采用漏光法检测。检测不合格时，应按规定的抽检率做漏风量测试。

②中压系统风管的严密性检验，应在漏光法检测合格后，对系统漏风量测试进行抽

检,抽检率为20%,且不得少于1个系统。

③高压系统风管的严密性检验,为全数进行漏风量测试。

系统风管严密性检验的被抽检系统,应全数合格,则视为通过;如有不合格时,则应再加倍抽检,直至全数合格。

3)净化空调系统风管的严密性检验,1～5级的系统按高压系统风管的规定执行;6～9级的系统按本条第2)款的规定执行。

4)漏风量测试。

①正压或负压系统风管与设备的漏风量测试,分正压试验和负压试验两类。一般可采用正压条件下的测试来检验。

②系统漏风量测试可以整体或分段进行。测试时,被测系统的所有开口均应封闭,不应漏风。

③被测系统的漏风量超过设计和规范的规定时,应查出漏风部位(可用听、摸、观察、水或烟检漏),做好标记;修补完工后,重新测试,直至合格。

④漏风量测定值一般应为规定测试压力下的实测数值。特殊条件下,也可用相近或大于规定压力下的测试代替,其漏风量可按式(4-2)换算:

$$Q_0 = Q(P_0/P)^{0.65} \tag{4-2}$$

式中 P_0——规定试验压力,500Pa;

Q_0——规定试验压力下的漏风量[$m^3/(m^2 \cdot h)$];

P——风管工作压力(Pa);

Q——工作压力下的漏风量[$m^3/(m^2 \cdot h)$]。

5)测试装置。

①漏风量测试应采用经检验合格的专用测量仪器,或采用符合现行国家标准《用安装在圆形截面管道中的差压装置测量满管流体流量》GB/T 2624.1～2624.4—2006规定的计量元件搭设的测量装置。

②漏风量测试装置可采用风管式或风室式。风管式测试装置采用孔板做计量元件;风室式测试装置采用喷嘴作计量元件。

五、《现场组装除尘器、空调机漏风检测记录》填写范例

<table>
<tr><td colspan="2">现场组装除尘器、空调机漏风检测记录</td><td>资料编号</td><td colspan="2">×××</td></tr>
<tr><td colspan="2">工程名称</td><td>××大厦</td><td>分部工程</td><td>通风与空调</td></tr>
<tr><td colspan="2">分项工程</td><td>除尘系统设备安装</td><td>检测日期</td><td>××年×月×日</td></tr>
<tr><td colspan="2">设备名称</td><td>组合式脉冲布袋除尘器</td><td>型号规格</td><td>ZH-4/32</td></tr>
<tr><td colspan="2">总风量
(m³/h)</td><td>7000</td><td>允许漏风率
(%)</td><td>5</td></tr>
<tr><td colspan="2">工作压力
(Pa)</td><td>800</td><td>测试压力
(Pa)</td><td>1000</td></tr>
<tr><td colspan="2">允许漏风量
(m³/h)</td><td><350</td><td>实测漏风量
(m³/h)</td><td>240</td></tr>
<tr><td colspan="5">检测记录：
除尘器组装后，采用Q80型漏风检测设备测试，先打压至工作压力，漏风量在允许范围内。然后再打压超出工作压力值，观看读数依然在允许范围内，证明安装严密</td></tr>
<tr><td colspan="5">检测结论：
符合设计要求及《通风与空调工程施工质量验收规范》GB 50243—2016规定，组装合格</td></tr>
<tr><td rowspan="3">签字栏</td><td rowspan="2">施工单位</td><td rowspan="2">××机电工程有限公司</td><td>专业技术负责人</td><td>专业质检员 / 专业工长</td></tr>
<tr><td>×××</td><td>××× / ×××</td></tr>
<tr><td>监理（建设）单位</td><td>××工程建设监理有限公司</td><td>专业工程师</td><td>×××</td></tr>
</table>

注：本表由施工单位填写，施工单位、监理单位各保存一份。

六、《现场组装除尘器、空调机漏风检测记录》填写说明

(1)责任部门。

项目机电部。

(2)提交时限。

在设备安装完成后进行。

(3)资料归档。

本表一式两份,由施工单位填写,施工单位、监理单位过程保存。

(4)填写要点。

1)分项工程:所在的分项工程名称。

2)设备名称:所组装设备名称。

3)型号规格:所组装设备的型号、规格。

4)工作压力:设计对所组装设备要求的工作压力。

5)测试压力:现行国家标准或设计规定的所组装设备的试验压力。

6)允许漏风量:现行国家标准、规范或设计规定的所组装设备的允许漏风量。

7)实测漏风量:按现行国家标准、规范的规定对所组装设备进行漏风检测时实际漏风量。

(5)参考规范。

1)《通风与空调工程施工质量验收规范》GB 50243—2016。

2)《组合式空调机组》GB/T 14294—2008。

(6)相关要求。

1)空调机组的安装应符合下列规定:

①型号、规格、方向和技术参数应符合设计要求。

②现场组装的组合式空气调节机组应做漏风量的检测,其漏风量必须符合现行国家标准《组合式空调机组》GB/T 14294 的规定。

检查数量:按总数抽检 20%,不得少于 1 台。净化空调系统的机组,1～5 级全数检查,6～9 级抽查 50%。

检查方法:依据设计图核对,检查测试记录。

2)除尘器的安装应符合下列规定:

①型号、规格、进出口方向必须符合设计要求。

②现场组装的除尘器应做漏风量的检测,在设计工作压力下允许漏风率为 5%,其中离心式除尘器为 3%。

③布袋除尘器、电除尘器的壳体及辅助设备接地应可靠。

检查数量:按总数抽查 20%,不得少于 1 台;接地全数检查。

检查方法:按图核对、检查测试记录和观察检查。

七、《各房间室内风量温度测量记录》填写范例

各房间室内风量温度测量记录			资料编号	×××
工程名称	××大厦		测量日期	××年×月×日
系统名称	送风系统		系统位置	三层
项目 房间(测点)编号	风量(m^3/h)			所在房间室内温度(℃)
	设计风量 $Q_{设}$	实际风量 $Q_{实}$	相对差	
会议室1	400	420	−0.05	25
会议室2	500	505	−0.01	27
会议室3	500	497	0.01	25
贵宾室1	600	665	−0.11	24
休息室1	800	760	0.05	26
休息室2	400	414	−0.04	26
休息室3	700	711	−0.02	27
走廊	1000	975	0.03	22
施工单位	××机电工程有限公司			
测量人	记录人		审核人	
×××	×××		×××	

注：本表由施工单位填写，建设单位、施工单位、监理单位各保存一份。

八、《各房间室内风量温度测量记录》填写说明

通风与空调工程无生产负荷联合试运转时，应分系统的，将同一系统内的各房间内风量、室内房间温度进行测量调整，并做记录。

(1)责任部门。

项目机电部。

(2)提交时限。

在无生产负荷联合试运行时进行。

(3)资料归档。

本表一式三份，由施工单位填写，施工单位、建设单位归档保存，监理单位过程保存。

(4)填写要点。

1)记录内容包括：工程名称、测量日期、系统名称、系统位置、房间(测点)编号、设计风量($Q_{设}$)、实际风量($Q_{实}$)、相对差、所在房间室内温度等。

2)各房间室内风量温度测量数据应根据现场实际测量情况如实填写，不得拼凑伪造数据，以符合设计、规范要求。测试数据应由技术部门审签并加盖标识章。

3)相对差计算公式：$\delta=(Q_{实}-Q_{设})/Q_{设}\times100\%$。

(5)参考规范。

《通风与空调工程施工质量验收规范》GB 50243—2016。

(6)相关要求。

各房间内的风量可在风管内或风口处测量。实测风量与设计风量的相对偏差不应大于10%。所在房间室内温度应填写风口所在房间室内温度，而不是风口处温度。房间室内温度应符合设计要求及规范规定。

九、《管网风量平衡记录》填写范例

管网风量平衡记录							资料编号		×××	
工程名称		××大厦					测试日期		××年×月×日	
系统名称		K-7 送风系统					系统位置		首层报告厅	
测点编号	风管规格(mm×mm)	断面积(m^2)	平均风压(Pa)			风速(m/s)	风量(m^3/h)		相对差	使用仪器编号
			动压	静压	全压		设计风量 $Q_{设}$	实际风量 $Q_{实}$		
1	240×240	0.06				2.84		613.4		
2	240×240	0.06				2.87		619.9		
3	240×240	0.06				2.87		619.9		
4	240×240	0.06				2.71		585.4		
5	240×240	0.06				2.86		617.8		
6	240×240	0.06				2.88		622.1		
7	240×240	0.06				3.00		648.0		
8	240×240	0.06				2.91		628.6		
9	240×240	0.06				2.71		585.3		
10	240×240	0.06				2.72		587.5		
11	240×240	0.06				2.61		563.7		
							总 6500	总 6692	3%	
						$\delta=(Q_{实}-Q_{设})/Q_{设}\times100\%$				
						$\Delta=\dfrac{6692-6500}{6500}\times100\%=3\%$				

施工单位	××机电工程有限公司	
审核人	测定人	记录人
×××	×××	×××

注：本表由施工单位填写，建设单位、施工单位、监理单位各保存一份。

十、《管网风量平衡记录》填写说明

通风与空调工程进行无生产负荷联合试运转时，应分系统的，将同一系统内的各测点的风压、风速、风量进行测试和调整，并做记录。

(1)责任部门。

项目机电部。

(2)提交时限。

在无生产负荷联合试运转时进行。

(3)资料归档。

本表一式三份，由施工单位填写，施工单位、建设单位归档保存，监理单位过程保存。

(4)填写要点。

1)记录内容包括：工程名称、测试日期、系统名称、系统位置、测点编号、风管规格、断面积、平均风压、风速、设计风量($Q_{设}$)、实际风量($Q_{实}$)、相对差、使用仪器编号等。

2)管网风量平衡测量数据应根据现场实际测量情况如实填写，不得拼凑伪造数字，以符合设计、规范要求。测试数据表应由技术部门审签并加盖标识章。

3)相对差计算公式：$\delta=(Q_{实}-Q_{设})/Q_{设}\times100\%$。

(5)参考规范。

《通风与空调工程施工质量验收规范》GB 50243—2016。

(6)相关要求。

1)表《管网风量平衡记录》是与表《各房间室内风量温度测量记录》配套使用表格。为配合两个记录表，使其能更清楚地反映填写情况，必须附空调系统各测点调测的单线平面图或透视图，图中应标明系统名称、测点编号、测点位置、风口位置，并注明送风、回风、新风管。

2)系统风量调整采用“流量等比分配法”或“基准风口法”，从系统最不利环路的末端开始，最后进行总风量的调整。

3)系统风量调整平衡后，应能从表中的数据反映出：

①风口的风量、新风量、排风量、回风量的实测值与设计风量的相对偏差不大于10%。

②新风量与回风量之和应近似等于总的送风量或各送风量之和。

③总的送风量应略大于回风量与排风量之和。

十一、《空调系统试运转调试记录》填写范例

空调系统试运转调试记录		资料编号	×××
工程名称	××大厦	试运转调试日期	××年×月×日
系统名称	K-3 送风系统	系统所在位置	首层多功能厅
设计总风量（m^3/h）	1300	实测总风量（m^3/h）	1390
风机全压(Pa)	（机组）余压 500	实测风机全压（Pa）	495

试运转调试内容：

开风机之前将该系统（所测系统）调节阀、风口全部置于全开位置。三通调节阀处于中间位置，开启风机进行系统风量测定、调整，系统总风量调试结果与设计风量的相对偏差不大于 10%。

用微压计与毕托管从系统的最远最不利环路开始，逐步调向风机

试运转调试结论：

通过测试记录结果符合设计和规范要求，合格

<table>
<tr><td rowspan="3">签字栏</td><td rowspan="2">施工单位</td><td rowspan="2">××机电工程有限公司</td><td>专业技术负责人</td><td>专业质检员</td><td>专业工长</td></tr>
<tr><td>×××</td><td>×××</td><td>×××</td></tr>
<tr><td>监理（建设）单位</td><td colspan="2">××工程建设监理有限公司</td><td>专业工程师</td><td>×××</td></tr>
</table>

注：本表由施工单位填写，建设单位、施工单位、监理单位、城建档案馆各保存一份。

十二、《空调系统试运转调试记录》填写说明

通风空调工程安装完毕，必须进行系统的测定和调整(简称调试)，并做记录。

(1)责任部门。

项目机电部。

(2)提交时限。

在无生产负荷联合试运转及调试时进行。

(3)资料归档。

本表一式四份，由施工单位填写，施工单位、建设单位、城建档案馆归档保存，监理单位过程保存。

(4)填写要点。

1)记录内容包括：工程名称，试运转调试日期，系统名称，系统所在位置，设计总风量，实测总风量，风机全压，实测风机全压，试运转调试内容及结论等。

2)表内数据应根据现场实际测量情况如实填写，不得拼凑伪造数据。

3)试运转调试内容：应将试运转调试项目、具体内容描述清楚。

4)试运转调试结论：应明确是否达到设计和规范要求。

(5)参考规范。

《通风与空调工程施工质量验收规范》GB 50243—2016。

(6)相关要求。

1)一般规定。

①系统调试所使用的测试仪器和仪表，性能应稳定可靠，其精度等级及最小分度值应能满足测定的要求，并应符合国家有关计量法规及检定规程的规定。

②通风与空调工程的系统测试，应由施工单位负责、监理单位监督，设计单位与建设单位参与和配合，系统测试的实施可以是施工企业本身或委托给具有调试能力的其他单位。

③系统调试前，承包单位应编制调试方案，报送专业监理工程师审核批准；调试结束后，必须提供完整的调试资料和报告。

④通风与空调工程系统无生产负荷的联合试运转及调试，应在制冷设备和通风与空调设备单机试运转合格后进行。空调系统带冷(热)源的正常联合试运转不应少于 8h，当竣工季节与设计条件相差较大时，仅做不带冷(热)源试运转。通风、除尘系统的连续试运转不应少于 2h。

⑤净化空调系统运行前应在回风、新风的吸入口处和粗、中效过滤器前设置临时用过滤器(如无纺布等)，实行对系统的保护。净化空调系统的检测和调整，应在系统进行全面清扫，且已运行 24h 及以上达到稳定后进行。

洁净室洁净度的检测，应在空态或静态下进行或按合约规定。室内洁净度检测室，人员不宜多于 3 人，均必须穿与洁净室洁净度等级相适应的洁净工作服。

2)主控项目。

①通风与空调工程安装完毕，必须进行系统的测定和调整(简称调试)。系统调试应包括下列项目。

a. 设备单机试运转及调试。

b. 系统无生产负荷下的联合试运转及调试。

检查数量：全数。

检查方法：观察、旁站、查阅调试记录。

②设备单机试运转及调试应符合下列规定。

a. 通风机、空调机组中的风机，叶轮旋转方向正确、运转平稳、无异常振动与声响，其电机运行功率应符合设备技术文件的规定。在额定转速下连续运转 2h 后，滑动轴承外壳最高温度不得超过 70℃，滚动轴承不得超过 80℃。

b. 水泵叶轮旋转方向正确，无异常振动和声响，紧固连接部位无松动，其电机运行功率值符合设备技术文件的规定。水泵连续运转 2h 后，滑动轴承外壳最高温度不得超过 70℃；滚动轴承不得超过 75℃。

c. 冷却塔本体应稳固、无异常振动，其噪声应符合设备技术文件的规定。风机试运转按本条第①款的规定；冷却塔风机与冷却水系统循环试运行不少于 2h，运行应无异常情况。

d. 制冷机组、单元式空调机组的试运转，应复合设备技术文件和现行国家标准《制冷设备、空气分离设备安装工程施工及验收规范》GB 50274 的有关规定，正常运转不应少于 8h。

e. 电控防火、防排烟风阀（口）的手动、电动操作应灵活、可靠，信号输出正确。

检查数量：第 1 款按风机数量抽查 10％。且不少于 1 台；第②、③、④项全数检查；第⑤项按系统中风阀的数量抽查 20％，且不得少于 5 件。

检查方法：观察、旁站、用声级计测定、查阅试运转记录及有关文件。

③系统无生产负荷的联合试运转及调试应符合下列规定。

a. 系统总风量调试结果与设计风量的偏差不应大于 10％。

b. 空调冷热水、冷却水总流量测试结果与设计流量的偏差不应大于 10％。

c. 舒适空调的温度、相对湿度应符合设计的要求。恒温、恒湿房间室内空气温度、相对湿度及波动范围应符合设计规定。

检查数量：按风管系统数量抽查 10％，且不得少于 1 个系统。

检查方法：观察、旁站、查阅调试记录。

④防排烟系统联合试运行与调试的结果（风量及正压），必须符合设计与消防的规定。

检查数量：按总数抽查 10％，且不得少于 2 个楼层。

检查方法：观察、旁站、查阅调试记录。

⑤净化空调系统还应符合下列规定。

a. 单向流洁净室系统的系统总风量调试结果与设计风量的允许偏差为 0～20％，室内各风口风量与设计风量的允许偏差为 15％。新风量与设计新风量的允许偏差为 10％。

b. 单向流洁净室系统的室内截面平均风速的允许偏差为 0～20％，且截面风速不均匀度不应大于 0.25。新风量和设计新风量的允许偏差为 10％。

c. 相邻不同级别洁净室之间和洁净室与非洁净室之间的静压差不应小于 5Pa，洁净室与室外的静压差不应小于 10Pa。

d.室内空气洁净度等级必须符合设计规定的等级或在商定验收状态下的等级要求。

高于等于5级的单向流洁净室,在门开启的状态下,测定距离门0.6m室内侧工作高度处空气的含尘浓度,亦不硬超过室内洁净度等级上限的规定。

检查数量:调试记录全数检查,测点抽查5%,且不得少于1点。

检查方法:验证调试记录,按GB 50243附录B进行测试校核。

3)一般项目。

①设备单机试运转及调试应符合下列规定。

a.水泵运行时不应有异常振动和声响、壳体密封处不得渗漏、紧固连接部位不应松动、轴封的温升应正常;在无特殊要求的情况下,普通填料泄漏量不应大于60mL/h,机械密封的不应大于5mL/h。

b.风机、空调机组、风冷热泵等设备运行时,产生的噪声不宜超过产品性能说明书的规定值。

c.风机盘管机组的三速、温控开关的动作应正确,并与机组运行状态一一对应。

检查数量:第a、b条抽查20%,且不得少于1台;第③项抽查10%,且不得少于5台。

检查方法:观察、旁站、查阅试运转记录。

②通风工程系统无生产负荷联动试运转及调试应符合下列规定。

a.系统联动试运转中,设备及主要部件的联动必须符合设计要求,动作协调、正确,无异常现象。

b.系统经过平衡调整,各风口或吸风罩的风量与设计风量的允许偏差不应大于15%。

c.湿式除尘器的供水与排水系统运行应正常。

③空调工程系统无生产负荷联动试运转及调试还应符合下列规定。

a.空调工程水系统应冲洗干净、不含杂物,并排出管道系统中的空气;系统连续运行应达到正常、平稳;水泵的压力和水泵电机的电流不应出现大幅波动。系统平衡调整后,各空调机组的水流量应符合设计要求,允许偏差为20%。

b.各种自动计量检测元件和执行机构的工作应正常,满足建筑设备自动化(BA、FA等)系统对被测定参数进行检测和控制的要求。

c.多台冷却塔并联运行时,各冷却塔的进、出水量应达到均衡一致。

d.空调室内噪声应符合设计规定要求。

e.有压差要求的房间、厅堂与其他相邻房间之间的压差,舒适性空调正压为0~25Pa;工艺性的空调应符合设计的规定。

检查数量:按系统数量抽查10%,且不得小于1个系统或1间。

检查方法:观察、用仪表测量检查及查阅调试记录。

④通风与空调工程的控制和监测设备,应能与系统的检测元件和执行机构正常沟通,系统的状态参数应能正确显示,设备连锁、自动调节、自动保护应能正确动作。

检查数量:按系统或检测系统总数抽查30%,且不得少于1个系统。

检查方法:旁站,观察,查阅调试记录。

十三、《空调水系统试运转调试记录》填写范例

<table>
<tr><td colspan="2">空调水系统试运转调试记录</td><td>资料编号</td><td>×××</td></tr>
<tr><td>工程名称</td><td>××大厦</td><td>试运转调试日期</td><td>××年×月×日</td></tr>
<tr><td>设计空调冷（热）水总流量 $Q_{设}$（m^3/h）</td><td>110</td><td rowspan="2">相对差</td><td rowspan="2">5.1%</td></tr>
<tr><td>实际空调冷（热）水总流量 $Q_{实}$（m^3/h）</td><td>103.6</td></tr>
<tr><td>空调冷（热）水供水温度（℃）</td><td>12</td><td>空调冷（热）水回水温度（℃）</td><td>7</td></tr>
<tr><td>设计冷却水总流量 $Q_{设}$（m^3/h）</td><td>130</td><td rowspan="2">相对差</td><td rowspan="2">2.7%</td></tr>
<tr><td>实际冷却水总流量 $Q_{实}$（m^3/h）</td><td>126.4</td></tr>
<tr><td>冷却水供水温度（℃）</td><td>37</td><td>冷却水回水温度（℃）</td><td>32</td></tr>
<tr><td colspan="4">试运转调试内容：
本工程空调水系统 K6～8 及 K11～14 为带风机盘管系统，调试时按开机顺序冷却水泵→冷却塔→冷冻水泵→冷水机组进行调试运行。所有系统共有 78 台风机盘管，YGFC-04-CC-2S 15 台、YGFC-03-CC-2S 10 台、YGFC-06-CC-2S 34 台、YGFC-06-CC-3S 12 台、YGFC-08-CC-2S 7 台，运行中随时测温、测噪声，检查有无异常情况。由上午 7 时开机至下午 5 时关机（关机顺序与开机反向），运行 10h（规范是大于 8h），达到设计要求：风机盘管噪声 45dB，室内温度＋26℃</td></tr>
<tr><td colspan="4">试运转调试结论：
系统联动试运转时，设备及主要部件联动中协调、运作正确，无异常现象，所测数值均达到设计和规范要求</td></tr>
</table>

<table>
<tr><td rowspan="3">签字栏</td><td rowspan="2">施工单位</td><td rowspan="2">××机电工程有限公司</td><td>专业技术负责人</td><td>专业质检员</td><td>专业工长</td></tr>
<tr><td>×××</td><td>×××</td><td>×××</td></tr>
<tr><td>监理（建设）单位</td><td colspan="2">××工程建设监理有限公司</td><td>专业工程师</td><td>×××</td></tr>
</table>

注：本表由施工单位填写，建设单位、施工单位、监理单位、城建档案馆各保存一份。

十四、《空调水系统试运转调试记录》填写说明

通风空调工程无生产负荷联合试运转应有空调水系统试运转调试记录。

(1)责任部门。

项目机电部。

(2)提交时限。

在无生产负荷联合试运转及调试时进行。

(3)资料归档。

本表一式四份,由施工单位填写,施工单位、建设单位、城建档案馆归档保存,监理单位过程保存。

(4)填写要点。

1)记录内容包括工程名称,试运转调试日期,设计空调冷(热)水总流量($Q_{设}$),实际空调冷(热)水总流量($Q_{实}$),相对差,空调冷(热)水供回水温度,设计冷却水总流量($Q_{设}$),实际冷却水总流量($Q_{实}$),冷却水供回水温度,试运转调试内容及结论等。

2)试运转调试内容:应将试运转调试项目、具体内容描述清楚。如本工程空调水系统的调试顺序、调试时间、运行中测温测噪声数值、检查有无异常情况等。

3)试运转调试结论:应明确是否达到设计、规范要求。

(5)参考规范。

《通风与空调工程施工质量验收规范》GB 50243—2016。

(6)相关要求。

1)空调水系统试运转及调试包括两个方面:一是冷却塔、泵等组合的冷却水系统;二是风机盘管的冷却水系统的调试,都应有记录。

2)通风与空调工程进行无生产负荷联合试运转及调试,应在制冷设备和通风与空调工程设备单机试运转合格后进行。空调系统带冷(热)源的正常联合试运转不应少于 8h,当竣工季节与设计条件相差较大时,仅做不带冷(热)源的试运转。

3)空调冷(热)水、冷却水总流量的实际流量与设计流量的相对偏差不应大于 10%,为调试合格。空调冷(热)水、冷却水进出水温度应符合设计要求及规范规定。

4)空调工程水系统应冲洗干净,不含杂物,并排除管道系统中的空气;系统连续运行应达到正常、平稳;水泵的压力和水泵电机的电流不应出现大幅波动,系统平衡调整后,各空调机组的水流量应符合设计要求,允许偏差为 20%。

5)多台冷却塔并联运行时,各冷却塔的进、出水量应达到均衡一致。

十五、《制冷系统气密性试验记录》填写范例

制冷系统气密性试验记录			资料编号	×××
工程名称	××大厦		试验时间	××年×月×日
试验项目	制冷设备系统安装		试验部位	1# 机房 1# 冷冻机组制冷系统
管道编号	气密性试验			
	试验介质	试验压力(MPa)	停压时间	试验结果
1	氮气	1.6	×日×时×分	压降不大于 0.03MPa
2	氮气	1.6	×日×时×分	压降不大于 0.03MPa
3	氮气	1.6	×日×时×分	压降不大于 0.02MPa
管道编号	真 空 试 验			
	设计真空度(kPa)	试验真空度(kPa)	试验时间	试验结果
	760mmHg (101.3kPa)	720mmHg (96kPa)	24h	剩余压力<5.3kPa
管道编号	充注制冷剂检漏试验			
	充制冷剂压力(MPa)	检漏仪器	补漏位置	试验结果
				厂家已做

试验结论：

以上由生产厂家现场试验，经试验记录检查，符合施工规范及厂家的技术文件规定，试验结果合格

签字栏	施工单位	××机电工程有限公司	专业技术负责人	专业质检员	专业工长
			×××	×××	×××
	监理(建设)单位	××工程建设监理有限公司		专业工程师	×××

注：本表由施工单位填写，建设单位、施工单位、监理单位、城建档案馆各保存一份。

十六、《制冷系统气密性试验记录》填写说明

(1)责任部门。

项目机电部。

(2)提交时限。

在系统安装完成后进行。

(3)资料归档。

本表一式四份,由施工单位填写,施工单位、建设单位、城建档案馆归档保存,监理单位过程保存。

(4)相关要求。

1)制冷设备的各项严密性试验和试运行的技术数据,均应符合设备技术文件的规定。对组装式的制冷机组和现场充注制冷剂的机组,必须进行吹污、气密性试验、真空试验和充注制冷剂检漏试验,其相应的技术数据必须符合产品技术文件和有关现行国家标准、规范的规定。

检查数量:全数检查。

检查方法:旁站观察、检查和查阅试运行记录。

2)制冷管道系统应进行强度、气密性试验及真空试验,且必须合格。

检查数量:全数检查。

检查方法:旁站观察、检查和查阅试验记录。

3)空调系统气密性试验要求。

①系统气密性试验应按表4-6的试验压力保持24h,前6h压力下降不应大于0.03MPa,后18h除去因环境温度变化而引起的误差外,压力无变化为合格。

表4-6 系统气密性试验压力(MPa)

系统压力	活塞式制冷机			离心式制冷机
	R717 R502	R22	R12 R134a	R11 R123
低压系统	1.8	1.8	1.2	0.3
高压系统	2.0	2.5	1.6	0.3

②真空试验的剩余压力,氨系统不应高于8kPa,氟利昂系统不应高于5.3kPa,保持24h,氨系统压力以无变化为合格,氟利昂系统压力回升不应大于0.53kPa,离心式制冷机一般按设备文件规定。

③活塞式制冷机充注制冷剂时,氨系统加压到0.1～0.2MPa,用酚酞试纸检漏。氟利昂系统加压到0.2～0.3MPa,用卤素喷灯或卤素检漏仪检漏。无渗漏时按技术文件继续加液。制冷系统气密性试验记录一般由设备厂家安装,并做试验记录。

根据《通风与空调工程施工质量验收规范》GB 50243—2016中有关规定:整体式制冷设备如出厂已充注规定压力的氮气密封,机组内无变化,可仅做真空试验及系统试运转;当出厂已充注制冷剂,机组内压力无变化,可仅做系统试运转。

④溴化锂制冷机组的气密性试验,应符合规范或设备技术文件规定。正压试验为0.2MPa(表压)保持24h,压降不大于66.5Pa为合格。

⑤真空气密性试验绝对压力应小于66.5Pa,持续24h,升压不大于25Pa为合格。

十七、《净化空调系统测试记录》填写范例

<table>
<tr><td colspan="3">净化空调系统测试记录</td><td>资料编号</td><td colspan="2">×××</td></tr>
<tr><td>工程名称</td><td colspan="2">××大厦</td><td>测试日期</td><td colspan="2">××年×月×日</td></tr>
<tr><td>系统名称</td><td colspan="2">净化空调系统</td><td>洁净室级别</td><td colspan="2">3 级和 4 级</td></tr>
<tr><td>仪器型号</td><td colspan="2">光学粒子计数器 1L/min</td><td>仪器编号</td><td colspan="2">×××</td></tr>
<tr><td rowspan="8">高效过滤器</td><td>型　　号</td><td>D类</td><td>数　　量</td><td colspan="2">4 台</td></tr>
<tr><td rowspan="7">测试内容</td><td colspan="4">首先测试高效过滤器的风口处的出风量是否符合设计要求</td></tr>
<tr><td colspan="4">然后用扫描法在过滤器下风侧用粒子计数器动力采样头</td></tr>
<tr><td colspan="4">对高效过滤器表面、边框、封头胶处移动扫描而测出泄漏率是否超出设计参数</td></tr>
<tr><td colspan="4"></td></tr>
<tr><td colspan="4"></td></tr>
<tr><td colspan="4"></td></tr>
<tr><td colspan="4"></td></tr>
<tr><td rowspan="7">室内洁净度</td><td rowspan="7">测试内容</td><td colspan="3">实测洁净等级</td><td>室内洁净面积（m^2）</td></tr>
<tr><td colspan="3">根据检测数据（静态下）悬浮粒子浓度达到 3 级洁净度</td><td>20</td></tr>
<tr><td colspan="3">根据检测数据（空态下）悬浮粒子浓度达到 4 级洁净度</td><td>40</td></tr>
<tr><td colspan="3"></td><td></td></tr>
<tr><td colspan="3"></td><td></td></tr>
<tr><td colspan="3"></td><td></td></tr>
<tr><td colspan="3"></td><td></td></tr>
<tr><td colspan="6">测试结论：
通过以上检测记录及数据符合设计及规范要求，检测结果为合格</td></tr>
<tr><td rowspan="3">签字栏</td><td rowspan="2">施工单位</td><td rowspan="2">××机电工程有限公司</td><td>专业技术负责人</td><td>专业质检员</td><td>专业工长</td></tr>
<tr><td>×××</td><td>×××</td><td>×××</td></tr>
<tr><td>监理（建设）单位</td><td colspan="2">××工程建设监理有限公司</td><td>专业工程师</td><td>×××</td></tr>
</table>

注：本表由施工单位填写，建设单位、施工单位、监理单位、城建档案馆各保存一份。

十八、《净化空调系统测试记录》填写说明

(1)责任部门。

项目机电部。

(2)提交时限。

在无生产负荷联合试运转时进行。

(3)资料归档。

本表一式四份,由施工单位填写,施工单位、建设单位、城建档案馆归档保存,监理单位过程保存。

(4)参考规范。

《通风与空调工程施工质量验收规范》GB 50243—2016。

(5)相关要求。

1)净化空调系统除应包括恒温、恒湿空调系统综合效能试验项目外,尚可增加下列项目。

①生产负荷状态下室内空气洁净度等级的测定。

②室内浮游菌和沉降菌的测定。

③室内自净时间的测定。

④空气洁净度高于5级的洁净室,除应进行净化空调系统综合效能试验项目外,尚应增加设备泄露控制、防止污染扩散等特定项目的测定。

⑤洁净度等级高于等于5级,可进行单向气流流线平行度的检测,在工作区内气流流向偏离规定方向的角度不大于15°。

2)净化空调系统的综合效能检测单位和检测状态。宜由建设、设计和施工单位三方协商确定。

3)洁净室测试方法。

①空气过滤器泄露测试。

a.高效过滤器的检漏,应使用采样速率大于1L/min的光学粒子计数器。D类高效过滤器宜使用激光粒子计数器或凝结核计数器。

b.采用粒子计数器检漏高效过滤器。其上风侧应引入均匀浓度的大气尘或含其他气溶胶尘的空气。对大于或等于0.5μm尘粒,浓度应大于或等于3.5×10^5 pc/m^3;或对大于或等于0.1μm尘粒,浓度应大于或等于3.5×10^7 pc/m^3;若检测D类高效过滤器,对大于或等于0.1μm尘粒,浓度应大于或等于3.5×10^9 pc/m^3。

c.高效过滤器的检测采用扫描法,即在过滤器下风侧用粒子计数器的等动力采样头,放在距离被检部位表面20~30mm处,以5~20mm/s的速度,对过滤器的表面、边框和封头胶处进行移动扫描检查。

d.泄漏率的检测应在接近设计风速的条件下进行。将受检高效过滤器下风侧测得的泄露浓度换算成透过率,高效过滤器不得大于出厂合格透过率2倍;D类高效过滤器不得大于出厂合格透过率的3倍。

e.在移动扫描检测工程中,应对计数突然递增的部位进行定点检验。

②室内空气洁净度等级的检测。

a. 空气洁净度等级的检测应在设计指定的占用状态(空态、静态、动态)下进行。

b. 检测仪器的选用:应使用采样速率大于 1L/min 的光学粒子计数器,在仪器选用时应考虑粒径鉴别能力,粒子浓度适用范围和计数效率。仪表应有有效的标定合格证书。

c. 采样点的规定。

(a)最低限度的采样点数 N_L,见表 4-7。

表 4-7 最低限度的采样点数 N_L 表

测点数 N_L	2	3	4	5	6	7	8	9	10
洁净区面积 $A(m^2)$	2.1～6.0	6.1～12.0	12.1～20.0	20.1～30.0	30.1～42.0	42.1～56.0	56.1～72.0	72.1～90.0	90.1～110.0

注:1. 在水平单向流时,面积 A 为与气流方向呈垂直的流动空气截面的面积。

2. 最低限度的采样点 N_L 按公式 $N_L=A^{0.5}$ 计算(四舍五入取整数)。

(b)采样点应均匀分布于整个面积内,并位于工作区的高度(距地坪 0.8m 的水平面),或设计单位、业主特指的位置。

d. 采样量的确定。

(a)每次采样的最少采样量见表 4-8。

表 4-8 每次采样的最少采样量 VS(L)表

洁净度等级	粒径(μm)					
	0.1	0.2	0.3	0.5	1.0	5.0
1	2000	8400	—	—	—	—
2	200	840	1960	5680	—	—
3	20	84	196	568	2400	—
4	2	8	20	57	240	—
5	2	2	2	6	24	680
6	2	2	2	2	2	68
7	—	—	—	2	2	7
8	—	—	—	2	2	2
9	—	—	—	2	2	2

(b)每个采样点的最少采样试件为 1min,采样量最少为 2L;

(c)每个洁净室(区)最少采样次数为 3 次。当洁净区仅有一个采样点时,则在该点至少采样 3 次;

(d)对预期空气洁净度等级达到 4 级或更洁净的环境,采样量很大,可采用《洁净标准》ISO 14644—1 附录 F 规定的顺序采样法。

e. 检测采样的规定:

(a)采样时采样口处的气流速度,应尽可能接近室内的设计气流速度;

(b)对单向流洁净室,其粒子计数器的采样管口应迎着气流方向;对于非单向流洁净室,采样管口宜向上;

(c)采样管必须干净,连接处不得有渗漏。采样管的长度应根据允许长度确定,如果无规定时，不宜大于 1.5m；

(d)室内的测定人员必须穿洁净工作服，且不宜超过 3 名，并应远离或位于采样点的下风侧静止不动或者微动。

f. 记录数据评价。空气洁净度测试中，当全室(区)测点为 2～9 点时，必须计算每个采样点的平均粒子浓度 C_i 值、全部采样点的平均粒子浓度 N 及其标准差，导出 95%置信上限值；采样点超过 9 点时，可采用算术平均值 N 作为置信上限值。

(a)每个采样点的平均粒子浓度 C_i 应小于或等于洁净度等级规定的限值，见表 4-9。

表 4-9 洁净度等级及悬浮粒子浓度限值

洁净度等级	大于或等于表中粒径 D 的最大浓度 C_n(pc/m³)					
	0.1μm	0.2μm	0.3μm	0.5μm	1.0μm	5.0μm
1	10	2	—	—	—	—
2	100	24	10	4	—	—
3	1000	237	102	35	8	—
4	10000	2370	1020	352	83	—
5	100000	23700	10200	3520	832	29
6	1000000	237000	102000	35200	8320	293
7	—	—	—	352000	83200	2930
8	—	—	—	3520000	832000	29300
9	—	—	—	35200000	8320000	293000

注：1. 本表仅表示了整数值的洁净度等级(N)悬浮粒子最大浓度的限值。

2. 对于非整数洁净度等级，其对应于粒子粒径 D(μm)的最大浓度限值(C_n)，应按下式计算求取。

$$C_n = 10^N \times \left(\frac{0.1}{D}\right)^{2.08} \tag{4-3}$$

3. 洁净度等级定级的粒径范围为 0.1～5.0μm，用于定级的粒径数不应大于 3 个，且其粒径的顺序级差不应小于 1.5 倍。

(b)全部采样点的平均粒子浓度 N 的 95%置信上限值，应小于或等于洁净度等级规定的限值。

即：

$$(N + t \times s/\sqrt{n}) \leqslant \text{级别规定的限值} \tag{4-4}$$

式中 N——室内各测点平均含尘浓度，$N = \sum C_i / n$；

n——测点数；

s——室内各测点平均含尘浓度 N 的标准差 $s = \sqrt{\frac{(C_i - N)^2}{n-1}}$；

t——置信度上限为 95%时，单侧 t 分布的系数，见表 4-10。

表 4-10 t 系数

点数	2	3	4	5	6	7～9
t	6.3	2.9	2.4	2.1	2.0	1.9

g. 每次测试应做记录，并提交性能合格或不合格的测试报告。测试报告应包括以下

内容：

(a)测试机构的名称、地址；

(b)测试日期和测试者签名；

(c)执行标准的编号及标准实施日期；

(d)被测试的洁净室或洁净区的地址、采样点的特定编号及坐标图；

(e)被测洁净室或洁净区的空气洁净度等级、被测粒径(或沉降菌、浮游菌)、被测洁净室所处的状态、气流流型和静压差；

(f)测量用的仪器的编号和标定证书；测试方法细则及测试中的特殊情况；

(g)测试结果包括在全部采样点坐标图上注明所测的粒子浓度(或沉降细菌、浮游菌的菌落数)；

(h)对异常测试值进行说明及数据处理。

③室内浮游菌和沉降菌的检测。

a.微生物检测方法有空气落悬浮微生物法和沉降微生物法两种，采样后的基片(或平皿)经过恒温箱内37℃、48h的培养生成菌落后进行计数。使用的采样器皿和培养液必须进行消毒灭菌处理。采样点可均匀布置或取代表性地域布置。

b.悬浮微生物法采用离心式、狭缝式和针孔式等碰击式采样器，采样时间应根据空气中微生物浓度来决定，采样点数可与测定空气洁净度测点数相同。各种采样器应按仪器说明书规定的使用。

沉降微生物法，应采用直径为90mm培养皿，在采样点上沉降30min后进行采样，培养皿最少采样数应符合表4-11的规定。

表4-11 最少培养皿数

空气洁净度级别	培养皿数
<5	44
5	14
6	5
≥7	2

c.制药厂洁净室(包括生物洁净室)室内浮游菌和沉降菌测试，也可采用按协议确定的采样方案。

d.用培养皿测定沉降菌，用碰撞式采样器或过滤采样器测定浮游菌，还遵守以下规定：

(a)采样装置采样前的准备及采样后的处理，均应在设有高效空气过滤器排风的负压实验室进行操作，该实验室的温度应为22±2℃；相对湿度应为50%±10%；

(b)采样仪器应消毒灭菌；

(c)采样器选择应审核其精度和效率，并有合格证书；

(d)采样装置的排气不应污染洁净室；

(e)沉降皿个数及采样点、培养基及培养温度、培养时间应按有关规范的规定执行；

(f)浮游菌采样器的采样率宜大于100L/min；

(g)碰撞培养基的空气速度应小于20m/s。

④室内空气温度和相对湿度的检测。

a. 根据温度和相对湿度波动范围，应选择相应的具有足够精度的仪表进行测定。每次测定间隔不应大于 30min。

b. 室内测点布置；

(a)送回风口处；

(b)恒温工作区具有代表性的地点(如沿着工艺设备周围布置或等距离布置)；

(c)没有恒温要求的洁净室中心；

(d)测点一般应布置在距外墙表面大于 0.5m，离地面 0.8m 的同一高度上；也可以根据恒温区大小，分别布置在离地不同高度的几个平面上。

c. 测点数应符合表 4-12 的规定。

表 4-12 温、湿度测点数

波动范围	室面积≤$50m^2$	每增加 $20\sim50m^2$
$\Delta t=\pm0.5\sim\pm2$℃	5 个	增加 3～5 个
$\Delta RH=\pm5\%\sim\pm10\%$		
$\Delta t\leqslant\pm0.5$℃	点间距不应大于 2m，点数不应少于 5 个	
$\Delta RH\leqslant\pm5\%$		

d. 有恒温恒湿要求的洁净室。室温波动范围按各测点的各次温度中偏差控制点温度的最大值，占测点总数的百分比整理成累积统计曲线。如 90％以上测点偏差值在室温波动范围内，为符合设计要求。反之，为不合格。

区域温度以各测点中最低的一次测试温度为基准，各测点平均温度与超偏差值的点数，占测点总数的百分比整理成累计统计曲线，90％以上测点所达到的偏差值为区域温差，应符合设计要求，相对温度波动范围可按室温波动范围的规定执行。

⑤单向流洁净室截面平均速度，速度不均匀度的检测。

a. 洁净室垂直单向流和非单向流应选择距墙或围护结构内表面大于 0.5m，离地面高度0.5～1.5m 作为工作区。水平单向流以距送风墙或围护结构内表面 0.5m 处的纵断面为第一工作面。

b. 室内空气气流流型的测定，宜采用发烟或悬挂丝线方法，进行观察测量与记录。然后，标在记录的送风平面的气流流形图上。一般每台过滤器至少对应 1 个观察点。风速的不均匀度 β_0 按下式计算，一般 β_0 值不应大于 0.25。

$$\beta_0=\frac{s}{v} \tag{4-5}$$

式中 v——各测点风速的平均值；

s——标准差。

⑥室内噪声的检测。

a. 测噪声仪器应采用带倍频程分析的声级计。

b. 测点布置测点布置应按洁净室内面积均分，每 $50m^2$ 设一点。测点位于其中心，距地面1.1～1.5m 高度处或按工艺要求设定。

十九、《防排烟系统联合试运行记录》填写范例

防排烟系统联合试运行记录					资料编号	×××
工程名称	××大厦				试运行时间	××年×月×日
试运行项目	排烟风口排风量				系统编号或位置	一区一层报告厅
风道类别	钢板 PY-1				风机类别型号	BFK-20
试验风口位置	风口尺寸(mm)	风速(m/s)	风量(m^3/h)		相对差 $\delta=(Q_实-Q_设)/Q_设\times100\%$	风压(Pa)
			设计风量 $Q_设$	实际风量 $Q_实$		
1	800×400	6.09	7108	7016		
2	800×400	6.06	7108	6985		
3	800×400	5.87	7108	6768		
4	800×400	6.07	7108	7002		
5	800×400	5.96	7108	6874		
6	800×400	5.84	7108	6735		
系统设计风量(m^3/h)	42649	系统实际风量(m^3/h)		41380	相对差 δ	−3%
结论：经运行，前端风口调节阀关小，末端风口调节阀开至最大，经实测各风口风量值基本相同，相对偏差不超过5%，符合设计及规范要求，运转合格						
签字栏	施工单位	××机电工程有限公司	专业技术负责人	专业质检员		专业工长
			×××	×××		×××
	监理（建设）单位	××工程建设监理有限公司		专业工程师		×××

注：本表由施工单位填写，建设单位、施工单位、监理单位、城建档案馆各保存一份。

二十、《防排烟系统联合试运行记录》填写说明

在防排烟系统联合试运行和调试过程中，应对测试楼层及其上下二层的排烟系统中的排烟风口，正压送风系统的送风口进行联动调试，并对各风口的风速、风量进行测量调整，对正压送风口的风压进行测量调整，并做记录。

(1)责任部门。

项目机电部。

(2)提交时限。

在联合试运转和调试时进行。

(3)资料归档。

本表一式四份，由施工单位填写，施工单位、建设单位、城建档案馆归档保存，监理单位过程保存。

(4)填写要点。

1)因排烟系统试运行时，只检测风速及排烟量，表中“风压”栏可不填。

2)表中“电源型式”是指电源是否为末端双路互投电源。

(5)参考规范。

《通风与空调工程施工质量验收规范》GB 50243—2016。

(6)相关要求。

防排烟系统联合试运行与调试的结果(风量及正压)，必须符合设计与消防规定。应按总数抽查10%，且不得少于2个楼层。

二十一、《设备单机试运转记录》填写范例

<table>
<tr><td colspan="3">设备单机试运转记录</td><td colspan="2">资料编号</td><td colspan="3">×××</td></tr>
<tr><td colspan="2">工程名称</td><td>××大厦</td><td colspan="2">试运转时间</td><td colspan="3">××年×月×日×时～×时</td></tr>
<tr><td colspan="2">设备名称</td><td>变频给水泵</td><td colspan="2">设备编号</td><td colspan="3">M2-43(A版)</td></tr>
<tr><td colspan="2">规格型号</td><td>BA1-100×4</td><td colspan="2">额定数据</td><td colspan="3">$Q=54m^3/h$;$H=70.4$;$N=18.5kW$</td></tr>
<tr><td colspan="2">生产厂家</td><td>××设备公司</td><td colspan="2">设备所在系统</td><td colspan="3">给水系统</td></tr>
<tr><td colspan="8">试验要求：
设备外观检查后通电试运转，检查运行状况、减振器连接状况、减振效果、传动装置、压力表、电气设备、轴承温升等状况，符合设计要求、规范规定、设备技术文件规定为合格</td></tr>
<tr><td>序号</td><td colspan="2">试验项目</td><td colspan="3">试 验 记 录</td><td colspan="2">试 验 结 论</td></tr>
<tr><td>1</td><td colspan="2">减振器连接状况</td><td colspan="3">连接牢固、平稳、接触紧密，并符合减振要求</td><td colspan="2">符合设计要求、施工规范规定及设备技术文件规定</td></tr>
<tr><td>2</td><td colspan="2">减振效果</td><td colspan="3">基础减振运行平稳，无异常振动与声响</td><td colspan="2">符合设计要求、施工规范规定及设备技术文件规定</td></tr>
<tr><td>3</td><td colspan="2">传动装置</td><td colspan="3">水泵安装后其纵向水平度偏差、垂直度偏差以及联轴器两轴芯的偏差满足设计及规范要求。盘车灵活、无异常现象，润滑情况良好。运行时各固定连接部位无松动</td><td colspan="2">符合设计要求、施工规范规定及设备技术文件规定</td></tr>
<tr><td>4</td><td colspan="2">压力表</td><td colspan="3">灵敏、准确、可靠</td><td colspan="2">符合设计要求、施工规范规定及设备技术文件规定</td></tr>
<tr><td>5</td><td colspan="2">电气设备</td><td colspan="3">电机绕组对地绝缘电阻合格。电动机转向与泵的转向相符。电机运行电流、电压正常</td><td colspan="2">符合设计要求、施工规范规定及设备技术文件规定</td></tr>
<tr><td>6</td><td colspan="2">轴承温升</td><td colspan="3">试运转时的环境温度25℃，连续运转2h后，水泵轴承外壳最高温度67℃</td><td colspan="2">符合设计要求、施工规范规定及设备技术文件规定</td></tr>
<tr><td></td><td colspan="2"></td><td colspan="3"></td><td colspan="2"></td></tr>
<tr><td colspan="8">试运转结论：
经试运转，给水泵的单机试运行符合设计要求、施工规范规定及设备技术文件规定，合格</td></tr>
<tr><td rowspan="3">签字栏</td><td rowspan="2">施工单位</td><td rowspan="2" colspan="2">××机电工程有限公司</td><td>专业技术负责人</td><td colspan="2">专业质检员</td><td>专业工长</td></tr>
<tr><td>×××</td><td colspan="2">×××</td><td>×××</td></tr>
<tr><td>监理(建设)单位</td><td colspan="3">××工程建设监理有限公司</td><td colspan="2">专业工程师</td><td>×××</td></tr>
</table>

注：本表由施工单位填写，建设单位、施工单位、监理单位、城建档案馆各保存一份。

二十二、《设备单机试运转记录》填写说明

(1)责任部门。

项目机电部。

(2)提交时限。

在系统管道和设备安装完毕后进行,合格后 1d 内完成。

(3)资料归档。

本表一式四份,由施工单位填写,施工单位、建设单位、城建档案馆归档保存,监理单位过程保存。

(4)填写要点。

1)记录的主要内容应包括:工程名称、试运转时间、设备名称、设备编号、规格型号、额定数据、生产厂家、设备所在系统、试验要求、试验项目、试验记录、试验结论、试运转结论等。

2)记录应根据试验的项目,按照实际情况及时、认真填写,不得漏项,填写内容要齐全、清楚、准确,结论应明确。各项内容的填写应符合设计及规范的要求,签字应齐全。

3)表格中除签字栏必须亲笔签字外,其余项目栏均须打印。

(5)参考规范。

《通风与空调工程施工质量验收规范》GB 50243—2016。

(6)相关要求。

1)为保证系统的安全、正常运行,设备在安装中应进行必要的单机试运转试验。

2)项目的划分:一般按规范和设计要求,分部位、分系统进行。

3)设备单机试运转试验应由施工单位报请建设(监理)单位共同进行。

二十三、《空调系统试运转调试记录》填写范例

<table>
<tr><td colspan="2">空调系统试运转调试记录</td><td>资料编号</td><td colspan="2">×××</td></tr>
<tr><td colspan="2">工程名称</td><td>××工程</td><td>试运转调试日期</td><td>××年×月×日</td></tr>
<tr><td colspan="2">系统名称</td><td>K-8 送风系统</td><td>系统所在位置</td><td>首层多功能厅</td></tr>
<tr><td colspan="2">实测总风量（m^3/h）</td><td>1390</td><td>设计总风量（m^3/h）</td><td>1300</td></tr>
<tr><td colspan="2">风机全压（Pa）</td><td>（机组）余压 500</td><td>实测风机全压（Pa）</td><td>495</td></tr>
<tr><td colspan="5">试运转调试内容：
开风机之前将该系统（所测系统）调节阀、风口全部置于全开位置。三通调节阀处于中间位置，开启风机进行系统风量测定、调整，系统总风量调试结果与设计风量的相对偏差不大于 10%。
用微压计与毕托管从系统的最远最不利环路开始，逐步调向风机</td></tr>
<tr><td colspan="5">试运转调试结论：
通过测试记录结果符合设计和《通风与空调工程施工质量验收规范》GB 50243—2016 要求，合格</td></tr>
<tr><td rowspan="3">签字栏</td><td rowspan="2">建设（监理）单位</td><td>施工单位</td><td colspan="2">××机电工程有限公司</td></tr>
<tr><td>专业技术负责人</td><td>专业质检员</td><td>专业工长</td></tr>
<tr><td>×××</td><td>×××</td><td>×××</td><td>×××</td></tr>
</table>

注：本表由施工单位填写，建设单位、施工单位、监理单位、城建档案馆各保存一份。

二十四、《空调系统试运转调试记录》填写说明

(1)责任部门。

项目机电部。

(2)提交时限。

设备单机试运转完毕后进行，合格后1d内完成。

(3)资料归档。

本表一式四份，由施工单位填写，施工单位、建设单位、城建档案馆归档保存，监理单位过程保存。

(4)填写要点。

1)记录内容包括工程名称、试运转调试日期、系统名称、系统所在位置、实测总风量、设计总风量、风机全压、实测风机全压、试运转调试内容及结论等。

2)表内数据应根据现场实际测量情况如实填写，不得拼凑伪造数据。

3)试运转调试内容：应将试运转调试项目、具体内容描述清楚。

4)试运转调试结论：应明确是否达到设计和规范要求。

(5)参考规范。

《通风与空调工程施工质量验收规范》GB 50243—2016。

(6)相关要求。

1)根据《通风与空调工程施工质量验收规范》GB 50243—2016，通风与空调工程进行无生产负荷联合试运转及调试时，应对空调系统总风量进行测量调整，并做记录。

2)系统风量及风压测定：

①风管的风量一般可用毕托管和微压计测量。测量截面的位置应选择在气流均匀处，按气流方向，应选择在局部阻力之后，大于或等于4～5倍管径(或风管大边尺寸)及局部阻力之前，1.5～2倍管及圆形风管或矩形风管长边尺寸的直管段上。当测量截面上的气流不均匀时，应增加测量截面上的测点数量。

②系统风量调整采用“流量等比分配法”或“基准风口法”，从系统最不利环路的末端开始，最后进行总风量的调整。

③风管内的压力测量采用液柱式压力计，如倾斜式、补偿式微压计。

3)系统实际风量与设计风量的相对偏差不应大于10%，为调试合格。

第五章

建筑设备安装工程质量验收资料（C7）

本章内容包括下列资料：

- 建筑给水排水及采暖工程施工质量验收记录
- 通风与空调工程施工质量验收记录

第一节 建筑给水排水及采暖工程施工质量验收记录

一、《检验批质量验收记录》填写范例与说明

1.《给水管道及配件安装检验批质量验收记录》填写范例及说明

给水管道及配件安装检验批质量验收记录

05010101 001

单位(子单位)工程名称	××大厦	分部(子分部)工程名称	建筑给排水及供暖/室内给水系统	分项工程名称	给水管道及配件
施工单位	××建筑有限公司	项目负责人	×××	检验批容量	48m
分包单位	—	分包单位项目负责人	—	检验批部位	二～四层给水管道
施工依据	室内管道安装施工方案		验收依据	《建筑给排水及采暖工程施工质量验收规范》GB 50242—2002	

验收项目					设计要求及规范规定	最小/实际抽样数量	检查记录	检查结果
主控项目	1	给水管道水压试验			设计要求	—	试验合格，报告编号××××	√
	2	给水系统通水试验			第 4.2.2 条	—	—	—
	3	生活给水系统管道冲洗和消毒			第 4.2.3 条	—	—	—
	4	直埋金属给水管道防腐			第 4.2.4 条	—	—	—
一般项目	1	给排水管铺设的平行、垂直净距			第 4.2.5 条	10/10	检查 10 处，合格 10 处	100%
	2	金属给水管道及管件焊接			第 4.2.6 条	—	—	—
	3	给水水平管道坡度坡向			第 4.2.7 条	10/10	检查 10 处，合格 10 处	100%
	4	管道支、吊架			第 4.2.9 条	全/15	检查 15 处，合格 15 处	100%
	5	水表安装			第 4.2.10 条	—	—	—
	6	水平管道纵、横方向弯曲允许偏差	钢管	每米	1mm	10/10	检查 10 处，合格 10 处	100%
				全长 25m 以上	≤25mm	—	—	—
			塑料管复合管	每米	1.5mm	—	—	—
				全长 25m 以上	≤25mm	—	—	—
			铸铁管	每米	2mm	—	—	—
				全长 25m 以上	≤25mm	—	—	—
		立管垂直度允许偏差	钢管	每米	3mm	10/10	检查 10 处，合格 9 处	90%
				5m 以上	≤8mm	—	—	—
			塑料管复合管	每米	2mm	—	—	—
				5m 以上	≤8mm	—	—	—
			铸铁管	每米	3mm	—	—	—
				5m 以上	≤10mm	—	—	—
		成排管段和成排阀门		在同一平面上间距	3mm	—	—	—
	7	管道及设备保温	厚度		$+0.1\delta$ -0.05δ	10/10	检查 10 处，合格 9 处	90%
			表面平整度	卷材	5mm	10/10	检查 10 处，合格 9 处	90%
				涂抹	10mm	10/10	检查 10 处，合格 9 处	90%
施工单位检查结果	符合要求 专业工长：××× 项目专业质量检查员：××× ××年×月×日							
监理单位验收结论	合格 专业监理工程师：××× ××年×月×日							

【填写说明】

1.填写依据

(1)《建筑给水排水及采暖工程质量验收规范》GB 50242—2002。

(2)《建筑工程施工质量验收统一标准》GB 50300—2013。

2.规范摘要

以下内容摘自《建筑给水排水及采暖工程质量验收规范》GB 50242—2002。

主控项目

(1)室内给水管道的水压试验必须符合设计要求。当设计未注明时，各种材质的给水管道系统试验压力均为工作压力的1.5倍，但不得小于0.6MPa。

检验方法：金属及复合管给水管道系统在试验压力下观测10min，压力降不应大于0.02MPa，后降到工作压力进行检查，应不渗不漏；塑料管给水系统应在试验压力下稳压1h，压力降不得超过0.05MPa，然后在工作压力的1.15倍状态下稳压2h，压力降不得超过0.03MPa，同时检查各连接处不得渗漏。

(2)给水系统交付使用前必须进行通水试验并做好记录。

检验方法：观察和开启阀门、水嘴等放水。

(3)生活给水系统管道在交付使用前必须冲洗和消毒，并经有关部门取样检验，符合国家《生活饮用水标准》方可使用。

检验方法：检查有关部门提供的检测报告。

(4)室内直埋给水管道(塑料管道和复合管道除外)应做防腐处理。埋地管道防腐层材质和结构应符合设计要求。

检验方法：观察或局部解剖检查。

一般项目

(1)给水引入管与排水排出管的水平净距不得小于1m。室内给水与排水管道平行敷设时，两管间的最小水平净距不得小于0.5m；交叉铺设时、垂直净距不得小于0.15m。给水管应铺在排水管上面，若给水管必须铺在排水管的下面时，给水管应加套管，其长度不得小于排水管管径的3倍。

检验方法：尺量检查。

(2)管道及管件焊接的焊缝表面质量应符合下列要求：

1)焊缝外形尺寸应符合图纸和工艺文件的规定，焊缝高度不得低于母材表面，焊缝与母材应圆滑过渡。

2)焊缝及热影响区表面应无裂纹、未熔合、未焊透、夹渣、弧坑和气孔等缺陷。

检验方法：观察检查。

(3)给水水平管道应有2‰～5‰的坡度坡向泄水装置。

检验方法：水平尺和尺量检查。

(4)给水管道和阀门安装的允许偏差应符合表5-1的规定。

(5)管道的支、吊架安装应平整牢固，其间距应符合《建筑给水排水及采暖工程质量验收规范》GB 50242—2002第1.4.3条的规定。

检验方法：观察、尺量及手扳检查。

表 5-1 给水管道和阀门安装的允许偏差和检验方法

<table>
<tr><th>项次</th><th colspan="3">项 目</th><th>允许偏差
(mm)</th><th>检验方法</th></tr>
<tr><td rowspan="3">1</td><td rowspan="3">水平管道
纵横方向
弯曲</td><td>钢管</td><td>每米
全长 25m 以上</td><td>1
≤25</td><td rowspan="3">用水平尺、直尺、拉线和尺量检查</td></tr>
<tr><td>塑料管
复合管</td><td>每米
全长 25m 以上</td><td>1.5
≤25</td></tr>
<tr><td>铸铁管</td><td>每米
全长 25m 以上</td><td>2
≤25</td></tr>
<tr><td rowspan="3">2</td><td rowspan="3">立管垂直度</td><td>钢管</td><td>每米
5m 以上</td><td>3
≤8</td><td rowspan="3">吊线和尺量检查</td></tr>
<tr><td>塑料管
复合管</td><td>每米
5m 以上</td><td>2
≤8</td></tr>
<tr><td>铸铁管</td><td>每米
5m 以上</td><td>3
≤10</td></tr>
<tr><td>3</td><td colspan="2">成排管段和成排阀门</td><td>在同一平面上间距</td><td>3</td><td>尺量检查</td></tr>
</table>

(6)水表应安装在便于检修、不受曝晒、污染和冻结的地方。安装螺翼式水表，表前与阀门应有不小于 8 倍水表接口直径的直线管段。表外壳距墙表面净距为 10～30mm；水表进水口中心标高按设计要求，允许偏差为±10mm。

检验方法：观察和尺量检查。

2.《给水设备安装检验批质量验收记录》填写范例及说明

给水设备安装检验批质量验收记录

05010201 001

<table>
<tr><td>单位（子单位）工程名称</td><td>××大厦</td><td>分部（子分部）工程名称</td><td>建筑给水排水及供暖/室内给水系统</td><td>分项工程名称</td><td>给水设备</td></tr>
<tr><td>施工单位</td><td>××建筑有限公司</td><td>项目负责人</td><td>×××</td><td>检验批容量</td><td>2台</td></tr>
<tr><td>分包单位</td><td>—</td><td>分包单位项目负责人</td><td>—</td><td>检验批部位</td><td>给水机房</td></tr>
<tr><td>施工依据</td><td colspan="2">室内管道安装施工方案</td><td>验收依据</td><td colspan="2">《建筑给排水及采暖工程施工质量验收规范》GB 50242—2002</td></tr>
</table>

<table>
<tr><td colspan="6">验收项目</td><td>设计要求及规范规定</td><td>最小/实际抽样数量</td><td>检查记录</td><td>检查结果</td></tr>
<tr><td rowspan="3">主控项目</td><td>1</td><td colspan="4">水泵基础</td><td>设计要求</td><td>—</td><td>基础外观尺寸符合要求，强度检查试验合格，报告编号××××</td><td>√</td></tr>
<tr><td>2</td><td colspan="4">水泵试运转的轴承温升</td><td>设计要求</td><td>—</td><td>试验合格，报告编号××××</td><td>√</td></tr>
<tr><td>3</td><td colspan="4">敞口水箱满水试验和密闭水箱（罐）水压试验</td><td>第4.4.3条</td><td>—</td><td>—</td><td>—</td></tr>
<tr><td rowspan="13">一般项目</td><td>1</td><td colspan="4">水箱支架或底座安装</td><td>第4.4.4条</td><td>1/1</td><td>检查1处，合格1处</td><td>100%</td></tr>
<tr><td>2</td><td colspan="4">水箱溢流管和泄放管设置</td><td>第4.4.5条</td><td>1/1</td><td>检查1处，合格1处</td><td>100%</td></tr>
<tr><td>3</td><td colspan="4">立式水泵减振装置</td><td>第4.4.6条</td><td>2/2</td><td>检查2处，合格2处</td><td>100%</td></tr>
<tr><td rowspan="7">4</td><td rowspan="7">安装允许偏差</td><td rowspan="5">静置设备</td><td colspan="2">坐标</td><td>15mm</td><td>1/1</td><td>检查1处，合格1处</td><td>100%</td></tr>
<tr><td colspan="2">标高</td><td>±5mm</td><td>1/1</td><td>检查1处，合格1处</td><td>100%</td></tr>
<tr><td colspan="2">垂直度（每米）</td><td>5mm</td><td>1/1</td><td>检查1处，合格1处</td><td>100%</td></tr>
<tr><td colspan="2">立式垂直度（每米）</td><td>0.1mm</td><td>—</td><td>—</td><td>—</td></tr>
<tr><td colspan="2">卧式水平度（每米）</td><td>0.1mm</td><td>—</td><td>—</td><td>—</td></tr>
<tr><td rowspan="2">离心式水泵</td><td rowspan="2">联轴器同心度</td><td>轴向倾斜（每米）</td><td>0.8mm</td><td>—</td><td>—</td><td>—</td></tr>
<tr><td>径向位移</td><td>0.1mm</td><td>—</td><td>—</td><td>—</td></tr>
<tr><td rowspan="3">5</td><td rowspan="3">保温层允许偏差</td><td colspan="2">允许偏差</td><td>厚度δ</td><td>+0.1δ
−0.05δ</td><td>—</td><td>—</td><td>—</td></tr>
<tr><td colspan="2" rowspan="2">表面平整度（mm）</td><td>卷材</td><td>5</td><td>—</td><td>—</td><td>—</td></tr>
<tr><td>涂抹</td><td>10</td><td>—</td><td>—</td><td>—</td></tr>
<tr><td colspan="2">施工单位检查结果</td><td colspan="8">符合要求
专业工长：×××
项目专业质量检查员：×××
××年×月×日</td></tr>
<tr><td colspan="2">监理单位验收结论</td><td colspan="8">合格
专业监理工程师：×××
××年×月×日</td></tr>
</table>

【填写说明】

1.填写依据

(1)《建筑给水排水及采暖工程质量验收规范》GB 50242—2002。

(2)《建筑工程施工质量验收统一标准》GB 50300—2013。

2.规范摘要

以下内容摘自《建筑给水排水及采暖工程质量验收规范》GB 50242—2002。

主控项目

(1)水泵就位前的基础混凝土强度、坐标、标高、尺寸和螺栓孔位置必须符合设计规定。

检验方法:对照图纸用仪器和尺量检查。

(2)水泵试运转的轴承温升必须符合设备说明书的规定。

检验方法:温度计实测检查。

(3)敞口水箱的满水试验和密闭水箱(罐)的水压试验必须符合设计与本细则的规定。

检验方法:满水试验静置24h观察,不渗不漏;水压试验在试验压力下10min压力不降,不渗不漏。

一般项目

(1)水箱支架或底座安装,其尺寸及位置应符合设计规定,埋设平整牢固。

检验方法:对照图纸,尺量检查。

(2)水箱溢流管和泄放管应设置在排水地点附近但不得与排水管直接连接。

检验方法:观察检查。

(3)立式水泵的减振装置不应采用弹簧减振器。

检验方法:观察检查。

(4)室内给水设备安装的允许偏差应符合表5-2的规定。

表5-2 室内给水设备安装的允许偏差和检验方法

序号	项目			允许偏差(mm)	检验方法
1	静置设备	坐标		15	经纬仪或拉线、尺量
		标高		±5	用水准仪、拉线和尺量检查
		垂直度(每米)		5	吊线和尺量检查
2	离心式水泵	立式泵体垂直度(每米)		0.1	水平尺和塞尺检查
		卧式泵体水平度(每米)		0.1	水平尺和塞尺检查
		联轴器同心度	轴向倾斜(每米)	0.8	在联轴器互相垂直的四个位置上用水准仪、百分表或测微螺钉和塞尺检查
			径向位移	0.1	

(5)管道及设备保温层的厚度和平整度的允许偏差应符合表5-3的规定。

表5-3 管道及设备保温层的允许偏差和检验方法

项次	项目		允许偏差(mm)	检验方法
1	厚度		$+0.1\delta$ -0.05δ	用钢针刺入
2	表面平整度	卷材	5	用2m靠尺和楔形塞尺检查
		涂抹	10	

注:δ为保温层厚度。

3.《室内消火栓系统安装检验批质量验收记录》填写范例及说明

室内消火栓系统安装检验批质量验收记录

05010301 001

<table>
<tr><td>单位(子单位)工程名称</td><td>××大厦</td><td>分部(子分部)工程名称</td><td>建筑给水排水及供暖/室内给水系统</td><td>分项工程名称</td><td>室内消火栓</td></tr>
<tr><td>施工单位</td><td>××建筑有限公司</td><td>项目负责人</td><td>×××</td><td>检验批容量</td><td>10 套</td></tr>
<tr><td>分包单位</td><td>—</td><td>分包单位项目负责人</td><td>—</td><td>检验批部位</td><td>一～三层</td></tr>
<tr><td>施工依据</td><td colspan="2">室内管道安装施工方案</td><td>验收依据</td><td colspan="2">《建筑给排水及采暖工程施工质量验收规范》GB 50242—2002</td></tr>
</table>

<table>
<tr><td colspan="3">验收项目</td><td>设计要求及规范规定</td><td>最小/实际抽样数量</td><td>检查记录</td><td>检查结果</td></tr>
<tr><td>主控项目</td><td>1</td><td>室内消火栓试射试验</td><td>设计要求</td><td>—</td><td>试验合格，报告编号×××</td><td>√</td></tr>
<tr><td rowspan="5">一般项目</td><td>1</td><td>室内消火栓水龙带在箱内安放</td><td>第 4.3.2 条</td><td>全/10</td><td>检查 10 处，合格 10 处</td><td>100%</td></tr>
<tr><td rowspan="2">2</td><td>栓口朝外，并不应安装在门轴侧</td><td>第 4.3.3 条</td><td>全/10</td><td>检查 10 处，合格 10 处</td><td>100%</td></tr>
<tr><td>栓口中心距地面 1.1m，允许偏差</td><td>±20mm</td><td>全/10</td><td>检查 10 处，合格 9 处</td><td>90%</td></tr>
<tr><td rowspan="2">3</td><td>阀门中心距箱侧面允许偏差 140mm，距箱后内表面 100mm</td><td>±5mm</td><td>全/10</td><td>检查 10 处，合格 9 处</td><td>90%</td></tr>
<tr><td>消火栓箱体安装的垂直度</td><td>3mm</td><td>全/10</td><td>检查 10 处，合格 9 处</td><td>90%</td></tr>
<tr><td colspan="2">施工单位检查结果</td><td colspan="5">符合要求
专业工长：×××
项目专业质量检查员：×××
××年×月×日</td></tr>
<tr><td colspan="2">监理单位验收结论</td><td colspan="5">合格
专业监理工程师：×××
××年×月×日</td></tr>
</table>

【填写说明】

1. 填写依据

(1)《建筑给水排水及采暖工程质量验收规范》GB 50242—2002。

(2)《建筑工程施工质量验收统一标准》GB 50300—2013。

2. 规范摘要

以下内容摘自《建筑给水排水及采暖工程质量验收规范》GB 50242—2002。

主控项目

室内消火栓系统安装完成后应取屋顶层(或水箱间内)试验消火栓和首层取 2 处消火栓做试射试验,达到设计要求为合格。

检验方法:实地试射检查。

一般项目

(1)安装消火栓水龙带,水龙带与水枪和快速接头绑扎好后,应根据箱内构造将水龙带挂放在箱内的挂钉、托盘或支架上。

检验方法:观察检查。

(2)箱式消火栓的安装应符合下列规定:

1)栓口应朝外,并不应安装在门轴侧。

2)栓口中心距地面为 1.1m,允许偏差±20mm。

3)阀门中心距箱侧面为 140mm,距箱后内表面为 100mm,允许偏差±5mm。

4)消火栓箱体安装的垂直度允许偏差为 3mm。

检验方法:观察和尺量检查。

4.《排水管道及配件安装检验批质量验收记录》填写范例及说明

排水管道及配件安装检验批质量验收记录

05020101 001

单位(子单位)工程名称	××大厦	分部(子分部)工程名称	建筑给水排水及供暖/室内排水系统	分项工程名称	排水管道及配件
施工单位	××建筑有限公司	项目负责人	×××	检验批容量	48m
分包单位	—	分包单位项目负责人	—	检验批部位	一～三层排水管道
施工依据	室内管道安装施工方案		验收依据	《建筑给排水及采暖工程施工质量验收规范》GB 50242—2002	

	序号	验收项目					设计要求及规范规定	最小/实际抽样数量	检查记录	检查结果
主控项目	1	排水管道灌水试验					第5.2.1条	—	试验合格，报告编号××××	√
	2	生活污水铸铁管坡度					第5.2.2条	全/10	检查10处，合格10处	√
	3	生活污水塑料管坡度					第5.2.3条	—	—	—
	4	排水塑料管安装伸缩节					设计要求	—	—	—
	5	排水主立管及水平干管通球试验					第5.2.5条	—	试验合格，报告编号××××	√
一般项目	1	生活污水管道上设检查口和清扫口					第5.2.6条	全/2	检查2处，合格2处	100%
	2	地下或地板下排水管道的检查口					第5.2.7条	全/1	检查1处，合格1处	100%
	3	金属管支、吊架安装					第5.2.8条	全/3	检查3处，合格3处	100%
	4	塑料管支、吊架安装					第5.2.9条	—	—	—
	5	排水通气管安装					第5.2.10条	—	—	—
	6	医院污水需消毒处理					第5.2.11条	—	—	—
	7	饮食业工艺排水					第5.2.12条	—	—	—
	8	通向室外排水管安装					第5.2.13条	—	—	—
	9	室内向室外排水检查井的管道安装					第5.2.14条	—	—	—
	10	室内排水管道连接					第5.2.15条	—	—	—
	11	排水管安装允许偏差	坐标				15mm	全/19	检查19处，合格19处	100%
			标高				±15mm	全/19	检查19处，合格19处	100%
			横管纵横方向弯曲	铸铁管	每米		≤1mm	全/19	检查19处，合格19处	100%
					全长(25m以上)		≤25mm	—	—	—
				钢管	每米	管径≤100mm	1mm	—	—	—
						管径>100mm	1.5mm	—	—	—
					全长25m以上	管径≤100mm	≤25mm	—	—	—
						管径>100mm	≤38mm	—	—	—
				塑料管	每米		1.5mm	—	—	—
					全长(25m以上)		≤38mm	—	—	—
				钢筋混凝土管	每米		3mm	—	—	—
					全长(25m以上)		≤75mm	—	—	—
			立管垂直度	铸铁管	每米		3mm	全/10	检查10处，合格9处	90%
					全长(25m以上)		≤15mm	—	—	—
				钢管	每米		3mm	—	—	—
					全长(25m以上)		≤10mm	—	—	—
				塑料管	每米		3mm	—	—	—
					全长(25m以上)		≤15mm	—	—	—

施工单位检查结果	符合要求 专业工长：××× 项目专业质量检查员：××× ××年×月×日
监理单位验收结论	合格 专业监理工程师：××× ××年×月×日

【填写说明】

1.填写依据

(1)《建筑给水排水及采暖工程质量验收规范》GB 50242—2002。

(2)《建筑工程施工质量验收统一标准》GB 50300—2013。

2.规范摘要

以下内容摘自《建筑给水排水及采暖工程质量验收规范》GB 50242—2002。

主控项目

(1)隐蔽或埋地的排水管道在隐蔽前必须做灌水试验,其灌水高度应不低于底层卫生器具的上边缘或底层地面高度。

检验方法:满水15min水面下降后,再灌满观察5min,液面不降,管道及接口无渗漏为合格。

(2)生活污水铸铁管道的坡度必须符合设计或表5-4的规定。

表5-4 生活污水铸铁管道的坡度

项次	管径(mm)	标准坡度(‰)	最小坡度(‰)
1	50	35	25
2	75	25	15
3	100	20	12
4	125	15	10
5	150	10	7
6	200	8	5

检验方法:水平尺、拉线尺量检查。

(3)生活污水塑料管道的坡度必须符合设计或表5-5的规定。

表5-5 生活污水塑料管道的坡度

项次	管径(mm)	标准坡度(‰)	最小坡度(‰)
1	50	25	12
2	75	15	8
3	100	12	6
4	125	10	5
5	160	7	4

检验方法:水平尺、拉线尺量检查。

(4)排水塑料管必须按设计要求及位置装设伸缩节。如设计无要求时,伸缩节间距不得大于4m。

高层建筑中明设排水塑料管道应按设计要求设置阻火圈或防火套管。

检验方法:观察检查。

(5)排水主立管及水平干管管道均应做通球试验，通球球径不小于排水管道管径的2/3，通球率必须达到100%。

检查方法：通球检查。

一般项目

(1)在生活污水管道上设置的检查口或清扫口，当设计无要求时应符合下列规定：

1)在立管上应每隔一层设置一个检查口，但在最底层和有卫生器具的最高层必须设置。如为两层建筑时，可仅在底层设置立管检查口；如有乙字弯管时，则在该层乙字弯管的上部设置检查口。检查口中心高度距操作地面一般为1m，允许偏差±20mm；检查口的朝向应便于检修。暗装立管，在检查口处应安装检修门。

2)在连接2个及以上大便器或3个及以上卫生器具的污水横管上应设置清扫口。当污水管在楼板下悬吊敷设时，可将清扫口设在上一层楼地面上，污水管起点的清扫口与管道相垂直的墙面距离不得小于200mm；若污水管起点设置堵头代替清扫口时，与墙面距离不得小于400mm。

3)在转角小于135°的污水横管上，应设置检查口或清扫口。

4)污水横管的直线管段，应按设计要求的距离设置检查口或清扫口。

检验方法：观察和尺量检查。

(2)埋在地下或地板下的排水管道的检查口，应设在检查井内。井底表面标高与检查口的法兰相平，井底表面应有5%坡度，坡向检查口。

检验方法：尺量检查。

(3)金属排水管道上的吊钩或卡箍应固定在承重结构上。固定件间距：横管不大于2m；立管不大于3m。楼层高度小于或等于4m，立管可安装1个固定件。立管底部的弯管处应设支墩或采取固定措施。

检验方法：观察和尺量检查。

(4)排水塑料管道支、吊架间距应符合表5-6的规定。

表5-6 排水塑料管道支、吊架最大间距(m)

管径(mm)	50	75	110	125	160
立管	1.2	1.5	2.0	2.0	2.0
横管	0.5	0.75	1.10	1.30	1.6

检验方法：尺量检查。

(5)排水通气管不得与风道或烟道连接，且应符合下列规定：

1)通气管应高出屋面300 mm，但必须大于最大积雪厚度。

2)在通气管出口4m以内有门、窗时，通气管应高出门、窗顶600mm或引向无门、窗一侧。

3)在经常有人停留的平屋顶上，通气管应高出屋面2m，并应根据防雷要求设置防雷装置。

4)屋顶有隔热层应从隔热层板面算起。

检验方法：观察和尺量检查。

(6)安装未经消毒处理的医院含菌污水管道，不得与其他排水管道直接连接。

检验方法：观察检查。

(7)饮食业工艺设备引出的排水管及饮用水水箱的溢流管，不得与污水管道直接连接，并应留出不小于100mm的隔断空间。

检验方法：观察和尺量检查。

(8)通向室外的排水管，穿过墙壁或基础必须下返时，应采用45°三通和45°弯头连接，并应在垂直管段顶部设置清扫口。

检验方法：观察和尺量检查。

(9)由室内通向室外排水检查井的排水管，井内引入管应高于排出管或两管顶相平，并有不小于90°的水流转角，如跌落差大于300mm可不受角度限制。

检验方法：观察和尺量检查。

(10)用于室内排水的水平管道与水平管道、水平管道与立管的连接，应采用45°三通或45°四通和90°斜三通或90°斜四通。立管与排出管端部的连接，应采用两个45°弯头或曲率半径不小于4倍管径的90°弯头。

检验方法：观察和尺量检查。

(11)室内排水管道安装的允许偏差应符合表5-7的相关规定。

表5-7 室内排水和雨水管道安装的允许偏差和检验方法

<table>
<tr><th>项次</th><th colspan="4">项　目</th><th>允许偏差(mm)</th><th>检验方法</th></tr>
<tr><td>1</td><td colspan="4">坐标</td><td>15</td><td rowspan="14">用水准仪(水平尺)、直尺、拉线和尺量检查</td></tr>
<tr><td>2</td><td colspan="4">标高</td><td>±15</td></tr>
<tr><td rowspan="12">3</td><td rowspan="12">横管纵横方向弯曲</td><td rowspan="2">铸铁管</td><td colspan="2">每米</td><td>≤1</td></tr>
<tr><td colspan="2">全长(25m以上)</td><td>≤25</td></tr>
<tr><td rowspan="4">钢管</td><td rowspan="2">每米</td><td>管径小于或等于100mm</td><td>1</td></tr>
<tr><td>管径大于100mm</td><td>1.5</td></tr>
<tr><td rowspan="2">全长(25m以上)</td><td>管径小于或等于100mm</td><td>≤25</td></tr>
<tr><td>管径大于100mm</td><td>≤308</td></tr>
<tr><td rowspan="2">塑料管</td><td colspan="2">每米</td><td>1.5</td></tr>
<tr><td colspan="2">全长(25m以上)</td><td>≤38</td></tr>
<tr><td rowspan="2">钢筋混凝土管、混凝土管</td><td colspan="2">每米</td><td>3</td></tr>
<tr><td colspan="2">全长(25m以上)</td><td>≤75</td></tr>
<tr><td rowspan="6">4</td><td rowspan="6">立管垂直度</td><td rowspan="2">铸铁管</td><td colspan="2">每米</td><td>3</td><td rowspan="6">吊线和尺量检查</td></tr>
<tr><td colspan="2">全长(5m以上)</td><td>≤15</td></tr>
<tr><td rowspan="2">钢管</td><td colspan="2">每米</td><td>3</td></tr>
<tr><td colspan="2">全长(5m以上)</td><td>≤10</td></tr>
<tr><td rowspan="2">塑料管</td><td colspan="2">每米</td><td>3</td></tr>
<tr><td colspan="2">全长(5m以上)</td><td>≤15</td></tr>
</table>

5.《雨水管道及配件安装检验批质量验收记录》填写范例及说明

雨水管道及配件安装检验批质量验收记录

05020201 001

单位(子单位)工程名称	××大厦	分部(子分部)工程名称	建筑给水排水及供暖/室内排水系统	分项工程名称	雨水管道及配件安装
施工单位	××建筑有限公司	项目负责人	×××	检验批容量	300m
分包单位	—	分包单位项目负责人	—	检验批部位	二～四层雨水管道
施工依据	室内管道安装施工方案		验收依据	《建筑给排水及采暖工程施工质量验收规范》GB 50242—2002	

验收项目						设计要求及规范规定	最小/实际抽样数量	检查记录	检查结果
主控项目	1	室内雨水管道灌水试验				第5.3.1条	—	—	—
	2	塑料雨水管安装伸缩节				第5.3.2条	10/10	检查10处,合格10处	√
	3	地下埋设雨水管道最小坡度				第5.3.3条	—	—	—
一般项目	1	雨水管不得与生活污水管相连接				第5.3.4条	10/10	检查10处,合格10处	100%
	2	雨水斗安装				第5.3.5条	—	—	—
	3	悬吊式雨水管道检查口间距	管径≤150			≤15m	—	—	—
			管径≥200			≤20m	—	—	—
	4	排水管安装允许偏差	坐标			15mm	—	—	—
			标高			±15mm	—	—	—
			横管纵横方向弯曲	铸铁管	每米	≤1mm	—	—	—
					全长(25m以上)	≤25mm	—	—	—
				钢管	每米 管径≤100mm	1mm	—	—	—
					每米 管径>100mm	1.5mm	—	—	—
					全长25m以上 管径≤100mm	≤25mm	—	—	—
					全长25m以上 管径>100mm	≤38mm	—	—	—
				塑料管	每米	1.5mm	—	—	—
					全长(25m以上)	≤38mm	—	—	—
				钢筋混凝土管	每米	3mm	—	—	—
					全长(25m以上)	≤75mm	—	—	—
			立管垂直度	铸铁管	每米	3mm	—	—	—
					全长(25m以上)	≤15mm	—	—	—
				钢管	每米	3mm	—	—	—
					全长(25m以上)	≤10mm	—	—	—
				塑料管	每米	3mm	10/10	检查10处,合格10处	100%
					全长(25m以上)	≤15mm	10/10	检查10处,合格10处	100%
	5	焊缝允许偏差	焊口平直度	管壁厚10mm以内		管壁厚1/4	—	—	—
			焊缝加强面	高度		+1mm	—	—	—
				宽度			—	—	—
			咬边	深度		小于0.5mm	—	—	—
				长度	连续长度	25mm	—	—	—
					总长度(两侧)	小于焊缝长度的10%	—	—	—

施工单位检查结果	符合要求 专业工长:××× 项目专业质量检查员:××× ××年×月×日
监理单位验收结论	合格 专业监理工程师:××× ××年×月×日

【填写说明】

1.填写依据

(1)《建筑给水排水及采暖工程质量验收规范》GB 50242—2002。

(2)《建筑工程施工质量验收统一标准》GB 50300—2013。

2.规范摘要

以下内容摘自《建筑给水排水及采暖工程质量验收规范》GB 50242—2002。

主控项目

(1)安装在室内的雨水管道安装后应做灌水试验,灌水高度必须到每根立管上部的雨水斗。

检验方法:灌水试验持续1h,不渗不漏。

(2)雨水管道如采用塑料管,其伸缩节安装应符合设计要求。

检验方法:对照图纸检查。

(3)悬吊式雨水管道的敷设坡度不得小于5‰;埋地雨水管道的最小坡度,应符合表5-8的规定。

表5-8 地下埋设雨水排水管道的最小坡度

项　　次	管径(mm)	最小坡度(‰)
1	50	20
2	75	15
3	100	8
4	125	6
5	150	5
6	200～400	4

检验方法:水平尺、拉线尺量检查。

一般项目

(1)雨水管道不得与生活污水管道相连接。

检验方法:观察检查。

(2)雨水斗管的连接应固定在屋面承重结构上。雨水斗边缘与屋面相连处应严密不漏。连接管管径当设计无要求时,不得小于100mm。

检验方法:观察和尺量检查。

(3)悬吊式雨水管道的检查口或带法兰堵口的三通的间距不得大于表5-9的规定。

表5-9 悬吊管检查口间距

项　　次	悬吊管直径(mm)	检查口间距(m)
1	≤150	≤15
2	≥200	≤20

检验方法：拉线、尺量检查。

(4)雨水管道安装的允许偏差应符合《建筑给水排水及采暖工程质量验收规范》GB 50242—2002 表 5.2.16 的规定。

(5)雨水钢管管道焊接的焊口允许偏差应符合表 5-10 的规定。

表 5-10 雨水钢管管道焊口允许偏差和检验方法

<table>
<tr><th>项次</th><th colspan="3">项目</th><th>允许偏差</th><th>检验方法</th></tr>
<tr><td>1</td><td>焊口平直度</td><td colspan="2">管壁厚 10mm 以内</td><td>管壁厚 1/4</td><td rowspan="3">焊接检验尺
和游标卡尺检查</td></tr>
<tr><td rowspan="2">2</td><td rowspan="2">焊缝加强面</td><td colspan="2">高度</td><td rowspan="2">＋1mm</td></tr>
<tr><td colspan="2">宽度</td></tr>
<tr><td rowspan="3">3</td><td rowspan="3">咬边</td><td colspan="2">深度</td><td>小于 0.5mm</td><td rowspan="3">直尺检查</td></tr>
<tr><td rowspan="2">长度</td><td>连续长度</td><td>25mm</td></tr>
<tr><td>总长度(两侧)</td><td>小于焊缝长度的 10%</td></tr>
</table>

6.《室内热水系统管道及配件安装检验批质量验收记录》填写范例及说明

室内热水系统管道及配件安装检验批质量验收记录

05030101 001

单位(子单位)工程名称	××大厦	分部(子分部)工程名称	建筑给水排水及供暖/室内热水系统	分项工程名称	管道及配件
施工单位	××建筑有限公司	项目负责人	×××	检验批容量	48m
分包单位	—	分包单位项目负责人	—	检验批部位	一～三层室内热水系统管道
施工依据	室内管道安装施工方案		验收依据	《建筑给排水及采暖工程施工质量验收规范》GB 50242—2002	

验收项目			设计要求及规范规定	最小/实际抽样数量	检查记录	检查结果
主控项目	1	热水供应系统管道水压试验	设计要求	—	—	—
主控项目	2	热水供应系统管道安装补偿器	第6.2.2条	全/2	检查2处,合格2处	√
主控项目	3	热水供应系统管道冲洗	第6.2.3条	—	—	—
一般项目	1	管道安装坡度	设计规定	10/10	检查10处,合格10处	100%
一般项目	2	温度控制器和阀门安装	第6.2.5条	10/10	检查10处,合格10处	100%
一般项目	3	管道安装偏差/水平管道纵横方向弯曲/钢管/每米	1mm	10/10	检查10处,合格9处	90%
一般项目	3	管道安装偏差/水平管道纵横方向弯曲/钢管/全长25m以上	≤25mm	—	—	—
一般项目	3	管道安装偏差/水平管道纵横方向弯曲/塑料管复合管/每米	1.5mm	—	—	—
一般项目	3	管道安装偏差/水平管道纵横方向弯曲/塑料管复合管/全长25m以上	≤25mm	—	—	—
一般项目	3	管道安装偏差/立管垂直度/钢管/每米	3mm	10/10	检查10处,合格9处	90%
一般项目	3	管道安装偏差/立管垂直度/钢管/5m以上	≤8mm	—	—	—
一般项目	3	管道安装偏差/立管垂直度/塑料管复合管/每米	2mm	—	—	—
一般项目	3	管道安装偏差/立管垂直度/塑料管复合管/全长25m以上	≤8mm	—	—	—
一般项目	3	管道安装偏差/成排管道和成排阀门/在同一平面上间距	3mm	10/10	检查10处,合格9处	90%
一般项目	4	保温层允许偏差/厚度	$+0.1\delta$ -0.05δ	—	—	—
一般项目	4	保温层允许偏差/表面平整度/卷材	5mm	—	—	—
一般项目	4	保温层允许偏差/表面平整度/涂抹	10mm	—	—	—

施工单位检查结果	符合要求 专业工长:××× 项目专业质量检查员:××× ××年×月×日
监理单位验收结论	合格 专业监理工程师:××× ××年×月×日

【填写说明】

1.填写依据

(1)《建筑给水排水及采暖工程质量验收规范》GB 50242—2002。

(2)《建筑工程施工质量验收统一标准》GB 50300—2013。

2.规范摘要

以下内容摘自《建筑给水排水及采暖工程质量验收规范》GB 50242—2002。

主控项目

(1)热水供应系统安装完毕，管道保温之前应进行水压试验。试验压力应符合设计要求。当设计未注明时，热水供应系统水压试验压力应为系统顶点的工作压力加 0.1MPa，同时在系统顶点的试验压力不小于 0.3MPa。

检验方法：钢管和复合管道系统试验压力下 10min 内压力降不大于 0.02MPa，然后降至工作压力检查，压力应不降，且不渗、不漏；塑料管道系统试验压力下稳压 1h，压力降不得超过 0.03MPa，连接处不得渗漏。

(2)热水供应管道应尽量利用自然弯补偿热伸缩，直线段过长则应设置补偿器。补偿器型式、规格、位置应符合设计要求，并按有关规定进行预拉伸。

检验方法：对照设计图纸检查。

(3)热水供应系统竣工后必须进行冲洗。

检验方法：现场观察检查。

一般项目

(1)管道安装坡度应符合设计规定。

检验方法：水平尺、拉线尺量检查。

(2)温度控制器及阀门应安装在便于观察和维护的位置。

检验方法：观察检查。

(3)热水供应管道和阀门安装的允许值偏差应符合《建筑给水排水及采暖工程质量验收规范》GB 50242—2002 表 4.2.8 的规定。

(4)热水供应小系统管道应保温(浴室内明装管道除外)，保温材料、厚度、保护壳等应符合设计规定。保温层厚度和平整度的允许偏差应符合《建筑给水排水及采暖工程质量验收规范》GB 50242—2002 表 4.4.8 的规定。

7.《室内热水系统辅助设备安装检验批质量验收记录》填写范例及说明

室内热水系统辅助设备安装检验批质量验收记录

05030201 001

单位(子单位)工程名称	××大厦	分部(子分部)工程名称	建筑给水排水及供暖/室内热水系统	分项工程名称	辅助设备
施工单位	××建筑有限公司	项目负责人	×××	检验批容量	8台
分包单位	—	分包单位项目负责人	—	检验批部位	热水机房
施工依据	室内管道安装施工方案		验收依据	《建筑给排水及采暖工程施工质量验收规范》GB 50242—2002	

		验收项目	设计要求及规范规定	最小/实际抽样数量	检查记录	检查结果
主控项目	1	集热排管及上、下集管作水压试验	第6.3.1条	—	试验合格,报告编号××××	√
		热交换器以工作压力的1.5倍作水压试验	第6.3.2条	—	试验合格,报告编号××××	√
		敞口水箱的满水试验和密闭水箱(罐)的水压试验	第6.3.5条	—	试验合格,报告编号××××	√
	2	水泵基础	第6.3.3条	—	—	—
	3	水泵试运转温升	第6.3.4条	—	—	—
一般项目	1	太阳能热水器的安装	第6.3.6条	—	—	—
	2	太阳能热水器上、下集箱的循环管道坡度	第6.3.7条	—	—	—
	3	水箱底部与上集水管间距	第6.3.8条	全/4	检查4处,合格4处	100%
	4	集热排管安装紧固	第6.3.9条	—	—	—
	5	热水器最低处安装泄水装置	第6.3.10条	—	—	—
	6	热水箱及上、下集管等循环管道均应保温	第6.3.11条	全/4	检查4处,合格4处	100%
		以水作介质的太阳能热水器,在0℃以下地区使用,应采取防冻措施	第6.3.12条	—	—	—
	7	设备安装允许偏差 静置设备 坐标	15	全/10	检查10处,合格9处	90%
		设备安装允许偏差 静置设备 标高	±5	全/10	检查10处,合格9处	90%
		设备安装允许偏差 静置设备 垂直度(每米)	5	全/10	检查10处,合格9处	90%
		设备安装允许偏差 离心式水泵 立式泵体垂直度(每米)	0.1	—	—	—
		设备安装允许偏差 离心式水泵 卧式泵体水平度(每米)	0.1	—	—	—
		设备安装允许偏差 离心式水泵 联轴器同心度 轴向倾斜(每米)	0.8	—	—	—
		设备安装允许偏差 离心式水泵 联轴器同心度 径向位移	0.1	—	—	—
	8	热水器安装允许偏差 标高 中心线距地(mm)	±20	—	—	—
		热水器安装允许偏差 朝向 最大偏移角	不大于15°	—	—	—

施工单位检查结果	符合要求 专业工长:××× 项目专业质量检查员:××× ××年×月×日
监理单位验收结论	合格 专业监理工程师:××× ××年×月×日

【填写说明】

1.填写依据

(1)《建筑给水排水及采暖工程质量验收规范》GB 50242—2002。

(2)《建筑工程施工质量验收统一标准》GB 50300—2013。

2.规范摘要

以下内容摘自《建筑给水排水及采暖工程质量验收规范》GB 50242—2002。

主控项目

(1)在安装太阳能集热器玻璃前，应对集热排管和上、下集管作水压试验，试验压力为工作压力的1.5倍。

检验方法：试验压力下10min内压力不降，不渗不漏。

(2)热交换器应以工作压力的1.5倍作水压试验。蒸汽部分应不低于蒸汽供汽压力加0.3MPa；热水部分应不低于0.4MPa。

检验方法：试验压力下10min内压力不降，不渗不漏。

(3)水泵就位前的基础混凝土强度、坐标、标高、尺寸和螺栓孔位置必须符合设计要求。

检验方法：对照图纸用仪器和尺量检查。

(4)水泵试运转的轴承温升必须符合设备说明书的规定。

检验方法：温度计实测检查。

(5)敞口水箱的满水试验和密闭水箱(罐)的水压试验必须符合设计与《建筑给水排水及采暖工程质量验收规范》GB 50242—2002的规定。

检验方法：满水试验静置24h，观察不渗不漏；水压试验在试验压力下10min压力不降，不渗不漏。

一般项目

(1)安装固定式太阳能热水器，朝向应正南。如受条件限制时，其偏移角不得大于15°。集热器的倾角，对于春、夏、秋三个季节使用的，应采用当地维度为倾角；若以夏季为主，可比当地维度减少10°。

检验方法：观察和分度仪检查。

(2)由集热器上、下集管接热水箱的循环管道，应有不小于5%的坡度。

检验方法：尽量检查。

(3)自然循环的热水箱底部与集热器上集管之间的距离为0.3～1.0m。

检验方法：尺量检查。

(4)制作吸热钢板凹槽时，其圆度应准确，间距应一致。安装集热排管时，应用卡箍和钢丝紧固在钢板凹槽内。

检验方法：手板和尺量检查。

(5)太阳能热水器的最低处应安装泄水装置。

检验方法：观察检查。

(6)热水箱及上、下集管等循环管道均应保温。

检验方法：观察检查。

(7)凡以水作介质的太阳能热水器，在0℃以下地区使用，应采取防冻措施。

检验方法：观察检查。

(8)热水供应辅助设备安装的允许偏差应符合《建筑给水排水及采暖工程质量验收规范》GB 50242—2002表4.4.7的规定。

(9)太阳能热水器安装的允许偏差应符合表5-11的规定。

表5-11 太阳能热水器安装的允许偏差和检验方法

项目			允许偏差	检验方法
板式直管太阳能热水器	标高	中心线距地面(mm)	±20	尺量
	固定安装朝向	最大偏移角	不大于15°	分度仪检查

8.《卫生器具安装检验批质量验收记录》填写范例及说明

卫生器具安装检验批质量验收记录

05040101 001

单位(子单位)工程名称	××大厦	分部(子分部)工程名称	建筑给水排水及供暖/卫生器具	分项工程名称	卫生器具安装
施工单位	××建筑有限公司	项目负责人	×××	检验批容量	22 件
分包单位	—	分包单位项目负责人	—	检验批部位	一～三层
施工依据	室内管道安装施工方案		验收依据	《建筑给排水及采暖工程施工质量验收规范》GB 50242—2002	

<table>
<tr><th colspan="5">验收项目</th><th>设计要求及规范规定</th><th>最小/实际抽样数量</th><th>检查记录</th><th>检查结果</th></tr>
<tr><td rowspan="2">主控项目</td><td>1</td><td colspan="3">排水栓与地漏安装</td><td>第 7.2.1 条</td><td>全/22</td><td>检查 22 处，合格 22 处</td><td>√</td></tr>
<tr><td>2</td><td colspan="3">卫生器具满水试验和通水试验</td><td>第 7.2.2 条</td><td>—</td><td>试验合格，报告编号×××</td><td>√</td></tr>
<tr><td rowspan="9">一般项目</td><td rowspan="6">1</td><td rowspan="6">卫生器具安装允许偏差</td><td rowspan="2">坐标</td><td>单独器具</td><td>10mm</td><td>10/10</td><td>检查 10 处，合格 9 处</td><td>90%</td></tr>
<tr><td>成排器具</td><td>5mm</td><td>—</td><td>—</td><td>—</td></tr>
<tr><td rowspan="2">标高</td><td>单独器具</td><td>±15mm</td><td>10/10</td><td>检查 10 处，合格 9 处</td><td>90%</td></tr>
<tr><td>成排器具</td><td>±10mm</td><td>—</td><td>—</td><td>—</td></tr>
<tr><td colspan="2">器具水平度</td><td>2mm</td><td>10/10</td><td>检查 10 处，合格 9 处</td><td>90%</td></tr>
<tr><td colspan="2">器具垂直度</td><td>3mm</td><td>10/10</td><td>检查 10 处，合格 9 处</td><td>90%</td></tr>
<tr><td rowspan="2">2</td><td colspan="3">饰面浴盆，应留有通向浴盆口的检修门</td><td>第 7.2.4 条</td><td>10/10</td><td>检查 10 处，合格 10 处</td><td>100%</td></tr>
<tr><td colspan="3">小便槽冲洗管，采用镀锌钢管或硬质塑料管，冲洗管应斜向下方安装</td><td>第 7.2.5 条</td><td>10/10</td><td>检查 10 处，合格 10 处</td><td>100%</td></tr>
<tr><td>3</td><td colspan="3">卫生器具的支、托架</td><td>第 7.2.6 条</td><td>10/10</td><td>检查 10 处，合格 10 处</td><td>100%</td></tr>
<tr><td colspan="2">施工单位检查结果</td><td colspan="7">符合要求
专业工长：×××
项目专业质量检查员：×××
××年×月×日</td></tr>
<tr><td colspan="2">监理单位验收结论</td><td colspan="7">合格
专业监理工程师：×××
××年×月×日</td></tr>
</table>

【填写说明】

1.填写依据

(1)《建筑给水排水及采暖工程质量验收规范》GB 50242—2002。

(2)《建筑工程施工质量验收统一标准》GB 50300—2013。

2.规范摘要

以下内容摘自《建筑给水排水及采暖工程质量验收规范》GB 50242—2002。

(1)一般规定。

1)本章适用于室内污水盆、洗涤盆、洗脸(手)盆、盥洗槽、浴盆、淋浴器、大便器、小便器、小便槽、大便冲洗槽、妇女卫生盆、化验盆、排水栓、地漏、加热器、煮沸消毒器和饮水器等卫生器具安装工程。

2)卫生器具的安装应采用预埋螺栓或膨胀螺栓安装固定。

3)卫生器具安装高度如设计无要求时,应符合表5-12的规定。

表5-12 卫生器具的安装高度(mm)

<table>
<tr><th rowspan="2">项次</th><th colspan="3" rowspan="2">卫生器具名称</th><th colspan="2">卫生器具安装高度</th><th rowspan="2">备　注</th></tr>
<tr><th>居住和公共建筑</th><th>幼儿园</th></tr>
<tr><td rowspan="2">1</td><td rowspan="2">污水盆(池)</td><td colspan="2">架空式</td><td>800</td><td>800</td><td rowspan="6">自地面至器具上边缘</td></tr>
<tr><td colspan="2">落地式</td><td>500</td><td>500</td></tr>
<tr><td>2</td><td colspan="3">洗涤盆(池)</td><td>800</td><td>800</td></tr>
<tr><td>3</td><td colspan="3">洗脸盆、洗手盆(有塞、无塞)</td><td>800</td><td>500</td></tr>
<tr><td>4</td><td colspan="3">盥洗槽</td><td>800</td><td>500</td></tr>
<tr><td>5</td><td colspan="3">浴盆</td><td>≤520</td><td>—</td></tr>
<tr><td rowspan="2">6</td><td rowspan="2">蹲式大便器</td><td colspan="2">高水箱</td><td>1800</td><td>1800</td><td>自台阶面至高水箱底</td></tr>
<tr><td colspan="2">低水箱</td><td>900</td><td>900</td><td>自台阶面至低水箱底</td></tr>
<tr><td rowspan="3">7</td><td rowspan="3">坐式大便器</td><td colspan="2">高水箱</td><td>1800</td><td>1800</td><td rowspan="3">自地面至高水箱底
自地面至低水箱底</td></tr>
<tr><td rowspan="2">低水箱</td><td>外露排水管式</td><td>510</td><td>—</td></tr>
<tr><td>虹吸喷射式</td><td>470</td><td>370</td></tr>
<tr><td>8</td><td>小便器</td><td colspan="2">挂式</td><td>600</td><td>450</td><td>自地面至下边缘</td></tr>
<tr><td>9</td><td colspan="3">小便槽</td><td>200</td><td>150</td><td>自地面至台阶面</td></tr>
<tr><td>10</td><td colspan="3">大便槽冲洗水箱</td><td>≥2000</td><td>—</td><td>自台阶面至水箱底</td></tr>
<tr><td>11</td><td colspan="3">妇女卫生盆</td><td>360</td><td>—</td><td>自地面至器具上边缘</td></tr>
<tr><td>12</td><td colspan="3">化验盆</td><td>800</td><td>—</td><td>自地面至器具上边缘</td></tr>
</table>

4)卫生器具给水配件的安装高度,如设计无要求时,应符合表5-13的规定。

表 5-13 卫生器具给水配件的安装高度

<table>
<tr><th>项次</th><th colspan="2">给水配件名称</th><th>配件中心距地面高度（mm）</th><th>冷热水龙头距离（mm）</th></tr>
<tr><td>1</td><td colspan="2">架空式污水盆(池)</td><td>1000</td><td>—</td></tr>
<tr><td>2</td><td colspan="2">落地式污水盆(池)水龙头</td><td>800</td><td>—</td></tr>
<tr><td>3</td><td colspan="2">洗涤盆(池)水龙头</td><td>1000</td><td>150</td></tr>
<tr><td>4</td><td colspan="2">住宅集中给水龙头</td><td>1000</td><td>—</td></tr>
<tr><td>5</td><td colspan="2">洗手盆水龙头</td><td>1000</td><td>—</td></tr>
<tr><td rowspan="3">6</td><td rowspan="3">洗脸盆</td><td>水龙头(上配水)</td><td>1000</td><td>150</td></tr>
<tr><td>水龙头(下配水)</td><td>800</td><td>150</td></tr>
<tr><td>角阀(下配水)</td><td>450</td><td>—</td></tr>
<tr><td rowspan="2">7</td><td rowspan="2">盥洗槽</td><td>水龙头</td><td>1000</td><td>150</td></tr>
<tr><td>冷热水管
上下并行其中热水龙头</td><td>1100</td><td>150</td></tr>
<tr><td>8</td><td>浴盆</td><td>水龙头(上配水)</td><td>670</td><td>150</td></tr>
<tr><td rowspan="3">9</td><td rowspan="3">淋浴器</td><td>截止阀</td><td>1150</td><td>95</td></tr>
<tr><td>混合阀</td><td>1150</td><td>—</td></tr>
<tr><td>淋浴喷头下沿</td><td>2100</td><td>—</td></tr>
<tr><td rowspan="6">10</td><td rowspan="6">蹲式
大便器
(台阶面
算起)</td><td>高水箱角阀及截止阀</td><td>2040</td><td>—</td></tr>
<tr><td>低水箱角阀</td><td>250</td><td>—</td></tr>
<tr><td>手动式自闭冲洗阀</td><td>600</td><td>—</td></tr>
<tr><td>脚踏式自闭冲洗阀</td><td>150</td><td>—</td></tr>
<tr><td>拉管式冲洗网(从地面算起)</td><td>1600</td><td>—</td></tr>
<tr><td>带防污助冲器阀门(从地面算起)</td><td>900</td><td>—</td></tr>
<tr><td rowspan="2">11</td><td rowspan="2">坐式
大便器</td><td>高水箱角阀及截止阀</td><td>2040</td><td>—</td></tr>
<tr><td>低水箱角阀</td><td>150</td><td>—</td></tr>
<tr><td>12</td><td colspan="2">大便槽冲洗水箱截止阀(从台阶面算起)</td><td>≥2400</td><td>—</td></tr>
<tr><td>13</td><td colspan="2">立式小便器角阀</td><td>1130</td><td>—</td></tr>
<tr><td>14</td><td colspan="2">挂式小便器角阀及截止阀</td><td>1050</td><td>—</td></tr>
<tr><td>15</td><td colspan="2">小便槽多孔冲洗管</td><td>1100</td><td>—</td></tr>
<tr><td>16</td><td colspan="2">实验室化验水龙头</td><td>1000</td><td>—</td></tr>
<tr><td>17</td><td colspan="2">妇女卫生盆混合阀</td><td>360</td><td>—</td></tr>
</table>

注：装设在幼儿园内的洗手盆、洗脸盆和盥洗槽水嘴中心离地面安装高度应为 700mm；其他卫生器具给水配件的安装高度，应按卫生器具实际尺寸相应减少。

(2)卫生器具安装。

主控项目

1)排水栓和地漏的安装应平正、牢固,低于排水表面,周边无渗漏。地漏水封高度不得小于50mm。

检验方法:试水观察检查。

2)卫生器具交工前应做满水和通水试验。

检验方法:满水后各连接件不渗不漏;通水试验给、排水畅通。

一般项目

1)卫生器具安装的允许偏差应符合表5-14的规定。

表5-14 卫生器具安装的允许偏差和检验方法

项次	项目		允许偏差(mm)	检验方法
1	坐标	单独器具	10	拉线、吊线和尺量检查
		成排器具	5	
2	标高	单独器具	±15	
		成排器具	±10	
3	器具水平度		2	用水平尺和尺量检查
4	器具垂直度		3	吊线和尺量检查

2)有饰面的浴盆,应留有通向浴盆排水口的检修门。

检验方法:观察检查。

3)小便槽冲洗管,应采用镀锌钢管或硬质塑料管。冲洗孔应斜向下方安装,冲洗水流同墙面成45°角。镀锌钢管钻孔后应进行二次镀锌。

检验方法:观察检查。

4)卫生器具的支、托架必须防腐良好,安装平整、牢固,与器具接触紧密、平稳。

检验方法:观察和手扳检查。

9.《卫生器具给水配件安装检验批质量验收记录》填写范例及说明

卫生器具给水配件安装检验批质量验收记录

05040201 001

<table>
<tr><td colspan="3">单位(子单位)工程名称</td><td>××大厦</td><td>分部(子分部)工程名称</td><td>建筑给水排水及供暖/卫生器具</td><td>分项工程名称</td><td colspan="2">卫生器具给水配件</td></tr>
<tr><td colspan="3">施工单位</td><td>××建筑有限公司</td><td>项目负责人</td><td>×××</td><td>检验批容量</td><td colspan="2">22件</td></tr>
<tr><td colspan="3">分包单位</td><td>—</td><td>分包单位项目负责人</td><td>—</td><td>检验批部位</td><td colspan="2">一～三层</td></tr>
<tr><td colspan="3">施工依据</td><td colspan="2">室内管道安装施工方案</td><td>验收依据</td><td colspan="3">《建筑给排水及采暖工程施工质量验收规范》GB 50242—2002</td></tr>
<tr><td colspan="4">验收项目</td><td>设计要求及规范规定</td><td>最小/实际抽样数量</td><td colspan="2">检查记录</td><td>检查结果</td></tr>
<tr><td>主控项目</td><td>1</td><td colspan="2">卫生器具给水配件</td><td>第7.3.1条</td><td>22/22</td><td colspan="2">检查22处，合格22处</td><td>√</td></tr>
<tr><td rowspan="4">一般项目</td><td rowspan="3">1</td><td rowspan="3">给水配件安装允许偏差</td><td>高、低水箱、阀角及截止阀水嘴</td><td>±10mm</td><td>16/16</td><td colspan="2">检查16处，合格15处</td><td>93.8%</td></tr>
<tr><td>淋浴器喷头下沿</td><td>±15mm</td><td>3/3</td><td colspan="2">检查3处，合格3处</td><td>100%</td></tr>
<tr><td>浴盆软管淋浴器挂钩</td><td>±20mm</td><td>3/3</td><td colspan="2">检查3处，合格3处</td><td>100%</td></tr>
<tr><td>2</td><td colspan="2">器具水平度</td><td>2mm</td><td>3/22</td><td colspan="2">检查22处，合格22处</td><td>100%</td></tr>
<tr><td colspan="3">施工单位检查结果</td><td colspan="6">符合要求

专业工长：×××
项目专业质量检查员：×××
××年×月×日</td></tr>
<tr><td colspan="3">监理单位验收结论</td><td colspan="6">合格

专业监理工程师：×××
××年×月×日</td></tr>
</table>

【填写说明】

1.填写依据

(1)《建筑给水排水及采暖工程质量验收规范》GB 50242—2002。

(2)《建筑工程施工质量验收统一标准》GB 50300—2013。

2.规范摘要

以下内容摘自《建筑给水排水及采暖工程质量验收规范》GB 50242—2002。

主控项目

卫生器具给水配件应完好无损伤,接口严密,启闭部分灵活。

检验方法:观察及手扳检查。

一般项目

(1)卫生器具给水配件安装标高的允许偏差应符合表5-15的规定。

表5-15 卫生器具给水配件安装标高的允许偏差和检验方法

项次	项　　目	允许偏差(mm)	检验方法
1	大便器高、低水箱角阀及截止阀	±10	尺量检查
2	水嘴	±10	
3	淋浴器喷头下沿	±15	
4	浴盆软管淋浴器挂钩	±20	

(2)浴盆软管淋浴器挂钩的高度,如设计无要求,应距地面1.8m。

检验方法:尺量检查。

10.《卫生器具排水管道安装检验批质量验收记录》填写范例及说明

卫生器具排水管道安装检验批质量验收记录

05040301 001

单位(子单位)工程名称	××大厦	分部(子分部)工程名称	建筑给水排水及供暖/卫生器具	分项工程名称	卫生器具排水管道安装
施工单位	××建筑有限公司	项目负责人	×××	检验批容量	22处
分包单位	—	分包单位项目负责人	—	检验批部位	三～六层卫生排水管道
施工依据	室内管道安装施工方案		验收依据	《建筑给排水及采暖工程施工质量验收规范》GB 50242—2002	

验收项目					设计要求及规范规定	最小/实际抽样数量	检查记录	检查结果
主控项目	1	器具受水口与立管，管道与楼板接合			第7.4.1条	22/22	检查22处，合格22处	√
主控项目	2	连接排水管应严密，其支托架安装			第7.4.2条	50/50	检查50处，合格50处	√
一般项目	1	安装允许偏差	横管弯曲度	每米长	2	22/22	检查22处，合格22处	100%
				横管长度≤10m，全长	<8	—	—	—
				横管长度>10m，全长	10	—	—	—
			卫生器具的排水管口及横支管的纵横坐标	单独器具	10	19/19	检查19处，合格18处	94.7%
				成排器具	5	—	—	—
			卫生器具的接口标高	单独器具	±10	19/19	检查19处，合格19处	100%
				成排器具	±5	—	—	—
	2	排水管最小坡度	污水盆(池)	50mm	25‰	1/1	检查1处，合格1处	100%
			单、双格洗涤分(池)	50mm	25‰	—	—	—
			洗手盆、洗脸盆	32～50mm	20‰	2/2	检查2处，合格2处	100%
			浴盆	50mm	20‰	—	—	—
			淋浴器	50mm	20‰	—	—	—
			大便器 高低水箱	100mm	12‰	—	—	—
			大便器 自闭式冲洗阀	100mm	12‰	—	—	—
			大便器 拉管式冲洗阀	100mm	12‰	—	—	—
			小便器 冲洗阀	40～50mm	20‰	—	—	—
			小便器 自动冲洗水箱	40～50mm	20‰	—	—	—
			化验盆(无塞)	40～50mm	25‰	—	—	—
			净身器	40～50mm	20‰	—	—	—
			饮水器	20～50mm	10‰～20‰	—	—	—

施工单位检查结果	符合要求 专业工长：××× 项目专业质量检查员：××× ××年×月×日
监理单位验收结论	合格 专业监理工程师：××× ××年×月×日

【填写说明】

1. 填写依据

(1)《建筑给水排水及采暖工程质量验收规范》GB 50242—2002。

(2)《建筑工程施工质量验收统一标准》GB 50300—2013。

2. 规范摘要

以下内容摘自《建筑给水排水及采暖工程质量验收规范》GB 50242—2002。

主控项目

(1)与排水横管连接的各卫生器具的受水口和立管均应采取妥善可靠的固定措施;管道与楼板的接合部位应采取牢固可靠的防渗、防漏措施。

检验方法:观察和手扳检查。

(2)连接卫生器具的排水管道接口应紧密不漏,其固定支架、管卡等支撑位置应正确、牢固,与管道的接触应平整。

检验方法:观察及通水检查。

一般项目

(1)卫生器具排水管道安装的允许偏差应符合表 5-16 的规定。

表 5-16 卫生器具排水管道安装的允许偏差及检验方法

项次	检查项目		允许偏差(mm)	检验方法
1	横管弯曲度	每米长	2	用水平尺量检查
		横管长度≤10m,全长	<8	
		横管长度>10m,全长	10	
2	卫生器具的排水管口及横支管的纵横坐标	单独器具	10	用尺量检查
		成排器具	5	
3	卫生器具的接口标高	单独器具	±10	用水平尺和尺量检查
		成排器具	±5	

(2)连接卫生器具的排水管管径和最小坡度,如设计无要求时,应符合表 5-17 的规定。

表 5-17 连接卫生器具的排水管管径和最小坡度

项次	卫生器具名称	排水管管径(mm)	管道的最小坡度
1	污水盆(池)	50	25
2	单、双格洗涤盆(池)	50	25
3	洗手盆、洗脸盆	32~50	20
4	浴盆	50	20
5	淋浴器	50	20

续表 5-17

项次	卫生器具名称		排水管管径(mm)	管道的最小坡度
6	大便器	高、低水箱	100	12
		自闭式冲洗阀	100	12
		拉管式冲洗阀	100	12
7	小便器	手动、自闭式冲洗阀	40～50	12
		自动冲洗水箱	40～50	20
8	化验盆(无塞)		40～50	25
9	净身器		40～50	20
10	饮水器		20～250	10～20
11	家用洗衣机		50(软管为 30)	—

检验方法：用水平尺和尺量检查。

11.《室内供暖系统管道及配件安装检验批质量验收记录》填写范例及说明

室内供暖系统管道及配件安装检验批质量验收记录

05050101 001

单位(子单位)工程名称	××大厦	分部(子分部)工程名称	建筑给水排水及供暖/室内供暖系统	分项工程名称	管道及配件安装
施工单位	××建筑有限公司	项目负责人	×××	检验批容量	48m
分包单位	—	分包单位项目负责人	—	检验批部位	一～三层
施工依据	室内管道安装施工方案		验收依据	《建筑给水排水及采暖工程质量验收规范》GB 50242—2002	

		验收项目	设计要求及规范规定	最小/实际抽样数量	检查记录	检查结果
主控项目	1	管道安装坡度	设计要求	全/6	检查6处,合格6处	√
	2	补偿器的型号、安装位置及预拉伸和固定支架的构造及安装位置	第8.2.2条	全/2	检查2处,合格2处	√
	3	平衡阀及调节阀型号、规格、公称压力及安装位置	设计要求	全/3	检查3处,合格3处	√
		调试及标志	第8.2.3条	—	—	—
	4	蒸汽减压阀和管道及设备上安全阀的型号、规格、公称压力及安装位置	设计要求	—	—	—
		调试及标志	第8.2.4条	—	—	—
	5	方形补偿器制作	第8.2.5条	—	—	—
	6	方形补偿器安装	第8.2.6条	—	—	—
一般项目	1	热量表、疏水器、除污器、过滤器及阀门的型号、规格、公称压力及安装位置	第8.2.7条	10/10	检查10处,合格10处	100%
	2	钢管焊接	第8.2.8条	10/10	检查10处,合格10处	100%
	3	采暖入口及分户计量入户装置安装	第8.2.9条	10/10	检查10处,合格10处	100%
	4	散热器支管长度超过1.5m时,应在支管上安装管卡	第8.2.10条	—	—	—
	5	变径连接	第8.2.11条	—	—	—
	6	管道干管上焊接垂直或水平分支管道	第8.2.12条	10/10	检查10处,合格10处	100%
	7	膨胀水箱的膨胀管及循环管上不得安装阀门	第8.2.13条	—	—	—
	8	当采暖热媒为110～130℃的高温水时,管道可拆卸件应使用法兰	第8.2.14条	—	—	—
	9	管道转弯	第8.2.15条	—	—	—
	10	管道安装允许偏差 横管道纵、横方向弯曲(mm) 每米 管径≤100mm	1	10/10	检查10处,合格9处	90%
		管道安装允许偏差 横管道纵、横方向弯曲(mm) 每米 管径>100mm	1.5	—	—	—
		管道安装允许偏差 横管道纵、横方向弯曲(mm) 全长(25m以上) 管径≤100mm	≤13	—	—	—
		管道安装允许偏差 横管道纵、横方向弯曲(mm) 全长(25m以上) 管径>100mm	≤25	—	—	—
		管道安装允许偏差 立管垂直度(mm) 每米	2	10/10	检查10处,合格9处	90%
		管道安装允许偏差 立管垂直度(mm) 全长(5m)	≤10	—	—	—
		管道安装允许偏差 弯管 椭圆率 管径≤100mm	10%	—	—	—
		管道安装允许偏差 弯管 椭圆率 管径>100mm	8%	—	—	—
		管道安装允许偏差 弯管 折皱不平度(mm) 管径≤100mm	4	—	—	—
		管道安装允许偏差 弯管 折皱不平度(mm) 管径>100mm	5	—	—	—

施工单位检查结果	符合要求 专业工长:××× 项目专业质量检查员:××× ××年×月×日
监理单位验收结论	合格 专业监理工程师:××× ××年×月×日

【填写说明】

1.填写依据

(1)《建筑给水排水及采暖工程质量验收规范》GB 50242—2002。

(2)《建筑工程施工质量验收统一标准》GB 50300—2013。

2.规范摘要

以下内容摘自《建筑给水排水及采暖工程质量验收规范》GB 50242—2002。

管道及配件安装

主控项目

(1)管道安装坡度，当设计未注明时，应符合下列规定：

1)汽、水同向流动的热水采暖管道和汽、水同向流动的蒸汽管道及凝结水管道，坡度应为3‰，不得小于2‰；

2)汽、水逆向流动的热水采暖管道和汽、水逆向流动的蒸汽管道，坡度不应小于5‰；

3)散热器支管的坡度应为1%，坡向应利于排气和泄水。

检验方法：观察，水平尺、拉线、尺量检查。

(2)补偿器的型号、安装位置及预拉伸和固定支架的构造及安装位置应符合设计要求。

检验方法：对照图纸，现场观察，并查验预拉伸记录。

(3)平衡阀及调节阀型号、规格、公称压力及安装位置应符合设计要求。安装完后应根据系统平衡要求进行调试并做出标志。

检验方法：对照图纸查验产品合格证，并现场查看。

(4)蒸汽减压阀和管道及设备上安全阀的型号、规格、公称压力及安装位置应符合设计要求。安装完毕后应根据系统工作压力进行调试，并做出标志。

检验方法：对照图纸查验产品合格证及调试结果证明书。

(5)方形补偿器制作时，应用整根无缝钢管煨制，如需要接口，其接口应设在垂直臂的中间位置，且接口必须焊接。

检验方法：观察检查。

(6)方形补偿器应水平安装，并与管道的坡度一致；如其臂长方向垂直安装必须设排气及泄水装置。

检验方法：观察检查。

一般项目

(1)热量表、疏水器、除污器、过滤器及阀门的型号、规格、公称压力及安装位置应符合设计要求。

检验方法：对照图纸查验产品合格证。

(2)钢管管道焊口尺寸的允许偏差应符合表5-10的规定。

(3)采暖系统入口装置及分户热计量系统入户装置，应符合设计要求。安装位置应便于检修、维护和观察。

检验方法：现场观察。

(4)散热器支管长度超过1.5m时，应在支管上安装管卡。

检验方法：尺量和观察检查。

(5)上供下回式系统的热水干管变径应顶平偏心连接，蒸汽干管变径应底平偏心连接。

检验方法：观察检查。

(6)在管道干管上焊接垂直或水平分支管道时，干管开孔所产生的钢渣及管壁等废弃物不得残留管内，且分支管道在焊接时不得插入干管内。

检验方法：观察检查。

(7)膨胀水箱的膨胀管及循环管上不得安装阀门。

检验方法：观察检查。

检验方法：观察和查验进料单。

(8)当采暖热媒为110～130℃的高温水时，管道可拆卸件应使用法兰，不得使用长丝和活接头。法兰垫料应使用耐热橡胶板。

检验方法：观察和查验进料单。

(9)焊接钢管管径大于32mm的管道转弯，在作为自然补偿时应使用煨弯。塑料管及复合管除必须使用直角弯头的场合外应使用管道直接弯曲转弯。

检验方法：观察检查。

(10)管道、金属支架和设备的防腐和涂漆应附着良好，无脱皮、起泡、流淌和漏涂缺陷。

检验方法：现场观察检查。

(11)管道和设备保温的允许偏差应符合《建筑给水排水及采暖工程质量验收规范》GB 50242—2002表4.4.8的规定。

(12)采暖管道安装的允许偏差应符合表5-18的规定。

表5-18 采暖管道安装的允许偏差和检验方法

<table>
<tr><th>项次</th><th colspan="3">项　目</th><th>允许偏差</th><th>检验方法</th></tr>
<tr><td rowspan="4">1</td><td rowspan="4">横管道方向弯曲(mm)</td><td rowspan="2">每米</td><td>管径≤100mm</td><td>1</td><td rowspan="4">用水平尺、直尺、拉线和尺量检查</td></tr>
<tr><td>管径>100mm</td><td>1.5</td></tr>
<tr><td rowspan="2">全长(25m以上)</td><td>管径≤100mm</td><td>≤13</td></tr>
<tr><td>管径>100mm</td><td>≤25</td></tr>
<tr><td rowspan="2">2</td><td rowspan="2">立管垂直度(mm)</td><td colspan="2">每米</td><td>2</td><td rowspan="2">吊线和尺量检查</td></tr>
<tr><td colspan="2">全长(5m以上)</td><td>≤10</td></tr>
<tr><td rowspan="4">3</td><td rowspan="4">弯管</td><td rowspan="2">椭圆率 $\frac{D_{max}-D_{min}}{D_{max}}$</td><td>管径≤100mm</td><td>10%</td><td rowspan="4">用外卡钳和尺量检查</td></tr>
<tr><td>管径>100mm</td><td>8%</td></tr>
<tr><td rowspan="2">折皱不平度(mm)</td><td>管径≤100mm</td><td>4</td></tr>
<tr><td>管径>100mm</td><td>5</td></tr>
</table>

12.《室内供暖系统辅助设备安装检验批质量验收记录》填写范例及说明

室内供暖系统辅助设备安装检验批质量验收记录

05050201 001

单位(子单位)工程名称	××大厦	分部(子分部)工程名称	建筑给水排水及供暖/室内供暖系统	分项工程名称	辅助设备安装
施工单位	××建筑有限公司	项目负责人	×××	检验批容量	8台
分包单位	—	分包单位项目负责人	—	检验批部位	地下一层
施工依据	采暖设备安装方案		验收依据	《建筑给水排水及采暖工程质量验收规范》GB 50242—2002	

验收项目					设计要求及规范规定	最小/实际抽样数量	检查记录	检查结果
主控项目	1	水泵基础			设计要求	全/5	基础外观尺寸符合要求，强度检查试验合格，报告编号××××	√
	2	水泵试运转的轴承温升			设备说明书规定	—	—	—
	3	敞口水箱满水试验和密闭水箱(罐)水压试验			第4.4.3条	—	—	—
	4	热交换器水压试验			第13.6.1条	—	—	—
	5	高温水循环泵与换热器相对位置			第13.6.2条	全/5	检查5处，合格5处	√
	6	壳管式热交换器距墙及屋顶距离			第13.6.3条	—	—	—
一般项目	1	水箱支架或底座安装			设计要求	3/3	检查3处，合格3处	100%
	2	水箱溢流管和泄放管安装			第4.4.5条	3/3	检查3处，合格3处	100%
	3	立式水泵减振装置			第4.4.6条	5/5	检查5处，合格5处	100%
	4	安装允许偏差	静置设备	坐标	15mm	3/3	检查3处，合格3处	100%
				标高	±5mm	3/3	检查3处，合格3处	100%
				垂直度(每米)	2mm	3/3	检查3处，合格3处	100%
			离心式水泵	立式垂直度(每米)	0.1mm	—	—	—
				卧式水平度(每米)	0.1mm	—	—	—
				联轴器同心度 轴向倾斜(每米)	0.8mm	—	—	—
				联轴器同心度 径向移位	0.1mm	—	—	—
施工单位检查结果	符合要求 专业工长：××× 项目专业质量检查员：××× ××年×月×日							
监理单位验收结论	合格 专业监理工程师：××× ××年×月×日							

【填写说明】

1.填写依据

(1)《建筑给水排水及采暖工程质量验收规范》GB 50242—2002。

(2)《建筑工程施工质量验收统一标准》GB 50300—2013。

2.规范摘要

以下内容摘自《建筑给水排水及采暖工程质量验收规范》GB 50242—2002。

(1)辅助设备及散热器安装。

主控项目

水泵、水箱、热交换器等辅助设备安装的质量检验与验收应按《建筑给水排水及采暖工程质量验收规范》GB 50242—2002 第 4.4 节和第 13.6 节的相关规定执行。

(2)给水设备安装。

主控项目

1)水泵就位前的基础混凝土强度、坐标、标高、尺寸和螺栓孔位置必须符合设计规定。

检验方法:对照图纸用仪器和尺量检查。

2)水泵试运转的轴承温升必须符合设备说明书的规定。

检验方法:温度计实测检查。

3)敞口水箱的满水试验和密闭水箱(罐)的水压试验必须符合设计与本细则的规定。

检验方法:满水试验静置 24h 观察,不渗不漏;水压试验在试验压力下 10min 压力不降,不渗不漏。

一般项目

1)水箱支架或底座安装,其尺寸及位置应符合设计规定,埋设平整牢固。

检验方法:对照图纸,尺量检查。

2)水箱溢流管和泄放管应设置在排水地点附近但不得与排水管直接连接。

检验方法:观察检查。

3)立式水泵的减振装置不应采用弹簧减振器。

检验方法:观察检查。

4)室内给水设备安装的允许偏差应符合表 5-19 的规定。

表 5-19 室内给水设备安装的允许偏差和检验方法

序号	项目		允许偏差(mm)	检验方法
1	静置设备	坐标	15	经纬仪或拉线、尺量
		标高	±5	用水准仪、拉线和尺量检查
		垂直度(每米)	5	吊线和尺量检查

续表 5-19

序号	项目			允许偏差(mm)	检验方法
2	离心式水泵	立式泵体垂直度(每米)		0.1	水平尺和塞尺检查
		卧式泵体水平度(每米)		0.1	水平尺和塞尺检查
		联轴器同心度	轴向倾斜(每米)	0.8	在联轴器互相垂直的四个位置上用水准仪、百分表或测微螺钉和塞尺检查
			径向位移	0.1	

5)管道及设备保温层的厚度和平整度的允许偏差应符合表 5-20 的规定。

表 5-20 管道及设备保温层的允许偏差和检验方法

项次	项目		允许偏差(mm)	检验方法
1	厚度		$+0.1\delta$ -0.05δ	用钢针刺入
2	表面平整度	卷材	5	用 2m 靠尺和楔形塞尺检查
		涂抹	10	

注：δ 为保温层厚度。

13.《室内供暖系统散热器安装检验批质量验收记录》填写范例及说明

室内供暖系统散热器安装检验批质量验收记录

05050301 001

<table>
<tr><td colspan="3">单位(子单位)工程名称</td><td>××大厦</td><td>分部(子分部)工程名称</td><td>建筑给水排水及供暖/室内供暖系统</td><td>分项工程名称</td><td>散热器安装</td></tr>
<tr><td colspan="3">施工单位</td><td>××建筑有限公司</td><td>项目负责人</td><td>×××</td><td>检验批容量</td><td>22 组</td></tr>
<tr><td colspan="3">分包单位</td><td>—</td><td>分包单位项目负责人</td><td>—</td><td>检验批部位</td><td>一～三层</td></tr>
<tr><td colspan="3">施工依据</td><td colspan="2">采暖工程施工组织设计</td><td>验收依据</td><td colspan="2">《建筑给水排水及采暖工程质量验收规范》GB 50242—2002</td></tr>
<tr><td colspan="4">验收项目</td><td>设计要求及规范规定</td><td>最小/实际抽样数量</td><td>检查记录</td><td>检查结果</td></tr>
<tr><td>主控项目</td><td>1</td><td colspan="2">散热器水压试验</td><td>第 8.3.1 条</td><td>—</td><td>水压试验合格，试验单编号××××</td><td>√</td></tr>
<tr><td rowspan="7">一般项目</td><td>1</td><td colspan="2">散热器组对</td><td>第 8.3.3 条</td><td>全/22</td><td>检查 22 处，合格 22 处</td><td>100%</td></tr>
<tr><td>2</td><td colspan="2">组对散热器的垫片</td><td>第 8.3.4 条</td><td>全/22</td><td>检查 22 处，合格 22 处</td><td>100%</td></tr>
<tr><td>3</td><td colspan="2">散热器安装</td><td>第 8.3.5 条</td><td>全/22</td><td>检查 22 处，合格 22 处</td><td>100%</td></tr>
<tr><td>4</td><td colspan="2">散热器背面与装饰后的墙内表面安装距离</td><td>第 8.3.6 条</td><td>全/22</td><td>检查 22 处，合格 22 处</td><td>100%</td></tr>
<tr><td rowspan="3">5</td><td rowspan="3">散热器安装允许偏差</td><td>散热器背面与墙内表面距离</td><td>3mm</td><td>全/22</td><td>检查 22 处，合格 22 处</td><td>100%</td></tr>
<tr><td>与窗中心线或设计定位尺寸</td><td>20mm</td><td>全/22</td><td>检查 22 处，合格 22 处</td><td>100%</td></tr>
<tr><td>散热器垂直度</td><td>3mm</td><td>全/22</td><td>检查 22 处，合格 22 处</td><td>100%</td></tr>
<tr><td colspan="3">施工单位检查结果</td><td colspan="5">符合要求

专业工长：×××
项目专业质量检查员：×××
××年×月×日</td></tr>
<tr><td colspan="3">监理单位验收结论</td><td colspan="5">合格

专业监理工程师：×××
××年×月×日</td></tr>
</table>

【填写说明】

1. 填写依据

(1)《建筑给水排水及采暖工程质量验收规范》GB 50242—2002。

(2)《建筑工程施工质量验收统一标准》GB 50300—2013。

2. 规范摘要

以下内容摘自《建筑给水排水及采暖工程质量验收规范》GB 50242—2002。

主控项目

(1)散热器组对后,以及整组出厂的散热器在安装之前应作水压试验。试验压力如设计无要求时应为工作压力的 1.5 倍,但不小于 0.6MPa。

检验方法:试验时间为 2~3min,压力不降且不渗不漏。

(2)水泵、水箱、热交换器等辅助设备安装的质量检验与验收应按《建筑给水排水及采暖工程质量验收规范》GB 50242—2002 第 4.4 节和第 13.6 节的相关规定执行。

一般项目

(1)散热器组对应平直紧密,组对后的平直度应符合表 5-21 规定。

表 5-21 组对后的散热器平直度允许偏差

项 次	散热器类型	片 数	允许偏差(mm)
1	长翼型	2~4	4
		5~7	6
2	铸铁片式 钢制片式	3~15	4
		16~25	6

检验方法:拉线和尺量。

(2)组对散热器的垫片应符合下列规定:

1)组对散热器垫片应使用成品,组对后垫片外露不应大于 1mm。

2)散热器垫片材质当设计无要求时,应采用耐热橡胶。

检验方法:观察和尺量检查。

(3)散热器支架、托架安装,位置应准确,埋设牢固。散热器支架、托架数量,应符合设计或产品说明书要求。如设计未注时,则应符合表 5-22 的规定。

表 5-22 散热器托架或卡架数量表

项次	散热器类型	安装方式	每组片数	上部托钩或卡架数	下部托钩或卡架数	总计
1	长翼型	挂墙	2~4	1	2	3
			5	2	2	4
			6	2	3	5
			7	2	4	6

续表 5-22

项次	散热器类型	安装方式	每组片数	上部托钩或卡架数	下部托钩或卡架数	总计
2	柱型 柱翼型	挂墙	3～8	1	2	3
			9～12	1	3	4
			13～16	2	4	6
			17～20	2	5	7
			21～25	2	6	8
3	柱型 柱翼型	带足片 落地	3～8	1	—	1
			9～12	1	—	1
			13～16	2	—	2
			17～20	2	—	2
			21～25	2	—	2

检验方法：现场清点检查。

(4)散热器背面与装饰后的墙内表面安装距离，应符合设计或产品说明书要求。如设计未注明，应为 30mm。

检验方法：尺量检查。

(5)散热器安装允许偏差应符合表 5-23 的规定。

表 5-23 散热器安装允许偏差和检验方法

项次	项　　目	允许偏差(mm)	检验方法
1	散热器背面与墙内表面距离	3	尺量
2	与窗中心线或设计定位尺寸	20	尺量
3	散热器垂直度	3	吊线和尺量

(6)铸铁或钢制散热器表面的防腐及面漆应附着良好，色泽均匀，无脱落、起泡、流淌和漏涂缺陷。

检验方法：现场观察。

14.《室内供暖系统低温热水地板辐射供暖系统安装检验批质量验收记录》填写范例及说明

室内供暖系统低温热水地板辐射供暖系统安装检验批质量验收记录

05050401 001

<table>
<tr><td colspan="3">单位(子单位)工程名称</td><td>××大厦</td><td>分部(子分部)工程名称</td><td colspan="2">建筑给水排水及供暖/室内供暖系统</td><td>分项工程名称</td><td colspan="2">低温热水地板辐射供暖系统安装</td></tr>
<tr><td colspan="3">施工单位</td><td>××建筑有限公司</td><td>项目负责人</td><td colspan="2">×××</td><td>检验批容量</td><td colspan="2">1套</td></tr>
<tr><td colspan="3">分包单位</td><td>—</td><td>分包单位项目负责人</td><td colspan="2">—</td><td>检验批部位</td><td colspan="2">一层</td></tr>
<tr><td colspan="3">施工依据</td><td colspan="2">采暖工程施工组织设计</td><td colspan="2">验收依据</td><td colspan="3">《建筑给水排水及采暖工程质量验收规范》GB 50242—2002</td></tr>
<tr><td colspan="4">验 收 项 目</td><td>设计要求及规范规定</td><td>最小/实际抽样数量</td><td colspan="3">检 查 记 录</td><td>检查结果</td></tr>
<tr><td rowspan="3">主控项目</td><td>1</td><td colspan="2">加热盘管埋地</td><td>第 8.5.1 条</td><td>全/10</td><td colspan="3">检查 10 处,格 10 处</td><td>√</td></tr>
<tr><td>2</td><td colspan="2">加热盘管水压试验</td><td>第 8.5.2 条</td><td>—</td><td colspan="3">—</td><td>—</td></tr>
<tr><td>3</td><td colspan="2">加热盘管弯曲的曲率半径</td><td>第 8.5.3 条</td><td>全/10</td><td colspan="3">检查 10 处,合格 10 处</td><td>√</td></tr>
<tr><td rowspan="4">一般项目</td><td>1</td><td colspan="2">分、集水器规格及安装</td><td>设计要求</td><td>3/3</td><td colspan="3">检查 3 处,合格 3 处</td><td>100%</td></tr>
<tr><td>2</td><td colspan="2">加热盘管安装</td><td>第 8.5.5 条</td><td>10/10</td><td colspan="3">检查 10 处,合格 10 处</td><td>100%</td></tr>
<tr><td>3</td><td colspan="2">防潮层、防水层、隔热层、伸缩缝</td><td>设计要求</td><td>10/10</td><td colspan="3">检查 10 处,合格 10 处</td><td>100%</td></tr>
<tr><td>4</td><td colspan="2">填充层混凝土强度</td><td>设计要求 C <u>35</u></td><td>—</td><td colspan="3">强度试验合格,报告编号××××</td><td>√</td></tr>
<tr><td colspan="3">施工单位检查结果</td><td colspan="7">符合要求

专业工长:×××
项目专业质量检查员:×××
××年×月×日</td></tr>
<tr><td colspan="3">监理单位验收结论</td><td colspan="7">合格

专业监理工程师:×××
××年×月×日</td></tr>
</table>

【填写说明】

1. 填写依据

(1)《建筑给水排水及采暖工程质量验收规范》GB 50242—2002。

(2)《建筑工程施工质量验收统一标准》GB 50300—2013。

2. 规范摘要

以下内容摘自《建筑给水排水及采暖工程质量验收规范》GB 50242—2002。

主控项目

(1)地面下敷设的盘管埋地部分不应有接头。

检验方法:隐蔽前现场查看。

(2)盘管隐蔽前必须进行水压试验,试验压力为工作压力的 1.5 倍,但不小于 0.6MPa。

检验方法:稳压 1h 内压力降不大于 0.05MPa 且不渗不漏。

(3)加热盘管弯曲部分不得出现硬折弯现象,曲率半径应符合下列规定:

1)塑料管:不应小于管道外径的 8 倍。

2)复合管:不应小于管道外径的 5 倍。

检验方法:尺量检查

一般项目

(1)分、集水器型号、规格、公称压力及安装位置、高度等应符合设计要求。

检验方法:对照图纸及产品说明书,尺量检查。

(2)加热盘管管径、间距和长度应符合设计要求。间距偏差不大于±10mm。

检验方法:拉线和尺量检查。

(3)防潮层、防水层、隔热层及伸缩缝应符合设计要求。

检验方法:填充层浇灌前观察检查。

(4)填充层强度标号应符合设计要求。

检验方法:作试块抗压试验。

15.《室内供暖系统水压试验及调试检验批质量验收记录》填写范例及说明

室内供暖系统水压试验及调试检验批质量验收记录

05050901 001

<table>
<tr><td>单位(子单位)
工程名称</td><td colspan="2">××大厦</td><td>分部(子分部)
工程名称</td><td>建筑给水排水及供暖/室内供暖系统</td><td>分项工程名称</td><td colspan="2">系统调试</td></tr>
<tr><td>施工单位</td><td colspan="2">××建筑有限公司</td><td>项目负责人</td><td>×××</td><td>检验批容量</td><td colspan="2">1套</td></tr>
<tr><td>分包单位</td><td colspan="2">—</td><td>分包单位
项目负责人</td><td>—</td><td>检验批部位</td><td colspan="2">一～三层</td></tr>
<tr><td>施工依据</td><td colspan="3">采暖工程施工组织设计</td><td>验收依据</td><td colspan="3">《建筑给水排水及采暖工程质量验收规范》GB 50242—2002</td></tr>
<tr><td colspan="3">验 收 项 目</td><td>设计要求及
规范规定</td><td>最小/实际
抽样数量</td><td colspan="2">检 查 记 录</td><td>检查
结果</td></tr>
<tr><td rowspan="3">主控项目</td><td>1</td><td>系统水压试验</td><td>第8.6.1条</td><td>—</td><td colspan="2">水压试验合格，试验单编号××××</td><td>√</td></tr>
<tr><td>2</td><td>冲洗系统，清扫过滤器及除污器</td><td>第8.6.2条</td><td>10/10</td><td colspan="2">检查10处，合格10处</td><td>√</td></tr>
<tr><td>3</td><td>系统试运行和调试</td><td>设计要求</td><td>—</td><td colspan="2">系统试运行合格，调试单编号××××</td><td>√</td></tr>
<tr><td>施工单位
检查结果</td><td colspan="7">符合要求

专业工长：×××
项目专业质量检查员：×××
××年×月×日</td></tr>
<tr><td>监理单位
验收结论</td><td colspan="7">合格

专业监理工程师：×××
××年×月×日</td></tr>
</table>

【填写说明】

1. 填写依据

(1)《建筑给水排水及采暖工程质量验收规范》GB 50242—2002。

(2)《建筑工程施工质量验收统一标准》GB 50300—2013。

2. 规范摘要

以下内容摘自《建筑给水排水及采暖工程质量验收规范》GB 50242—2002。

系统水压试验及调试

主控项目

(1)采暖系统安装完毕,管道保温之前应进行水压试验。试验压力应符合设计要求。当设计未注明时,应符合下列规定:

1)蒸汽、热水采暖系统,应以系统顶点工作压力加 0.1MPa 作水压试验,同时在系统顶点的试验压力不小于 0.3MPa。

2)高温热水采暖系统,试验压力应为系统顶点工作压力加 0.4MPa。

3)使用塑料管及复合管的热水采暖系统,应以系统顶点工作压力加 0.2MPa 作水压试验,同时在系统顶点的试验压力不小于 0.4MPa。

检验方法:使用钢管及复合管的采暖系统应在试验压力下 10min 内压力降不大于 0.02MPa,降至工作压力后检查,不渗、不漏;

使用塑料管的采暖系统应在试验压力下 1h 内压力降不大于 0.05MPa,然后降压至工作压力的 1.15 倍,稳压 2h,压力降不大于 0.03MPa,同时各连接处不渗、不漏。

(2)系统试压合格后,应对系统进行冲洗并清扫过滤器及除污器。

检验方法:现场观察,直至排出水不含泥沙、铁屑等杂质,且水色不浑浊为合格。

(3)系统冲洗完毕应充水、加热,进行试运行和调试。

检验方法:观察、测量室温应满足设计要求。

16.《室内供暖系统防腐检验批质量验收记录》填写范例及说明

室内供暖系统防腐检验批质量验收记录

05051001 001

单位(子单位)工程名称	××大厦		分部(子分部)工程名称	建筑给水排水及供暖/室内供暖系统	分项工程名称	防腐
施工单位	××建筑有限公司		项目负责人	×××	检验批容量	1套
分包单位	—		分包单位项目负责人	—	检验批部位	1单元
施工依据	采暖工程施工组织设计			验收依据	《建筑给水排水及采暖工程质量验收规范》GB 50242—2002	
验收项目			设计要求及规范规定	最小/实际抽样数量	检查记录	检查结果
一般项目	1	管道、金属支架和设备的防腐和涂漆	应附着良好，无脱皮、起泡、流淌和漏涂缺陷	10/10	检查10处，合格10处	√
一般项目	2	铸铁或钢制散热器表面的防腐及面漆	应附着均匀，无脱落、起泡、流淌和漏涂缺陷	10/10	检查10处，合格10处	√
施工单位检查结果	符合要求 专业工长：××× 项目专业质量检查员：××× ××年×月×日					
监理单位验收结论	合格 专业监理工程师：××× ××年×月×日					

【填写说明】

1.填写依据

(1)《建筑给水排水及采暖工程质量验收规范》GB 50242—2002。

(2)《建筑工程施工质量验收统一标准》GB 50300—2013。

2.规范摘要

以下内容摘自《建筑给水排水及采暖工程质量验收规范》GB 50242—2002。

(1)管道、金属支架和设备的防腐和涂漆应附着良好,无脱皮、起泡、流淌和漏涂缺陷。

检验方法:现场观察检查。

(2)铸铁或钢制散热器表面的防腐及面漆应附着良好,色泽均匀,无脱落、起泡、流淌和漏涂缺陷。

检验方法:现场观察。

17.《室内供暖系统绝热检验批质量验收记录》填写范例及说明

室内供暖系统绝热检验批质量验收记录

05051101 001

<table>
<tr><td>单位(子单位)
工程名称</td><td colspan="3">××大厦</td><td>分部(子分部)
工程名称</td><td>建筑给水排水及供暖/室内供暖系统</td><td>分项工程名称</td><td colspan="2">绝热</td></tr>
<tr><td>施工单位</td><td colspan="3">××建筑有限公司</td><td>项目负责人</td><td>×××</td><td>检验批容量</td><td colspan="2">1套</td></tr>
<tr><td>分包单位</td><td colspan="3">—</td><td>分包单位
项目负责人</td><td>—</td><td>检验批部位</td><td colspan="2">一～三层</td></tr>
<tr><td>施工依据</td><td colspan="4">采暖工程施工组织设计</td><td>验收依据</td><td colspan="3">《建筑给水排水及采暖工程质量验收规范》GB 50242—2002</td></tr>
<tr><td colspan="4">验 收 项 目</td><td>设计要求及
规范规定</td><td>最小/实际
抽样数量</td><td colspan="2">检 查 记 录</td><td>检查
结果</td></tr>
<tr><td rowspan="3">一般项目</td><td rowspan="3">1</td><td rowspan="3">保温层允许偏差</td><td>厚度 δ</td><td>+0.1δ
−0.05δ</td><td>10/10</td><td colspan="2">检查10处，合格9处</td><td>90%</td></tr>
<tr><td>表面平整度 卷材</td><td>5mm</td><td>10/10</td><td colspan="2">检查10处，合格9处</td><td>90%</td></tr>
<tr><td>表面平整度 涂料</td><td>10mm</td><td>—</td><td colspan="2">—</td><td>—</td></tr>
<tr><td>施工单位
检查结果</td><td colspan="8">符合要求

专业工长：×××
项目专业质量检查员：×××
××年×月×日</td></tr>
<tr><td>监理单位
验收结论</td><td colspan="8">合格

专业监理工程师：×××
××年×月×日</td></tr>
</table>

【填写说明】

1. 填写依据

(1)《建筑给水排水及采暖工程质量验收规范》GB 50242—2002。

(2)《建筑工程施工质量验收统一标准》GB 50300—2013。

2. 规范摘要

以下内容摘自《建筑给水排水及采暖工程质量验收规范》GB 50242—2002。

管道及设备保温层的厚度和平整度的允许偏差应符合表 5-24 的规定。

表 5-24 管道及设备保温层的允许偏差和检验方法

项次	项目		允许偏差(mm)	检验方法
1	厚度		$+0.1\delta$ -0.05δ	用钢针刺入
2	表面平整度	卷材	5	用 2m 靠尺和楔形塞尺检查
		涂抹	10	

注:δ 为保温层厚度。

18.《室外给水管网给水管道安装检验批质量验收记录》填写范例及说明

室外给水管网给水管道安装检验批质量验收记录

05060101 001

单位(子单位)工程名称	××大厦	分部(子分部)工程名称	建筑给水排水及供暖/室外给水管网	分项工程名称	给水管道安装
施工单位	××建筑有限公司	项目负责人	×××	检验批容量	150m
分包单位	—	分包单位项目负责人	—	检验批部位	给水管道
施工依据	室外管道安装施工组织设计		验收依据	《建筑给水排水及采暖工程质量验收规范》GB 50242—2002	

验收项目			设计要求及规范规定	最小/实际抽样数量	检查记录	检查结果
主控项目	1	埋地管道覆土深度	第9.2.1条	全/5	检查5处，合格5处	√
主控项目	2	给水管道不得直接穿越污染源	第9.2.2条	—	—	—
主控项目	3	管道上可拆和易腐件，不埋在土中	第9.2.3条	全/3	检查3处，合格3处	√
主控项目	4	管井内安装与井壁的距离	第9.2.4条	全/3	检查3处，合格3处	√
主控项目	5	管道的水压试验	第9.2.5条	—	—	—
主控项目	6	埋地管道的防腐	第9.2.6条	全/5	检查5处，合格5处	√
主控项目	7	管道的冲洗与消毒	第9.2.7条	全/5	检查5处，合格5处	√
一般项目	1	管道和支架的涂漆	第9.2.9条	—	—	—
一般项目	2	阀门、水表安装位置	第9.2.10条	全/3	检查3处，合格3处	100%
一般项目	3	给水与污水管平行铺设的最小间距	第9.2.11条	全/2	检查2处，合格2处	100%
一般项目	4	铸铁管承插捻口连接的对口间隙	第9.2.12条	—	—	—
一般项目	4	铸铁管沿直线敷设，承插捻口连接的环型间隙	第9.2.13条	—	—	—
一般项目	4	捻口用的油麻填料必须清洁，填塞后应捻实	第9.2.14条	—	—	—
一般项目	4	捻口用水泥强度应不低于32.5MPa，接口水泥应密实饱满	第9.2.15条	—	—	—
一般项目	4	采用水泥捻口的给水铸铁管，在安装地点有侵蚀性的地下水时，应在接口处涂抹沥青防腐层	第9.2.16条	—	—	—
一般项目	4	橡胶圈接口的埋地给水管道	第9.2.17条	—	—	—
一般项目	5	管道安装允许偏差 坐标 铸铁管 埋地	100mm	—	—	—
一般项目	5	管道安装允许偏差 坐标 铸铁管 敷设在沟槽内	50mm	—	—	—
一般项目	5	管道安装允许偏差 坐标 钢管、塑料管、复合管 埋地	100mm	全/10	检查10处，合格10处	100%
一般项目	5	管道安装允许偏差 坐标 钢管、塑料管、复合管 敷沟内或架空	40mm	—	—	—
一般项目	5	管道安装允许偏差 标高 铸铁管 埋地	±50mm	—	—	—
一般项目	5	管道安装允许偏差 标高 铸铁管 敷设地沟内	±30mm	—	—	—
一般项目	5	管道安装允许偏差 标高 钢管、塑料管、复合管 埋地	±50mm	全/10	检查10处，合格10处	100%
一般项目	5	管道安装允许偏差 标高 钢管、塑料管、复合管 敷沟内或架空	±30mm	—	—	—
一般项目	5	管道安装允许偏差 水平管纵向横向弯曲 铸铁管 直段(25m以上)起点—终点	40mm	—	—	—
一般项目	5	管道安装允许偏差 水平管纵向横向弯曲 钢管、塑料管、复合管 直段(25m以上)起点—终点	30mm	全/5	检查5处，合格5处	100%
施工单位检查结果		符合要求 专业工长：××× 项目专业质量检查员：××× ××年×月×日				
监理单位验收结论		合格 专业监理工程师：××× ××年×月×日				

【填写说明】

1.填写依据

(1)《建筑给水排水及采暖工程质量验收规范》GB 50242—2002。

(2)《建筑工程施工质量验收统一标准》GB 50300—2013。

2.规范摘要

以下内容摘自《建筑给水排水及采暖工程质量验收规范》GB 50242—2002。

主控项目

(1)给水管道在埋地敷设时,应在当地的冰冻线以下,如必须在冰冻线以上铺设时,应做可靠的保温防潮措施。在无冰冻地区,埋地敷设时,管顶的覆土埋深不得小于500mm,穿越道路部位的埋深不得小于700mm。

检验方法:现场观察检查。

(2)给水管道不得直接穿越污水井、化粪池、公共厕所等污染源。

检验方法:观察检查。

(3)管道接口法兰、卡扣、卡箍等应安装在检查井或地沟内,不应埋在土壤中。

检验方法:观察检查。

(4)给水系统各种井室内的管道安装,如设计无要求,井壁距法兰或承口的距离:管径小于或等于450mm时,不得小于250mm;管径大于450mm时,不得小于350mm。

检验方法:尺量检查。

(5)管网必须进行水压试验,试验压力为工作压力的1.5倍,但不得小于0.6MPa。

检验方法:管材为钢管、铸铁管时,试验压力下10min内压力降不应大于0.05MPa,然后降至工作压力进行检查,压力应保持不变,不渗不漏;管材为塑料管时,试验压力下,稳压1h压力降不大于0.05MPa,然后降至工作压力进行检查,压力应保持不变,不渗不漏。

(6)镀锌钢管、钢管的埋地防腐必须符合设计要求,如设计无规定时,可按表5-25的规定执行。卷材与管材间应粘贴牢固,无空鼓、滑移、接口不严等。

检验方法:观察和切开防腐层检查。

表5-25 管理防腐层种类

防腐层层次	正常防腐层	加强防腐层	特加强防腐层
(从金属表面起) 1	冷底子油	冷底子油	冷底子油
2	沥青涂层	加强包扎层	加强保护层
3	外包保护层	加强包扎层	加强保护层
		(封闭层)	(封闭层)
4		沥青涂层	沥青涂层
5		外保护层	加强包扎层
6			(封闭层)
			沥青涂层
7			外包保护层
防腐层厚度不小于(mm)	3	6	9

(7)给水管道在竣工后，必须对管道进行冲洗，饮用水管道还要在冲洗后进行消毒. 满足饮用水卫生要求。

检验方法：观察冲洗水的浊度，查看有关部门提供的检验报告。

一般项目

(1)管道的坐标、标高、坡度应符合设计要求，管道安装的允许偏差应符合表 5-26 的规定。

表 5-26 室外给水管道安装的允许偏差和检验方法

项次	项目			允许偏差(mm)	检验方法
1	坐标	铸铁管	埋地	100	拉线和尺量检查
			敷设在沟槽内	50	
		钢管、塑料管、复合管	埋地	100	
			敷设在沟槽内或架空	40	
2	标高	铸铁管	埋地	±50	拉线和尺量检查
			敷设在沟槽内	±30	
		钢管、塑料管、复合管	埋地	±50	
			敷设在沟槽内或架空	±30	
3	水平管纵横向弯曲	铸铁管	直段(25m 以上)起点—终点	40	拉线和尺量检查
		钢管、塑料管、复合管	直段(25m 以上)起点—终点	30	

检验方法：现场观察检查。

(2)管道和金属支架的涂漆应附着良好，无脱皮、起泡、流淌和漏涂等缺陷。

检验方法：现场观察检查。

(3)管道连接应符合工艺要求，阀门、水表等安装位置应正确。塑料给水管道上的水表、阀门等设施其重量或启闭装置的扭矩不得作用于管道上，当管径大于或等于 50mm 时必须设独立的支承装置。

(4)给水管道与污水管道在不同标高平行敷设，其垂直间距在 500mm 以内时，给水管管径小于或等于 200mm 的，管壁水平间距不得小于 1.5m；管径大于 200mm 的，不得小于 3m。

检验方法：观察和尺量检查。

(5)铸铁管承插捻口连接的对口间隙应不小于 3mm，最大间隙不得大于表 5-27 的规定。

表 5-27 铸铁管承插捻口的对口最大间隙(mm)

管　径	沿直线敷设	沿曲线敷设
75	4	5
100～250	5	7～13
300～500	6	14～22

检验方法:尺量检查。

(6)铸铁管沿直线敷设,承插捻口连接的环型间隙应符合表 5-28 的规定;沿曲线敷设,每个接口允许有 2°转角。

检验方法:尺量检查。

表 5-28 铸铁管承插捻口的环型间隙(mm)

管　径	标准环型间隙	允许偏差
75～200	10	+3 −2
250～450	11	+4 −2
500	12	+4 −2

(7)捻口用的油麻填料必须清洁,填塞后应捻实,其深度应占整个环型间隙深度的 1/3。

检验方法:观察和尺量检查。

(8)捻口用水泥强度应不低于 32.5MPa,接口水泥应密实饱满,其接口水泥面凹入承口边缘的深度不得大于 2mm。

检验方法:观察和尺量检查。

(9)采用水泥捻口的给水铸铁管,在安装地点有侵蚀性的地下水时,应在接口处涂抹沥青防腐层。

检验方法:观察检查。

(10)采用橡胶圈接口的埋地给水管道,在土壤或地下水对橡胶圈有腐蚀的地段,在回填土前应用沥青胶泥、沥青麻丝或沥青锯末等材料封闭橡胶圈接口。橡胶圈接口的管道,每个接口的最大偏转角不得超过表 5-29 的规定。

表 5-29 橡胶圈接口最大允许偏转角

公称直径(mm)	100	125	150	200	250	300	350	400
允许偏转角度(°)	5	5	5	5	4	4	4	3

检验方法:观察和尺量检查。

19.《室外消火栓系统安装检验批质量验收记录》填写范例及说明

室外消火栓系统安装检验批质量验收记录

05060201 001

<table>
<tr><td>单位(子单位)工程名称</td><td colspan="2">××大厦</td><td>分部(子分部)工程名称</td><td>建筑给水排水及供暖/室外给水管网</td><td>分项工程名称</td><td colspan="2">室外消火栓系统安装</td></tr>
<tr><td>施工单位</td><td colspan="2">××建筑有限公司</td><td>项目负责人</td><td>×××</td><td>检验批容量</td><td colspan="2">1套</td></tr>
<tr><td>分包单位</td><td colspan="2">—</td><td>分包单位项目负责人</td><td>—</td><td>检验批部位</td><td colspan="2">室外消防系统</td></tr>
<tr><td>施工依据</td><td colspan="3">室外管道安装施工组织设计</td><td>验收依据</td><td colspan="3">《建筑给水排水及采暖工程质量验收规范》GB 50242—2002</td></tr>
<tr><td colspan="3">验收项目</td><td>设计要求及规范规定</td><td>最小/实际抽样数量</td><td colspan="2">检查记录</td><td>检查结果</td></tr>
<tr><td rowspan="3">主控项目</td><td>1</td><td>系统水压试验</td><td>第9.3.1条</td><td>—</td><td colspan="2">—</td><td>—</td></tr>
<tr><td>2</td><td>管道冲洗</td><td>第9.3.2条</td><td>—</td><td colspan="2">—</td><td>—</td></tr>
<tr><td>3</td><td>消防水泵结合器和室外消火栓位置标识</td><td>第9.3.3条</td><td>10/10</td><td colspan="2">检查10处，合格10处</td><td>√</td></tr>
<tr><td rowspan="3">一般项目</td><td>1</td><td>地下式消防水泵接合器、消火栓安装</td><td>第9.3.5条</td><td>10/10</td><td colspan="2">检查10处，合格10处</td><td>100%</td></tr>
<tr><td>2</td><td>阀门安装应方向正确，启闭灵活</td><td>第9.3.6条</td><td>10/10</td><td colspan="2">检查10处，合格10处</td><td>100%</td></tr>
<tr><td>3</td><td>室外消火栓和消防水泵结合器安装尺寸，栓口安装高度允许偏差</td><td>±20mm</td><td>10/10</td><td colspan="2">检查10处，合格9处</td><td>90%</td></tr>
<tr><td>施工单位检查结果</td><td colspan="7">符合要求

专业工长：×××
项目专业质量检查员：×××
××年×月×日</td></tr>
<tr><td>监理单位验收结论</td><td colspan="7">合格

专业监理工程师：×××
××年×月×日</td></tr>
</table>

【填写说明】

1.填写依据

(1)《建筑给水排水及采暖工程质量验收规范》GB 50242—2002。

(2)《建筑工程施工质量验收统一标准》GB 50300—2013。

2.规范摘要

以下内容摘自《建筑给水排水及采暖工程质量验收规范》GB 50242—2002。

主控项目

(1)系统必须进行水压试验,试验压力为工作压力的1.5倍,但不得小于0.6MPa。

检验方法:试验压力下,10min内压力降不大于0.05MPa,然后降至工作压力进行检查,压力保持不变,不渗不漏。

(2)消防管道在竣工前,必须对管道进行冲洗。

检验方法:观察冲洗出水的浊度。

(3)消防水泵接合器和消火栓的位置标志应明显,栓口的位置应方便操作。消防水泵接合器和室外消火栓当采用墙壁式时,如设计未要求,进、出水栓口的中心安装高度距地面应为1.10m,其上方应设有防坠落物打击的措施。

检验方法:观察和尺量检查。

一般项目

(1)室外消火栓和消防水泵接合器的各项安装尺寸应符合设计要求,栓口安装高度允许偏差为±20mm。

检验方法:尺量检查。

(2)地下式消防水泵接合器顶部进水口或地下式消火栓的顶部出水口与消防井盖底面的距离不得大于400mm,井内应有足够的操作空间,并设爬梯。寒冷地区井内应做防冻保护。

检验方法:观察和尺量检查。

(3)消防水泵接合器的安全阀及止回阀安装位置和方向应正确,阀门启闭应灵活。

检验方法:现场观察和手扳检查。

20.《室外排水管网排水管道安装检验批质量验收记录》填写范例及说明

室外排水管网排水管道安装检验批质量验收记录

05070101 001

<table>
<tr><td>单位(子单位)工程名称</td><td colspan="3">××大厦</td><td colspan="2">分部(子分部)工程名称</td><td>建筑给水排水及供暖/室外排水管网</td><td>分项工程名称</td><td>排水管道安装</td></tr>
<tr><td>施工单位</td><td colspan="3">××建筑有限公司</td><td colspan="2">项目负责人</td><td>×××</td><td>检验批容量</td><td>48m</td></tr>
<tr><td>分包单位</td><td colspan="3">—</td><td colspan="2">分包单位项目负责人</td><td>—</td><td>检验批部位</td><td>室外排水管道</td></tr>
<tr><td>施工依据</td><td colspan="4">室外管道安装施工组织设计</td><td colspan="2">验收依据</td><td colspan="2">《建筑给水排水及采暖工程质量验收规范》GB 50242—2002</td></tr>
<tr><td colspan="5">验收项目</td><td>设计要求及规范规定</td><td>最小/实际抽样数量</td><td>检查记录</td><td>检查结果</td></tr>
<tr><td rowspan="2">主控项目</td><td>1</td><td colspan="3">管道坡度符合设计要求、严禁无坡和倒坡</td><td>设计要求</td><td>10/10</td><td>检查10处,合格10处</td><td>√</td></tr>
<tr><td>2</td><td colspan="3">灌水和通水试验</td><td>第10.2.2条</td><td>—</td><td>—</td><td>—</td></tr>
<tr><td rowspan="10">一般项目</td><td>1</td><td colspan="3">排水铸铁管的水泥捻口</td><td>第10.2.4条</td><td>10/10</td><td>检查10处,合格10处</td><td>100%</td></tr>
<tr><td>2</td><td colspan="3">排水铸铁管,除锈、涂漆</td><td>第10.2.5条</td><td>10/10</td><td>检查10处,合格10处</td><td>100%</td></tr>
<tr><td>3</td><td colspan="3">承插接口安装方向</td><td>第10.2.6条</td><td>10/10</td><td>检查10处,合格10处</td><td>100%</td></tr>
<tr><td>4</td><td colspan="3">混凝土管或钢筋混凝土管抹带接口的要求</td><td>第10.2.7条</td><td>—</td><td>—</td><td>—</td></tr>
<tr><td rowspan="6">5</td><td rowspan="6">允许偏差</td><td rowspan="2">坐标</td><td>埋地</td><td>100mm</td><td>10/10</td><td>检查10处,合格9处</td><td>90%</td></tr>
<tr><td>敷设在沟槽内</td><td>50mm</td><td>—</td><td>—</td><td>—</td></tr>
<tr><td rowspan="2">标高</td><td>埋地</td><td>±20mm</td><td>10/10</td><td>检查10处,合格9处</td><td>90%</td></tr>
<tr><td>敷设在沟槽内</td><td>±20mm</td><td>—</td><td>—</td><td>—</td></tr>
<tr><td rowspan="2">水平管道纵横向弯曲</td><td>每5m长</td><td>10mm</td><td>10/10</td><td>检查10处,合格9处</td><td>90%</td></tr>
<tr><td>全长(两井间)</td><td>30mm</td><td>10/10</td><td>检查10处,合格9处</td><td>90%</td></tr>
<tr><td>施工单位检查结果</td><td colspan="8">符合要求
专业工长:×××
项目专业质量检查员:×××
××年×月×日</td></tr>
<tr><td>监理单位验收结论</td><td colspan="8">合格
专业监理工程师:×××
××年×月×日</td></tr>
</table>

【填写说明】

1.填写依据

(1)《建筑给水排水及采暖工程质量验收规范》GB 50242—2002。

(2)《建筑工程施工质量验收统一标准》GB 50300—2013。

2.规范摘要

以下内容摘自《建筑给水排水及采暖工程质量验收规范》GB 50242—2002。

(1)一般规定。

1)本章适用于民用建筑群(住宅小区)及厂区的室外排水管网安装工程。

2)室外排水管道应采用混凝土管、钢筋混凝土管、排水铸铁管或塑料管。其规格及质量必须符合现行国家标准及设计要求。

3)排水管沟及井池的土方工程、沟底的处理、管道穿井壁处的处理、管沟及井池周围的回填要求等,均参照给水管沟及井室的规定执行。

4)各种排水井、池应按设计给定的标准图施工,各种排水井和化粪池均应用混凝土做底板(雨水井除外),厚度不小于100mm。

(2)排水管道安装。

主控项目

1)排水管道的坡度必须符合设计要求,严禁无坡或倒坡。

检验方法:用水准仪、拉线和尺量检查。

2)管道埋设前必须做灌水试验和通水试验,排水应畅通,无堵塞,管接口无渗漏。

检验方法:按排水检查井分段试验,试验水头应以试验段上游管顶加1m,时间不少于30min,逐段观察。

一般项目

1)管道的坐标和标高应符合设计要求,安装的允许偏差应符合表5-30的规定。

表5-30 室外排水管道安装的允许偏差和检验方法

项次	项目		允许偏差(mm)	检验方法
1	坐标	埋地	100	拉线尺量
		敷设在沟槽内	50	
2	标高	埋地	±20	用水平仪、拉线和尺量
		敷设在沟槽内	±20	
3	水平管道纵横向弯曲	每5m长	10	拉线尺量
		全长(两井间)	30	

2)排水铸铁管采用水泥捻口时,油麻填塞应密实,接口水泥应密实饱满,其接口面凹入承口边缘且深度不得大于2mm。

检验方法:观察和尺量检查。

3)排水铸铁管外壁在安装前应除锈,涂二遍石油沥青漆。

检验方法：观察检查。

4)承插接口的排水管道安装时，管道和管件的承口应与水流方向相反。

检验方法：观察检查。

5)混凝土管或钢筋混凝土管采用抹带接口时，应符合下列规定：

①抹带前应将管口的外壁凿毛，扫净，当管径小于或等于500mm时，抹带可一次完成；当管径大于500mm时，应分二次抹成，抹带不得有裂纹。

②钢丝网应在管道就位前放入下方，抹压砂浆时应将钢丝网抹压牢固，钢丝网不得外露。

③抹带厚度不得小于管壁的厚度，宽度宜为80～100mm。

检验方法：观察和尺量检查。

21.《室外排水管网排水管沟与井池检验批质量验收记录》填写范例及说明

室外排水管网排水管沟与井池检验批质量验收记录

05070201 001

单位(子单位)工程名称		××大厦	分部(子分部)工程名称	建筑给水排水及供暖/室外排水管网	分项工程名称	排水管沟与井池
施工单位		××建筑有限公司	项目负责人	×××	检验批容量	48m
分包单位		—	分包单位项目负责人	—	检验批部位	室外管沟及井池
施工依据		室外管道安装施工组织设计		验收依据	《建筑给水排水及采暖工程质量验收规范》GB 50242—2002	
验收项目			设计要求及规范规定	最小/实际抽样数量	检查记录	检查结果
主控项目	1	沟基的处理和井池的底板	设计要求	10/10	检查10处,合格10处	√
	2	检查井、化粪池的底板及进、出口水管标高	设计要求	10/10	检查10处,合格10处	√
一般项目	1	井池的规格、尺寸和位置砌筑、抹灰	第10.3.3条	10/10	检查10处,合格10处	100%
	2	井盖标志、选用正确	第10.3.4条	10/10	检查10处,合格10处	100%
施工单位检查结果	符合要求 专业工长:××× 项目专业质量检查员:××× ××年×月×日					
监理单位验收结论	合格 专业监理工程师:××× ××年×月×日					

【填写说明】

1. 填写依据

(1)《建筑给水排水及采暖工程质量验收规范》GB 50242—2002。

(2)《建筑工程施工质量验收统一标准》GB 50300—2013。

2. 规范摘要

以下内容摘自《建筑给水排水及采暖工程质量验收规范》GB 50242—2002。

主控项目

(1)沟基的处理和井池的底板强度必须符合设计要求。

检验方法:现场观察和尺量检查,检查混凝土强度报告。

(2)排水检查井、化粪池的底板及进、出水管的标高,必须符合设计,其允许偏差为±15mm。

检查方法:用水准仪及尺量检查。

一般项目

(1)井、池的规格、尺寸和位置应正确、砌筑和抹灰符合要求。

检查方法:观察及尺量检查。

(2)井盖选用应正确,标志应明显,标高应符合设计要求。

检验方法:观察、尺量检查。

22.《室外供热管网管道及配件安装检验批质量验收记录》填写范例及说明

室外供热管网管道及配件安装检验批质量验收记录

05080101 001

单位(子单位)工程名称	××大厦	分部(子分部)工程名称	建筑给水排水及供暖/室外供热管网	分项工程名称	管道及配件安装
施工单位	××建筑有限公司	项目负责人	×××	检验批容量	48m
分包单位	—	分包单位项目负责人	—	检验批部位	室外给水管道
施工依据	室外管道安装施工组织设计		验收依据	《建筑给水排水及采暖工程质量验收规范》GB 50242—2002	

验收项目			设计要求及规范规定	最小/实际抽样数量	检查记录	检查结果
主控项目	1	平衡阀与调节阀安装位置及调试	设计要求	—	—	—
	2	直埋无补偿供热管道预热伸长及三通加固	设计要求	10/10	抽查10处,合格10处	√
	3	补偿器位置、预拉伸,支架位置和构造	设计要求	10/10	抽查10处,合格10处	√
	4	检查井、入口管道布置方便操作维修	第11.2.4条	10/10	抽查10处,合格10处	√
	5	直埋管道及接口现场发泡保温处理	第11.2.5条	10/10	抽查10处,合格10处	√
	6	供热管道的水压试验	第11.3.1条	—	—	—
		供热管道作水压试验时,试验管道上的阀门应开启,试验管道与非试验管道应隔断	第11.3.4条	—	—	—
	7	管道冲洗	第11.3.2条	—	—	—
	8	通热试运行调试	第11.3.3条	—	—	—
一般项目	1	管道的坡度	设计要求	10/10	抽查10处,合格10处	100%
	2	除污器构造、安装位置	第11.2.7条	10/10	抽查10处,合格10处	100%
	3	管道的焊接	第11.2.9条	10/10	抽查10处,合格10处	100%
		管道及管件焊接的焊缝表面质量	第11.2.10条	10/10	抽查10处,合格10处	100%
	4	供热管道的供水管或蒸汽管,如设计无规定时,应敷设在载热介质前进方向的右侧或上方	第11.2.11条	10/10	抽查10处,合格10处	100%
		地沟内的管道安装位置	第11.2.12条	10/10	抽查10处,合格10处	100%
		架空敷设的供热管道安装高度	第11.2.13条	10/10	抽查10处,合格10处	100%

续表

验收项目						设计要求及规范规定	最小/实际抽样数量	检查记录	检查结果
一般项目	5	管道防腐应符合规范				第 11.2.14 条	10/10	抽查 10 处,合格 10 处	100%
	6	安装允许偏差	坐标（mm）	敷设在沟槽内及架空		20	10/10	抽查 10 处,合格 9 处	90%
				埋地		50	—	—	—
			标高（mm）	敷设在沟槽内及架空		±10	10/10	抽查 10 处,合格 9 处	90%
				埋地		±15	—	—	—
			水平管道纵、横方向弯曲（mm）	每 m	管径≤100mm	1	10/10	抽查 10 处,合格 9 处	90%
					管径>100mm	1.5	—	—	—
				全长（25m 以上）	管径≤100mm	≤13	10/10	抽查 10 处,合格 9 处	90%
					管径>100mm	≤25	—	—	—
			椭圆率	管径≤100mm		8%	10/10	抽查 10 处,合格 9 处	90%
				管径>100mm		5%	—	—	—
			褶皱不平度（mm）	管径≤100mm		4	—	—	—
				管径 125～200mm		5	10/10	抽查 10 处,合格 9 处	90%
				管径 250～400mm		7	—	—	—
	7	管道保温允许偏差	厚度			+0.1δ, −0.05δ	10/10	抽查 10 处,合格 9 处	90%
			表面平整度	卷材		5	10/10	抽查 10 处,合格 9 处	90%
				涂抹		10	10/10	抽查 10 处,合格 9 处	90%
施工单位检查结果	符合要求 专业工长:××× 项目专业质量检查员:××× ××年×月×日								
监理单位验收结论	合格 专业监理工程师:××× ××年×月×日								

【填写说明】

1.填写依据

(1)《建筑给水排水及采暖工程质量验收规范》GB 50242—2002。

(2)《建筑工程施工质量验收统一标准》GB 50300—2013。

2.规范摘要

以下内容摘自《建筑给水排水及采暖工程质量验收规范》GB 50242—2002。

主控项目

(1)平衡阀及调节阀型号、规格及公称压力应符合设计要求。安装后应根据系统要求进行调试、并做出标志。

检验方法:对照设计图纸及产品合格证,并现场观察调试结果。

(2)直埋无补偿热管道预热伸长及三通加固应符合设计要求。回填前应注意检查预制保温层外壳及接口的完好性。回填应按设计要求进行。

检验方法:回填前现场验核和观察。

(3)补偿器的位置必须符合设计要求,并应按设计要求或产品说明书进行预拉伸。管道固定支架的位置和构造必须符合设计要求。

检验方法:对照图纸,并查验预拉伸记录。

(4)检查井室、用水入口处管道布置应便于操作及维修,支、吊、托架稳固,并满足设计要求。

检验方法:对照图纸,观察检查。

(5)直埋管道的保温应符合设计要求,接口在现场发泡时,接头处厚度应与管道保温层厚度一致,接头处保护层必须与管道保护层成一体,符合防潮防水要求。

检验方法:对照图纸,观察检查。

一般项目

(1)管道水平敷设其坡度应符合设计要求。

检验方法:对照图纸,用水准仪(水平尺)、拉线和尺量检查。

(2)除污器构造应符合设计要求,安装位置和方向正确。管网冲洗后应清除内部污物。

检验方法:打开清扫口检查。

(3)室外供热管道安装的允许偏差应符合表 5-31 的规定。

表 5-31 室外供热管道安装的允许偏差和检查方法

项次	项目			允许偏差	检验方法
1	坐标(mm)		敷设在沟槽内及架空	20	用水准仪(水平尺)、直尺、拉线
			埋地	50	
2	标高(mm)		敷设在沟槽内及架空	±10	尺量检查
			埋地	±15	
3	水平管道纵、横方向弯曲(mm)	每米	$DN \leqslant 100$	1	用水准仪(水平尺)直尺、拉线和尺量检查
			$DN > 100$	1.5	
		全长(25m 以上)	$DN \leqslant 100$	≤13	
			$DN > 100$	≤2	

续表 5-31

项次	项目			允许偏差	检验方法
4	弯管	椭圆率:$\frac{D_{max}-D_{min}}{D_{max}}$	$DN\leqslant100$	8%	用外卡钳和尺量检查
			$DN>100$	5%	
		折皱不平度(mm)	$DN\leqslant100$	4	
			$DN125\sim200$	5	
			$DN250\sim400$	7	

注:D_{max}和D_{min}分别为管子的最大外径和最小外径。

(4)管道焊口的允许偏差应符合表 5-32 的规定。

表 5-32 钢管管道焊口允许偏差和检验方法

项次	项目			允许偏差	检验方法
1	焊口平直度	管壁厚 10mm 以内		管壁厚 1/4	焊接检验尺和游标卡尺检查
2	焊缝加强面	高度		+1mm	
		宽度			
3	咬边	深度		<0.5mm	直尺检查
		长度	连续长度	25mm	
			总长度(两侧)	小于焊缝长度的 10%	

(5)管道及管件焊接的焊缝表面质量应符合下列规定:

1)焊缝外形尺寸应符合图纸和工艺文件的规定,焊缝高度不得低于母材表面,焊接与母材应圆滑过渡;

2)焊缝及热影响区表面应无裂纹、未熔合、未焊透、夹渣、弧坑和气孔等缺陷。

检验方法:观察检查。

(6)供热管道的供水管或蒸汽管,如设计无规定时,应敷设在载热介质前进方向的右侧或上方。

检验方法:对照图纸,观察检查。

(7)地沟内的管道安装位置,其净距(保温层外表面)应符合下列规定:

与沟壁:100~150mm;与沟底:100~200mm;与沟顶(不通行地沟):200~300mm。

检验方法:尽量检查。

(8)架空敷设的供热管道安装高度,如设计无规定时,应符合下列规定(以保温层外表面计算):

1)人行地区,不小于 2.5m。

2) 通行车辆地区,不小于 4.5m。

3)跨越铁路,距轨顶不小于 6m。

检验方法:尺量检查。

(9)防锈漆的厚度应均匀,不得有脱皮、起泡、流淌和漏涂等缺陷。

检验方法:保温前观察检查。

(10)管道保温层的厚度和平整度的允许偏差应符合《建筑给水排水及采暖工程质量验收规范》GB 50242—2002 表 4.4.8 的规定。

23.《室外供热管网系统水压试验及调试检验批质量验收记录》填写范例及说明

室外供热管网系统水压试验及调试检验批质量验收记录

05080201 001

<table>
<tr><td>单位(子单位)工程名称</td><td>××大厦</td><td>分部(子分部)工程名称</td><td>建筑给水排水及供暖/室外供热管网</td><td>分项工程名称</td><td colspan="2">系统水压试验及调试</td></tr>
<tr><td>施工单位</td><td>××建筑有限公司</td><td>项目负责人</td><td>×××</td><td>检验批容量</td><td colspan="2">1套</td></tr>
<tr><td>分包单位</td><td>—</td><td>分包单位项目负责人</td><td>—</td><td>检验批部位</td><td colspan="2">给水系统</td></tr>
<tr><td>施工依据</td><td colspan="2">室外管道安装施工组织设计</td><td>验收依据</td><td colspan="3">《建筑给水排水及采暖工程质量验收规范》GB 50242—2002</td></tr>
<tr><td colspan="2">验收项目</td><td>设计要求及规范规定</td><td>最小/实际抽样数量</td><td colspan="2">检查记录</td><td>检查结果</td></tr>
<tr><td rowspan="4">主控项目</td><td>1 系统水压试验</td><td>第11.3.1条</td><td>—</td><td colspan="2">水压强度试验合格，报告编号××××</td><td>√</td></tr>
<tr><td>2 管道冲洗</td><td>第11.3.2条</td><td>—</td><td colspan="2">管道冲洗试验合格，报告编号××××</td><td>√</td></tr>
<tr><td>3 系统试运行和调试</td><td>第11.3.3条</td><td>—</td><td colspan="2">系统试运行合格，报告编号××××</td><td>√</td></tr>
<tr><td>4 开启和关闭阀门</td><td>第11.3.4条</td><td>10/10</td><td colspan="2">抽查10处，合格10处</td><td>√</td></tr>
<tr><td>施工单位检查结果</td><td colspan="6">符合要求

专业工长：×××
项目专业质量检查员：×××
××年×月×日</td></tr>
<tr><td>监理单位验收结论</td><td colspan="6">合格

专业监理工程师：×××
××年×月×日</td></tr>
</table>

【填写说明】

1. 填写依据

(1)《建筑给水排水及采暖工程质量验收规范》GB 50242—2002。

(2)《建筑工程施工质量验收统一标准》GB 50300—2013。

2. 规范摘要

以下内容摘自《建筑给水排水及采暖工程质量验收规范》GB 50242—2002。

主控项目

(1)供热管道的水压试验压力应为工作压力的1.5倍，但不得小于0.6MPa。

检验方法：在试验压力下10min内压力降不大于0.05MPa，然后降至工作压力下检查，不渗不漏。

(2)管道试压合格后，应进行冲洗。

检验方法：现场观察，以水色不浑浊为合格。

(3)管道冲洗完毕应通水、加热，进行试运行和调试。当不具备加热条件时，应延期进行。

检验方法：测量各建筑物热力入口处供回水温度及压力。

(4)供热管道做水压试验时，试验管道上的阀门应开启，试验管道与非试验管道应隔断。

检验方法：开启和关闭阀门检查。

24.《建筑中水系统检验批质量验收记录》填写范例及说明

建筑中水系统检验批质量验收记录

05100101 001

单位(子单位)工程名称		××大厦	分部(子分部)工程名称	建筑给水排水及供暖/建筑中水系统及雨水利用系统	分项工程名称	建筑中水系统
施工单位		××建筑有限公司	项目负责人	×××	检验批容量	1套
分包单位		—	分包单位项目负责人	—	检验批部位	一～三层
施工依据		室内管道安装施工组织设计		验收依据	《建筑给水排水及采暖工程质量验收规范》GB 50242—2002	
验收项目			设计要求及规范规定	最小/实际抽样数量	检查记录	检查结果
主控项目	1	中水水箱设置	第12.2.1条	10/10	检查10处,合格10处	√
主控项目	2	中水管道上装设用水器	第12.2.2条	10/10	检查10处,合格10处	√
主控项目	3	中水管道严禁与生活饮用水管道连接	第12.2.3条	10/10	检查10处,合格9处	√
主控项目	4	管道暗装时的要求	第12.2.4条	10/10	检查10处,合格10处	√
一般项目	1	中水管道及配件材质	第12.2.5条	10/10	检查10处,合格10处	100%
一般项目	2	中水管道与其他管道平行交叉铺设的净距	第12.2.6条	10/10	检查10处,合格10处	100%
施工单位检查结果		符合要求 专业工长:××× 项目专业质量检查员:××× ××年×月×日				
监理单位验收结论		合格 专业监理工程师:××× ××年×月×日				

【填写说明】

1.填写依据

(1)《建筑给水排水及采暖工程质量验收规范》GB 50242—2002。

(2)《建筑工程施工质量验收统一标准》GB 50300—2013。

2.规范摘要

以下内容摘自《建筑给水排水及采暖工程质量验收规范》GB 50242—2002。

主控项目

(1)中水高位水箱应与生活高位水箱分设在不同的房间内，如条件不允许只能设在同一房间时，与生活高位水箱的净距离应大于2m。

检验方法：观察和尺量检查。

(2)中水给水管道不得装设取水水嘴。便器冲洗宜采用密闭型设备和器具。绿化、浇洒、汽车冲洗宜采用壁式或地下式的给水栓。

检验方法：观察检查。

(3)中水供水管道严禁与生活饮用水给水管道连接，并应采取下列措施：

1)中水管道外壁应涂浅绿色标志；

2)中水池(箱)、阀门、水表及给水栓均应有"中水"标志。

检验方法：观察检查。

(4)中水管道不宜暗装于墙体和楼板内。如必须暗装于墙槽内时，必须在管道上有明显且不会脱落的标志。

检验方法：观察检查。

一般项目

(1)中水给水管道管材及配件应采用耐腐蚀的给水管管材及附件。

检验方法：观察检查。

(2)中水管道与生活饮用水管道、排水管道平行埋设时，其水平净距离不得小于0.5m；交叉埋设时，中水管道应位于生活饮用水管道下面，排水管道的上面，其净距离不应小于0.15m。

检验方法：观察和尺量检查。

25.《游泳池及公共浴池水系统管道及配件系统安装检验批质量验收记录》填写范例及说明

游泳池及公共浴池水系统管道及配件系统安装检验批质量验收记录

05110101 001

<table>
<tr><td>单位(子单位)工程名称</td><td colspan="2">××大厦</td><td>分部(子分部)工程名称</td><td>建筑给水排水及供暖/游泳池及公共浴池水系统</td><td>分项工程名称</td><td colspan="2">管道及配件系统安装</td></tr>
<tr><td>施工单位</td><td colspan="2">××建筑有限公司</td><td>项目负责人</td><td>×××</td><td>检验批容量</td><td colspan="2">48m</td></tr>
<tr><td>分包单位</td><td colspan="2">—</td><td>分包单位项目负责人</td><td>—</td><td>检验批部位</td><td colspan="2">游泳池管道及配件</td></tr>
<tr><td>施工依据</td><td colspan="3">室内管道安装施工组织设计</td><td>验收依据</td><td colspan="3">《建筑给水排水及采暖工程质量验收规范》GB 50242—2002</td></tr>
<tr><td colspan="3">验收项目</td><td>设计要求及规范规定</td><td>最小/实际抽样数量</td><td colspan="2">检查记录</td><td>检查结果</td></tr>
<tr><td rowspan="3">主控项目</td><td>1</td><td>游泳池给水配件材质</td><td>第12.3.1条</td><td>10/10</td><td colspan="2">检查10处,合格10处</td><td>√</td></tr>
<tr><td>2</td><td>游泳池毛发聚集器过滤网</td><td>第12.3.2条</td><td>10/10</td><td colspan="2">检查10处,合格10处</td><td>√</td></tr>
<tr><td>3</td><td>游泳池池面应采取措施防止冲洗排水流入池内</td><td>第12.3.3条</td><td>10/10</td><td colspan="2">检查10处,合格10处</td><td>√</td></tr>
<tr><td rowspan="2">一般项目</td><td rowspan="2">1</td><td>游泳池循环水系统加药(混凝剂)的药品溶解池、溶液池及定量投加设备应采用耐腐蚀材料制作</td><td>第12.3.4条</td><td>10/10</td><td colspan="2">检查10处,合格10处</td><td>100%</td></tr>
<tr><td>游泳池的浸脚、浸腰消毒池的给水管、投药管、溢流管、循环管和泄空管应采用耐腐蚀材料制成</td><td>第12.3.5条</td><td>10/10</td><td colspan="2">检查10处,合格10处</td><td>100%</td></tr>
<tr><td colspan="2">施工单位检查结果</td><td colspan="6">符合要求
专业工长:×××
项目专业质量检查员:×××
××年×月×日</td></tr>
<tr><td colspan="2">监理单位验收结论</td><td colspan="6">合格
专业监理工程师:×××
××年×月×日</td></tr>
</table>

【填写说明】

1.填写依据

(1)《建筑给水排水及采暖工程质量验收规范》GB 50242—2002。

(2)《建筑工程施工质量验收统一标准》GB 50300—2013。

2.规范摘要

以下内容摘自《建筑给水排水及采暖工程质量验收规范》GB 50242—2002。

主控项目

(1)游泳池的给水口、回水口、泄水口应采用耐腐蚀的铜、不锈钢、塑料等材料制造。溢流槽、格栅应为耐腐蚀材料制造，并为组装型。安装时其外表面应与池壁或池底面相平。

检验方法:观察检查。

(2)游泳池的毛发聚集器应采用铜或不锈钢等耐腐蚀材料制造，过滤筒(网)的孔径应不大于 3mm，其面积应为连接管截面积的 1.5～2.0 倍。

检验方法:观察和尺量计算方法。

(3)游泳池地面，应采取有效措施防止冲洗排水流入池内。

检验方法:观察检查。

一般项目

(1)游泳池循环水系统加药(混凝剂)的药品溶解池、溶液池及定量投加设备应采用耐腐蚀材料制作。输送溶液的管道应采用塑料管、胶管或铜管。

检验方法:观察检查。

(2)游泳池的浸脚、浸腰消毒池的给水管、投药管、溢流管、循环管和泄空管应采用耐腐蚀材料制成。

检验方法:观察检查。

26.《锅炉安装检验批质量验收记录》填写范例及说明

锅炉安装检验批质量验收记录

05130101 001

<table>
<tr><td>单位(子单位)工程名称</td><td colspan="2">××大厦</td><td colspan="2">分部(子分部)工程名称</td><td colspan="2">建筑给水排水及供暖/热源及辅助设备</td><td>分项工程名称</td><td colspan="2">锅炉安装</td></tr>
<tr><td>施工单位</td><td colspan="2">××建筑有限公司</td><td colspan="2">项目负责人</td><td colspan="2">×××</td><td>检验批容量</td><td colspan="2">1台</td></tr>
<tr><td>分包单位</td><td colspan="2">—</td><td colspan="2">分包单位项目负责人</td><td colspan="2">—</td><td>检验批部位</td><td colspan="2">锅炉房</td></tr>
<tr><td>施工依据</td><td colspan="4">锅炉安装施工方案</td><td colspan="3">验收依据</td><td colspan="2">《建筑给水排水及采暖工程质量验收规范》GB 50242—2002</td></tr>
<tr><td colspan="5">验收项目</td><td>设计要求及规范规定</td><td>最小/实际抽样数量</td><td colspan="2">检查记录</td><td>检查结果</td></tr>
<tr><td rowspan="7">主控项目</td><td>1</td><td colspan="3">锅炉基础验收</td><td>设计要求</td><td>—</td><td colspan="2">基础外观尺寸符合要求,强度检查试验合格,报告编号××××</td><td>√</td></tr>
<tr><td>2</td><td colspan="3">燃油、燃气及非承压锅炉安装</td><td>第13.2.2条
第13.2.3条
第13.2.4条</td><td>10/10</td><td colspan="2">检查10处,合格10处</td><td>√</td></tr>
<tr><td>3</td><td colspan="3">锅炉烘炉和试运行</td><td>第13.5.1条
第13.5.2条
第13.5.3条</td><td>—</td><td colspan="2">—</td><td>—</td></tr>
<tr><td>4</td><td colspan="3">排污管和排污阀安装</td><td>第13.2.5条</td><td>10/10</td><td colspan="2">检查10处,合格10处</td><td>√</td></tr>
<tr><td>5</td><td colspan="3">锅炉和省煤器的水压试验</td><td>第13.2.6条</td><td>—</td><td colspan="2">—</td><td>—</td></tr>
<tr><td>6</td><td colspan="3">机械炉排冷态试运行</td><td>第13.2.7条</td><td>—</td><td colspan="2">—</td><td>—</td></tr>
<tr><td>7</td><td colspan="3">本体管道焊接</td><td>第13.2.8条</td><td>10/10</td><td colspan="2">检查10处,合格10处</td><td>√</td></tr>
<tr><td rowspan="24">一般项目</td><td>1</td><td colspan="3">锅炉煮炉</td><td>第13.5.4条</td><td>—</td><td colspan="2">—</td><td>—</td></tr>
<tr><td>2</td><td colspan="3">铸铁省煤器肋片破损数</td><td>第13.2.12条</td><td>10/10</td><td colspan="2">检查10处,合格10处</td><td>100%</td></tr>
<tr><td>3</td><td colspan="3">锅炉本体安装的坡度</td><td>第13.2.13条</td><td>10/10</td><td colspan="2">检查10处,合格10处</td><td>100%</td></tr>
<tr><td>4</td><td colspan="3">锅炉炉底风室</td><td>第13.2.14条</td><td>10/10</td><td colspan="2">检查10处,合格10处</td><td>100%</td></tr>
<tr><td>5</td><td colspan="3">省煤器出入口管道及阀门</td><td>第13.2.15条</td><td>10/10</td><td colspan="2">检查10处,合格10处</td><td>100%</td></tr>
<tr><td>6</td><td colspan="3">电动调节阀安装</td><td>第13.2.16条</td><td>10/10</td><td colspan="2">检查10处,合格10处</td><td>100%</td></tr>
<tr><td rowspan="4">7</td><td rowspan="4">锅炉安装允许偏差</td><td colspan="2">坐标</td><td>10mm</td><td>10/10</td><td colspan="2">检查10处,合格9处</td><td>90%</td></tr>
<tr><td colspan="2">标高</td><td>±5mm</td><td>10/10</td><td colspan="2">检查10处,合格9处</td><td>90%</td></tr>
<tr><td rowspan="2">中心线垂直度</td><td>立式锅炉炉体全高</td><td>4mm</td><td>10/10</td><td colspan="2">检查10处,合格9处</td><td>90%</td></tr>
<tr><td>卧式锅炉炉体全高</td><td>3mm</td><td>—</td><td colspan="2">—</td><td>—</td></tr>
<tr><td rowspan="4">8</td><td rowspan="4">链条炉排安装允许偏差</td><td colspan="2">炉排中心位置</td><td>2mm</td><td>10/10</td><td colspan="2">检查10处,合格9处</td><td>90%</td></tr>
<tr><td colspan="2">前后中心线的相对标高差</td><td>5mm</td><td>10/10</td><td colspan="2">检查10处,合格9处</td><td>90%</td></tr>
<tr><td colspan="2">前轴、后轴的水平度(每米)</td><td>1mm</td><td>10/10</td><td colspan="2">检查10处,合格9处</td><td>90%</td></tr>
<tr><td colspan="2">墙壁板间两对角线长度之差</td><td>5mm</td><td>10/10</td><td colspan="2">检查10处,合格9处</td><td>90%</td></tr>
<tr><td rowspan="3">9</td><td rowspan="3">往复炉排安装允许偏差</td><td rowspan="3">炉排片间隙</td><td>纵向</td><td>1mm</td><td>10/10</td><td colspan="2">检查10处,合格9处</td><td>90%</td></tr>
<tr><td>两侧</td><td>2mm</td><td>10/10</td><td colspan="2">检查10处,合格9处</td><td>90%</td></tr>
<tr><td>两侧板对角线长度之差</td><td>5mm</td><td>10/10</td><td colspan="2">检查10处,合格9处</td><td>90%</td></tr>
<tr><td rowspan="3">10</td><td rowspan="3">省煤器支架安装允许偏差</td><td colspan="2">支承架的水平方向位置</td><td>3mm</td><td>10/10</td><td colspan="2">检查10处,合格9处</td><td>90%</td></tr>
<tr><td colspan="2">支承架的标高</td><td>0,−5mm</td><td>10/10</td><td colspan="2">检查10处,合格9处</td><td>90%</td></tr>
<tr><td colspan="2">支承架纵横水平度(每米)</td><td>1mm</td><td>10/10</td><td colspan="2">检查10处,合格9处</td><td>90%</td></tr>
<tr><td colspan="2">施工单位检查结果</td><td colspan="8">符合要求
专业工长:×××
项目专业质量检查员:×××
××年×月×日</td></tr>
<tr><td colspan="2">监理单位验收结论</td><td colspan="8">合格
专业监理工程师:×××
××年×月×日</td></tr>
</table>

【填写说明】

1. 填写依据

(1)《建筑给水排水及采暖工程质量验收规范》GB 50242—2002。

(2)《建筑工程施工质量验收统一标准》GB 50300—2013。

2. 规范摘要

以下内容摘自《建筑给水排水及采暖工程质量验收规范》GB 50242—2002。

主控项目

(1)锅炉设备基础的混凝土强度必须达到设计要求，基础的坐标、标高、几何尺寸和螺栓孔位置应符合表5-33的规定。

表5-33 锅炉及辅助设备基础的允许偏差和检验方法

<table>
<tr><th>项次</th><th colspan="2">项　　目</th><th>允许偏差(mm)</th><th>检验方法</th></tr>
<tr><td>1</td><td colspan="2">基础坐标位置</td><td>20</td><td>经纬仪、拉线和尺量</td></tr>
<tr><td>2</td><td colspan="2">基础各不同平面的标高</td><td>0，−20</td><td>水准仪、拉线尺量</td></tr>
<tr><td>3</td><td colspan="2">基础平面外形尺寸</td><td>20</td><td rowspan="3">尺量检查</td></tr>
<tr><td>4</td><td colspan="2">凸台上平面尺寸</td><td>0，−20</td></tr>
<tr><td>5</td><td colspan="2">凹穴尺寸</td><td>+20，0</td></tr>
<tr><td rowspan="2">6</td><td rowspan="2">基础上平面水平度</td><td>每米</td><td>5</td><td rowspan="2">水平仪(水平尺)和楔形塞尺检查</td></tr>
<tr><td>全长</td><td>10</td></tr>
<tr><td rowspan="2">7</td><td rowspan="2">竖向偏差</td><td>每米</td><td>5</td><td rowspan="2">经纬仪和吊线和尺量</td></tr>
<tr><td>全高</td><td>10</td></tr>
<tr><td rowspan="2">8</td><td rowspan="2">预埋地脚螺栓</td><td>标高(顶端)</td><td>+20，0</td><td rowspan="2">水准仪、拉线和尺量</td></tr>
<tr><td>中心距(根部)</td><td>2</td></tr>
<tr><td rowspan="3">9</td><td rowspan="3">预留地脚螺栓孔</td><td>中心位置</td><td>10</td><td rowspan="2">尺量</td></tr>
<tr><td>深度</td><td>−20，0</td></tr>
<tr><td>孔壁垂直度</td><td>10</td><td>吊线和尺量</td></tr>
<tr><td rowspan="4">10</td><td rowspan="4">预埋活动地脚螺栓锚板</td><td>中心位置</td><td>5</td><td rowspan="2">拉线和尺量</td></tr>
<tr><td>标高</td><td>+20，0</td></tr>
<tr><td>水平度(带槽锚板)</td><td>5</td><td rowspan="2">水平尺和楔形塞尺检查</td></tr>
<tr><td>水平度(带螺纹孔锚板)</td><td>2</td></tr>
</table>

(2)非承压锅炉，应严格按设计或产品说明书的要求施工。锅筒顶部必须敞口或装设大气连通管，连通管上不得安装阀门。

检验方法：对照设计图纸或产品说明书检查。

(3)以天然气为燃料的锅炉的天然气释放管或大气排放管不得直接通向大气，应通向贮存或处理装置。

检验方法：对照设计图纸检查。

(4)两台或两台以上燃油锅炉共用一个烟囱时，每一台锅炉的烟道上均应配备风阀或挡板装置，并应具有操作调节和闭锁功能。

检验方法：观察和手扳检查。

(5)锅炉的锅筒和水冷壁的下集箱及后棚管的后集箱的最低处排污阀及排污管道不得采用螺纹连接。

检验方法：观察检查。

(6)锅炉的汽、水系统安装完毕后，必须进行水压试验。水压试验的压力应符合表5-34的规定。

检验方法：

1)在试验压力下10min内压力降不超过0.02MPa；然后降至工作压力进行检查，压力不降，不渗、不漏；

2)观察检查，不得有残余变形，受压元件金属壁和焊缝上不得有水珠和水雾。

表5-34 水压试验压力规定

项次	设备名称	工作压力 P(MPa)	试验压力(MPa)
1	锅炉本体	$P<0.59$	$1.5P$ 但不小于0.2
		$0.59\leqslant P\leqslant 1.18$	$P+0.3$
		$P>1.18$	$1.25P$
2	可分式省煤器	P	$1.25P+0.5$
3	非承压锅炉	大气压力	0.2

注：1.工作压力 P 对蒸汽锅炉指锅筒工作压力，对热水锅炉指锅炉额定出水压力；

2.铸铁锅炉水压试验同热水锅炉；

3.非承压锅炉水压试验压力为0.2MPa，试验期间压力应保持不变。

(7)机械炉排安装完毕后应做冷态运转试验，连续运转时间不应少于8h。

检验方法：观察运转试验全过程。

(8)锅炉本体管道及管件焊接的焊缝质量应符合下列规定：

1)焊缝表面质量应符合《建筑给水排水及采暖工程质量验收规范》GB 50242—2002第11.2.10条的规定。

2)管道焊口尺寸的允许偏差应符合表5.3.8的规定。

3)无损探伤的检测结果应符合锅炉本体设计的相关要求。

检验方法：观察和检验无损探伤检测报告。

一般项目

(1)锅炉安装的坐标、标高、中心线和垂直度的允许偏差应符合表5-35的规定。

表 5-35 锅炉安装的允许偏差和检验方法

项次	项目		允许偏差(mm)	检验方法
1	坐标		10	经纬仪、拉线和尺量
2	标高		±5	水准仪、拉线和尺量
3	中心线垂直度	卧式锅炉炉体全高	3	吊线和尺量
		立式锅炉炉体全高	4	吊线和尺量

(2)组装链条炉排安装的允许偏差应符合表 5-36 的规定。

表 5-36 组装链条炉排安装的允许偏差和检验方法

项次	项目		允许偏差(mm)	检验方法
1	炉排中心位置		2	经纬仪、拉线和尺量
2	墙板的标高		±5	水准仪、拉线和尺量
3	墙板的垂直度，全高		3	吊线和尺量
4	墙板间两对角线的长度之差		5	钢丝线和尺量
5	墙板框的纵向位置		5	经纬仪、拉线和尺量
6	墙板顶面的纵向水平度		长度 1/1000，且≤5	拉线、水平尺和尺量
7	墙板间的距离	跨距≤2m	+3 0	钢丝线和尺量
		跨距>2m	+5 0	
8	两墙板的顶面在同一水平面上相对高差		5	水准仪、吊线和尺量
9	前轴、后轴的水平度		长度 1/1000	拉线、水平尺和尺量
10	前轴和后轴的轴心线相对标高差		5	水准仪、吊线和尺量
11	各轨道在同一水平面上的相对高差		5	水准仪、吊线和尺量
12	相邻两轨道间的距离		±2	钢丝线和尺量

(3)往复炉排安装的允许偏差应符合表 5-37 的规定。

表 5-37　往复炉排安装的允许偏差和检验方法

项次	项　　目		允许偏差(mm)	检验方法
1	两侧板的相对标高		3	水准仪、吊线和尺量
2	两侧板间距离	跨距≤2m	+30	钢丝线和尺量
		跨距>2m	+4 0	
3	两侧板的垂直度,全高		3	吊线和尺量
4	两侧板间对角线的长度之差		5	钢丝线和尺量
5	炉排片的纵向间隙		1	钢板尺量
6	炉排两侧的间隙		2	

(4)铸铁省煤器破损的肋片数不应大于总肋片数的5%,有破损肋片的根数不应大于总根数的10%。铸铁省煤器支承架安装的允许偏差应符合表5-38的规定。

表 5-38　铸铁省煤器支承架安装的允许偏差和检验方法

项次	项　　目	允许偏差(mm)	检验方法
1	支承架的位置	3	经纬仪、拉线和尺量
2	支承架的标高	0 −5	水准仪、吊线和尺量
3	支承架的纵、横向水平度(每米)	1	水平尺和塞尺检查

(5)锅炉本体安装应按设计或产品说明书要求布置坡度并坡向排污阀。

检验方法:用水平尺或水准仪检查。

(6)锅炉由炉底送风的风室及锅炉底座与基础之间必须封堵严密。

检验方法:观察检查。

(7)省煤器的出口处(或入口处)应按设计或锅炉图纸要求安装阀门和管道。

检验方法:对照设计图纸检查。

(8)电动调节阀门的调节机构与电动执行机构的转臂应在同一平面内动作,传动部分应灵活、无空行程及卡阻现象,其行程及伺服时间应满足使用要求。

检验方法:操作时观察检查。

27.《辅助设备及管道安装检验批质量验收记录》填写范例及说明

辅助设备及管道安装检验批质量验收记录

05130201 001

<table>
<tr><td>单位(子单位)工程名称</td><td>××大厦</td><td>分部(子分部)工程名称</td><td>建筑给水排水及供暖/热源及辅助设备</td><td>分项工程名称</td><td>辅助设备及管道安装</td></tr>
<tr><td>施工单位</td><td>××建筑有限公司</td><td>项目负责人</td><td>×××</td><td>检验批容量</td><td>10 台</td></tr>
<tr><td>分包单位</td><td>—</td><td>分包单位项目负责人</td><td>—</td><td>检验批部位</td><td>锅炉房</td></tr>
<tr><td>施工依据</td><td colspan="2">锅炉安装施工方案</td><td>验收依据</td><td colspan="2">《建筑给水排水及采暖工程质量验收规范》GB 50242—2002</td></tr>
</table>

<table>
<tr><td colspan="6">验收项目</td><td>设计要求及规范规定</td><td>最小/实际抽样数量</td><td>检查记录</td><td>检查结果</td></tr>
<tr><td rowspan="9">主控项目</td><td>1</td><td colspan="4">辅助设备基础验收</td><td>设计要求</td><td>10/10</td><td>外观尺寸符合要求，强度检查试验合格，报告编号××××</td><td>√</td></tr>
<tr><td>2</td><td colspan="4">风机试运转</td><td>第 13.3.2 条</td><td>—</td><td>—</td><td>—</td></tr>
<tr><td>3</td><td colspan="4">分汽缸、分水器、集水器水压试验</td><td>第 13.3.3 条</td><td>—</td><td>—</td><td>—</td></tr>
<tr><td>4</td><td colspan="4">敞口水箱、密闭水箱、满水或压力试验</td><td>第 13.3.4 条</td><td>—</td><td>—</td><td>—</td></tr>
<tr><td>5</td><td colspan="4">地下直埋油罐气密性试验</td><td>第 13.3.5 条</td><td>—</td><td>—</td><td>—</td></tr>
<tr><td>6</td><td colspan="4">工艺管道水压试验</td><td>第 13.3.6 条</td><td>—</td><td>—</td><td>—</td></tr>
<tr><td>7</td><td colspan="4">各种设备的操作通道</td><td>第 13.3.7 条</td><td>10/10</td><td>检查 10 处，合格 10 处</td><td>√</td></tr>
<tr><td>8</td><td colspan="4">仪表、阀门的安装</td><td>第 13.3.8 条</td><td>10/10</td><td>检查 10 处，合格 10 处</td><td>√</td></tr>
<tr><td>9</td><td colspan="4">管道焊接</td><td>第 13.3.9 条</td><td>10/10</td><td>检查 10 处，合格 10 处</td><td>√</td></tr>
<tr><td rowspan="26">一般项目</td><td>1</td><td colspan="4">单斗式提升机安装</td><td>第 13.3.12 条</td><td>10/10</td><td>检查 10 处，合格 10 处</td><td>100%</td></tr>
<tr><td>2</td><td colspan="4">风机传动部位安全防护装置</td><td>第 13.3.13 条</td><td>10/10</td><td>检查 10 处，合格 10 处</td><td>100%</td></tr>
<tr><td>3</td><td colspan="4">手摇泵、注水器安装高度</td><td>第 13.3.15 条
第 13.3.17 条</td><td>10/10</td><td>检查 10 处，合格 10 处</td><td>100%</td></tr>
<tr><td>4</td><td colspan="4">水泵安装及试运转</td><td>第 13.3.14 条
第 13.3.16 条</td><td>—</td><td>—</td><td>—</td></tr>
<tr><td>5</td><td colspan="4">除尘器安装</td><td>第 13.3.18 条</td><td>10/10</td><td>检查 10 处，合格 10 处</td><td>100%</td></tr>
<tr><td>6</td><td colspan="4">除氧器排汽管</td><td>第 13.3.19 条</td><td>10/10</td><td>检查 10 处，合格 10 处</td><td>100%</td></tr>
<tr><td>7</td><td colspan="4">软化水设备安装</td><td>第 13.3.20 条</td><td>10/10</td><td>检查 10 处，合格 10 处</td><td>100%</td></tr>
<tr><td>8</td><td colspan="4">管道及设备表面涂漆</td><td>第 13.3.22 条</td><td>10/10</td><td>检查 10 处，合格 10 处</td><td>100%</td></tr>
<tr><td rowspan="8">9</td><td rowspan="8">安装允许偏差</td><td rowspan="2">送、引风机</td><td colspan="2">坐标</td><td>10mm</td><td>10/10</td><td>检查 10 处，合格 9 处</td><td>90%</td></tr>
<tr><td colspan="2">标高</td><td>±5mm</td><td>10/10</td><td>检查 10 处，合格 9 处</td><td>90%</td></tr>
<tr><td rowspan="3">各种静置设备</td><td colspan="2">坐标</td><td>15mm</td><td>10/10</td><td>检查 10 处，合格 9 处</td><td>90%</td></tr>
<tr><td colspan="2">标高</td><td>±5mm</td><td>10/10</td><td>检查 10 处，合格 9 处</td><td>90%</td></tr>
<tr><td colspan="2">垂直度(每米)</td><td>2mm</td><td>10/10</td><td>检查 10 处，合格 9 处</td><td>90%</td></tr>
<tr><td rowspan="3">离心式水泵</td><td colspan="2">泵体水平度(每米)</td><td>0.1mm</td><td>10/10</td><td>检查 10 处，合格 9 处</td><td>90%</td></tr>
<tr><td rowspan="2">联轴器同心度</td><td>轴向倾斜(每米)</td><td>0.8mm</td><td>10/10</td><td>检查 10 处，合格 9 处</td><td>90%</td></tr>
<tr><td>径向位移</td><td>0.1mm</td><td>10/10</td><td>检查 10 处，合格 9 处</td><td>90%</td></tr>
<tr><td rowspan="4">10</td><td rowspan="4">链条炉排安装</td><td colspan="3">炉排中心位置</td><td>2mm</td><td>10/10</td><td>检查 10 处，合格 9 处</td><td>90%</td></tr>
<tr><td colspan="3">前后中心线的相对标高差</td><td>5mm</td><td>10/10</td><td>检查 10 处，合格 9 处</td><td>90%</td></tr>
<tr><td colspan="3">前轴、后轴的水平度(每米)</td><td>1mm</td><td>10/10</td><td>检查 10 处，合格 9 处</td><td>90%</td></tr>
<tr><td colspan="3">墙壁板间两对角线长度之差</td><td>5mm</td><td>10/10</td><td>检查 10 处，合格 9 处</td><td>90%</td></tr>
<tr><td rowspan="3">11</td><td rowspan="3">往复炉排安装允许偏差</td><td rowspan="2">炉排片间隙</td><td colspan="2">纵向</td><td>1mm</td><td>10/10</td><td>检查 10 处，合格 9 处</td><td>90%</td></tr>
<tr><td colspan="2">两侧</td><td>2mm</td><td>10/10</td><td>检查 10 处，合格 9 处</td><td>90%</td></tr>
<tr><td colspan="3">两侧板对角线长度之差</td><td>5mm</td><td>10/10</td><td>检查 10 处，合格 9 处</td><td>90%</td></tr>
<tr><td rowspan="3">12</td><td rowspan="3">省煤器支架安装允许偏差</td><td colspan="3">支承架的水平方向位置</td><td>3mm</td><td>10/10</td><td>检查 10 处，合格 9 处</td><td>90%</td></tr>
<tr><td colspan="3">支承架的标高</td><td>0，−5mm</td><td>10/10</td><td>检查 10 处，合格 9 处</td><td>90%</td></tr>
<tr><td colspan="3">支承架纵横水平度(每米)</td><td>1mm</td><td>10/10</td><td>检查 10 处，合格 9 处</td><td>90%</td></tr>
<tr><td colspan="2">施工单位检查结果</td><td colspan="8">符合要求
专业工长：×××
项目专业质量检查员：×××
××年×月×日</td></tr>
<tr><td colspan="2">监理单位验收结论</td><td colspan="8">合格
专业监理工程师：×××
××年×月×日</td></tr>
</table>

【填写说明】

1.填写依据

(1)《建筑给水排水及采暖工程质量验收规范》GB 50242—2002。

(2)《建筑工程施工质量验收统一标准》GB 50300—2013。

2.规范摘要

以下内容摘自《建筑给水排水及采暖工程质量验收规范》GB 50242—2002。

主控项目

(1)辅助设备基础的混凝土强度必须达到设计要求,基础的坐标、标高、几何尺寸和螺栓孔位置必须符合《建筑给水排水及采暖工程质量验收规范》GB 50242—2002 表 13.2.1 的规定。

(2)风机试运转,轴承温升应符合下列规定:

1)滑动轴承温度最高不得超过 60℃;

2)滚动轴承温度最高不得超过 80℃。

检验方法:用温度计检查。

轴承径向单振幅应符合下列规定:

1)风机转速小于 1000r/min 时,不应超过 0.10mm;

2)风机转速为 1000~1450r/min 时,不应超过 0.08mm。

检验方法:用测振仪表检查。

(3)分气缸(分水器、集水器)安装前应进行水压试验,试验压力的 1.5 倍,但不得小于 0.6MPa。

检验方法:试验压力下 10min 内无压降、无渗漏。

(4)敞口箱、罐安装前应做满水试验;密闭箱、罐应以工作压力的 1.5 倍做水压试验,但不得小于 0.4MPa。

检验方法:满水试验满水后静置 24h 不渗不漏;水压试验在试验压力下 10min 内无压降,不渗不漏。

(5)地下直埋油罐在埋地前应做气密性试验,试验压力降不应小于 0.03MPa。

检验方法:试验压力下观察 30min 不渗、不漏,无压降。

(6)连接锅炉及辅助设备的工艺管道安装完毕后,必须进行系统的水压试验,试验压力为系统中最大工作压力的 1.5 倍。

检验方法:在试验压力 10min 内压力降不超过 0.05MPa,然后降至工作压力进行检查,不渗不漏。

(7)各种设备的主要操作通道的净距如设计不明确时不应小于 1.5m,辅助的操作通道净距不应小于 0.8m。

检验方法:尺量检查。

(8)管道连接的法兰、焊缝和连接管件以及管道上的仪表、阀门的安装位置应便于检修,并不得紧贴墙壁、楼板或管架。

检验方法:观察检查。

(9)管道焊接质量应符合《建筑给水排水及采暖工程质量验收规范》GB 50242—2002

第 11.2.10 条的要求和表 5.3.8 的规定。

一般项目

(1)锅炉辅助设备安装的允许偏差应符合表 5-39 的规定。

表 5-39 锅炉辅助设备安装的允许偏差和检验方法

<table>
<tr><th>项次</th><th colspan="3">项　目</th><th>允许偏差(mm)</th><th>检验方法</th></tr>
<tr><td rowspan="2">1</td><td rowspan="2">送、引风机</td><td colspan="2">坐标</td><td>10</td><td>经纬仪、拉线和尺量</td></tr>
<tr><td colspan="2">标高</td><td>±5</td><td>水准仪、拉线和尺量</td></tr>
<tr><td rowspan="3">2</td><td rowspan="3">各种静置设备
(各种容器、箱、罐等)</td><td colspan="2">坐标</td><td>15</td><td>经纬仪、拉线和尺量</td></tr>
<tr><td colspan="2">标高</td><td>±5</td><td>水准仪、拉线和尺量</td></tr>
<tr><td colspan="2">垂直度(每米)</td><td>2</td><td>吊线和尺量</td></tr>
<tr><td rowspan="4">3</td><td rowspan="4">离心式水泵</td><td colspan="2">泵体水平度(每米)</td><td>0.1</td><td>水平尺和塞尺检查</td></tr>
<tr><td colspan="2">泵体水平度(每米)</td><td>0.8</td><td rowspan="3">水准仪、百分表(测微螺钉)和塞尺检查</td></tr>
<tr><td rowspan="2">联轴器同心度</td><td>轴向倾斜(每米)</td><td rowspan="2">0.1</td></tr>
<tr><td>径向位移</td></tr>
</table>

(2)连接锅炉及辅助设备的工艺管道安装的允许偏差应符合表 5-40 的规定。

表 5-40 工艺管道安装的允许偏差和检验方法

<table>
<tr><th>项次</th><th colspan="2">项　目</th><th>允许偏差(mm)</th><th>检验方法</th></tr>
<tr><td rowspan="2">1</td><td rowspan="2">坐标</td><td>架空</td><td>15</td><td rowspan="2">水准仪、拉线和尺量</td></tr>
<tr><td>地沟</td><td>10</td></tr>
<tr><td rowspan="2">2</td><td rowspan="2">标高</td><td>架空</td><td>±15</td><td rowspan="2">水准仪、拉线和尺量</td></tr>
<tr><td>地沟</td><td>±10</td></tr>
<tr><td rowspan="2">3</td><td rowspan="2">水平管道纵、横方向弯曲</td><td>DN≤100mm</td><td>2‰，最大 50</td><td rowspan="2">直尺和拉线检查</td></tr>
<tr><td>DN>100mm</td><td>3‰，最大 70</td></tr>
<tr><td>4</td><td colspan="2">立管垂直</td><td>2‰，最大 15</td><td>吊线和尺量</td></tr>
</table>

续表 5-40

项次	项　　目	允许偏差(mm)	检验方法
5	成排管道间距	3	直尺尺量
6	交叉管的外壁或绝热层间距	10	

(3)单斗式提升机安装应符合下列规定：

1)导轨的间距偏差不大于 2mm。

2)垂直式导轨的垂直度偏差不大于 1‰；倾斜式导轨的倾斜度偏差不大于 2‰。

3)料斗的吊点与料斗垂心在同一垂线上，重合度偏差不大于 10mm。

4)行程开关位置应准确，料斗运行平稳，翻转灵活。

检验方法：吊线坠、拉线及尺量检查。

(4)安装锅炉送、引风机，转动应灵活无卡碰等现象；送、引风机的传动部位，应设置安全防护装置。

检验方法：观察和启动检查。

(5)水泵安装的外观质量检查：泵壳不应有裂纹、砂眼及凹凸不平等缺陷；多级泵的平衡管路应无损伤或折陷现象；蒸汽往复泵的主要部件、活塞及活动轴必须灵活。

检验方法：观察和启动检查。

(6)手摇泵应垂直安装。安装高度如设计无要求时，泵中心距地面为 800mm。

检验方法：吊线和尺量检查。

(7)水泵试运转，叶轮与泵壳不应相碰，进、出口部位的阀门应灵活。轴承温升应符合产品说明书的要求。

检验方法：通电、操作和测温检查。

(8)注水器安装高度，如设计无要求时，中心距地面为 1.0～1.2m。

检验方法：尺量检查。

(9)除尘器安装应平稳牢固，位置和进、出口方向应正确。烟管与引风机连接时应采用软接头，不得将烟管重量压在风机上。

检验方法：观察检查。

(10)热力除氧器和真空除氧器的排汽管应通向室外，直接排入大气。

检验方法：观察检查。

(11)软化水设备罐体的视镜应布置在便于观察的方向。树脂装填的高度应按设备说明书要求进行。

检验方法：对照说明书，观察检查。

(12)管道及设备保温层的厚度和平整度允许偏差应符合《建筑给水排水及采暖工程质量验收规范》GB 50242—2002 表 4.4.8 的规定。

(13)在涂刷油漆前，必须清除管道及设备表面的灰尘、污垢、锈斑、焊渣等物。涂漆的厚度应均匀，不得有脱皮、起泡、流淌和漏涂等缺陷。

检验方法：现场观察检查。

28.《安全附件安装检验批质量验收记录》填写范例及说明

安全附件安装检验批质量验收记录

05130301 001

单位(子单位)工程名称	××大厦	分部(子分部)工程名称	建筑给水排水及供暖/热源及辅助设备	分项工程名称	安全附件安装
施工单位	××建筑有限公司	项目负责人	×××	检验批容量	10 件
分包单位	—	分包单位项目负责人	—	检验批部位	锅炉房
施工依据	锅炉安装施工方案		验收依据	《建筑给水排水及采暖工程质量验收规范》GB 50242—2002	

验收项目			设计要求及规范规定	最小/实际抽样数量	检查记录	检查结果
主控项目	1	锅炉和省煤器安全阀定压	第 13.4.1 条	10/10	检查 10 处，合格 10 处	√
	2	压力表刻度极限、表盘直径	第 13.4.2 条	10/10	检查 10 处，合格 10 处	√
	3	水位表安装	第 13.4.3 条	10/10	检查 10 处，合格 10 处	√
	4	锅炉的超温、超压及高低水位报警装置	第 13.4.4 条	10/10	检查 10 处，合格 10 处	√
	5	安全阀排气管、泄水管安装	第 13.4.5 条	10/10	检查 10 处，合格 10 处	√
一般项目	1	压力表安装	第 13.4.6 条	10/10	检查 10 处，合格 10 处	100%
	2	测压仪表取源部件安装	第 13.4.7 条	10/10	检查 10 处，合格 10 处	100%
	3	温度计安装	第 13.4.8 条	10/10	检查 10 处，合格 10 处	100%
	4	压力表与温度计在管道上相对位置	第 13.4.9 条	10/10	检查 10 处，合格 10 处	100%
施工单位检查结果	符合要求 专业工长：××× 项目专业质量检查员：××× ××年×月×日					
监理单位验收结论	合格 专业监理工程师：××× ××年×月×日					

【填写说明】

1.填写依据

(1)《建筑给水排水及采暖工程质量验收规范》GB 50242—2002。

(2)《建筑工程施工质量验收统一标准》GB 50300—2013。

2.规范摘要

以下内容摘自《建筑给水排水及采暖工程质量验收规范》GB 50242—2002。

主控项目

(1)锅炉和省煤器安全阀的定压和调整应符合表5-41的规定。锅炉上装有两个安全阀时,其中的一个按表中较高值定另一个按较低值定压。装有一个安全阀时,应按较低值定压。

表5-41　安全阀定压规定

项次	工作设备	安全阀开启压力(MPa)
1	蒸汽锅炉	工作压力+0.02MPa
		工作压力+0.04MPa
2	热水锅炉	1.12倍工作压力,但不少于工作压力+0.07MPa
		1.14倍工作压力,但不少于工作压力+0.10MPa
3	省煤器	1.1倍工作压力

(2)压力表的刻度极限值,应大于或等于工作压力的1.5倍,表盘直径不得小于100mm。

检验方法:现场观察和尺量检查。

(3)安装水位表应符合下列规定:

1)水位表应有指示最高、最低安全水位的明显标志,玻璃板(管)的最低可见边缘应比最低安全水位低25mm;

最高可见边缘应比最高安全水位高25mm。

2)玻璃管式水位表应有防护装置。

3)电接点式水位表的零点应与锅筒正常水位重合。

4)采用双色水位表时,每台锅炉只能装设一个,另一个装设普通水位表。

5)水位表应有放水旋塞(或阀门)和接到安全地点的放水管。

检验方法:现场观察和尺量检查。

(4)锅炉的高低水位报警器和超温、超压报警器及连锁保护装置必须按设计要求安装齐全和有效。

检验方法;启动、联动试验并做好试验记录。

(5)蒸汽锅炉安全阀应安装通向室外的排汽管。热水锅炉安全阀泄水管应接到安全地点。在排汽管和泄水管上不得装设阀门。

检验方法：观察检查。

一般项目

(1)安装压力表必须符合下列规定：

1)压力表必须安装在便于观察和吹洗的位置，并防止受高温、冰冻和振动的影响，同时要有足够的照明。

2)压力表必须设有存水弯管。存水弯管采用钢管煨制时，内径不应小于10mm；采用铜管煨制时，内径不应小于6mm。

3)压力表与存水弯管之间应安装三通旋塞。

检验方法：观察和尺量检查。

(2)测压仪表取源部件在水平工艺管道上安装时，取压口的方位应符合下列规定：

1)测量液体压力的，在工艺管道的下半部与管道的水平中心线成0°～45°夹角范围内。

2)测量蒸汽压力的，在工艺管道的上半部或下半部与管道水平中心线成0°～45°夹角范围内。

3)测量气体压力的，在工艺管道的上半部。

检验方法：观察和尺量检查。

(3)安装温度计应符合下列规定：

1)安装在管道和设备上的套管温度计，底部应插入流动介质内，不得装在引出的管段上或死角处。

2)压力式温度计的毛细管应固定好并有保护措施，其转弯处的弯曲半径不应小于50mm，温包必须全部浸入介质内。

3)热电偶温度计的保护套管应保证规定的插入深度。

检验方法：观察和尺量检查。

(4)温度计与压力表在同一管道上安装时，按介质流动方向温度计应在压力表下游处安装，如温度计需在压力表的上游安装时，其间距不应小于300mm。

检验方法：观察和尺量检查。

29.《换热站安装检验批质量验收记录》填写范例及说明

换热站安装检验批质量验收记录

05130401 001

单位(子单位)工程名称	××大厦	分部(子分部)工程名称	建筑给水排水及供暖/热源及辅助设备	分项工程名称	换热站安装
施工单位	××建筑有限公司	项目负责人	×××	检验批容量	1组
分包单位	—	分包单位项目负责人	—	检验批部位	低区换热系统
施工依据	锅炉安装施工方案		验收依据	《建筑给水排水及采暖工程质量验收规范》GB 50242—2002	

		验收项目			设计要求及规范规定	最小/实际抽样数量	检查记录	检查结果
主控项目	1	热交换器水压试验			第13.6.1条	—	—	—
	2	高温水循环泵与换热器相对位置			第13.6.2条	10/10	检查10处,合格10处	√
	3	壳管换热器距离墙及屋顶距离			第13.6.3条	10/10	检查10处,合格10处	√
一般项目	1	设备、阀门及仪表安装			第13.6.5条	10/10	检查10处,合格10处	100%
	2	静置设备允许偏差	坐标		15mm	10/10	检查10处,合格9处	90%
			标高		±5mm	10/10	检查10处,合格9处	90%
			垂直度(每米)		2mm	10/10	检查10处,合格9处	90%
		离心式水泵允许偏差	泵体水平度(每米)		0.1mm	10/10	检查10处,合格9处	90%
			联轴器同心度	轴向倾斜(每米)	0.8mm	10/10	检查10处,合格9处	90%
				径向位移	0.1mm	10/10	检查10处,合格9处	90%
	3	管道允许偏差	坐标	架空	15mm	10/10	检查10处,合格9处	90%
				地沟	10mm	—	—	—
			标高	架空	±15mm	10/10	检查10处,合格9处	90%
				地沟	±10mm	—	—	—
			水平管道纵、横方向弯曲	$DN \leq 100$mm	2‰,最大50mm	10/10	检查10处,合格9处	90%
				$DN > 100$mm	3‰,最大70mm	10/10	检查10处,合格9处	90%
			立管垂直(每米)		2‰,最大15mm	10/10	检查10处,合格9处	90%
			成排管道间距		3mm	10/10	检查10处,合格9处	90%
			交叉管的外壁或绝热层间距		10mm	10/10	检查10处,合格9处	90%
	4	管道设备保温允许偏差	厚度		$+0.1\delta$ -0.05δ	10/10	检查10处,合格9处	90%
			表面平整度	卷材	5mm	10/10	检查10处,合格9处	90%
				涂抹	10mm	10/10	检查10处,合格9处	90%

施工单位检查结果	符合要求 专业工长:××× 项目专业质量检查员:××× ××年×月×日
监理单位验收结论	合格 专业监理工程师:××× ××年×月×日

【填写说明】

1. 填写依据

(1)《建筑给水排水及采暖工程质量验收规范》GB 50242—2002。

(2)《建筑工程施工质量验收统一标准》GB 50300—2013。

2. 规范摘要

以下内容摘自《建筑给水排水及采暖工程质量验收规范》GB 50242—2002。

换热站安装

主控项目

(1)热交换器应以最大工作压力的1.5倍做水压试验，蒸汽部分应不低于蒸汽供汽压力加0.3MPa；热水部分应不低于0.4MPa。

检验方法：在试验压力下，保持10min压力不降。

(2)高温水系统中，循环水泵和换热器的相对安装位置应按设计文件施工。

检验方法：对照设计图纸检查。

(3)壳管式热交换器的安装，如设计无要求时，其封头与墙壁或屋顶的距离不得小于换热管的长度。

检验方法：观察和尺量检查。

一般项目

(1)换热站内设备安装的允许偏差应符合《建筑给水排水及采暖工程质量验收规范》GB 50242—2002表13.3.10的规定。

(2)换热站内的循环泵、调节阀、减压器、疏水器、除污器、流量计等安装应符合《建筑给水排水及采暖工程质量验收规范》GB 50242—2002的相关规定。

(3)换热站内管道安装的允许偏差应符合《建筑给水排水及采暖工程质量验收规范》GB 50242—2002表13.3.11的规定。

(4)管道及设备保温层的厚度和平整度的允许偏差应符合《建筑给水排水及采暖工程质量验收规范》GB 50242—2002表4.4.8的规定。

30.《热源及辅助设备绝热检验批质量验收记录》填写范例及说明

热源及辅助设备绝热检验批质量验收记录

05130601 001

<table>
<tr><td colspan="3">单位(子单位)
工程名称</td><td colspan="2">××大厦</td><td>分部(子分部)
工程名称</td><td>建筑给水排水及供暖/热源及辅助设备</td><td>分项工程名称</td><td>绝热</td></tr>
<tr><td colspan="3">施工单位</td><td colspan="2">××建筑有限公司</td><td>项目负责人</td><td>×××</td><td>检验批容量</td><td>10 台</td></tr>
<tr><td colspan="3">分包单位</td><td colspan="2">—</td><td>分包单位项目
负责人</td><td>—</td><td>检验批部位</td><td>锅炉房</td></tr>
<tr><td colspan="3">施工依据</td><td colspan="3">锅炉安装施工方案</td><td>验收依据</td><td colspan="2">《建筑给水排水及采暖工程质量验收规范》GB 50242—2002</td></tr>
<tr><td colspan="5">验收项目</td><td>设计要求及
规范规定</td><td>最小/实际
抽样数量</td><td>检查记录</td><td>检查
结果</td></tr>
<tr><td rowspan="3">一般项目</td><td rowspan="3">1</td><td rowspan="3">保温层允许偏差</td><td colspan="2">厚度δ</td><td>+0.1δ
−0.05δ</td><td>10/10</td><td>抽查 10 处,合格 9 处</td><td>90%</td></tr>
<tr><td rowspan="2">表面
平整度</td><td>卷材</td><td>5mm</td><td>10/10</td><td>抽查 10 处,合格 9 处</td><td>90%</td></tr>
<tr><td>涂料</td><td>10mm</td><td>—</td><td>—</td><td>—</td></tr>
<tr><td colspan="3">施工单位
检查结果</td><td colspan="6">符合要求

专业工长:×××
项目专业质量检查员:×××
××年×月×日</td></tr>
<tr><td colspan="3">监理单位
验收结论</td><td colspan="6">合格

专业监理工程师:×××
××年×月×日</td></tr>
</table>

【填写说明】

参见“室内供暖系统绝热检验批质量验收记录”填写说明。

31.《热源及辅助设备试验与调试检验批质量验收记录》填写范例及说明

热源及辅助设备试验与调试检验批质量验收记录

05130701 001

<table>
<tr><td>单位(子单位)工程名称</td><td colspan="2">××大厦</td><td>分部(子分部)工程名称</td><td>建筑给水排水及供暖/热源及辅助设备</td><td>分项工程名称</td><td colspan="2">系统调试</td></tr>
<tr><td>施工单位</td><td colspan="2">××建筑有限公司</td><td>项目负责人</td><td>×××</td><td>检验批容量</td><td colspan="2">4台</td></tr>
<tr><td>分包单位</td><td colspan="2">—</td><td>分包单位项目负责人</td><td>—</td><td>检验批部位</td><td colspan="2">锅炉房</td></tr>
<tr><td>施工依据</td><td colspan="3">锅炉安装施工方案</td><td>验收依据</td><td colspan="3">《建筑给水排水及采暖工程质量验收规范》GB 50242—2002</td></tr>
<tr><td colspan="3">验 收 项 目</td><td>设计要求及规范规定</td><td>最小/实际抽样数量</td><td colspan="2">检 查 记 录</td><td>检查结果</td></tr>
<tr><td rowspan="3">主控项目</td><td>1</td><td>锅炉火焰烘炉</td><td>第13.5.1条</td><td>—</td><td colspan="2">共10处，全部检查，合格10处</td><td>√</td></tr>
<tr><td>2</td><td>烘烤后炉墙</td><td>第13.5.2条</td><td>—</td><td colspan="2">共10处，全部检查，合格10处</td><td>√</td></tr>
<tr><td>3</td><td>带负荷试运行和定压检验</td><td>第13.5.3条</td><td>—</td><td colspan="2">共10处，全部检查，合格10处</td><td>√</td></tr>
<tr><td>一般项目</td><td>1</td><td>煮炉</td><td>第13.5.4条</td><td>—</td><td colspan="2">共10处，全部检查，合格10处</td><td>100%</td></tr>
<tr><td>施工单位检查结果</td><td colspan="7">符合要求

专业工长：×××
项目专业质量检查员：×××
××年×月×日</td></tr>
<tr><td>监理单位验收结论</td><td colspan="7">合格

专业监理工程师：×××
××年×月×日</td></tr>
</table>

【填写说明】

1.填写依据

(1)《建筑给水排水及采暖工程质量验收规范》GB 50242—2002。

(2)《建筑工程施工质量验收统一标准》GB 50300—2013。

2.规范摘要

以下内容摘自《建筑给水排水及采暖工程质量验收规范》GB 50242—2002。

主控项目

(1)锅炉火焰烘炉应符合下列规定:

1)火焰应在炉膛中央燃烧,不应直接烧烤炉墙及炉拱。

2)烘炉时间一般不少于4d,升温应缓慢,后期烟温不应高于160℃,且持续时间不应少于24h。

3)链条炉排在烘炉过程中应定期转动。

4)烘炉的中、后期应根据锅炉水水质情况排污。

检验方法:计时测温、操作观察检查。

(2)烘炉结束后应符合下列规定:

1)炉墙经烘烤后没有变形、裂纹及塌落现象。

2)炉墙砌筑砂浆含水率达到7%以下。

检验方法:测试及观察检查。

(3)锅炉在烘炉、煮炉合格后,应进行48h的带负荷连续试运行,同时应进行安全阀的热状态定压检验和调整。

检验方法:检查烘炉、煮炉及试运行全过程。

一般项目

煮炉时间一般应为2～3d,如蒸汽压力较低,可适当延长煮炉时间。非砌筑或浇注保温材料保温的锅炉,安装后可直接进行煮炉。煮炉结束后,锅筒和集箱内壁应无油垢,擦去附着物后金属表面应无锈斑。

检验方法:打开锅筒和集箱检查孔检查。

二、《分项工程质量验收记录》填写范例与说明

1.《给水管道及配件安装分项工程质量验收记录》填写范例

给水管道及配件安装 分项工程质量验收记录

编号：×××

<table>
<tr><td colspan="2">单位（子单位）工程名称</td><td colspan="2">××办公楼工程</td><td>分部（子分部）工程名称</td><td colspan="2">建筑给水排水及供暖（室内给水系统）</td></tr>
<tr><td colspan="2">分项工程工程量</td><td colspan="2">××mm</td><td>检验批数量</td><td colspan="2">7</td></tr>
<tr><td colspan="2">施工单位</td><td colspan="2">××建设集团有限公司</td><td>项目负责人</td><td>×××</td><td>项目技术负责人 ×××</td></tr>
<tr><td colspan="2">分包单位</td><td colspan="2">—</td><td>分包单位项目负责人</td><td>—</td><td>分包内容 —</td></tr>
<tr><td>序号</td><td>检验批名称</td><td>检验批容量</td><td>部位/区段</td><td>施工单位检查结果</td><td colspan="2">监理单位验收结论</td></tr>
<tr><td>1</td><td>给水管道及配件安装</td><td>××m</td><td>B01～11层冷水主干、立管及出户管</td><td>符合要求</td><td colspan="2">合格</td></tr>
<tr><td>2</td><td>给水管道及配件安装</td><td>××m</td><td>5层1～13/D～F轴冷水支管</td><td>符合要求</td><td colspan="2">合格</td></tr>
<tr><td>3</td><td>给水管道及配件安装</td><td>××m</td><td>4层1～13/D～F轴冷水支管</td><td>符合要求</td><td colspan="2">合格</td></tr>
<tr><td>4</td><td>给水管道及配件安装</td><td>××m</td><td>3层1～13/E～F轴冷水支管</td><td>符合要求</td><td colspan="2">合格</td></tr>
<tr><td>5</td><td>给水管道及配件安装</td><td>××m</td><td>2层1～13/E～F轴冷水支管</td><td>符合要求</td><td colspan="2">合格</td></tr>
<tr><td>6</td><td>给水管道及配件安装</td><td>××m</td><td>1层1～13/A～G轴冷水支管</td><td>符合要求</td><td colspan="2">合格</td></tr>
<tr><td>7</td><td>给水管道及配件安装</td><td>××m</td><td>B01层1～13/A～H轴冷水支管</td><td>符合要求</td><td colspan="2">合格</td></tr>
<tr><td>8</td><td></td><td></td><td></td><td></td><td colspan="2"></td></tr>
<tr><td>9</td><td></td><td></td><td></td><td></td><td colspan="2"></td></tr>
<tr><td>10</td><td></td><td></td><td></td><td></td><td colspan="2"></td></tr>
<tr><td>11</td><td></td><td></td><td></td><td></td><td colspan="2"></td></tr>
<tr><td>12</td><td></td><td></td><td></td><td></td><td colspan="2"></td></tr>
<tr><td>13</td><td></td><td></td><td></td><td></td><td colspan="2"></td></tr>
<tr><td>14</td><td></td><td></td><td></td><td></td><td colspan="2"></td></tr>
<tr><td>15</td><td></td><td></td><td></td><td></td><td colspan="2"></td></tr>
<tr><td colspan="7">说明：
检验批质量验收记录资料齐全完整</td></tr>
<tr><td colspan="2">施工单位检查结果</td><td colspan="5">符合要求
项目专业技术负责人：×××
××年×月×日</td></tr>
<tr><td colspan="2">监理单位验收结论</td><td colspan="5">合格
专业监理工程师：×××
××年×月×日</td></tr>
</table>

2.《分项工程质量验收记录》填写说明

分项工程完成(即分项工程所包含的检验批均已完工)施工单位自检合格后,应填报《______分项工程质量验收记录》。分项工程应由专业监理工程师组织施工单位项目专业技术负责人(无专业技术负责人则由施工单位项目技术负责人参加)等进行验收并签认。

(1)表格名称及编号。

1)表格名称:按验收规范给定的分项工程名称,填写在表格名称下划线空格处;

2)分项工程质量验收记录编号:编号按"建筑工程的分部工程、分项工程划分"《建筑工程施工质量验收统一标准》GB 50300—2013 的附录 B 规定的分部工程、子分部工程、分项工程的代码编写,写在表的右上角。对于一个工程而言,一个分项只有一个分项工程质量验收记录,所以不编写顺序号。其编号规则具体说明如下:

① 第 1、2 位数字是分部工程的代码;

② 第 3、4 位数字是子分部工程的代码;

③ 第 5、6 位数字是分项工程的代码。

(2)表头的填写。

1)单位(子单位)工程名称填写全称,如为群体工程,则按群体工程名称—单位工程名称形式填写,子单位工程标出该部分的位置;

2)分部(子分部)工程名称按《建筑工程施工质量验收统一标准》GB 50300 划定的分部(子分部)名称填写;

3)分项工程工程量名称:指本分项工程的工程量,按工程实际填写,计量项目和单位按专业验收规范中对分项工程工程量的规定;

4)检验批数量指本分项工程包含的实际发生的所有检验批的数量;

5)施工单位及项目负责人、项目技术负责人:"施工单位"栏应填写总包单位名称,或与建设单位签订合同专业承包单位名称,宜写全称,并与合同上公章名称一致,并应注意各表格填写的名称应相互一致;"项目负责人"栏填写合同中指定的项目负责人名称;"项目技术负责人"栏填写本工程项目的技术负责人姓名;表头中人名由填表人填写即可,只是标明具体的负责人,不用签字;

6)分包单位及分包单位项目负责人、分包单位项目技术负责人:"分包单位"栏应填写分包单位名称,即与施工单位签订合同的专业分包单位名称,宜写全称,并与合同上公章名称一致,并应注意各表格填写的名称应相互一致;"分包单位项目负责人"栏填写合同中指定的分包单位项目负责人名称;表头中人名由填表人填写即可,只是标明具体的负责人,不用签字;

7)分包内容:指分包单位承包的本分项工程的范围。

(3)"序号"栏的填写。

按检验批的排列顺序依次填写,检验批项目多于一页的,增加表格,顺序排号。

(4)"检验批名称、检验批容量、部位/区段、施工单位检查结果、监理单位验收结论"栏的填写。

1)填写本分项工程汇总的所有检验批依次排序,并填写其名称、检验批容量及部位/区段,注意要填写齐全;

2)“施工单位检查结果”栏，由填表人依据检验批验收记录填写，填写“符合要求”或“验收合格”；

3)“监理单位验收结论”栏，由填表人依据检验批验收记录填写，同意项填写“合格”或“符合要求”，如有不同意项应做标记但暂不填写。

(5)“说明”栏的填写：

1)如有不同意项应做标记但暂不填写，待处理后再验收；对不同意项，监理工程师应指出问题，明确处理意见和完成时间；

2)应说明所含检验批的质量验收记录是否完整。

(6)表下部“施工单位检查结果”栏的填写：

1)由施工单位项目技术负责人填写，填写“符合要求”或“验收合格”，并填写日期；

2)分包单位施工的分项工程验收时，分包单位人员不签字，但应将分包单位名称及分包单位项目负责人、分包单位项目技术负责人姓名输（填）到对应单元格内。

(7)表下部“监理单位验收结论”栏，专业工程监理工程师在确认各项验收合格后，填入“验收合格”，并填写日期。

(8)注意事项：

1)核对检验批的部位、区段是否全部覆盖分项工程的范围，有无遗漏的部位；

2)一些在检验批中无法检验的项目，在分项工程中直接验收，如有混凝土、砂浆强度要求的检验批，到龄期后试压结果能否达到设计要求；

3)检查各检验批的验收资料是否完整并做统一整理，依次登记保管，为下一步验收打下基础。

三、《分部工程质量验收记录》填写范例与说明

1.《建筑给水排水及采暖分部工程质量验收记录表》填写范例

表G 建筑给水排水及采暖 分部工程质量验收记录

编号：005

<table>
<tr><td>单位(子单位)工程名称</td><td colspan="2">××大厦</td><td>子分部工程数量</td><td>5</td><td>分项工程数量</td><td>29</td></tr>
<tr><td>施工单位</td><td colspan="2">××建筑有限公司</td><td>项目负责人</td><td>×××</td><td>技术(质量)负责人</td><td>×××</td></tr>
<tr><td>分包单位</td><td colspan="2">—</td><td>分包单位负责人</td><td>—</td><td>分包内容</td><td>—</td></tr>
<tr><td>序号</td><td>子分部工程名称</td><td colspan="2">分项工程名称</td><td>检验批数量</td><td>施工单位检查结果</td><td>监理单位验收结论</td></tr>
<tr><td>1</td><td>室内给水系统</td><td colspan="2">给水管道及配件安装</td><td>10</td><td>符合要求</td><td>合格</td></tr>
<tr><td>2</td><td></td><td colspan="2">给水设备安装</td><td>2</td><td>符合要求</td><td>合格</td></tr>
<tr><td>3</td><td></td><td colspan="2">室内消火栓系统安装</td><td>10</td><td>符合要求</td><td>合格</td></tr>
<tr><td>4</td><td></td><td colspan="2">消防喷淋系统安装</td><td>10</td><td>符合要求</td><td>合格</td></tr>
<tr><td>5</td><td></td><td colspan="2">防腐</td><td>10</td><td>符合要求</td><td>合格</td></tr>
<tr><td>6</td><td></td><td colspan="2">绝热</td><td>10</td><td>符合要求</td><td>合格</td></tr>
<tr><td>7</td><td></td><td colspan="2">管道冲洗</td><td>2</td><td>符合要求</td><td>合格</td></tr>
<tr><td>8</td><td></td><td colspan="2">消毒</td><td>2</td><td>符合要求</td><td>合格</td></tr>
<tr><td colspan="4">质量控制资料</td><td colspan="2">检查14项，齐全有效</td><td>合格</td></tr>
<tr><td colspan="4">安全和功能检验结果</td><td colspan="2">检查6项，符合要求</td><td>合格</td></tr>
<tr><td colspan="4">观感质量检验结果</td><td colspan="3">一般</td></tr>
<tr><td colspan="2">综合验收结论</td><td colspan="5">给水排水及采暖分部工程验收合格</td></tr>
<tr><td colspan="2">施工单位
项目负责人：×××
××年×月×日</td><td colspan="2">勘察单位
项目负责人：
年 月 日</td><td colspan="2">设计单位
项目负责人：×××
××年×月×日</td><td>监理单位
总监理工程师：×××
××年×月×日</td></tr>
</table>

注：1. 地基与基础分部工程的验收应由施工、勘察、设计单位项目负责人和总监理工程师参加并签字。

2. 主体结构、节能分部工程的验收应由施工、设计单位项目负责人和总监理工程师参加并签字。

表G 建筑给水排水及采暖 分部工程质量验收记录

编号：005

单位(子单位)工程名称	××大厦	子分部工程数量	5	分项工程数量	29
施工单位	××建筑有限公司	项目负责人	×××	技术(质量)负责人	×××
分包单位	—	分包单位负责人	—	分包内容	—

序号	子分部工程名称	分项工程名称	检验批数量	施工单位检查结果	监理单位验收结论
9	室内给水系统	试验与调试	2	符合要求	合格
10	室内排水系统	排水管道及配件安装	10	符合要求	合格
11		雨水管道及配件安装	2	符合要求	合格
12		防腐	10	符合要求	合格
13		试验与调试	2	符合要求	合格
14	室内热水系统	管道及配件安装	10	符合要求	合格
15		辅助设备安装	2	符合要求	合格
16		防腐	10	符合要求	合格
质量控制资料			检查14项，齐全有效		合格
安全和功能检验结果			检查6项，符合要求		合格
观感质量检验结果			一般		
综合验收结论	给水排水及采暖分部工程验收合格				

施工单位	勘察单位	设计单位	监理单位
项目负责人：×××	项目负责人：	项目负责人：×××	总监理工程师：×××
××年×月×日	年 月 日	××年×月×日	××年×月×日

注：1. 地基与基础分部工程的验收应由施工、勘察、设计单位项目负责人和总监理工程师参加并签字。

2. 主体结构、节能分部工程的验收应由施工、设计单位项目负责人和总监理工程师参加并签字。

表G 建筑给水排水及采暖 分部工程质量验收记录

编号：005

单位(子单位)工程名称	××大厦	子分部工程数量	5	分项工程数量	29
施工单位	××建筑有限公司	项目负责人	×××	技术(质量)负责人	×××
分包单位	—	分包单位负责人	—	分包内容	—

序号	子分部工程名称	分项工程名称	检验批数量	施工单位检查结果	监理单位验收结论
17	室内热水系统	绝热	10	符合要求	合格
18		试验与调试	10	符合要求	合格
19	卫生器具	卫生器具安装	10	符合要求	合格
20		卫生器具给水配件安装	10	符合要求	合格
21		卫生器具排水管道安装	10	符合要求	合格
22		试验与调试	10	符合要求	合格
23		管道及配件安装	10	符合要求	合格
24		辅助设备安装	2	符合要求	合格
质量控制资料				检查14项，齐全有效	合格
安全和功能检验结果				检查6项，符合要求	合格
观感质量检验结果				一般	
综合验收结论	给水排水及采暖分部工程验收合格				

施工单位	勘察单位	设计单位	监理单位
项目负责人：××× ××年×月×日	项目负责人： 年 月 日	项目负责人：××× ××年×月×日	总监理工程师：××× ××年×月×日

注：1. 地基与基础分部工程的验收应由施工、勘察、设计单位项目负责人和总监理工程师参加并签字。

2. 主体结构、节能分部工程的验收应由施工、设计单位项目负责人和总监理工程师参加并签字。

表G 建筑给水排水及采暖 分部工程质量验收记录

编号：005

单位(子单位)工程名称	××大厦	子分部工程数量	5	分项工程数量	29
施工单位	××建筑有限公司	项目负责人	×××	技术(质量)负责人	×××
分包单位	—	分包单位负责人	—	分包内容	—

序号	子分部工程名称	分项工程名称	检验批数量	施工单位检查结果	监理单位验收结论
25	室内供暖系统	散热器安装	10	符合要求	合格
26		热计量与调控装置安装	2	符合要求	合格
27		试验与调试	2	符合要求	合格
28		防腐	10	符合要求	合格
29		绝热	10	符合要求	合格
质量控制资料			检查14项，齐全有效		合格
安全和功能检验结果			检查6项，符合要求		合格
观感质量检验结果			一般		
综合验收结论	给水排水及采暖分部工程验收合格				

施工单位 项目负责人：××× ××年×月×日	勘察单位 项目负责人： 年 月 日	设计单位 项目负责人：××× ××年×月×日	监理单位 总监理工程师：××× ××年×月×日

注：1. 地基与基础分部工程的验收应由施工、勘察、设计单位项目负责人和总监理工程师参加并签字。
2. 主体结构、节能分部工程的验收应由施工、设计单位项目负责人和总监理工程师参加并签字。

2.《分部工程质量验收记录表》填写说明

分部或子分部工程完成，施工单位自检合格后，应填报《________分部工程质量验收记录》。

分部工程应由总监理工程师组织施工单位项目负责人和项目技术、质量负责人等进行验收。勘察、设计单位项目负责人和施工单位技术、质量部门负责人应参加地基与基础分部工程的验收。设计单位项目负责人和施工单位技术、质量部门负责人应参加主体结构、节能分部工程的验收。

(1)表格名称及编号。

1)表格名称：按验收规范给定的分部工程名称，填写在表格名称下划线空格处；

2)分部工程质量验收记录编号：编号按"建筑工程的分部工程、分项工程划分"《建筑工程施工质量验收统一标准》GB 50300—2013 附录 B 规定的分部工程代码编写，写在表的右上角。对于一个工程而言，一个分部只有一个分部工程质量验收记录，所以不编写顺序号。其编号为两位。

(2)表头的填写。

1)单位(子单位)工程名称填写全称，如为群体工程，则按群体工程名称一单位工程名称形式填写，子单位工程标出该部分的位置；

2)子分部工程数量：指本分部工程包含的实际发生的所有子分部工程的数量；

3)分项工程数量：指本分部工程包含的实际发生的所有分项工程的总数量；

4)施工单位及施工单位技术(质量)部门负责人："施工单位"栏应填写总包单位名称，或与建设单位签订合同专业承包单位名称，宜写全称，并与合同上公章名称一致，并应注意各表格填写的名称应相互一致；"技术(质量)部门负责人"栏填写施工单位技术(质量)部门负责人姓名；表头中人名由填表人填写即可，只是标明具体的负责人，不用签字；

5)分包单位及分包单位项目负责人、分包单位技术(质量)负责人："分包单位"栏应填写分包单位名称，即与施工单位签订合同的专业分包单位名称，宜写全称，并与合同上公章名称一致，并应注意各表格填写的名称应相互一致；"分包单位项目负责人"栏填写合同中指定的分包单位项目负责人名称；表头中人名由填表人填写即可，只是标明具体的负责人，不用签字；

6)分包内容：指分包单位承包的本分部工程的范围。

(3)"序号"栏的填写。

按检验批的排列顺序依次填写，检验批项目多于一页的，增加表格，顺序排号。

(4)"子分部工程名称、分项工程名称、检验批数量、施工单位检查结果、监理单位验收结论"栏的填写。

1)填写本分部工程汇总的所有子分部、分项工程依次排序，并填写其名称、检验批数量，注意要填写齐全；

2)"施工单位检查结果"栏，由填表人依据分项工程验收记录填写，填写"符合要求"或"合格"；

3)"监理单位验收结论"栏，由填表人依据分项工程验收记录填写，同意项填写"合格"或"符合要求"。

(5)质量控制资料。

1)“质量控制资料”栏应按《单位(子单位)工程质量控制资料核查记录》来核查，但是各专业只需要检查该表内对应于本专业的那部分相关内容，不需要全部检查表内所列内容，也未要求在分部工程验收时填写该表。

2)核查时，应对资料逐项核对检查，应核查下列几项：

①查资料是否齐全，有无遗漏；

②查资料的内容有无不合格项；

③资料横向是否相互协调一致，有无矛盾；

④资料的分类整理是否符合要求，案卷目录、份数页数及装订等有无缺漏；

⑤各项资料签字是否齐全。

3)当确认能够基本反映工程质量情况，达到保证结构安全和使用功能的要求，该项即可通过验收。全部项目都通过验收，即可在“施工单位检查结果”栏内填写检查结果，标注“检查合格”，并说明资料份数，然后送监理单位或建设单位验收，监理单位总监理工程师组织审查，如认为符合要求，则在“验收意见”栏内签注“验收合格”意见。

4)对一个具体工程，是按分部还是按子分部进行资料验收，需要根据具体工程的情况自行确定。

(6)“安全和功能检验结果”栏应根据工程实际情况填写。

安全和功能检验，是指按规定或约定需要在竣工时进行抽样检测的项目。这些项目凡能在分部(子分部)工程验收时进行检测的，应在分部(子分部)工程验收时进行检测。具体检测项目可按《单位(子单位)工程安全和功能检验资料核查及主要功能抽查记录》中相关内容在开工之前加以确定。设计有要求或合同有约定的，按要求或约定执行。

在核查时，要检查开工之前确定的检测项目是否全部进行了检测。要逐一对每份检测报告进行核查，主要核查每个检测项目的检测方法、程序是否符合有关标准规定；检测结论是否达到规范的要求；检测报告的审批程序及签字是否完整等。

如果每个检测项目都通过审查，施工单位即可在检查结果标注“检查合格”，并说明资料份数。由项目负责人送监理单位验收，总监理工程师组织审查，认为符合要求后，在“验收意见”栏内签注“验收合格”意见。

(7)“观感质量检验结果”栏的填写应符合工程的实际情况。

只作定性评判，不再作量化打分。观感质量等级分为“好”、“一般”、“差”共3档。“好”、“一般”均为合格；“差”为不合格，需要修理或返工。

观感质量检查的主要方法是观察。但除了检查外观外，还应对能启动、运转或打开的部位进行启动或打开检查。并注意应尽量做到全面检查，对屋面、地下室及各类有代表性的房间、部位都应查到。

观感质量检查首先由施工单位项目负责人组织施工单位人员进行现场检查，检查合格后填表，由项目负责人签字后交监理单位验收。

监理单位总监理工程师组织对观感质量进行验收，并确定观感质量等级。认为达到“好”或“一般”，均视为合格。在“观感质量”验收意见栏内填写“好”或“一般”。评为“差”的项目，应由施工单位修理或返工。如确实无法修理，可经协商实行让步验收，并在验收表中注明。由于“让步验收”意味着工程留下永久性缺陷，故应尽量避免出现这种情况。

(8)“综合验收结论”的填写。

由总监理工程师与各方协商，确认符合规定，取得一致意见后，按表中各栏分项填写。可在“综合验收结论”栏填入“××分部工程验收合格”。

当出现意见不一致时，应由总监理工程师与各方协商，对存在的问题，提出处理意见或解决办法，待问题解决后再填表。

(9)签字栏。

制表时已经列出了需要签字的参加工程建设的有关单位。应由各方参加验收的代表亲自签名，以示负责，通常不需盖章。勘察、设计单位需参加地基与基础分部工程质量验收，由其项目负责人亲自签认。

设计单位需参加主体结构和建筑节能分部工程质量验收，由设计单位的项目负责人亲自签认。

施工方总承包单位由项目负责人亲自签认，分包单位不用签字，但必须参考其负责的分部工程的验收。

监理单位作为验收方，由总监理工程师签认验收。未委托监理的工程，可由建设单位项目技术负责人签认验收。

(10)注意事项。

1)核查各分部工程所含分项工程是否齐全，有无遗漏。

2)核查质量控制资料是否完整，分类整理是否符合要求。

3)核查安全、功能的检测是否按规范、设计、合同要求全部完成，未做的应补核查检测结论是否合格。

4)对分部工程应进行观感质量检查验收，主要检查分项工程验收后到分部工程验收之间，工程实体质量有无变化，如有，应修补达到合格，才能通过验收。

第二节　通风与空调工程施工质量验收记录

一、《检验批质量验收记录》填写范例及说明

1.《风管与配件产成品检验批质量验收记录》填写范例及说明

风管与配件产成品检验批质量验收记录（金属风管）

06010101　001

单位（子单位）工程名称	××大厦	分部（子分部）工程名称	通风与空调/送风系统	分项工程名称	风管与配件制作
施工单位	××建筑有限公司	项目负责人	×××	检验批容量	风管面积：1200m² 风管：150 件
分包单位	—	分包单位项目负责人	—	检验批部位	⑯～㊱/Ⓕ～Ⓡ轴 地下一层防火分区十
施工依据	《通风与空调工程施工规范》GB 50738—2011	验收依据	《通风与空调工程施工质量验收规范》GB 50243—2016		

		设计要求及质量验收规范的规定	施工单位质量评定记录	监理（建设）单位验收记录						
				单项检验批产品数量 N	单项抽样样本数 n	检验批汇总数量 $\sum N$	抽样样本汇总数量 $\sum n$	单项或汇总$\sum$抽样检验不合格数量	评判结果	备注
主控项目	1	风管强度与严密性工艺检测	抽查 4 个系统，合格 4 个系统；质量证明文件齐全有效，测试合格，报告编号×××	12	4			0	合格	95%
	2	钢板风管性能及厚度	抽查 7 件，合格 7 件	150	7			0	合格	95%
	3	铝板与不锈钢板性能及厚度	—			462	25		—	
	4	风管的连接	抽查 7 件，合格 7 件	150	7			0	合格	95%
	5	风管的加固	抽查 7 件，合格 7 件	150	7			0	合格	95%
	6	防火风管	—						—	
	7	净化空调系统风管	—						—	
	8	镀锌钢板不得焊接	—						—	
	…	……								
一般项目	1	法兰风管	抽查 3 件，合格 3 件	150	3			0	合格	85%
	2	无法兰风管	—						—	
	3	风管的加固	抽查 3 件，合格 3 件	150	3			0	合格	85%
	4	焊接风管	—						—	
	5	铝板或不锈钢板风管	—						—	
	6	圆形弯管	—			336	12		—	
	7	矩形风管导流片	抽查 3 件，合格 3 件	18	3			0	合格	85%
	8	风管变径管	抽查 3 件，合格 3 件	18	3			0	合格	85%
	9	净化空调系统风管	—						—	
	…	……								
施工单位检查结果评定			符合要求 专业工长：××× 项目专业质量检查员：××× ××年×月×日							
监理单位验收结论			合格 专业监理工程师：××× ××年×月×日							

风管与配件产成品检验批质量验收记录(非金属风管)

06010102 001

单位(子单位)工程名称	××大厦	分部(子分部)工程名称	通风与空调/送风系统	分项工程名称	风管与配件制作
施工单位	××建筑有限公司	项目负责人	×××	检验批容量	风管面积:1200m² 风管:150 件
分包单位	—	分包单位项目负责人	—	检验批部位	⑯～㊱/Ⓕ～Ⓡ轴 地下一层防火分区十
施工依据	《通风与空调工程施工规范》GB 50738—2011	验收依据	《通风与空调工程施工质量验收规范》GB 50243—2016		

		设计要求及质量验收规范的规定	施工单位质量评定记录	监理(建设)单位验收记录:单项检验批产品数量 N	单项抽样样本数 n	检验批汇总数量 ΣN	抽样样本汇总数量 Σn	单项或汇总Σ抽样检验不合格数量	评判结果	备注
主控项目	1	风管强度与严密性工艺检测	抽查4个系统,合格4个系统;质量证明文件齐全有效,测试合格,报告编号×××	12	4	312	18	0	合格	95%
	2	硬聚氯乙烯风管材质、性能及厚度	抽查7件,合格7件;质量证明文件齐全,进场验收合格,记录编号×××	150	7			0	合格	95%
	3	玻璃钢风管材质、性能及厚度	—						—	
	4	硬聚氯乙烯风管的连接与加固	抽查7件,合格7件	150	7			0	合格	95%
	5	玻璃钢风管的连接与加固	—						—	
	6	砖、混凝土建筑风道	—						—	
	7	织物布风管	—						—	
	…	……								
一般项目	1	硬聚氯乙烯风管	抽查3件,合格3件	150	3	186	9	0	合格	85%
	2	有机玻璃钢风管	—						—	
	3	无机玻璃钢风管	—						—	
	4	砖、混凝土建筑风道	—						—	
	5	圆形弯管制作	—						—	
	6	矩形风管导流片	抽查3件,合格3件	18	3			0	合格	85%
	7	风管变径管	抽查3件,合格3件	18	3			0	合格	85%
	…	……								

施工单位检查结果评定	符合要求 专业工长:××× 项目专业质量检查员:××× ××年×月×日
监理单位验收结论	合格 专业监理工程师:××× ××年×月×日

风管与配件产成品检验批质量验收记录(复合材料风管)

06010103 001

单位(子单位)工程名称	××大厦	分部(子分部)工程名称	通风与空调/送风系统	分项工程名称	风管与配件制作
施工单位	××建筑有限公司	项目负责人	×××	检验批容量	风管面积:1200m² 风管:150件
分包单位	—	分包单位项目负责人	—	检验批部位	⑯～㊱/Ⓕ～Ⓡ轴 地下一层防火分区十
施工依据	《通风与空调工程施工规范》GB 50738—2011	验收依据	《通风与空调工程施工质量验收规范》GB 50243—2016		

<table>
<tr><td rowspan="2" colspan="3">设计要求及质量验收规范的规定</td><td rowspan="2">施工单位质量评定记录</td><td colspan="7">监理(建设)单位验收记录</td></tr>
<tr><td>单项检验批产品数量 N</td><td>单项抽样样本数 n</td><td>检验批汇总数量ΣN</td><td>抽样样本汇总数量Σn</td><td>单项或汇总Σ抽样检验不合格数量</td><td>评判结果</td><td>备注</td></tr>
<tr><td rowspan="5">主控项目</td><td>1</td><td>风管强度与严密性工艺检测</td><td>抽查4个系统,合格4个系统;质量证明文件齐全有效,测试合格,报告编号×××</td><td>12</td><td>4</td><td rowspan="5">162</td><td rowspan="5">11</td><td>0</td><td>合格</td><td>95%</td></tr>
<tr><td>2</td><td>复合材料风管材质、性能及厚度</td><td>抽查7件,合格7件;质量证明文件齐全,进场验收合格,记录编号×××</td><td>150</td><td>7</td><td>0</td><td>合格</td><td>95%</td></tr>
<tr><td>3</td><td>铝箔复合材料风管</td><td>—</td><td></td><td></td><td></td><td>—</td><td></td></tr>
<tr><td>4</td><td>夹芯彩钢板风管</td><td>—</td><td></td><td></td><td></td><td>—</td><td></td></tr>
<tr><td>…</td><td>……</td><td></td><td></td><td></td><td></td><td></td><td></td></tr>
<tr><td rowspan="8">一般项目</td><td>1</td><td>风管及法兰</td><td>抽查3件,合格3件</td><td>150</td><td>3</td><td rowspan="8">186</td><td rowspan="8">9</td><td>0</td><td>合格</td><td>85%</td></tr>
<tr><td>2</td><td>双面铝箔复合绝热材料风管</td><td>—</td><td></td><td></td><td></td><td>—</td><td></td></tr>
<tr><td>3</td><td>铝箔玻璃纤维板风管</td><td>—</td><td></td><td></td><td></td><td>—</td><td></td></tr>
<tr><td>4</td><td>机制玻璃纤维增强氯氧镁水泥复合板风管</td><td>—</td><td></td><td></td><td></td><td>—</td><td></td></tr>
<tr><td>5</td><td>圆形弯管制作</td><td>—</td><td></td><td></td><td></td><td>—</td><td></td></tr>
<tr><td>6</td><td>矩形风管导流片</td><td>抽查3件,合格3件</td><td>18</td><td>3</td><td>0</td><td>合格</td><td>85%</td></tr>
<tr><td>7</td><td>风管变径管</td><td>抽查3件,合格3件</td><td>18</td><td>3</td><td>0</td><td>合格</td><td>85%</td></tr>
<tr><td>…</td><td>……</td><td></td><td></td><td></td><td></td><td></td><td></td></tr>
<tr><td colspan="3">施工单位检查结果评定</td><td colspan="8">符合要求
专业工长:×××
项目专业质量检查员:×××
××年×月×日</td></tr>
<tr><td colspan="3">监理单位验收结论</td><td colspan="8">合格
专业监理工程师:×××
××年×月×日</td></tr>
</table>

【填写说明】

1.填写依据

(1)《通风与空调工程质量验收规范》GB 50243—2016。

(2)《建筑工程施工质量验收统一标准》GB 50300—2013。

2.检验批抽样与验收规定

(1)检验批质量验收抽样应符合下列规定:

1)产品合格率大于或等于95%的抽样评定方案,应定为第Ⅰ抽样方案(以下简称Ⅰ方案),主要适用于主控项目;产品合格率大于或等于85%的抽样评定方案,应定为第Ⅱ抽样方案(以下简称Ⅱ方案),主要适用于一般项目。

2)当检索出抽样检验评价方案所需的产品样本量 n 超过检验批的产品数量 N 时,应对该检验批总体中所有的产品进行检验。

3)强制性条款的检验应采用全数检验方案。

(2)分项工程检验批验收合格质量应符合下列规定:

1)当受检方通过自检,检验批的质量已达到合同和规范的要求,并具有相应的质量合格的施工验收记录时,可进行工程施工质量检验批质量的验收。

2)采用全数检验方案检验时,主控项目的质量检验结果应全数合格;一般项目的质量检验结果,计数合格率不应小于85%,且不得有严重缺陷。

3)采用抽样方案检验时,且检验批检验结果合格时,批质量验收应予以通过;当抽样检验批检验结果不符合合格要求时,受检方可申请复验或复检。

4)质量验收中被检出的不合格品,均应进行修复或更换为合格品。

3.规范摘要

以下内容摘自《通风与空调工程质量验收规范》GB 50243—2016。

主控项目

(1)风管加工质量应通过工艺性的检测或验证,强度和严密性要求应符合下列规定:

1)风管在试验压力保持5min及以上时,接缝处应无开裂,整体结构应无永久性的变形及损伤。试验压力应符合下列规定:

①低压风管应为1.5倍的工作压力;

②中压风管应为1.2倍的工作压力,且不低于750Pa;

③高压风管应为1.2倍的工作压力。

2)矩形金属风管的严密性检验,在工作压力下的风管允许漏风量应符合表5-42的规定。

表5-42 风管允许漏风量

风管类别	允许漏风量[$m^3/(m^2 \cdot h)$]
低压风管	$Q_l \leqslant 0.1056P^{0.65}$
中压风管	$Q_m \leqslant 0.0352P^{0.65}$
高压风管	$Q_h \leqslant 0.0117P^{0.65}$

注:Q_l 为低压风管允许漏风量,Q_m 为中压风管允许漏风量,Q_h 为高压风管允许漏风量,P 为系统风管工作压力(Pa)。

3)低压、中压圆形金属与复合材料风管，以及采用非法兰形式的非金属风管的允许漏风量，应为矩形金属风管规定值的50%。

4)砖、混凝土风道的允许漏风量不应大于矩形金属低压风管规定值的1.5倍。

5)排烟、除尘、低温送风及变风量空调系统风管的严密性应符合中压风管的规定，N1级～N5级净化空调系统风管的严密性应符合高压风管的规定。

6)风管系统工作压力绝对值不大于125Pa的微压风管，在外观和制造工艺检验合格的基础上，不应进行漏风量的验证测试。

7)输送剧毒类化学气体及病毒的实验室通风与空调风管的严密性能应符合设计要求。

8)风管或系统风管强度与漏风量测试应符合《通风与空调工程施工质量验收规范》GB 50243—2016附录C的规定。

检查数量：按Ⅰ方案。

检查方法：按风管系统的类别和材质分别进行，查阅产品合格证和测试报告，或实测旁站。

(2)防火风管的本体、框架与固定材料、密封垫料等必须采用不燃材料，防火风管的耐火极限时间应符合系统防火设计的规定。

检查数量：全数检查。

检查方法：查阅材料质量合格证明文件和性能检测报告，观察检查与点燃试验。

(3)金属风管的制作应符合下列规定：

1)金属风管的材料品种、规格、性能与厚度应符合设计要求。当风管厚度设计无要求时，应按《通风与空调工程施工质量验收规范》GB 50243—2016执行。钢板风管板材厚度应符合表5-43的规定。镀锌钢板的镀锌层厚度应符合设计或合同的规定，当设计无规定时，不应采用低于80g/m²板材；不锈钢板风管板材厚度应符合表5-44的规定；铝板风管板材厚度应符合表5-45的规定。

表5-43 钢板风管板材厚度(mm)

类别 风管直径或长边尺寸 b	板材厚度				
	微压、低压系统风管	中压系统风管		高压系统风管	除尘系统风管
		圆形	矩形		
$b\leqslant320$	0.5	0.5	0.5	0.75	2.0
$320<b\leqslant450$	0.5	0.6	0.6	0.75	2.0
$450<b\leqslant630$	0.6	0.75	0.75	1.0	3.0
$630<b\leqslant1000$	0.75	0.75	0.75	1.0	4.0
$1000<b\leqslant1500$	1.0	1.0	1.0	1.2	5.0
$1500<b\leqslant2000$	1.0	1.2	1.2	1.5	按设计要求
$2000<b\leqslant4000$	1.2	按设计要求	1.2	按设计要求	按设计要求

注：1.螺旋风管的钢板厚度可按圆形风管减少10%～15%。

2.排烟系统风管钢板厚度可按高压系统。

3.不适用于地下人防与防火隔墙的预埋管。

表 5-44 不锈钢板风管板材厚度(mm)

风管直径或长边尺寸 b	微压、低压、中压	高　压
$b \leqslant 450$	0.5	0.75
$450 < b \leqslant 1120$	0.75	1.0
$1120 < b \leqslant 2000$	1.0	1.2
$2000 < b \leqslant 4000$	1.2	按设计要求

表 5-45 铝板风管板材厚度(mm)

风管直径或长边尺寸 b	微压、低压、中压
$b \leqslant 320$	1.0
$320 < b \leqslant 630$	1.5
$630 < b \leqslant 2000$	2.0
$2000 < b \leqslant 4000$	按设计要求

2)金属风管的连接应符合下列规定：

①风管板材拼接的接缝应错开，不得有十字形拼接缝。

②金属圆形风管法兰及螺栓规格应符合表 5-46 的规定，金属矩形风管法兰及螺栓规格应符合表 5-47 的规定。微压、低压与中压系统风管法兰的螺栓及铆钉孔的孔距不得大于 150mm；高压系统风管不得大于 100mm。矩形风管法兰的四角部位应设有螺孔。

表 5-46 金属圆形风管法兰及螺栓规格

风管直径 D(mm)	法兰材料规格(mm)		螺栓规格
	扁钢	角钢	
$D \leqslant 140$	20×4	—	M6
$140 < D \leqslant 280$	25×4	—	
$280 < D \leqslant 630$	—	25×3	
$630 < D \leqslant 1250$	—	30×4	M8
$1250 < D \leqslant 2000$	—	40×4	

表 5-47 金属矩形风管法兰及螺栓规格

风管长边尺寸 b(mm)	法兰角钢规格(mm)	螺栓规格
$b \leqslant 630$	25×3	M6
$630 < b \leqslant 1500$	30×3	M8
$1500 < b \leqslant 2500$	40×4	
$2500 < b \leqslant 4000$	50×5	M10

③用于中压及以下压力系统风管的薄钢板法兰矩形风管的法兰高度，应大于或等于相同金属法兰风管的法兰高度。薄钢板法兰矩形风管不得用于高压风管。

3)金属风管的加固应符合下列规定：

①直咬缝圆形风管直径大于或等于800mm，且管段长度大于1250mm或总表面积大于$4m^2$时，均应采取加固措施。

用于高压系统的螺旋风管，直径大于2000mm时应采取加固措施。

②矩形风管的边长大于630mm，或矩形保温风管边长大于800mm，管段长度大于1250mm；或低压风管单边平面面积大于$1.2m^2$，中、高压风管大于$1.0m^2$，均应有加固措施。

③非规则椭圆形风管的加固应按本条第2款的规定执行。

检查数量：按Ⅰ方案。

检查方法：尺量、观察检查。

(4)非金属风管的制作应符合下列规定：

1)非金属风管的材料品种、规格、性能与厚度等应符合设计要求。当设计无厚度规定时，应按《通风与空调工程施工质量验收规范》GB 50243—2016执行。高压系统非金属风管应按设计要求。

2)硬聚氯乙烯风管的制作应符合下列规定：

①硬聚氯乙烯圆形风管板材厚度应符合表5-48的规定，硬聚氯乙烯矩形风管板材厚度应符合表5-49的规定。

表5-48 硬聚氯乙烯圆形风管板材厚度(mm)

风管直径 D	板材厚度	
	微压、低压	中压
$D\leqslant320$	3.0	4.0
$320<D\leqslant800$	4.0	6.0
$800<D\leqslant1200$	5.0	8.0
$1200<D\leqslant2000$	6.0	10.0
$D>2000$	按设计要求	

表5-49 硬聚氯乙烯矩形风管板材厚度(mm)

风管长边尺寸 b	板材厚度	
	微压、低压	中压
$b\leqslant320$	3.0	4.0
$320<b\leqslant500$	4.0	5.0
$500<b\leqslant800$	5.0	6.0
$800<b\leqslant1250$	6.0	8.0
$1250<b\leqslant2000$	8.0	10.0

②硬聚氯乙烯圆形风管法兰规格应符合表5-50的规定，硬聚氯乙烯矩形风管法兰规

格应符合表 5-51 的规定。法兰螺孔的间距不得大于 120mm。矩形风管法兰的四角处，应设有螺孔。

表 5-50 硬聚氯乙烯圆形风管法兰规格

风管直径 D(mm)	材料规格(宽×厚)(mm)	连接螺栓
$D\leqslant180$	35×6	M6
$180<D\leqslant400$	35×8	M8
$400<D\leqslant500$	35×10	
$500<D\leqslant800$	40×10	
$800<D\leqslant1400$	40×12	M10
$1400<D\leqslant1600$	50×15	
$1600<D\leqslant2000$	60×15	
$D>2000$	按设计要求	

表 5-51 硬聚氯乙烯矩形风管法兰规格

风管边长 b(mm)	材料规格(宽×厚)(mm)	连接螺栓
$b\leqslant160$	35×6	M6
$160<b\leqslant400$	35×8	M8
$400<b\leqslant500$	35×10	
$500<b\leqslant800$	40×10	M10
$800<b\leqslant1250$	45×12	
$1250<b\leqslant1600$	50×15	
$1600<b\leqslant2000$	60×18	
$b>2000$	按设计要求	

③当风管的直径或边长大于 500mm 时，风管与法兰的连接处应设加强板，且间距不得大于 450mm。

3)玻璃钢风管的制作应符合下列规定：

①微压、低压及中压系统有机玻璃钢风管板材的厚度应符合表 5-52 的规定。无机玻璃钢(氯氧镁水泥)风管板材的厚度应符合表 5-53 的规定，风管玻璃纤维布厚度与层数应符合表 5-54 的规定，且不得采用高碱玻璃纤维布。风管表面不得出现泛卤及严重泛霜。

表 5-52 微压、低压、中压有机玻璃钢风管板材厚度(mm)

圆形风管直径 D 或矩形风管长边尺寸 b	壁　厚
$D(b)\leqslant200$	2.5
$200<D(b)\leqslant400$	3.2
$400<D(b)\leqslant630$	4.0
$630<D(b)\leqslant1000$	4.8
$1000<D(b)\leqslant2000$	6.2

表 5-53 微压、低压、中压无机玻璃钢风管板材厚度(mm)

圆形风管直径 D 或矩形风管长边尺寸 b	壁　厚
$D(b)\leqslant300$	2.5～3.5
$300<D(b)\leqslant500$	3.5～4.5
$500<D(b)\leqslant1000$	4.5～5.5
$1000<D(b)\leqslant1500$	5.5～6.5
$1500<D(b)\leqslant2000$	6.5～7.5
$D(b)>2000$	7.5～8.5

表 5-54 微压、低压、中压系统无机玻璃钢风管玻璃纤维布厚度与层数(mm)

圆形风管直径 D 或矩形风管长边 b	风管管体玻璃纤维布厚度		风管法兰玻璃纤维布厚度	
	0.3	0.4	0.3	0.4
	玻璃布层数			
$D(b)\leqslant300$	5	4	8	7
$300<D(b)\leqslant500$	7	5	10	8
$500<D(b)\leqslant1000$	8	6	13	9
$1000<D(b)\leqslant1500$	9	7	14	10
$1500<D(b)\leqslant2000$	12	8	16	14
$D(b)>2000$	14	9	20	16

②玻璃钢风管法兰的规格应符合表 5-55 的规定，螺栓孔的间距不得大于 120mm。矩形风管法兰的四角处应设有螺孔。

表 5-55 玻璃钢风管法兰规格

风管直径 D 或风管边长 b(mm)	材料规格(宽×厚)(mm)	连接螺栓
$D(b)\leqslant400$	30×4	M8
$400<D(b)\leqslant1000$	40×6	
$1000<D(b)\leqslant2000$	50×8	M10

③当采用套管连接时，套管厚度不得小于风管板材厚度。

④玻璃钢风管的加固应为本体材料或防腐性能相同的材料，加固件应与风管成为整体。

4)砖、混凝土建筑风道的伸缩缝，应符合设计要求，不应有渗水和漏风。

5)织物布风管在工程中使用时，应具有相应符合国家现行标准的规定，并应符合卫生与消防的要求。

检查数量：按Ⅰ方案。

检查方法：观察检查、尺量、查验材料质量证明书、产品合格证。

(5)复合材料风管的覆面材料必须采用不燃材料，内层的绝热材料应采用不燃或难燃且对人体无害的材料。

检查数量：全数检查。

检查方法：查验材料质量合格证明文件、性能检测报告，观察检查与点燃试验。

(6)复合材料风管的制作应符合下列规定：

1)复合风管的材料品种、规格、性能与厚度等应符合设计要求。复合板材的内外覆面层粘贴应牢固，表面平整无破损，内部绝热材料不得外露。

2)铝箔复合材料风管的连接、组合应符合下列规定：

①采用直接黏结连接的风管，边长不应大于500mm；采用专用连接件连接的风管，金属专用连接件的厚度不应小于1.2mm，塑料专用连接件的厚度不应小于1.5mm。

②风管内的转角连接缝，应采取密封措施。

③铝箔玻璃纤维复合风管采用压敏铝箔胶带连接时，胶带应粘接在铝箔面上，接缝两边的宽度均应大于20mm。不得采用铝箔胶带直接与玻璃纤维断面相黏结的方法。

④当采用法兰连接时，法兰与风管板材的连接应可靠，绝热层不应外露，不得采用降低板材强度和绝热性能的连接方法。中压风管边长大于1500mm时，风管法兰应为金属材料。

3)夹芯彩钢板复合材料风管，应符合现行国家标准《建筑设计防火规范》GB50016的有关规定。当用于排烟系统时，内壁金属板的厚度应符合表5-43的规定。

检查数量：按Ⅰ方案。

检查方法：尺量、观察检查、查验材料质量证明书、产品合格证。

(7)净化空调系统风管的制作应符合下列规定：

1)风管内表面应平整、光滑，管内不得设有加固框或加固筋。

2)风管不得有横向拼接缝。矩形风管底边宽度小于或等于900mm时，底面不得有拼接缝；大于900mm且小于或等于1800mm时，底面拼接缝不得多于1条；大于1800mm且小于或等于2700mm时，底面拼接缝不得多于2条。

3)风管所用的螺栓、螺母、垫圈和铆钉的材料应与管材性能相适应，不应产生电化学腐蚀。

4)当空气洁净度等级为N1级～N5级时，风管法兰的螺栓及铆钉孔的间距不应大于80mm；当空气洁净度等级为N6级～N9级时，不应大于120mm。不得采用抽芯铆钉。

5)矩形风管不得使用S形插条及直角形插条连接。边长大于1000mm的净化空调系统风管，无相应的加固措施，不得使用薄钢板法兰弹簧夹连接。

6)空气洁净度等级为N1级～N5级净化空调系统的风管，不得采用按扣式咬口连接。

7)风管制作完毕后，应清洗。清洗剂不应对人体、管材和产品等产生危害。

检查数量：按Ⅰ方案。

检查方法：查阅材料质量合格证明文件和观察检查，白绸布擦拭。

一般项目

(1)金属风管的制作应符合下列规定：

1)金属法兰连接风管的制作应符合下列规定：

①风管与配件的咬口缝应紧密、宽度应一致、折角应平直、圆弧应均匀，且两端面应平行。风管不应有明显的扭曲与翘角，表面应平整，凹凸不应大于10mm。

②当风管的外径或外边长小于或等于300mm时，其允许偏差不应大于2mm；当风管的外径或外边长大于300mm时，不应大于3mm。管口平面度的允许偏差不应大于2mm；矩形风管两条对角线长度之差不应大于3mm，圆形法兰任意两直径之差不应大于3mm。

③焊接风管的焊缝应饱满、平整，不应有凸瘤、穿透的夹渣和气孔、裂缝等其他缺陷。风管目测应平整，不应有凹凸大于10mm的变形。

④风管法兰的焊缝应熔合良好、饱满，无假焊和孔洞。法兰外径或外边长及平面度的允许偏差不应大于2mm。同一批量加工的相同规格法兰的螺孔排列应一致，并应具有互换性。

⑤风管与法兰采用铆接连接时，铆接应牢固，不应有脱铆和漏铆现象；翻边应平整、紧贴法兰，宽度应一致，且不应小于6mm；咬缝及矩形风管的四角处不应有开裂与孔洞。

⑥风管与法兰采用焊接连接时，焊缝应低于法兰的端面。除尘系统风管宜采用内侧满焊，外侧间断焊形式。当风管与法兰采用点焊固定连接时，焊点应融合良好，间距不应大于100mm；法兰与风管应紧贴，不应有穿透的缝隙与孔洞。

⑦镀锌钢板风管表面不得有10%以上的白花、锌层粉化等镀锌层严重损坏的现象。

⑧当不锈钢板或铝板风管的法兰采用碳素钢材时，材料规格应符合《通风与空调工程施工质量验收规范》GB 50243—2016第4.2.3条的规定，并应根据设计要求进行防腐处理；铆钉材料应与风管材质相同，不应产生电化学腐蚀。

2)金属无法兰连接风管的制作应符合下列规定：

①圆形风管无法兰连接形式应符合表5-56的规定。矩形风管无法兰连接形式应符合表5-57的规定。

表5-56 圆形风管无法兰连接形式

无法兰连接形式		附件板厚(mm)	接口要求	使用范围
承插连接	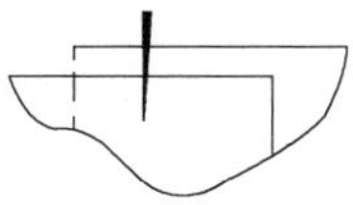	—	插入深度≥30mm，有密封要求	直径<700mm微压、低压风管

续表 5-56

无法兰连接形式		附件板厚(mm)	接口要求	使用范围
带加强筋承插	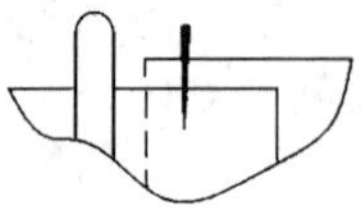	—	插入深度≥20mm，有密封要求	微压、低压、中压风管
角钢加固承插	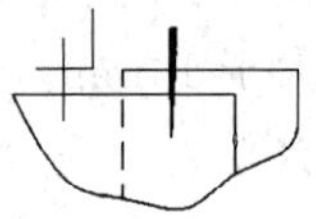	—	插入深度≥20mm，有密封要求	微压、低压、中压风管
芯管连接	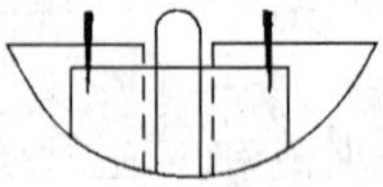	≥管板厚	插入深度≥20mm，有密封要求	微压、低压、中压风管
立筋抱箍连接	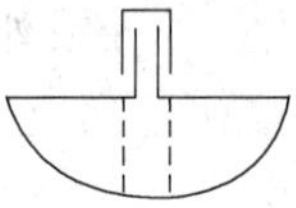	≥管板厚	扳边与楞筋匹配一致，紧固严密	微压、低压、中压风管
抱箍连接	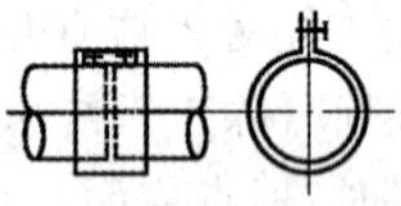	≥管板厚	对口尽量靠近不重叠，抱箍应居中，宽度≥100mm	直径<700mm 微压、低压风管
内胀芯管连接	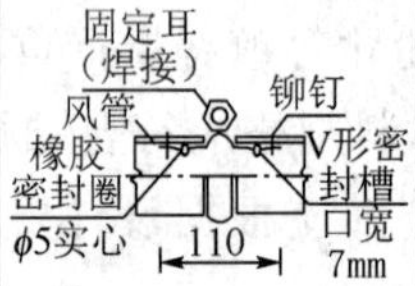	≥管板厚	橡胶密封垫固定应牢固	大口径螺旋风管

表 5-57 矩形风管无法兰连接形式

无法兰连接形式		附件板厚(mm)	使用范围
S形插条	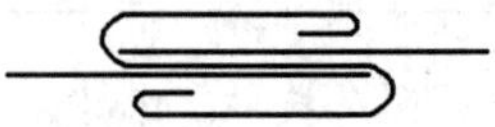	≥0.7	微压、低压风管，单独使用连接处必须有固定措施
C形插条		≥0.7	微压、低压、中压风管

续表 5-57

无法兰连接形式		附件板厚(mm)	使用范围
立咬口	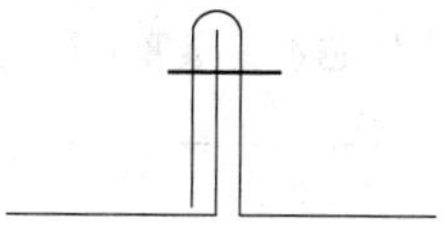	≥0.7	微压、低压、中压风管
包边立咬口	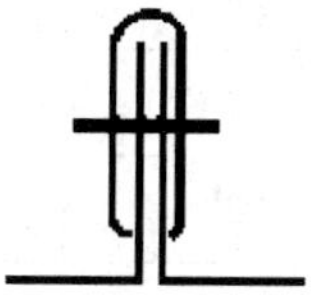	≥0.7	微压、低压、中压风管
薄钢板法兰插条	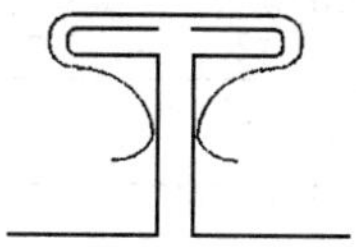	≥1.0	微压、低压、中压风管
薄钢板法兰弹簧夹		≥1.0	微压、低压、中压风管
直角形平插条	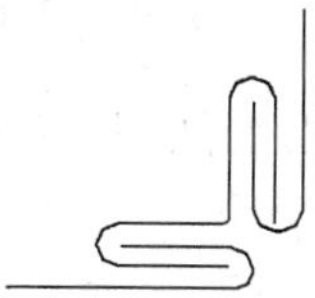	≥0.7	微压、低压风管

注：薄钢板法兰风管也可采用铆接法二条连接的方法。

②矩形薄钢板法兰风管的接口及附件，尺寸应准确，形状应规则，接口应严密；风管薄钢板法兰的折边应平直，弯曲度不应大于5‰。弹性插条或弹簧夹应与薄钢板法兰折边宽度相匹配，弹簧夹的厚度应大于或等于1mm，且不应低于风管本体厚度。角件与风管薄钢板法兰四角接口的固定应稳固紧贴，端面应平整，相连处的连续通缝不应大于2mm；角件的厚度不应小于1mm及风管本体厚度。薄钢板法兰弹簧夹连接风管，边长不宜大于1500mm。当对法兰采取相应的加固措施时，风管边长不得大于2000mm。

③矩形风管采用C形、S形插条连接时，风管长边尺寸不应大于630mm。插条与风管翻边的宽度应匹配一致，允许偏差不应大于2mm。连接应平整严密，四角端部固定折边长度不应小于20mm。

④矩形风管采用立咬口、包边立咬口连接时，立筋的高度应大于或等于同规格风管的角钢法兰高度。同一规格风管的立咬口、包边立咬口的高度应一致，折角应倾角有棱线、弯曲度允许偏差为5‰。咬口连接铆钉的间距不应大于150mm，间隔应均匀；立咬口四角连接处补角连接件的铆固应紧密，接缝应平整，且不应有孔洞。

⑤圆形风管芯管连接应符合表 5-58 的规定。

表 5-58 圆形风管芯管连接

风管直径 D(mm)	芯管长度 l(mm)	自攻螺丝或抽芯铆钉数量(个)	直径允许偏差(mm)	
			圆管	芯管
120	120	3×2	−1～0	−3～−4
300	160	4×2		
400	200	4×2	−2～0	−4～−5
700	200	6×2		
900	200	8×2		
1000	200	8×2		
1120	200	10×2		
1250	200	10×2		
1400	200	12×2		

注:大口径圆形风管宜采用内胀式芯管连接。

⑥非规则椭圆风管可采用法兰与无法兰连接形式,质量要求应符合相应连接形式的规定。

3)金属风管的加固应符合下列规定:

①风管的加固可采用角钢加固、立咬口加固、楞筋加固、扁钢内支撑、螺杆内支撑和钢管内支撑等多种形式(图 5-1)。

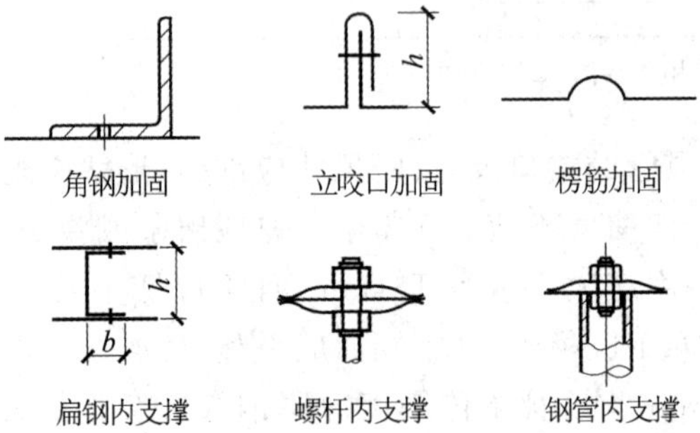

图 5-1 金属风管的加固形式

②楞筋(线)的排列应规则,间隔应均匀,最大间距应为 300mm,板面应平整,凹凸变形(不平度)不应大于 10mm。

③角钢或采用钢板折成加固筋的高度应小于或等于风管的法兰高度,加固排列应整齐均匀。与风管的铆接应牢固,最大间隔不应大于 220mm;各条加箍筋的相交处,或加箍筋与法兰相交处宜连接固定。

④管内支撑与风管的固定应牢固,穿管壁处应采取密封措施。各支撑点之间或支撑

点与风管的边沿或法兰间的距离应均匀，且不应大于 950mm。

⑤当中压、高压系统风管管段长度大于 1250mm 时，应采取加固框补强措施。高压系统风管的单咬口缝，还应采取防止咬口缝胀裂的加固或补强措施。

检验数量：按Ⅱ方案。

检验方法：观察和尺量检查。

(2)非金属风管的制作除应符合《通风与空调工程施工质量验收规范》GB 50243—2016 第 4.3.1 条第 1 款的规定外，尚应符合下列规定：

1)硬聚氯乙烯风管的制作应符合下列规定：

①风管两端面应平行，不应有扭曲，外径或外边长的允许偏差不应大于 2mm。表面应平整，圆弧应均匀，凹凸不应大于 5mm。

②焊缝形式及适用范围应符合表 5-59 的规定。

表 5-59 硬聚氯乙烯板焊缝形式及适用范围

焊缝形式	图示	焊缝高度(mm)	板材厚度(mm)	坡口角度 α(°)	适用范围
V 形对接焊缝	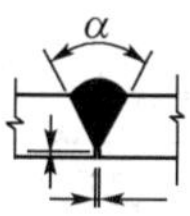	2～3	3～5	70～90	单面焊的风管
X 形对接焊缝	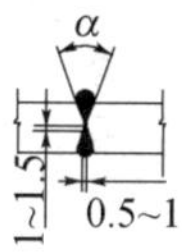	2～3	≥5	70～90	风管法兰及厚板的拼接
搭接焊缝	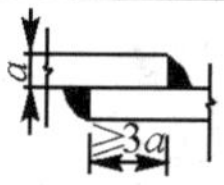	≥最小板厚	3～10	—	风管法兰及厚板的拼接
角焊缝（无坡口）	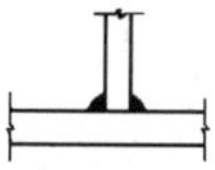	2～3	6～18	—	
	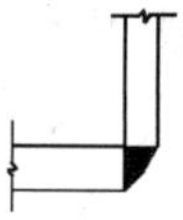	≥最小板厚	≥3	—	风管配件的角焊
V 形单面角焊缝	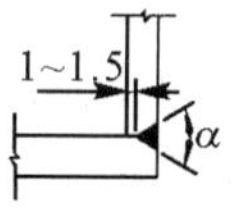	2～3	3～8	70～90	风管角部焊接
V 形双面角焊缝	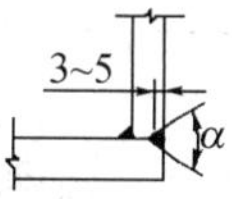	2～3	6～15	70～90	厚壁风管角部焊接

③焊缝应饱满，排列应整齐，不应有焦黄断裂现象。

④矩形风管的四角可采用煨角或焊接连接。当采用煨角连接时，纵向焊缝距煨角处

宜大于 80mm。

2)有机玻璃钢风管的制作应符合下列规定：

①风管两端面应平行，内表面应平整光滑、无气泡，外表面应整齐，厚度应均匀，且边缘处不应有毛刺及分层现象。

②法兰与风管的连接应牢固，内角交界处应采用圆弧过渡。管口与风管轴线成直角，平面度的允许偏差不应大于 3mm；螺孔的排列应均匀，至管口的距离应一致，允许偏差不应大于 2mm。

③风管的外径或外边长尺寸的允许偏差不应大于 3mm，圆形风管的任意正交两直径之差不应大于 5mm，矩形风管的两对角线之差不应大于 5mm。

④矩形玻璃钢风管的边长大于 900mm，且管段长度大于 1250mm 时，应采取加固措施。加固筋的分布应均匀整齐。

3)无机玻璃钢风管的制作除应符合本条第 2 款的规定外，尚应符合下列规定：

①风管表面应光洁，不应有多处目测到的泛霜和分层现象；

②风管的外形尺寸应符合表 5-60 的规定；

表 5-60 无机玻璃钢风管外形尺寸(mm)

直径 D 或大边长 b	矩形风管表面不平度	矩形风管管口对角线之差	法兰平面的不平度	圆形风管两直径之差
$D(b)\leqslant300$	≤3	≤3	≤2	≤3
$300<D(b)\leqslant500$	≤3	≤4	≤2	≤3
$500<D(b)\leqslant1000$	≤4	≤5	≤2	≤4
$1000<D(b)\leqslant1500$	≤4	≤6	≤3	≤5
$1500<D(b)\leqslant2000$	≤5	≤7	≤3	≤5

③风管法兰制作应符合本条第 2 款第 2 项的规定。

4)砖、混凝土建筑风道内径或内边长的允许偏差不应大于 20mm，两对角线之差不应大于 30mm；内表面的水泥砂浆涂抹应平整，且不应有贯穿性的裂缝及孔洞。

检验数量：按Ⅱ方案。

检验方法：查验测试记录，观察和尺量检查。

(3)复合材料风管的制作应符合下列规定：

1)复合材料风管及法兰的允许偏差应符合表 5-61 的规定。

表 5-61 复合材料风管及法兰允许偏差(mm)

风管长边尺寸 b 或直径 D	允许偏差				
	边长或直径偏差	矩形风管表面平面度	矩形风管端口对角线之差	法兰或端口平面度	圆形法兰任意正交两直径之差
$b(D)\leqslant320$	±2	≤3	≤3	≤2	≤3
$320<b(D)\leqslant2000$	±3	≤5	≤4	≤4	≤5

2)双面铝箔复合绝热材料风管的制作应符合下列规定：

①风管的折角应平直，两端面应平行，允许偏差应符合本条第1款的规定。

②板材的拼接应平整，凹凸不大于5mm，无明显变形、起泡和铝箔破损。

③风管长边尺寸大于1600mm时，板材拼接应采用H形PVC或铝合金加固条。

④边长大于320mm的矩形风管采用插接连接时，四角处应粘贴直角垫片，插接连接件与风管粘接应牢固，插接连接件应互相垂直，插接连接件间隙不应大于2mm。

⑤风管采用法兰连接时，风管与法兰的连接应牢固。

⑥矩形弯管的圆弧面采用机械压弯成型制作时，轧压深度不宜超过5mm。圆弧面成型后，应对轧压处的铝箔划痕密封处理。

⑦聚氨酯铝箔复合材料风管或酚醛铝箔复合材料风管，内支撑加固的镀锌螺杆直径不应小于8mm，穿管壁处应进行密封处理。聚氨酯（酚醛）铝箔复合材料风管内支撑加固的设置应符合表5-62的规定。

表5-62　聚氨酯（酚醛）铝箔复合材料风管内支撑加固的设置

类　别		系统工作压力(Pa)			
		≤300	301～500	501～750	751～1000
		横向加固点数			
风管内边长 b (mm)	$410<b\leqslant600$	—	—	—	1
	$600<b\leqslant800$	—	1	1	1
	$800<b\leqslant1200$	1	1	1	1
	$1200<b\leqslant1500$	1	1	1	2
	$1500<b\leqslant2000$	2	2	2	2
纵向加固间距(mm)					
聚氨酯复合风管		≤1000	≤800	≤600	
酚醛复合风管		≤800			

3)铝箔玻璃纤维复合材料风管除应符合本条第1款的规定外，尚应符合下列规定：

①风管的离心玻璃纤维板材应干燥平整，板外表面的铝箔隔气保护层与内芯玻璃纤维材料应黏合牢固，内表面应有防纤维脱落的保护层，且不得释放有害物质。

②风管采用承插阶梯接口形式连接时，承口应在风管外侧，插口应在风管内侧，承、插口均应整齐，插入深度应大于或等于风管板材厚度。插接口处预留的覆面层材料厚度应等同于板材厚度，接缝处的粘接应严密牢固。

③风管采用外套角钢法兰连接时，角钢法兰规格可为同尺寸金属风管的法兰规格或小一档规格。槽形连接件应采用厚度不小于1mm的镀锌钢板。角钢外套法兰与槽形连接件的连接，应采用不小于M6的镀锌螺栓（图5-2），螺栓间距不应大于120mm。法兰与板材间及螺栓孔的周边应涂胶密封。

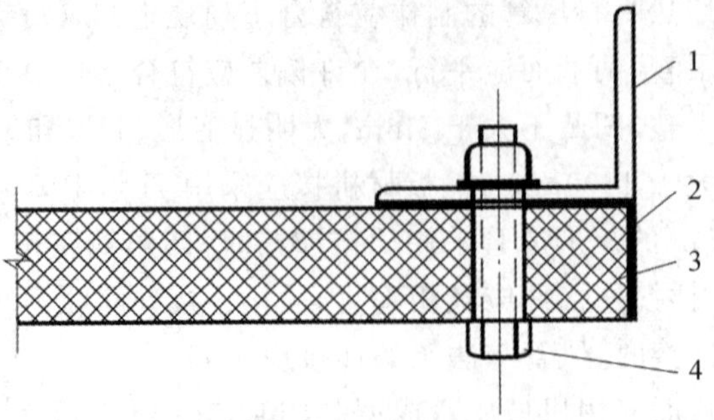

图 5-2 玻璃纤维复合风管角钢连接示意

1—角钢外法兰；2—槽形连接件；3—风管；4—M6 镀锌螺栓

④铝箔玻璃纤维复合风管内支撑加固的镀锌螺杆直径不应小于 6mm，穿管壁处应采取密封处理。正压风管长边尺寸大于或等于 1000mm 时，应增设外加固框。外加固框架应与内支撑的镀锌螺杆相固定。负压风管的加固框应设在风管的内侧，在工作压力下其支撑的镀锌螺杆不得有弯曲变形。风管内支撑的加固应符合表 5-63 的规定。

表 5-63 玻璃纤维复合风管内支撑加固

类别		系统工作压力(Pa)		
		≤100	101～250	251～500
		内支撑横向加固点数		
风管内边长 b (mm)	400＜b≤500	—	—	1
	500＜b≤600	—	1	1
	600＜b≤800	1	1	1
	800＜b≤1000	1	1	2
	1000＜b≤1200	1	2	2
	1200＜b≤1400	2	2	2
	1400＜b≤1600	2	3	3
	1600＜b≤1800	2	3	4
	1800＜b≤2000	3	3	4
金属加固框纵向间距(mm)		≤600		≤400

4)机制玻璃纤维增强氯氧镁水泥复合板风管除应符合本条第 1 款的规定外，尚应符合下列规定：

①矩形弯管的曲率半径和分节数应符合表 5-64 的规定。

表 5-64 矩形弯管的曲率半径和分节数

弯管边长 b(mm)	曲率半径 R	弯管角度和最少分节数							
		90°		60°		45°		30°	
		中节	端节	中节	端节	中节	端节	中节	端节
$b\leqslant600$	$\geqslant1.5b$	2	2	1	2	1	2	—	2
$600<b\leqslant1200$	$(1.0\sim1.5)b$	2	2	2	2	1	2	—	2
$1200<b\leqslant2000$	$1.0b$	3	2	2	2	1	2	1	2

注：当 b 与曲率半径为大值时，弯管的中节数可参照圆形风管弯管的规定，适度增加。

②风管板材采用对接粘接时，在对接缝的两面应分别粘贴 3 层及以上，宽度不应小于 50mm 的玻璃纤维布增强。

③粘接剂应与产品相匹配，且不应散发有毒有害气体。

④风管内加固用的镀锌支撑螺杆直径不应小于 10mm，穿管壁处应进行密封。风管内支撑横向加固应符合表 5-65 的规定，纵向间距不应大于 1250mm。当负压系统风管的内支撑高度大于 800mm 时，支撑杆应采用镀锌钢管。

表 5-65 风管内支撑横向加固数量

风管长边尺寸 b(mm)	系统设计工作压力 P(Pa)			
	$P\leqslant500$		$500<P\leqslant1000$	
	复合板厚度(mm)		复合板厚度(mm)	
	18～24	25～45	18～24	25～45
$1250\leqslant b<1600$	1	—	1	—
$1600\leqslant b<2000$	1	1	2	1

检查数量：按Ⅱ方案。

检查方法：查阅测试资料、尺量、观察检查。

(4)净化空调系统风管除应符合《通风与空调工程施工质量验收规范》GB 50243—2016 第 4.3.1 条的规定外，尚应符合下列规定：

1)咬口缝处所涂密封胶宜在正压侧。

2)镀锌钢板风管的咬口缝、折边和铆接等处有损伤时，应进行防腐处理。

3)镀锌钢板风管的镀锌层不应有多处或 10%表面积的损伤、粉化脱落等现象。

4)风管清洗达到清洁要求后，应对端部进行密闭封堵，并应存放在清洁的房间。

5)净化空调系统的静压箱本体、箱内高效过滤器的固定框架及其他固定件应为镀锌、镀镍件或其他防腐件。

检查数量：按Ⅱ方案。

检验方法：观察检查。

(5)圆形弯管的曲率半径和分节数应符合表 5-66 的规定。圆形弯管的弯曲角度及圆形三通、四通支管与总管夹角的制作偏差不应大于3°。

表5-66 圆形弯管的曲率半径和分节数

弯管直径D(mm)	曲率半径R	弯管角度和最少节数							
		90°		60°		45°		30°	
		中节	端节	中节	端节	中节	端节	中节	端节
80～220	≥1.5D	2	2	1	2	1	2	—	2
240～450	1.0D～1.5D	3	2	2	2	1	2	—	2
480～800	1.0D～1.5D	4	2	2	2	1	2	1	2
850～1400	1.0D	5	2	3	2	2	2	1	2
1500～2000	1.0D	8	2	5	2	3	2	2	2

检验数量:按Ⅱ方案。

检验方法:观察和尺量检查。

(6)矩形风管弯管宜采用曲率半径为一个平面边长,内外同心弧的形式。当采用其他形式的弯管,且平面边长大于500mm时,应设弯管导流片。

检验数量:按Ⅱ方案。

检验方法:观察和尺量检查。

(7)风管变径管单面变径的夹角不宜大于30°,双面变径的夹角不宜大于60°。圆形风管支管与总管的夹角不宜大于60°。

检查数量:按Ⅱ方案。

检查方法:尺量及观察检查。

(8)防火风管的制作应符合下列规定:

1)防火风管的口径允许偏差应符合《通风与空调工程施工质量验收规范》GB 50243—2016第4.3.1条的规定。

2)采用型钢框架外敷防火板的防火风管,框架的焊接应牢固,表面应平整,偏差不应大于2mm。防火板敷设形状应规整,固定应牢固,接缝应用防火材料封堵严密,且不应有穿孔。

3)采用在金属风管外敷防火绝热层的防火风管,风管严密性要求应按《通风与空调工程施工质量验收规范》GB 50243—2016第4.2.1条中有关金属风管的规定执行。防火绝热层的设置应按《通风与空调工程施工质量验收规范》GB 50243—2016第10章的规定执行。

检查数量:按Ⅱ方案。

检查方法:尺量及观察检查。

2.《风管部件与消声器产成品检验批质量验收记录》填写范例及说明

风管部件与消声器产成品检验批质量验收记录

06010201 001

单位(子单位)工程名称	××大厦	分部(子分部)工程名称	通风与空调/送风系统	分项工程名称	风管与配件制作
施工单位	××建筑有限公司	项目负责人	×××	检验批容量	部件:62 件 风阀:6 件 风口:14 件
分包单位	—	分包单位项目负责人	—	检验批部位	⑯～㊱/Ⓕ～Ⓡ轴 地下一层防火分区十
施工依据	《通风与空调工程施工规范》GB 50738—2011	验收依据	《通风与空调工程施工质量验收规范》GB 50243—2016		

		设计要求及质量验收规范的规定	施工单位质量评定记录	监理(建设)单位验收记录						
				单项检验批产品数量 N	单项抽样样本数 n	检验批汇总数量 $\sum N$	抽样样本汇总数量 $\sum n$	单项或汇总$\sum$抽样检验不合格数量	评判结果	备注
主控项目	1	外购部件验收	抽查 7 件,合格 7 件,质量证明文件齐全,进场验收合格,记录编号×××	62	7	94	21	0	合格	95%
	2	各类风阀验收	抽查 3 件,合格 3 件;测试合格,记录编号:×××	6	3			0	合格	95%
	3	防火阀、排烟阀(口)	抽查 5 件,合格 5 件;质量证明文件齐全,进场验收合格,记录编号×××	14	5			0	合格	95%
	4	防爆风阀	—						—	
	5	消声器、消声弯管	抽查 3 件,合格 3 件;测试合格,记录编号:×××	6	3			0	合格	95%
	6	防排烟系统柔性短管	抽查 3 件,合格 3 件;测试合格,记录编号:×××	6	3			0	合格	95%
	…	……								
一般项目	1	风管部件及法兰规定	抽查 3 件,合格 3 件	62	3	108	20	0	合格	85%
	2	各类风阀验收	抽查 3 件,合格 3 件	6	3			0	合格	85%
	3	各类风罩	抽查 4 件,合格 4 件	14	4			0	合格	85%
	4	各类风帽	—						—	
	5	各类风口	抽查 4 件,合格 4 件	14	4			0	合格	85%
	6	消声器与消声静压箱	抽查 3 件,合格 3 件;测试合格,记录编号:×××	6	3			0	合格	85%
	7	柔性短管	抽查 3 件,合格 3 件	6	3			0	合格	85%
	8	空气过滤器及框架	—						—	
	9	电加热器	—						—	
	10	检查门	—						—	
施工单位检查结果评定		符合要求 专业工长:××× 项目专业质量检查员:××× ××年×月×日								
监理单位验收结论		合格 专业监理工程师:××× ××年×月×日								

【填写说明】

1.填写依据

(1)《通风与空调工程质量验收规范》GB 50243—2016。

(2)《建筑工程施工质量验收统一标准》GB 50300—2013。

2.检验批抽样与验收规定

参见《风管与配件产成品检验批质量验收记录》填写说明相关内容。

3.规范摘要

以下内容摘自《通风与空调工程质量验收规范》GB 50243—2016。

主控项目

(1)风管部件材料的品种、规格和性能应符合设计要求。

检查数量:按Ⅰ方案。

检查方法:观察、尺量、检查产品合格证明文件。

(2)外购风管部件成品的性能参数应符合设计及相关技术文件的要求。

检查数量:按Ⅰ方案。

检查方法:观察检查、检查产品技术文件。

(3)成品风阀的制作应符合下列规定:

1)风阀应设有开度指示装置,并应能准确反映阀片开度。

2)手动风量调节阀的手轮或手柄应以顺时针方向转动为关闭。

3)电动、气动调节阀的驱动执行装置,动作应可靠,且在最大工作压力下工作应正常。

4)净化空调系统的风阀,活动件、固定件以及紧固件均应采取防腐措施,风阀叶片主轴与阀体轴套配合应严密,且应采取密封措施。

5)工作压力大于1000Pa的调节风阀,生产厂应提供在1.5倍工作压力下能自由开关的强度测试合格的证书或试验报告。

6)密闭阀应能严密关闭,漏风量应符合设计要求。

检查数量:按Ⅰ方案。

检查方法:观察、尺量、手动操作、查阅测试报告。

(4)防火阀、排烟阀或排烟口的制作应符合现行国家标准《建筑通风和排烟系统用防火阀门》GB 15930的有关规定,并应具有相应的产品合格证明文件。

检查数量:全数检查。

检查方法:观察、尺量、手动操作,查阅产品质量证明文件。

(5)防爆系统风阀的制作材料应符合设计要求,不得替换。

检查数量:全数检查。

检查方法:观察检查、尺量检查、检查材料质量证明文件。

(6)消声器、消声弯管的制作应符合下列规定:

1)消声器的类别、消声性能及空气阻力应符合设计要求和产品技术文件的规定。

2)矩形消声弯管平面边长大于800mm时,应设置吸声导流片。

3)消声器内消声材料的织物覆面层应平整,不应有破损,并应顺气流方向进行搭接。

4)消声器内的织物覆面层应有保护层,保护层应采用不易锈蚀的材料,不得使用普通铁丝网。当使用穿孔板保护层时，穿孔率应大于20%。

5)净化空调系统消声器内的覆面材料应采用尼龙布等不易产尘的材料。

6)微穿孔(缝)消声器的孔径或孔缝、穿孔率及板材厚度应符合产品设计要求，综合消声量应符合产品技术文件要求。

检查数量：按Ⅰ方案。

检查方法：观察、尺量、查阅性能检测报告和产品质量合格证。

(7)防排烟系统的柔性短管必须采用不燃材料。

检查数量：全数检查。

检查方法：观察检查、检查材料燃烧性能检测报告。

一般项目

(1)风管部件活动机构的动作应灵活，制动和定位装置动作应可靠，法兰规格应与相连风管法兰相匹配。

检查数量：按Ⅱ方案。

检查方法：观察检查、手动操作、尺量检查。

(2)风阀的制作应符合下列规定：

1)单叶风阀的结构应牢固，启闭应灵活，关闭应严密，与阀体的间隙应小于2mm。多叶风阀开启时，不应有明显的松动现象；关闭时，叶片的搭接应贴合一致。截面积大于1.2m^2的多叶风阀应实施分组调节。

2)止回阀阀片的转轴、铰链应采用耐锈蚀材料。阀片在最大负荷压力下不应弯曲变形，启闭应灵活，关闭应严密。水平安装的止回阀应有平衡调节机构。

3)三通调节风阀的手柄转轴或拉杆与风管(阀体)的结合处应严密，阀板不得与风管相碰擦，调节应方便，手柄与阀片应处于同一转角位置，拉杆可在操控范围内定位固定。

4)插板风阀的阀体应严密，内壁应做防腐处理。插板应平整，启闭应灵活，并应有定位固定装置。斜插板风阀阀体的上、下接管应成直线。

5)定风量风阀的风量恒定范围和精度应符合工程设计及产品技术文件要求。

6)风阀法兰尺寸允许偏差应符合表5-67的规定。

表5-67 风阀法兰尺寸允许偏差(mm)

风阀长边尺寸 b 或直径 D	允许偏差			
	边长或直径偏差	矩形风阀端口对角线之差	法兰或端口端面平面度	圆形风阀法兰任意正交两直径之差
$b(D)\leqslant320$	±2	±3	0～2	±2
$320<b(D)\leqslant2000$	±3	±3	0～2	±2

检查数量：按Ⅱ方案。

检查方法：观察检查、手动操作、尺量检查。

(3)风罩的制作应符合下列规定：

1)风罩的结构应牢固,形状应规则,表面应平整光滑,转角处弧度应均匀,外壳不得有尖锐的边角。

2)与风管连接的法兰应与风管法兰相匹配。

3)厨房排烟罩下部集水槽应严密不漏水,并应坡向排放口。罩内安装的过滤器应便于拆卸和清洗。

4)槽边侧吸罩、条缝抽风罩的尺寸应正确,吸口应平整。罩口加强板间距应均匀。

检查数量:按Ⅱ方案。

检查方法:观察检查、手动操作、尺量检查。

(4)风帽的制作应符合下列规定:

1)风帽的结构应牢固,形状应规则,表面应平整。

2)与风管连接的法兰应与风管法兰相匹配。

3)伞形风帽伞盖的边缘应采取加固措施,各支撑的高度尺寸应一致。

4)锥形风帽内外锥体的中心应同心,锥体组合的连接缝应顺水,下部排水口应畅通。

5)筒形风帽外筒体的上下沿口应采取加固措施,不圆度不应大于直径的2%。伞盖边缘与外筒体的距离应一致,挡风圈的位置应准确。

6)旋流型屋顶自然通风器的外形应规整,转动应平稳流畅,且不应有碰擦音。

检查数量:按Ⅱ方案。

检查方法:观察检查、手动操作、尺量检查。

(5)风口的制作应符合下列规定:

1)风口的结构应牢固,形状应规则,外表装饰面应平整。

2)风口的叶片或扩散环的分布应匀称。

3)风口各部位的颜色应一致,不应有明显的划伤和压痕。调节机构应转动灵活、定位可靠。

4)风口应以颈部的外径或外边长尺寸为准,风口颈部尺寸应符合表5-68的规定。

表5-68　风口颈部尺寸允许偏差(mm)

<table>
<tr><td colspan="4">圆形风口</td></tr>
<tr><td>直径</td><td colspan="2">≤250</td><td>>250</td></tr>
<tr><td>允许偏差</td><td colspan="2">−2～0</td><td>−3～0</td></tr>
<tr><td colspan="4">矩形风口</td></tr>
<tr><td>大边长</td><td><300</td><td>300～800</td><td>>800</td></tr>
<tr><td>允许偏差</td><td>−1～0</td><td>−2～0</td><td>−3～0</td></tr>
<tr><td>对角线长度</td><td><300</td><td>300～500</td><td>>500</td></tr>
<tr><td>对角线长度之差</td><td>0～1</td><td>0～2</td><td>0～3</td></tr>
</table>

检查数量：按Ⅱ方案。

检查方法：观察检查、手动操作、尺量检查。

(6)消声器和消声静压箱的制作应符合下列规定：

1)消声材料的材质应符合工程设计的规定，外壳应牢固严密，不得漏风。

2)阻性消声器充填的消声材料，体积密度应符合设计要求，铺设应均匀，并应采取防止下沉的措施。片式阻性消声器消声片的材质、厚度及片距，应符合产品技术文件要求。

3)现场组装的消声室(段)，消声片的结构、数量、片距及固定应符合设计要求。

4)阻抗复合式、微穿孔(缝)板式消声器的隔板与壁板的结合处应紧贴严密；板面应平整、无毛刺，孔径(缝宽)和穿孔(开缝)率和共振腔的尺寸应符合国家现行标准的有关规定。

5)消声器与消声静压箱接口应与相连接的风管相匹配，尺寸的允许偏差应符合《通风与空调工程施工质量验收规范》GB 50243—2016 表 5.3.2 的规定。

检查数量：按Ⅱ方案。

检查方法：观察检查、尺量检查、查验材质证明书。

(7)柔性短管的制作应符合下列规定：

1)外径或外边长应与风管尺寸相匹配。

2)应采用抗腐、防潮、不透气及不易霉变的柔性材料。

3)用于净化空调系统的还应是内壁光滑、不易产生尘埃的材料。

4)柔性短管的长度宜为 150～250mm，接缝的缝制或粘接应牢固、可靠，不应有开裂；成型短管应平整，无扭曲等现象。

5)柔性短管不应为异径连接管，矩形柔性短管与风管连接不得采用抱箍固定的形式。

6)柔性短管与法兰组装宜采用压板铆接连接，铆钉间距宜为 60～80mm。

检查数量：按Ⅱ方案。

检查方法：观察检查、尺量检查。

(8)过滤器的过滤材料与框架连接应紧密牢固，安装方向应正确。

检查数量：按Ⅱ方案。

检查方法：观察检查、手动操作。

(9)风管内电加热器的加热管与外框及管壁的连接应牢固可靠，绝缘良好，金属外壳应与 PE 线可靠连接。

检查数量：按Ⅱ方案。

检查方法：观察检查、手动操作。

(10)检查门应平整，启闭应灵活，关闭应严密，与风管或空气处理室的连接处应采取密封措施，且不应有渗漏点。净化空调系统风管检查门的密封垫料，应采用成型密封胶带或软橡胶条。

检查数量：按Ⅱ方案。

检查方法：观察检查、手动操作。

3.《风管系统安装检验批质量验收记录》填写范例及说明

风管系统安装检验批质量验收记录
（送风系统）

06010301 __001__

单位(子单位)工程名称	××大厦	分部(子分部)工程名称	通风与空调/送风系统	分项工程名称	风管系统安装
施工单位	××建筑有限公司	项目负责人	×××	检验批容量	风管：1200m²
分包单位	—	分包单位项目负责人	—	检验批部位	⑯～㊱/Ⓕ～Ⓡ轴 地下一层防火分区十
施工依据	《通风与空调工程施工规范》GB 50738—2011	验收依据	《通风与空调工程施工质量验收规范》GB 50243—2016		

		设计要求及质量验收规范的规定	施工单位质量评定记录	监理(建设)单位验收记录：单项检验批产品数量 N	单项抽样样本数 n	检验批汇总数量 ΣN	抽样样本汇总数量 Σn	单项或汇总Σ抽样检验不合格数量	评判结果	备注
主控项目	1	风管支、吊架安装	抽查4个系统，合格4个系统	12	4			0	合格	95%
	2	风管穿越防火、防爆墙体或楼板	—						—	
	3	风管内严禁其他管线穿越	共12个系统，全数检查，合格12个系统						—	
	4	高于60℃风管系统	—						—	
	5	风管部件安装	抽查7件，合格7件	62	7	100	19	0	合格	95%
	6	风口的安装	抽查4件，合格4件	14	4			0	合格	95%
	7	风管严密性检验	抽查4个系统，合格4个系统；试验合格，记录编号：×××	12	4			0	合格	95%
	8	病毒实验室风管安装	—						—	
	…	……								
一般项目	1	风管的支、吊架	抽查4个系统，合格4个系统	12	4			0	合格	85%
	2	风管系统的安装	抽查4个系统，合格4个系统	12	4			0	合格	85%
	3	风管凝结水或其他液体风管	—						—	
	4	柔性短管安装	抽查3件，合格3件	6	3			0	合格	85%
	5	非金属风管安装	—			70	25		—	
	6	复合材料风管安装	—						—	
	7	风阀的安装	抽查3件，合格3件	6	3			0	合格	85%
	8	排风口、吸风罩(柜)安装	抽查4件，合格4件	14	4			0	合格	85%
	9	风帽安装	—						—	
	10	消声器及静压箱安装	抽查3件，合格3件	6	3			0	合格	85%
	11	风管内过滤器安装	抽查4件，合格4件	14	4			0	合格	85%
	…	……								

施工单位检查结果评定	符合要求 专业工长：××× 项目专业质量检查员：××× ××年×月×日
监理单位验收结论	合格 专业监理工程师：××× ××年×月×日

风管系统安装检验批质量验收记录
（排风系统）

06020301 001

单位（子单位）工程名称	××大厦	分部（子分部）工程名称	通风与空调/排风系统	分项工程名称	风管系统安装
施工单位	××建筑有限公司	项目负责人	×××	检验批容量	风管面积：1200m^2 风管：150件
分包单位	—	分包单位项目负责人	—	检验批部位	⑯～㊱/Ⓕ～Ⓡ轴 地下一层防火分区十
施工依据	《通风与空调工程施工规范》GB 50738—2011	验收依据	《通风与空调工程施工质量验收规范》GB 50243—2016		

		设计要求及质量验收规范的规定	施工单位质量评定记录	监理（建设）单位验收记录						
				单项检验批产品数量 N	单项抽样样本数 n	检验批汇总数量 $\sum N$	抽样样本汇总数量 $\sum n$	单项或汇总$\sum$抽样检验不合格数量	评判结果	备注
主控项目	1	风管支、吊架安装	抽查4个系统，合格4个系统	12	4			0	合格	95%
	2	风管穿越防火、防爆墙	—						—	
	3	风管安装规定	—						—	
	4	高于60℃风管系统	—						—	
	5	风管部件安装	抽查8件，合格8件	72	8	110	20	0	合格	95%
	6	风口的安装	抽查4件，合格4件	14	4			0	合格	95%
	7	风管严密性检验	抽查4个系统，合格4个系统	12	4			0	合格	95%
	8	住宅排气管道安装	—						—	
	9	病毒实验室风管安装	—						—	
	…	……								
一般项目	1	风管的支、吊架	抽查4个系统，合格4个系统	12	4			0	合格	85%
	2	风管系统的安装	抽查4个系统，合格4个系统	12	4			0	合格	85%
	3	含凝结水风管	—						—	
	4	柔性短管安装	抽查3件，合格3件	6	3			0	合格	85%
	5	非金属风管安装	—						—	
	6	复合材料风管安装	—			78	20		—	
	7	风阀的安装	抽查3件，合格3件	18	3			0	合格	85%
	8	排风口，吸风罩（柜）的安装	抽查3件，合格3件	24	3			0	合格	85%
	9	风帽的安装	—						—	
	10	风管过滤器安装	抽查3件，合格3件	6	3			0	合格	85%
	…	……								

施工单位检查结果评定	符合要求 专业工长：××× 项目专业质量检查员：××× ××年×月×日
监理单位验收结论	合格 专业监理工程师：××× ××年×月×日

风管系统安装检验批质量验收记录
(防、排烟系统)

06030301 001

单位(子单位)工程名称	××大厦	分部(子分部)工程名称	通风与空调/防、排烟系统	分项工程名称	风管系统安装
施工单位	××建筑有限公司	项目负责人	×××	检验批容量	风管:$1200m^2$
分包单位	—	分包单位项目负责人	—	检验批部位	⑯～㊱/Ⓕ～Ⓡ轴地下一层防火分区十
施工依据	《通风与空调工程施工规范》GB 50738—2011	验收依据	《通风与空调工程施工质量验收规范》GB 50243—2016		

		设计要求及质量验收规范的规定	施工单位质量评定记录	监理(建设)单位验收记录:单项检验批产品数量 N	单项抽样样本数 n	检验批汇总数量 $\sum N$	抽样样本汇总数量 $\sum n$	单项或汇总$\sum$抽样检验不合格数量	评判结果	备注
主控项目	1	风管支、吊架安装	抽4个系统,合格4个系统	12	4			0	合格	95%
	2	风管穿越防火、防爆墙体或楼板	—						—	
	3	风管安装规定	共12个系统,全部检查,合格12个系统						—	
	4	高于60℃风管系统	—						—	
	5	风管部件排烟阀安装	抽查6件,合格5件	24	6	80	22	1	合格	95%
	6	正压风口的安装	抽查8件,合格8件	32	8			0	合格	95%
	7	风管严密性检验	抽查4个系统,合格4个系统;系统测试合格,记录编号×××	12	4			1	合格	95%
	8	柔性短管必须为不燃材料	试验合格,记录编号×××						—	
	…	……								
一般项目	1	风管的支、吊架	抽查4个系统,合格4个系统	12	4			0	合格	85%
	2	风管系统的安装	抽查4个系统,合格4个系统	12	4			0	合格	85%
	3	柔性短管安装	抽查3件,合格3件	6	3	80	17	0	合格	85%
	4	防、排烟风阀的安装	抽查3件,合格3件	18	3			0	合格	85%
	5	风口的安装	抽查3件,合格3件	32	3			0	合格	85%
	…	……								
施工单位检查结果评定		符合要求 专业工长:××× 项目专业质量检查员:××× ××年×月×日								
监理单位验收结论		合格 专业监理工程师:××× ××年×月×日								

风管系统安装检验批质量验收记录
（除尘系统）

06040301 001

单位（子单位）工程名称	××大厦	分部（子分部）工程名称	通风与空调/除尘系统	分项工程名称	风管系统安装
施工单位	××建筑有限公司	项目负责人	×××	检验批容量	风管面积：1400m²
分包单位	—	分包单位项目负责人	—	检验批部位	⑯～㊱/Ⓕ～Ⓡ轴 地下一层防火分区十
施工依据	《通风与空调工程施工规范》GB 50738—2011	验收依据	《通风与空调工程施工质量验收规范》GB 50243—2016		

		设计要求及质量验收规范的规定	施工单位质量评定记录	监理（建设）单位验收记录						
				单项检验批产品数量 N	单项抽样样本数 n	检验批汇总数量ΣN	抽样样本汇总数量Σn	单项或汇总Σ抽样检验不合格数量	评判结果	备注
主控项目	1	风管支、吊架安装	抽查4个系统，合格4个系统	14	4			0	合格	95%
	2	风管穿越防火、防爆墙体或楼板	—						—	
	3	风管安装规定	共14个系统，全部检查，合格14个系统						—	
	4	高于60℃风管系统	—			70	18		—	
	5	集中式真空吸尘系统安装	—						—	
	6	风管部件安装	抽查10件，合格9件	42	10			1	合格	95%
	7	风管严密性检验	抽查4个系统，合格4个系统；试验合格，记录编号×××	14	4			0	合格	95%
	…	……								
一般项目	1	风管的支、吊架	抽查4个系统，合格4个系统	14	4			0	合格	85%
	2	风管系统的安装	抽查4个系统，合格4个系统	14	4			0	合格	85%
	3	除尘系统风管	抽查4个系统，合格4个系统	14	4			0	合格	85%
	4	柔性短管安装	抽查3件，合格3件	9	3	130	24	0	100%	85%
	5	风阀的安装	抽查3件，合格3件	24	3			0	100%	85%
	6	排风口，吸风罩（柜）的安装	抽查3件，合格3件	47	3			0	100%	85%
	7	风帽的安装	—						—	
	8	安装管内过滤器	抽查3件，合格3件					0	100%	85%
	…	……								

施工单位检查结果评定	符合要求 专业工长：××× 项目专业质量检查员：××× ××年×月×日
监理单位验收结论	合格 专业监理工程师：××× ××年×月×日

风管系统安装检验批质量验收记录
(舒适性空调风系统)

06050301 001

单位(子单位)工程名称	××大厦	分部(子分部)工程名称	通风与空调/舒适性空调风系统	分项工程名称	风管系统安装
施工单位	××建筑有限公司	项目负责人	×××	检验批容量	风管面积:$1450m^2$
分包单位	—	分包单位项目负责人	—	检验批部位	⑯～㊱/Ⓕ～Ⓡ轴 8层商贸区
施工依据	《通风与空调工程施工规范》GB 50738—2011	验收依据	《通风与空调工程施工质量验收规范》GB 50243—2016		

		设计要求及质量验收规范的规定	施工单位质量评定记录	监理(建设)单位验收记录						
				单项检验批产品数量 N	单项抽样样本数 n	检验批汇总数量 $\sum N$	抽样样本汇总数量 $\sum n$	单项或汇总$\sum$抽样检验不合格数量	评判结果	备注
主控项目	1	风管支、吊架安装	抽查4个系统,合格4个系统	15	4	146	26	0	合格	95%
	2	风管穿越防火、防爆墙体或楼板	—						—	
	3	风管内严禁其他管线穿越	共15个系统,全数检查,合格15个系统						合格	95%
	4	风管部件安装	抽查8件,合格8件	72	8			0	合格	95%
	5	风口的安装	抽查10件,合格9件	42	10			0	合格	95%
	6	风管严密性检验	抽查4个系统,合格4个系统;试验合格,记录编号×××	15	4			0	合格	95%
	7	病毒实验室风管安装	—						—	
	…	……								
一般项目	1	风管的支、吊架	抽查4个系统,合格4个系统	15	4	115	23	0	合格	85%
	2	风管系统的安装	抽查4个系统,合格4个系统	15	4			0	合格	85%
	3	柔性短管安装	抽查3件,合格3件	9	3			0	合格	85%
	4	非金属风管安装	—						—	
	5	复合材料风管安装	—						—	
	6	风阀的安装	抽查3件,合格3件	16	3			0	合格	85%
	7	消声器及消声弯管	抽查3件,合格3件	9	3			0	合格	85%
	8	风管过滤器安装	抽查3件,合格3件	9	3			0	合格	85%
	9	风口的安装	抽查3件,合格3件	42	3			0	合格	85%
	…	……								

施工单位检查结果评定	符合要求 专业工长:××× 项目专业质量检查员:××× ××年×月×日
监理单位验收结论	合格 专业监理工程师:××× ××年×月×日

风管系统安装检验批质量验收记录
（恒温恒湿空调风系统）

06060301 001

单位（子单位）工程名称	××大厦	分部（子分部）工程名称	通风与空调/恒温恒湿空调风系统	分项工程名称	风管系统安装
施工单位	××建筑有限公司	项目负责人	×××	检验批容量	风管面积：1560m²
分包单位	—	分包单位项目负责人	—	检验批部位	⑯～㊱/Ⓕ～Ⓡ轴 8层商贸区
施工依据	《通风与空调工程施工规范》GB 50738—2011	验收依据	《通风与空调工程施工质量验收规范》GB 50243—2016		

		设计要求及质量验收规范的规定	施工单位质量评定记录	监理（建设）单位验收记录						
				单项检验批产品数量 N	单项抽样样本数 n	检验批汇总数量 ΣN	抽样样本汇总数量 Σn	单项或汇总Σ抽样检验不合格数量	评判结果	备注
主控项目	1	风管支、吊架安装	抽查5个系统，合格5个系统	16	5			0	合格	95%
	2	风管穿越防火、防爆墙体或楼板	—						—	
	3	风管内严禁其他管线穿越	共16个系统，全数检查，合格16个系统						—	
	4	高于60℃风管系统	—						—	
	5	风管及部件安装	抽查8件，合格7件	72	8	160	27	1	合格	95%
	6	风口的安装	抽查9件，合格8件	56	9			1	合格	95%
	7	风管严密性检验	抽查5个系统，合格5个系统；试验合格，记录编号×××	16	5			0	合格	95%
	8	病毒实验室风管安装	—						—	
	…	……								
一般项目	1	风管的支、吊架	抽查3个系统，合格3个系统	16	3			0	合格	85%
	2	风管系统的安装	抽查3个系统，合格3个系统	16	3			0	合格	85%
	3	柔性短管安装	抽查3件，合格3件	9	3			0	合格	85%
	4	非金属风管安装	—						—	
	5	复合材料风管安装	—			133	21		—	
	6	风阀的安装	抽查3件，合格3件	18	3			0	合格	85%
	7	消声器及消声弯管	抽查3件，合格3件	9	3			0	合格	85%
	8	风管过滤器安装	抽查3件，合格3件	9	3			0	合格	85%
	9	风口的安装	抽查3件，合格3件	56	3			0	合格	85%
	…	……								

施工单位检查结果评定	符合要求 专业工长：××× 项目专业质量检查员：××× ××年×月×日
监理单位验收结论	合格 专业监理工程师：××× ××年×月×日

风管系统安装检验批质量验收记录
（净化空调风系统）

06070301 001

单位(子单位)工程名称	××大厦	分部(子分部)工程名称	通风与空调/净化空调风系统	分项工程名称	风管系统安装
施工单位	××建筑有限公司	项目负责人	×××	检验批容量	风管面积：1650m^2
分包单位	—	分包单位项目负责人	—	检验批部位	⑯～㊱/Ⓕ～Ⓡ轴 8层商贸区
施工依据	《通风与空调工程施工规范》GB 50738—2011	验收依据	《通风与空调工程施工质量验收规范》GB 50243—2016		

		设计要求及质量验收规范的规定	施工单位质量评定记录	监理(建设)单位验收记录						
				单项检验批产品数量 *N*	单项抽样样本数 *n*	检验批汇总数量 $\sum N$	抽样样本汇总数量 $\sum n$	单项或汇总$\sum$抽样检验不合格数量	评判结果	备注
主控项目	1	风管支、吊架安装	抽查5个系统，合格5个系统	17	5			0	合格	95%
	2	风管穿越防火、防爆墙体或楼板	—						—	
	3	风管安装规定	共17个系统，全数检查，合格17个系统						合格	95%
	4	净化系统风管安装	抽查5个系统，合格5个系统	17	5	127	23	0	合格	95%
	5	风管部件安装	抽查8件，合格7件	76	8			1	合格	95%
	6	风管严密性检验	抽查5个系统，合格5个系统；试验合格，记录编号×××	17	5			0	合格	95%
	7	病毒实验室风管安装	—						—	
	…	……								
一般项目	1	风管的支、吊架	抽查3个系统，合格3个系统	17	3			0	合格	85%
	2	风管系统的安装	抽查3个系统，合格3个系统	17	3			0	合格	85%
	3	柔性短管安装	抽查4件，合格4件	12	4			0	合格	85%
	4	非金属风管安装	—						—	
	5	复合材料风管安装	—						—	
	6	风阀的安装	抽查3件，合格3件	16	3	134	24	0	合格	85%
	7	消声器及消声弯管	抽查4件，合格4件	12	4			0	合格	85%
	8	风管过滤器安装	抽查4件，合格4件	12	4			0	合格	85%
	9	风口的安装	抽查3件，合格3件	48	3			0	合格	85%
	10	洁净室（区）内风口安装	—						—	
	…	……								

施工单位检查结果评定	符合要求 专业工长：××× 项目专业质量检查员：××× ××年×月×日
监理单位验收结论	合格 专业监理工程师：××× ××年×月×日

风管系统安装检验批质量验收记录
（地下人防系统）

06080301 001

单位（子单位）工程名称	××大厦	分部（子分部）工程名称	通风与空调/地下人防通风系统	分项工程名称	风管系统安装
施工单位	××建筑有限公司	项目负责人	×××	检验批容量	风管面积：1560m²
分包单位	—	分包单位项目负责人	—	检验批部位	⑯～㊱/Ⓕ～Ⓡ轴 地下一层防护单元一
施工依据	《通风与空调工程施工规范》GB 50738—2011	验收依据	《通风与空调工程施工质量验收规范》GB 50243—2016		

		设计要求及质量验收规范的规定	施工单位质量评定记录	监理（建设）单位验收记录						
				单项检验批产品数量 N	单项抽样样本数 n	检验批汇总数量 ΣN	抽样样本汇总数量 Σn	单项或汇总 Σ 抽样检验不合格数量	评判结果	备注
主控项目	1	风管支、吊架安装	抽查5个系统，合格5个系统	16	5	146	28	0	合格	95%
	2	风管穿越防火、防爆墙体或楼板	—						—	
	3	风管内严禁其他管线穿越	共16个系统，全数检查，合格16个系统						合格	95%
	4	风管及部件安装	抽查8件，合格7件	72	8			1	合格	95%
	5	风口的安装	抽查100件，合格97件	42	10			1	合格	95%
	6	风管严密性检验	抽查5个系统，合格5个系统；试验合格，记录编号×××	16	5			0	合格	95%
	7	人防染毒区焊接风管安装	共3个系统，全是检查，合格3个系统						合格	95%
	…	……								
一般项目	1	风管的支、吊架	抽查3个系统，合格3个系统	16	3	124	22	0	合格	85%
	2	风管系统的安装	抽查3个系统，合格3个系统	16	3			0	合格	85%
	3	柔性短管安装	抽查4件，合格4件	12	4			0	合格	85%
	4	风阀的安装	抽查3件，合格3件	16	3			0	合格	85%
	5	消声器及静压箱安装	抽查3件，合格3件	6	3			0	合格	85%
	6	风管过滤器安装	抽查3件，合格3件	16	3			0	合格	85%
	7	风口的安装	抽查3件，合格3件	42	3			0	合格	85%
	…	……								

施工单位检查结果评定	符合要求 专业工长：××× 项目专业质量检查员：××× ××年×月×日
监理单位验收结论	合格 专业监理工程师：××× ××年×月×日

风管系统安装检验批质量验收记录
(真空吸尘系统)

06090301 001

单位(子单位)工程名称	××大厦	分部(子分部)工程名称	通风与空调/真空吸尘系统	分项工程名称	风管系统安装
施工单位	××建筑有限公司	项目负责人	×××	检验批容量	风管面积：1450m^2
分包单位	—	分包单位项目负责人	—	检验批部位	⑯～㊱/Ⓕ～Ⓡ轴 8 层餐饮区
施工依据	《通风与空调工程施工规范》GB 50738—2011	验收依据	《通风与空调工程施工质量验收规范》GB 50243—2016		

		设计要求及质量验收规范的规定	施工单位质量评定记录	监理(建设)单位验收记录						
				单项检验批产品数量 N	单项抽样样本数 n	检验批汇总数量 $\sum N$	抽样样本汇总数量 $\sum n$	单项或汇总$\sum$抽样检验不合格数量	评判结果	备注
主控项目	1	吸尘系统管道安装材料	质量证明文件齐全，进场验收合格，记录编号×××						合格	
	2	吸尘系统管道接口	共 18 处，全数检查，合格 18 处						合格	95%
	3	吸尘系统管道弯管	共 20 处，全数检查，合格 20 处						合格	95%
	4	吸尘系统管道三通	共 15 处，全数检查，合格 15 处						合格	95%
	5	吸尘机组安装	共 6 台，全数检查，合格 6 台						合格	95%
	…	……								
一般项目	1	系统安装坡度	抽查 4 个系统，合格 4 个系统	15	4	30	8	0	合格	85%
	2	吸尘嘴安装	抽查 4 件，合格 4 件	15	4			0	合格	85%
	…	……								

施工单位检查结果评定	符合要求 专业工长：××× 项目专业质量检查员：××× ××年×月×日
监理单位验收结论	合格 专业监理工程师：××× ××年×月×日

【填写说明】

1.填写依据

(1)《通风与空调工程质量验收规范》GB 50243—2016。

(2)《建筑工程施工质量验收统一标准》GB 50300—2013。

2.检验批抽样与验收规定

参见《风管与配件产成品检验批质量验收记录》填写说明相关内容。

3.规范摘要

以下内容摘自《通风与空调工程质量验收规范》GB 50243—2016。

主控项目

(1)风管系统支、吊架的安装应符合下列规定：

1)预埋件位置应正确、牢固可靠，埋入部分应去除油污，且不得涂漆。

2)风管系统支、吊架的形式和规格应按工程实际情况选用。

3)风管直径大于2000mm或边长大于2500mm风管的支、吊架的安装要求，应按设计要求执行。

检查数量：按Ⅰ方案。

检查方法：查看设计图、尺量、观察检查。

(2)当风管穿过需要封闭的防火、防爆的墙体或楼板时，必须设置厚度不小于1.6mm的钢制防护套管；风管与防护套管之间应采用不燃柔性材料封堵严密。

检查数量：全数。

检查方法：尺量、观察检查。

(3)风管安装必须符合下列规定：

1)风管内严禁其他管线穿越。

2)输送含有易燃、易爆气体或安装在易燃、易爆环境的风管系统必须设置可靠的防静电接地装置。

3)输送含有易燃、易爆气体的风管系统通过生活区或其他辅助生产房间时不得设置接口。

4)室外风管系统的拉索等金属固定件严禁与避雷针或避雷网连接。

检查数量：全数。

检查方法：尺量、观察检查。

(4)外表温度高于60℃，且位于人员易接触部位的风管，应采取防烫伤的措施。

检查数量：按Ⅰ方案。

检查方法：观察检查。

(5)净化空调系统风管的安装应符合下列规定：

1)在安装前风管、静压箱及其他部件的内表面应擦拭干净，且应无油污和浮尘。当施工停顿或完毕时，端口应封堵。

2)法兰垫料应采用不产尘、不易老化，且具有强度和弹性的材料，厚度应为5mm～8mm，不得采用乳胶海绵。法兰垫片宜减少拼接，且不得采用直缝对接连接，不得在垫料表面涂刷涂料。

3)风管穿过洁净室(区)吊顶、隔墙等围护结构时,应采取可靠的密封措施。

检查数量:按Ⅰ方案。

检查方法:观察、用白绸布擦拭。

(6)集中式真空吸尘系统的安装应符合下列规定:

1)安装在洁净室(区)内真空吸尘系统所采用的材料应与所在洁净室(区)具有相容性。

2)真空吸尘系统的接口应牢固装设在墙或地板上,并应设有盖帽。

3)真空吸尘系统弯管的曲率半径不应小于4倍管径,且不得采用褶皱弯管。

4)真空吸尘系统三通的夹角不得大于45°,支管不得采用四通连接。

5)集中式真空吸尘机组的安装,应符合现行国家标准《机械设备安装工程施工及验收通用规范》GB 50231的有关规定。

检查数量:全数。

检查方法:尺量、观察检查。

(7)风管部件的安装应符合下列规定:

1)风管部件及操作机构的安装应便于操作。

2)斜插板风阀安装时,阀板应顺气流方向插入;水平安装时,阀板应向上开启。

3)止回阀、定风量阀的安装方向应正确。

4)防爆破活门、防爆超压排气活门安装时,穿墙管的法兰和在轴线视线上的杠杆应铅垂,活门开启应朝向排气方向,在设计的超压下能自动启闭。关闭后,阀盘与密封圈贴合应严密。

5)防火阀、排烟阀(口)的安装位置、方向应正确。位于防火分区隔墙两侧的防火阀,距墙表面不应大于200mm。

检查数量:按Ⅰ方案。

检查方法:吊垂、手扳、尺量、观察检查。

(8)风口的安装位置应符合设计要求,风口或结构风口与风管的连接应严密牢固,不应存在可察觉的漏风点或部位,风口与装饰面贴合应紧密。X射线发射房间的送、排风口应采取防止射线外泄的措施。

检查数量:按Ⅰ方案。

检查方法:观察检查。

(9)风管系统安装完毕后,应按系统类别要求进行施工质量外观检验。合格后,应进行风管系统的严密性检验,漏风量除应符合设计要求和《通风与空调工程施工质量验收规范》GB 50243—2016第4.2.1条的规定外,尚应符合下列规定:

1)当风管系统严密性检验出现不合格时,除应修复不合格的系统外,受检方应申请复验或复检。

2)净化空调系统进行风管严密性检验时,N1级～N5级的系统按高压系统风管的规定执行;N6级～N9级,且工作压力小于或等于1500Pa的,均按中压系统风管的规定执行。

检查数量:微压系统,按工艺质量要求实行全数观察检验;低压系统,按Ⅱ方案实行抽样检验；中压系统，按Ⅰ方案实行抽样检验；高压系统，全数检验。

检查方法：除微压系统外，严密性测试按《通风与空调工程施工质量验收规范》GB 50243—2016 附录C的规定执行。

(10)当设计无要求时，人防工程染毒区的风管应采用大于或等于3mm钢板焊接连接；与密闭阀门相连接的风管，应采用带密封槽的钢板法兰和无接口的密封垫圈，连接应严密。

检查数量：全数。

检查方法：尺量、观察、查验检测报告。

(11)住宅厨房、卫生间排风道的结构、尺寸应符合设计要求，内表面应平整；各层支管与风道的连接应严密，并应设置防倒灌的装置。

检查数量：按Ⅰ方案。

检查方法：观察检查。

(12)病毒实验室通风与空调系统的风管安装连接应严密，允许渗漏量应符合设计要求。

检查数量：全数。

检查方法：观察检查，查验现场漏风量检测报告。

一般项目

(1)风管支、吊架的安装应符合下列规定：

1)金属风管水平安装，直径或边长小于或等于400mm时，支、吊架间距不应大于4m；大于400mm时，间距不应大于3m。螺旋风管的支、吊架的间距可为5m与3.75m；薄钢板法兰风管的支、吊架间距不应大于3m。垂直安装时，应设置至少2个固定点，支架间距不应大于4m。

2)支、吊架的设置不应影响阀门、自控机构的正常动作，且不应设置在风口、检查门处，离风口和分支管的距离不宜小于200mm。

3)悬吊的水平主、干风管直线长度大于20m时，应设置防晃支架或防止摆动的固定点。

4)矩形风管的抱箍支架，折角应平直，抱箍应紧贴风管。圆形风管的支架应设托座或抱箍，圆弧应均匀，且应与风管外径一致。

5)风管或空调设备使用的可调节减振支、吊架，拉伸或压缩量应符合设计要求。

6)不锈钢板、铝板风管与碳素钢支架的接触处，应采取隔绝或防腐绝缘措施。

7)边长(直径)大于1250mm的弯头、三通等部位应设置单独的支、吊架。

检查数量：按Ⅱ方案。

检查方法：尺量、观察检查。

(2)风管系统的安装应符合下列规定：

1)风管应保持清洁，管内不应有杂物和积尘。

2)风管安装的位置、标高、走向，应符合设计要求。现场风管接口的配置应合理，不得缩小其有效截面。

3)法兰的连接螺栓应均匀拧紧，螺母宜在同一侧。

4)风管接口的连接应严密牢固。风管法兰的垫片材质应符合系统功能的要求,厚度不应小于3mm。垫片不应凸入管内,且不宜突出法兰外;垫片接口交叉长度不应小于30mm。

5)风管与砖、混凝土风道的连接接口,应顺着气流方向插入,并应采取密封措施。风管穿出屋面处应设置防雨装置,且不得渗漏。

6)外保温风管必需穿越封闭的墙体时,应加设套管。

7)风管的连接应平直。明装风管水平安装时,水平度的允许偏差应为3‰,总偏差不应大于20mm;明装风管垂直安装时,垂直度的允许偏差应为2‰,总偏差不应大于20mm。暗装风管安装的位置应正确,不应有侵占其他管线安装位置的现象。

8)金属无法兰连接风管的安装应符合下列规定:

①风管连接处应完整,表面应平整。

②承插式风管的四周缝隙应一致,不应有折叠状褶皱。内涂的密封胶应完整,外粘的密封胶带应粘贴牢固。

③矩形薄钢板法兰风管可采用弹性插条、弹簧夹或U形紧固螺栓连接。连接固定的间隔不应大于150mm,净化空调系统风管的间隔不应大于100mm,且分布应均匀。当采用弹簧夹连接时,宜采用正反交叉固定方式,且不应松动。

④采用平插条连接的矩形风管,连接后板面应平整。

⑤置于室外与屋顶的风管,应采取与支架相固定的措施。

检查数量:按Ⅱ方案。

检查方法:尺量、观察检查。

(3)除尘系统风管宜垂直或倾斜敷设。倾斜敷设时,风管与水平夹角宜大于或等于45°;当现场条件限制时,可采用小坡度和水平连接管。含有凝结水或其他液体的风管,坡度应符合设计要求,并应在最低处设排液装置。

检查数量:按Ⅱ方案。

检查方法:尺量、观察检查。

(4)集中式真空吸尘系统的安装应符合下列规定:

1)吸尘管道的坡度宜大于或等于5‰,并应坡向立管、吸尘点或集尘器。

2)吸尘嘴与管道的连接,应牢固严密。

检查数量:按Ⅱ方案。

检查方法:尺量、观察检查。

(5)柔性短管的安装,应松紧适度,目测平顺、不应有强制性的扭曲。可伸缩金属或非金属柔性风管的长度不宜大于2m。柔性风管支、吊架的间距不应大于1500mm,承托的座或箍的宽度不应小于25mm,两支架间风道的最大允许下垂应为100mm,且不应有死弯或塌凹。

检查数量:按Ⅱ方案。

检查方法:尺量、观察检查。

(6)非金属风管的安装除应符合《通风与空调工程施工质量验收规范》GB 50243—2016第6.3.2条的规定外,尚应符合下列规定:

1)风管连接应严密，法兰螺栓两侧应加镀锌垫圈。

2)风管垂直安装时，支架间距不应大于 3m。

3)硬聚氯乙烯风管的安装尚应符合下列规定：

①采用承插连接的圆形风管，直径小于或等于 200mm 时，插口深度宜为 40～80mm，粘接处应严密牢固；

②采用套管连接时，套管厚度不应小于风管壁厚，长度宜为 150～250mm；

③采用法兰连接时，垫片宜采用 3～5mm 软聚氯乙烯板或耐酸橡胶板；

④风管直管连续长度大于 20m 时，应按设计要求设置伸缩节，支管的重量不得由干管承受；

⑤风管所用的金属附件和部件，均应进行防腐处理。

4)织物布风管的安装应符合下列规定：

①悬挂系统的安装方式、位置、高度和间距应符合设计要求。

②水平安装钢绳垂吊点的间距不得大于 3m。长度大于 15m 的钢绳应增设吊架或可调节的花篮螺栓。风管采用双钢绳垂吊时，两绳应平行，间距应与风管的吊点相一致。

③滑轨的安装应平整牢固，目测不应有扭曲；风管安装后应设置定位固定。

④织物布风管与金属风管的连接处应采取防止锐口划伤的保护措施。

⑤织物布风管垂吊吊带的间距不应大于 1.5m，风管不应呈现波浪形。

检查数量：按Ⅱ方案。

检查方法：尺量、观察检查。

(7)复合材料风管的安装除应符合《通风与空调工程施工质量验收规范》GB 50243—2016 第 6.3.6 条的规定外，尚应符合下列规定：

1)复合材料风管的连接处，接缝应牢固，不应有孔洞和开裂。当采用插接连接时，接口应匹配，不应松动，端口缝隙不应大于 5mm。

2)复合材料风管采用金属法兰连接时，应采取防冷桥的措施。

3)酚醛铝箔复合板风管与聚氨酯铝箔复合板风管的安装，尚应符合下列规定：

①插接连接法兰的不平整度应小于或等于 2mm，插接连接条的长度应与连接法兰齐平，允许偏差应为－2～＋0mm；

②插接连接法兰四角的插条端头与护角应有密封胶封堵；

③中压风管的插接连接法兰之间应加密封垫或采取其他密封措施。

4)玻璃纤维复合板风管的安装应符合下列规定：

①风管的铝箔复合面与丙烯酸等树脂涂层不得损坏，风管的内角接缝处应采用密封胶勾缝。

②榫连接风管的连接应在榫口处涂胶粘剂，连接后在外接缝处应采用扒钉加固，间距不宜大于 50mm，并宜采用宽度大于或等于 50mm 的热敏胶带粘贴密封。

③采用槽形插接等连接构件时，风管端切口应采用铝箔胶带或刷密封胶封堵。

④采用槽型钢制法兰或插条式构件连接的风管，风管外壁钢抱箍与内壁金属内套，应采用镀锌螺栓固定，螺孔间距不应大于 120mm，螺母应安装在风管外侧。螺栓穿过的管壁处应进行密封处理。

⑤风管垂直安装宜采用“井”字形支架，连接应牢固。

5)玻璃纤维增强氯氧镁水泥复合材料风管，应采用黏结连接。直管长度大于 30m 时，应设置伸缩节。

检查数量：按Ⅱ方案。

检查方法：尺量、观察检查。

(8)风阀的安装应符合下列规定：

1)风阀应安装在便于操作及检修的部位。安装后，手动或电动操作装置应灵活可靠，阀板关闭应严密。

2)直径或长边尺寸大于或等于 630mm 的防火阀，应设独立支、吊架。

3)排烟阀(排烟口)及手控装置(包括钢索预埋套管)的位置应符合设计要求。钢索预埋套管弯管不应大于 2 个，且不得有死弯及瘪陷；安装完毕后应操控自如，无阻涩等现象。

4)除尘系统吸入管段的调节阀，宜安装在垂直管段上。

5)防爆破悬摆活门、防爆超压排气活门和自动排气活门安装时，位置的允许偏差应为 10mm，标高的允许偏差应为±5mm，框正、侧面与平衡锤连杆的垂直度允许偏差应为 5mm。

检查数量：按Ⅱ方案。

检查方法：尺量、观察检查。

(9)排风口、吸风罩(柜)的安装应排列整齐、牢固可靠，安装位置和标高允许偏差应为±10mm，水平度的允许偏差应为 3‰，且不得大于 20mm。

检查数量：按Ⅱ方案。

检查方法：尺量、观察检查。

(10)风帽安装应牢固，连接风管与屋面或墙面的交接处不应渗水。

检查数量：按Ⅱ方案。

检查方法：尺量、观察检查。

(11)消声器及静压箱的安装应符合下列规定：

1)消声器及静压箱安装时，应设置独立支、吊架，固定应牢固。

2)当采用回风箱作为静压箱时，回风口处应设置过滤网。

检查数量：按Ⅱ方案。

检查方法：观察检查。

(12)风管内过滤器的安装应符合下列规定：

1)过滤器的种类、规格应符合设计要求。

2)过滤器应便于拆卸和更换。

3)过滤器与框架及框架与风管或机组壳体之间连接应严密。

检查数量：按Ⅱ方案。

检查方法：观察检查。

(13)风口的安装应符合下列规定：

1)风口表面应平整、不变形，调节应灵活、可靠。同一厅室、房间内的相同风口的安装高度应一致，排列应整齐。

2)明装无吊顶的风口,安装位置和标高允许偏差应为10mm。

3)风口水平安装,水平度的允许偏差应为3‰。

4)风口垂直安装,垂直度的允许偏差应为2‰。

检查数量:按Ⅱ方案。

检查方法:尺量、观察检查。

(14)洁净室(区)内风口的安装除应符合《通风与空调工程施工质量验收规范》GB 50243—2016第6.3.13的规定外,尚应符合下列规定:

1)风口安装前应擦拭干净,不得有油污、浮尘等。

2)风口边框与建筑顶棚或墙壁装饰面应紧贴,接缝处应采取可靠的密封措施。

3)带高效空气过滤器的送风口,四角应设置可调节高度的吊杆。

检查数量:按Ⅱ方案。

检查方法:查验成品质量合格证明文件,观察检查。

4.《风机与空气处理设备安装检验批质量验收记录》填写范例及说明

风机与空气处理设备安装检验批质量验收记录

(通风系统)

06010401 001

单位(子单位)工程名称	××大厦	分部(子分部)工程名称	通风与空调/送风系统	分项工程名称	风机与空气处理设备安装
施工单位	××建筑有限公司	项目负责人	×××	检验批容量	风机:6台
分包单位	—	分包单位项目负责人	—	检验批部位	⑯～㊱/Ⓕ～Ⓡ轴地下一层防火分区十
施工依据	《通风与空调工程施工规范》GB 50738—2011	验收依据	《通风与空调工程施工质量验收规范》GB 50243—2016		

		设计要求及质量验收规范的规定	施工单位质量评定记录	监理(建设)单位验收记录						
				单项检验批产品数量 N	单项抽样样本数 n	检验批汇总数量 $\sum N$	抽样样本汇总数量 $\sum n$	单项或汇总 $\sum$ 抽样检验不合格数量	评判结果	备注
主控项目	1	风机及风机箱的安装	抽查3台,合格3台质量证明文件齐全,进场验收合格,记录编号×××	6	3	6	3	0	合格	95%
	2	通风机安全措施	共6台,全数检查,合格6台						合格	95%
	3	空气热回收装置的安装	—						—	
	4	除尘器的安装	—						—	
	5	静电式空气净化装置安装	—						—	
	6	电加热器的安装	—						—	
	7	过滤吸收器的安装	—						—	
	…	……								
一般项目	1	风机及风机箱的安装	抽查3台,合格3台,检查合格,记录编号×××	6	3	6	3	0	合格	85%
	2	风幕机的安装	—						—	
	3	空气过滤器的安装	—						—	
	4	蒸汽加湿器安装	—						—	
	5	空气热回收器的安装	—						—	
	6	除尘器安装	—						—	
	7	现场组装静电除尘器的安装	—						—	
	8	现场组装布袋除尘器的安装	—						—	
	…	……								

施工单位检查结果评定	符合要求 专业工长:××× 项目专业质量检查员:××× ××年×月×日
监理单位验收结论	合格 专业监理工程师:××× ××年×月×日

风机与空气处理设备安装检验批质量验收记录（舒适性空调系统）

06050401 001

单位(子单位)工程名称	××大厦	分部(子分部)工程名称	通风与空调/舒适性空调风系统	分项工程名称	风管系统安装
施工单位	××建筑有限公司	项目负责人	×××	检验批容量	风管面积：$1450m^2$
分包单位	—	分包单位项目负责人	—	检验批部位	⑯～㊱/Ⓕ～Ⓡ轴 8 层商贸区
施工依据	《通风与空调工程施工规范》GB 50738—2011	验收依据	《通风与空调工程施工质量验收规范》GB 50243—2016		

		设计要求及质量验收规范的规定	施工单位质量评定记录	监理(建设)单位验收记录：单项检验批产品数量 N	单项抽样样本数 n	检验批汇总数量 ΣN	抽样样本汇总数量 Σn	单项或汇总Σ抽样检验不合格数量	评判结果	备注
主控项目	1	风机及风机箱的安装	抽查 4 台，合格 4 台	12	4	12	4	0	合格	95%
	2	通风机安全措施	共 4 台，全数检查，合格 4 台						合格	95%
	3	单元式与组合式空调机组	—						—	
	4	空气热回收装置的安装	—						—	
	5	空调末端设备安装	—						—	
	6	静电式空气净化装置安装	—						—	
	7	电加热器的安装	—						—	
	8	过滤吸收器的安装	—						—	
	…	……								
一般项目	1	风机及风机箱的安装	抽查 4 台，合格 4 台检查合格，记录编号×××			115	23	0	合格	85%
	2	风幕机的安装	—						—	
	3	单元式空调机组的安装	—						—	
	4	组合式空调机组、新风机组安装	—						—	
	5	空气过滤器的安装	—						—	
	6	蒸汽加湿器的安装	—						—	
	7	紫外线、离子空气净化装置的安装	—						—	
	8	空气热回收器的安装	—						—	
	9	风机盘管机组的安装	抽查 4 台，合格 4 台试验合格，记录编号×××	12	4			0	合格	85%
	10	变风量、定风量末端装置的安装	抽查 4 台，合格 4 台试验合格，记录编号×××	12	4			0	合格	85%
	…	……								

施工单位检查结果评定	符合要求 专业工长：××× 项目专业质量检查员：××× ××年×月×日
监理单位验收结论	合格 专业监理工程师：××× ××年×月×日

风机与空气处理设备安装检验批质量验收记录
（恒温恒湿空调系统）

06060401 001

单位（子单位）工程名称	××大厦	分部（子分部）工程名称	通风与空调/恒温恒湿空调风系统	分项工程名称	风机与组合式空调机组安装
施工单位	××建筑有限公司	项目负责人	×××	检验批容量	风机：18 台
分包单位	—	分包单位项目负责人	—	检验批部位	⑯～㊱/Ⓕ～Ⓡ轴 8层商贸区
施工依据	《通风与空调工程施工规范》GB 50738—2011	验收依据	《通风与空调工程施工质量验收规范》GB 50243—2016		

		设计要求及质量验收规范的规定	施工单位质量评定记录	监理（建设）单位验收记录						
				单项检验批产品数量 N	单项抽样样本数 n	检验批汇总数量 $\sum N$	抽样样本汇总数量 $\sum n$	单项或汇总$\sum$抽样检验不合格数量	评判结果	备注
主控项目	1	风机及风机箱的安装	抽查 3 台，合格 3 台	8	3	32	9	0	合格	95%
	2	通风机安全措施	共 18 台，全数检查，合格 18 台						合格	95%
	3	单元式与组合式空调机组	—						—	
	4	空气热回收装置的安装	—						—	
	5	空调末端设备安装	—					1	合格	95%
	6	静电式空气净化装置安装	—						—	
	7	电加热器的安装	—						—	
	…	……								
一般项目	1	风机及风机箱的安装	抽查 3 台，合格 3 台；检查合格，记录编号×××	8	3	8	3	0	合格	85%
	2	单元式空调机组的安装	—						—	
	3	组合式空调机组、新风机组安装	—						—	
	4	空气过滤器的安装	—						—	
	5	蒸汽加湿器的安装	—						—	
	6	空气热回收器的安装	—						—	
	7	变风量、定风量末端装置的安装	—						—	
	…	……								

施工单位检查结果评定	符合要求 专业工长：××× 项目专业质量检查员：××× ××年×月×日
监理单位验收结论	合格 专业监理工程师：××× ××年×月×日

风机与空气处理设备安装检验批质量验收记录
[洁净室(区)空调系统]

06070401 001

单位(子单位)工程名称	××大厦	分部(子分部)工程名称	通风与空调/净化空调系统	分项工程名称	风管与净化空调机组安装
施工单位	××建筑有限公司	项目负责人	×××	检验批容量	风机:12 台
分包单位	—	分包单位项目负责人	—	检验批部位	⑯～㉟/Ⓕ～Ⓡ轴 8 层商贸区
施工依据	《通风与空调工程施工规范》GB 50738—2011	验收依据	《通风与空调工程施工质量验收规范》GB 50243—2016		

		设计要求及质量验收规范的规定	施工单位质量评定记录	监理(建设)单位验收记录：单项检验批产品数量 N	单项抽样样本数 n	检验批汇总数量 ΣN	抽样样本汇总数量 Σn	单项或汇总 Σ 抽样检验不合格数量	评判结果	备注
主控项目	1	风机及风机箱的安装	抽查 4 台,合格 4 台	12	4	12	4	0	合格	95%
	2	通风机安全措施	共 12 台,全数检查,合格 12 台						合格	95%
	3	单元式与组合式空调机组	—						—	
	4	空气热回收装置的安装	—						—	
	5	高效过滤器安装	—						—	
	6	空气过滤器单元(FFU)安装	—						—	
	7	洁净层流罩的安装	—						—	
	8	电加热器的安装	—						—	
	…	……								
一般项目	1	风机及风机箱的安装	抽查 3 台,合格 3 台;检查合格,记录编号×××	12	3	12	3	0	合格	85%
	2	组合式空调机组、新风机组安装	—						—	
	3	空气过滤器的安装	—						—	
	4	蒸汽加湿器的安装	—						—	
	5	紫外线、离子空气净化装置的安装	—						—	
	6	空气热回收器的安装	—						—	
	7	洁净室空气净化设备安装	—						—	
	8	装配式洁净室的安装	—						—	
	9	空气吹淋室的安装	—						—	
	10	高效过滤器与层流罩的安装	—						—	
	…	……								

施工单位检查结果评定	符合要求 专业工长:××× 项目专业质量检查员:××× ××年×月×日
监理单位验收结论	合格 专业监理工程师:××× ××年×月×日

【填写说明】

1.填写依据

(1)《通风与空调工程质量验收规范》GB 50243—2016。

(2)《建筑工程施工质量验收统一标准》GB 50300—2013。

2.检验批抽样与验收规定

参见《风管与配件产成品检验批质量验收记录》填写说明相关内容。

3.规范摘要

以下内容摘自《通风与空调工程质量验收规范》GB 50243—2016。

主控项目

(1)风机及风机箱的安装应符合下列规定:

1)产品的性能、技术参数应符合设计要求,出口方向应正确。

2)叶轮旋转应平稳,每次停转后不应停留在同一位置上。

3)固定设备的地脚螺栓应紧固,并应采取防松动措施。

4)落地安装时,应按设计要求设置减振装置,并应采取防止设备水平位移的措施。

5)悬挂安装时,吊架及减振装置应符合设计及产品技术文件的要求。

检查数量:按Ⅰ方案。

检查方法:依据设计图纸核对,盘动,观察检查。

(2)通风机传动装置的外露部位以及直通大气的进、出风口,必须装设防护罩、防护网或采取其他安全防护措施。

检查数量:全数检查。

检查方法:依据设计图纸核对,观察检查。

(3)单元式与组合式空气处理设备的安装应符合下列规定:

1)产品的性能、技术参数和接口方向应符合设计要求。

2)现场组装的组合式空调机组应按现行国家标准《组合式空调机组》GB/T 14294的有关规定进行漏风量的检测。通用机组在700Pa静压下,漏风率不应大于2%;净化空调系统机组在1000Pa静压下,漏风率不应大于1%。

3)应按设计要求设置减振支座或支、吊架,承重量应符合设计及产品技术文件的要求。

检查数量:通用机组按Ⅱ方案,净化空调系统机组N7级~N9级按Ⅰ方案,N1级~N6级全数检查。

检查方法:依据设计图纸核对,查阅测试记录。

(4)空气热回收装置的安装应符合下列规定:

1)产品的性能、技术参数等应符合设计要求。

2)热回收装置接管应正确,连接应可靠、严密。

3)安装位置应预留设备检修空间。

检查数量:按Ⅰ方案。

检查方法:依据设计图纸核对,观察检查。

(5)空调末端设备的安装应符合下列规定:

1)产品的性能、技术参数应符合设计要求。

2)风机盘管机组、变风量与定风量空调末端装置及地板送风单元等的安装，位置应正确，固定应牢固、平整，便于检修。

3)风机盘管的性能复验应按现行国家标准《建筑节能工程施工质量验收规范》GB 50411 的规定执行。

4)冷辐射吊顶安装固定应可靠，接管应正确，吊顶面应平整。

检查数量：按Ⅰ方案。

检查方法：依据设计图纸核对，观察检查和查阅施工记录。

(6)除尘器的安装应符合下列规定：

1)产品的性能、技术参数、进出口方向应符合设计要求。

2)现场组装的除尘器壳体应进行漏风量检测，在设计工作压力下允许漏风量应小于5%，其中离心式除尘器应小于3%。

3)布袋除尘器、静电除尘器的壳体及辅助设备接地应可靠。

4)湿式除尘器与淋洗塔外壳不应渗漏，内侧的水幕、水膜或泡沫层成形应稳定。

检查数量：按Ⅰ方案。

检查方法：依据设计图纸核对，观察检查和查阅测试记录。

(7)在净化系统中，高效过滤器应在洁净室（区）进行清洁，系统中末端过滤器前的所有空气过滤器应安装完毕，且系统应连续试运转 12h 以上后，应在现场拆开包装并进行外观检查，合格后应立即安装。高效过滤器安装方向应正确，密封面应严密，并应按《通风与空调工程施工质量验收规范》GB 50243—2016 附录 D 的要求进行现场扫描检漏，且应合格。

检查数量：全数检查。

检查方法：查阅检测报告，或实测。

(8)风机过滤器单元的安装应符合下列规定：

1)安装前，应在清洁环境下进行外观检查，且不应有变形、锈蚀、漆膜脱落等现象。

2)安装位置、方向应正确，且应方便机组检修。

3)安装框架应平整、光滑。

4)风机过滤器单元与安装框架接合处应采取密封措施。

5)应在风机过滤器单元进风口设置功能等同于高中效过滤器的预过滤装置后，进行试运行，且应无异常。

检查数量：全数检查。

检查方法：观察检查或查阅施工记录。

(9)洁净层流罩的安装应符合下列规定：

1)外观不应有变形、锈蚀、漆膜脱落等现象。

2)应采用独立的吊杆或支架，并应采取防止晃动的固定措施，且不得利用生产设备或壁板作为支撑。

3)直接安装在吊顶上的层流罩，应采取减振措施，箱体四周与吊顶板之间应密封。

4)安装后，应进行不少于 1h 的连续试运转，且运行应正常。

检查数量：全数检查。

检查方法：尺量、观察检查和查阅施工记录。

(10)静电式空气净化装置的金属外壳必须与PE线可靠连接。

检查数量：全数检查。

检查方法：核对材料、观察检查或电阻测定。

(11)电加热器的安装必须符合下列规定：

1)电加热器与钢构架间的绝热层必须采用不燃材料，外露的接线柱应加设安全防护罩。

2)电加热器的外露可导电部分必须与PE线可靠连接。

3)连接电加热器的风管的法兰垫片，应采用耐热不燃材料。

检查数量：全数检查。

检查方法：核对材料、观察检查，查阅测试记录。

(12)过滤吸收器的安装方向应正确，并应设独立支架，与室外的连接管段不得有渗漏。

检查数量：全数检查。

检查方法：观察检查和查阅施工或检测记录。

一般项目

(1)风机及风机箱的安装应符合下列规定：

1)通风机安装允许偏差应符合表5-69的规定，叶轮转子与机壳的组装位置应正确。叶轮进风口插入风机机壳进风口或密封圈的深度，应符合设备技术文件要求或应为叶轮直径的1/100。

表5-69 通风机安装允许偏差

项次	项目		允许偏差	检验方法
1	中心线的平面位移		10mm	经纬仪或拉线和尺量检查
2	标高		±10mm	水准仪或水平仪、直尺、拉线和尺量检查
3	皮带轮轮宽中心平面偏移		1mm	在主、从动皮带轮端面拉线和尺量检查
4	传动轴水平度		纵向0.2‰ 横向0.3‰	在轴或皮带轮0°和180°的两个位置上，用水平仪检查
5	联轴器	两轴芯径向位移	0.05mm	采用百分表圆周法或塞尺四点法检查验证
		两轴线倾斜	0.2‰	

2)轴流风机的叶轮与筒体之间的间隙应均匀，安装水平偏差和垂直度偏差均不应大于1‰。

3)减振器的安装位置应正确，各组或各个减振器承受荷载的压缩量应均匀一致，偏差应小于 2mm。

4)风机的减振钢支、吊架，结构形式和外形尺寸应符合设计或设备技术文件的要求。焊接应牢固，焊缝外部质量应符合《通风与空调工程施工质量验收规范》GB 50243—2016第 9.3.2 条第 3 款的规定。

5)风机的进、出口不得承受外加的重量，相连接的风管、阀件应设置独立的支、吊架。

检查数量：按Ⅱ方案。

检查方法：尺量、观察或查阅施工记录。

(2)空气风幕机的安装应符合下列规定：

1)安装位置及方向应正确，固定应牢固可靠。

2)机组的纵向垂直度和横向水平度的允许偏差均应为 2‰。

3)成排安装的机组应整齐，出风口平面允许偏差应为 5mm。

检查数量：按Ⅱ方案。

检查方法：尺量、观察检查。

(3)单元式空调机组的安装应符合下列规定：

1)分体式空调机组的室外机和风冷整体式空调机组的安装固定应牢固可靠，并应满足冷却风自然进入的空间环境要求。

2)分体式空调机组室内机的安装位置应正确，并应保持水平，冷凝水排放应顺畅。管道穿墙处密封应良好，不应有雨水渗入。

检查数量：按Ⅱ方案。

检查方法：观察检查。

(4)组合式空调机组、新风机组的安装应符合下列规定：

1)组合式空调机组各功能段的组装应符合设计的顺序和要求，各功能段之间的连接应严密，整体外观应平整。

2)供、回水管与机组的连接应正确，机组下部冷凝水管的水封高度应符合设计或设备技术文件的要求。

3)机组与风管采用柔性短管连接时，柔性短管的绝热性能应符合风管系统的要求。

4)机组应清扫干净，箱体内不应有杂物、垃圾和积尘。

5)机组内空气过滤器(网)和空气热交换器翅片应清洁、完好，安装位置应便于维护和清理。

检查数量：按Ⅱ方案。

检查方法：观察检查。

(5)空气过滤器的安装应符合下列规定：

1)过滤器框架安装应平整牢固，方向应正确，框架与围护结构之间应严密。

2)粗效、中效袋式空气过滤器的四周与框架应均匀压紧，不应有可见缝隙，并应便于拆卸和更换滤料。

3)卷绕式空气过滤器的框架应平整，上、下筒体应平行，展开的滤料应松紧适度。

检查数量：按Ⅱ方案。

检查方法：观察检查。

(6)蒸汽加湿器的安装应符合下列规定：

1)加湿器应设独立支架，加湿器喷管与风管间应进行绝热、密封处理。

2)干蒸汽加湿器的蒸汽喷口不应朝下。

检查数量：按Ⅱ方案。

检查方法：观察检查。

(7)紫外线与离子空气净化装置的安装应符合下列规定：

1)安装位置应符合设计或产品技术文件的要求，并应方便检修。

2)装置应紧贴空调箱体的壁板或风管的外表面，固定应牢固，密封应良好。

3)装置的金属外壳应与PE线可靠连接。

检查数量：按Ⅱ方案。

检查方法：观察检查、查阅试验记录，或实测。

(8)空气热回收器的安装位置及接管应正确，转轮式空气热回收器的转轮旋转方向应正确，运转应平稳，且不应有异常振动与声响。

检查数量：按Ⅱ方案。

检查方法：观察检查。

(9)风机盘管机组的安装应符合下列规定：

1)机组安装前宜进行风机三速试运转及盘管水压试验。试验压力应为系统工作压力的1.5倍，试验观察时间应为2min，不渗漏为合格。

2)机组应设独立支、吊架，固定应牢固，高度与坡度应正确。

3)机组与风管、回风箱或风口的连接，应严密可靠。

检查数量：按Ⅱ方案。

检查方法：观察检查、查阅试验记录。

(10)变风量、定风量末端装置安装时，应设独立的支、吊架，与风管连接前宜做动作试验，且应符合产品的性能要求。

检查数量：按Ⅱ方案。

检查方法：观察检查、查阅试验记录。

(11)除尘器的安装应符合下列规定：

1)除尘器的安装位置应正确，固定应牢固平稳，除尘器安装允许偏差和检验方法应符合表5-70的规定。

表5-70 除尘器安装允许偏差和检验方法

项次	项目		允许偏差(mm)	检验方法
1	平面位移		≤10	经纬仪或拉线、尺量检查
2	标高		±10	水准仪、直线和尺量检查
3	垂直度	每米	≤2	吊线和尺量检查
4		总偏差	≤10	

2)除尘器的活动或转动部件的动作应灵活、可靠，并应符合设计要求。

3)除尘器的排灰阀、卸料阀、排泥阀的安装应严密，并应便于操作与维护修理。

检查数量：按Ⅱ方案。

检查方法：尺量、观察检查及查阅施工记录。

(12)现场组装静电除尘器除应符合设备技术文件外，尚应符合下列规定：

1)阳极板组合后的阳极排平面度允许偏差应为5mm，对角线允许偏差应为10mm。

2)阴极小框架组合后主平面的平面度允许偏差应为5mm，对角线允许偏差应为10mm。

3)阴极大框架的整体平面度允许偏差应为15mm，整体对角线允许偏差应为10mm。

4)阳极板高度小于或等于7m的电除尘器，阴、阳极间距允许偏差应为5mm。阳极板高度大于7m的电除尘器，阴、阳极间距允许偏差应为10mm。

5)振打锤装置的固定应可靠，振打锤的转动应灵活。锤头方向应正确，振打锤锤头与振打砧之间应保持良好的线接触状态，接触长度应大于锤头厚度的70%。

检查数量：按Ⅱ方案。

检查方法：尺量、观察检查及查阅施工记录。

(13)现场组装布袋除尘器的安装应符合下列规定：

1)外壳应严密，滤袋接口应牢固。

2)分室反吹袋式除尘器的滤袋安装应平直。每条滤袋的拉紧力应为30N/m±5N/m，与滤袋连接接触的短管和袋帽不应有毛刺。

3)机械回转扁袋式除尘器的旋臂，转动应灵活可靠；净气室上部的顶盖应密封不漏气，旋转应灵活，不应有卡阻现象。

4)脉冲袋式除尘器的喷吹孔应对准文氏管的中心，同心度允许偏差应为2mm。

检查数量：按Ⅱ方案。

检查方法：尺量、观察检查及查阅施工记录。

(14)洁净室空气净化设备的安装应符合下列规定：

1)机械式余压阀的安装时，阀体、阀板的转轴应水平，允许偏差应为2‰。余压阀的安装位置应在室内气流的下风侧，且不应在工作区高度范围内。

2)传递窗的安装应牢固、垂直，与墙体的连接处应密封。

检查数量：按Ⅱ方案。

检查方法：尺量、观察检查。

(15)装配式洁净室的安装应符合下列规定：

1)洁净室的顶板和壁板(包括夹芯材料)应采用不燃材料。

2)洁净室的地面应干燥平整，平面度允许偏差应为1‰。

3)壁板的构、配件和辅助材料应在清洁的室内进行开箱，安装前应严格检查规格和质量。壁板应垂直安装，底部宜采用圆弧或钝角交接；安装后的壁板之间、壁板与顶板间的拼缝应平整严密，墙板垂直度的允许偏差应为2‰，顶板水平度与每个单间的几何尺寸的允许偏差应为2‰。

4)洁净室吊顶在受荷载后应保持平直，压条应全部紧贴。当洁净室壁板采用上、下槽形板时，接头应平整严密。洁净室内的所有拼接缝组装完毕后，应采取密封措施，且密封应良好。

检查数量：按Ⅱ方案。

检查方法：尺量、观察检查及查阅施工记录。

(16)空气吹淋室的安装应符合下列规定：

1)空气吹淋室的安装应按工程设计要求，定位应正确。

2)外形尺寸应正确，结构部件应齐全、无变形，喷头不应有异常或松动等现象。

3)空气吹淋室与地面之间应设有减振垫，与围护结构之间应采取密封措施。

4)空气吹淋室的水平度允许偏差应为2‰。

5)对产品进行不少于1h的连续试运转，设备连锁和运行性能应良好。

检查数量：按Ⅱ方案。

检查方法：尺量、观察检查，查验产品合格证和进场验收记录。

(17)高效过滤器与层流罩的安装应符合下列规定：

1)安装高效过滤器的框架应平整清洁，每台过滤器的安装框架的平整度允许偏差应为1mm。

2)机械密封时，应采用密封垫料，厚度宜为6～8mm，密封垫料应平整。安装后垫料的压缩应均匀，压缩率宜为25%～30%。

3)采用液槽密封时，槽架应水平安装，不得有渗漏现象，槽内不应有污物和水分，槽内密封液高度不应超过2/3槽深。密封液的熔点宜高于50℃。

4)洁净层流罩安装水平度偏差的应为1‰，高度允许偏差应为1mm。

检查数量：按Ⅱ方案。

检查方法：尺量、观察检查。

5.《空调制冷设备及系统安装检验批质量验收记录》填写范例及说明

空调制冷设备及系统安装检验批质量验收记录
（制冷机组及辅助设备）

06160101 001

单位(子单位)工程名称	××大厦	分部(子分部)工程名称	通风与空调/压缩式制冷(热)设备系统	分项工程名称	制冷机组及附属设备安装
施工单位	××建筑有限公司	项目负责人	×××	检验批容量	机组:16 台
分包单位	—	分包单位项目负责人	—	检验批部位	⑯～㊱/Ⓕ～Ⓡ轴 8 层餐饮区
施工依据	《通风与空调工程施工规范》GB 50738—2011	验收依据	《通风与空调工程施工质量验收规范》GB 50243—2016		

		设计要求及质量验收规范的规定	施工单位质量评定记录	监理(建设)单位验收记录：单项检验批产品数量 N	单项抽样样本数 n	检验批汇总数量 $\sum N$	抽样样本汇总数量 $\sum n$	单项或汇总$\sum$抽样检验不合格数量	评判结果	备注
主控项目	1	制冷设备与附属设备安装	共 16 台，全数检查，合格 16 台；质量证明文件齐全，进场验收合格，记录编号×××		16				合格	95%
	2	直膨表冷器的安装	—						—	
	3	燃油系统的安装	—						—	
	4	燃气系统的安装	—						—	
	5	制冷设备的严密性试验及试运行	共 16 台，全数检查，合格 16 台；试运行合格，记录编号×××		16	32	32		合格	95%
	6	氨制冷机安装	—						—	
	7	多联机空调（热泵）系统安装	—						—	
	8	空气源热泵机组的安装	—						—	
	9	吸收式制冷机组安装	—						—	
	…	……								
一般项目	1	制冷及附属设备安装	检查 3 台，合格 3 台；检查合格，记录编号×××						合格	95%
	2	模块式冷水机组安装	—						—	
	3	多联机及系统安装	—			16	3		—	
	4	空气源热泵的安装	—						—	
	5	燃油泵与载冷剂泵的安装	—						—	
	6	吸收式制冷机组的安装	—						—	
	…	……								

施工单位检查结果评定	符合要求 专业工长：××× 项目专业质量检查员：××× ××年×月×日
监理单位验收结论	合格 专业监理工程师：××× ××年×月×日

空调制冷设备及系统安装检验批质量验收记录
(制冷剂管道系统)

06160201 __001__

<table>
<tr><td>单位(子单位)
工程名称</td><td>××大厦</td><td>分部(子分部)
工程名称</td><td>通风与空调/压缩式
制冷(热)设备系统</td><td>分项工程
名称</td><td>制冷剂管道
及部件安装</td></tr>
<tr><td>施工单位</td><td>××建筑有限公司</td><td>项目负责人</td><td>×××</td><td>检验批容量</td><td>管道:16套</td></tr>
<tr><td>分包单位</td><td>—</td><td>分包单位
项目负责人</td><td>—</td><td>检验批部位</td><td>⑯~㊱/Ⓕ~Ⓡ轴
8层餐饮区</td></tr>
<tr><td>施工依据</td><td>《通风与空调工程施工
规范》GB 50738—2011</td><td>验收依据</td><td colspan="3">《通风与空调工程施工质量验收规范》GB 50243—2016</td></tr>
</table>

<table>
<tr><td rowspan="2"></td><td rowspan="2" colspan="2">设计要求及质量
验收规范的规定</td><td rowspan="2">施工单位质量
评定记录</td><td colspan="7">监理(建设)单位验收记录</td></tr>
<tr><td>单项检验批产品数量 N</td><td>单项抽样样本数 n</td><td>检验批汇总数量 $\sum N$</td><td>抽样样本汇总数量 $\sum n$</td><td>单项或汇总$\sum$抽样检验不合格数量</td><td>评判结果</td><td>备注</td></tr>
<tr><td rowspan="6">主控项目</td><td>1</td><td>制冷剂管道安装</td><td>抽查5套,合格5套;管道调试合格,记录编号×××</td><td>16</td><td>5</td><td rowspan="6">16</td><td rowspan="6">5</td><td>0</td><td>合格</td><td rowspan="6">95%</td></tr>
<tr><td>2</td><td>氨制冷机管路安装</td><td>—</td><td></td><td></td><td></td><td>—</td></tr>
<tr><td>3</td><td>多联机系统安装</td><td>—</td><td></td><td></td><td></td><td>—</td></tr>
<tr><td>4</td><td>制冷剂管路试压</td><td>—</td><td></td><td></td><td></td><td>—</td></tr>
<tr><td>5</td><td>空气源热泵的安装</td><td>—</td><td></td><td></td><td></td><td>—</td></tr>
<tr><td>…</td><td>……</td><td></td><td></td><td></td><td></td><td></td></tr>
<tr><td rowspan="6">一般项目</td><td>1</td><td>制冷系统管路及管件安装</td><td>抽查3套,合格3套</td><td>16</td><td>3</td><td rowspan="6">48</td><td rowspan="6">22</td><td>0</td><td>合格</td><td>85%</td></tr>
<tr><td>2</td><td>阀门安装</td><td>抽查3件,合格3件;试验合格,记录编号×××</td><td>16</td><td>3</td><td>0</td><td>合格</td><td>85%</td></tr>
<tr><td>3</td><td>制冷系统吹扫</td><td>共16套,全数检查,合格16套;试验合格,记录编号×××</td><td>16</td><td>16</td><td>0</td><td>合格</td><td>85%</td></tr>
<tr><td>4</td><td>多联机及系统安装</td><td>—</td><td></td><td></td><td></td><td>—</td><td></td></tr>
<tr><td>5</td><td>燃油泵与载冷剂泵的安装</td><td>—</td><td></td><td></td><td></td><td>—</td><td></td></tr>
<tr><td>…</td><td>……</td><td></td><td></td><td></td><td></td><td></td><td></td></tr>
<tr><td colspan="3">施工单位检查
结果评定</td><td colspan="8">符合要求

专业工长:×××
项目专业质量检查员:×××
××年×月×日</td></tr>
<tr><td colspan="3">监理单位
验收结论</td><td colspan="8">合格

专业监理工程师:×××
××年×月×日</td></tr>
</table>

【填写说明】

1. 填写依据

(1)《通风与空调工程质量验收规范》GB 50243—2016。

(2)《建筑工程施工质量验收统一标准》GB 50300—2013。

2. 检验批抽样与验收规定

参见《风管与配件产成品检验批质量验收记录》填写说明相关内容。

3. 规范摘要

以下内容摘自《通风与空调工程质量验收规范》GB 50243—2016。

主控项目

(1)制冷机组及附属设备的安装应符合下列规定：

1)制冷(热)设备、制冷附属设备产品性能和技术参数应符合设计要求，并应具有产品合格证书、产品性能检验报告。

2)设备的混凝土基础应进行质量交接验收，且应验收合格。

3)设备安装的位置、标高和管口方向应符合设计要求。采用地脚螺栓固定的制冷设备或附属设备，垫铁的放置位置应正确，接触应紧密，每组垫铁不应超过3块；螺栓应紧固，并应采取防松动措施。

检查数量：全数检查。

检查方法：观察、核对设备型号、规格；查阅产品质量合格证书、性能检验报告和施工记录。

(2)制冷剂管道系统应按设计要求或产品要求进行强度、气密性及真空试验，且应试验合格。

检查数量：全数检查。

检查方法：观察、旁站、查阅试验记录。

(3)直接膨胀蒸发式冷却器的表面应保持清洁、完整，空气与制冷剂应呈逆向流动；冷却器四周的缝隙应堵严，冷凝水排放应畅通。

检查数量：全数检查。

检查方法：观察检查。

(4)燃油管道系统必须设置可靠的防静电接地装置。

检查数量：全数检查。

检查方法：观察、查阅试验记录。

(5)燃气管道的安装必须符合下列规定：

1)燃气系统管道与机组的连接不得使用非金属软管。

2)当燃气供气管道压力大于5kPa时，焊缝无损检测应按设计要求执行；当设计无规定时，应对全部焊缝进行无损检测并合格。

3)燃气管道吹扫和压力试验的介质应采用空气或氮气，严禁采用水。

检查数量：全数检查。

检查方法：观察、查阅压力试验与无损检测报告。

(6)组装式的制冷机组和现场充注制冷剂的机组，应进行系统管路吹污、气密性试验、真空试验和充注制冷剂检漏试验，技术数据应符合产品技术文件和国家现行标准的有关规定。

检查数量：全数检查。

检查方法：旁站观察，查阅试验及试运行记录。

(7)蒸汽压缩式制冷系统管道、管件和阀门的安装应符合下列规定：

1)制冷系统的管道、管件和阀门的类别、材质、管径、壁厚及工作压力等应符合设计要求，并应具有产品合格证书、产品性能检验报告。

2)法兰、螺纹等处的密封材料应与管内的介质性能相适应。

3)制冷循环系统的液管不得向上装成“Ω”形；除特殊回油管外，气管不得向下装成“U”形；液体支管引出时，必须从干管底部或侧面接出；气体支管引出时，应从干管顶部或侧面接出；有两根以上的支管从干管引出时，连接部位应错开，间距不应小于2倍支管直径，且不应小于200mm。

4)管道与机组连接应在管道吹扫、清洁合格后进行。与机组连接的管路上应按设计要求及产品技术文件的要求安装过滤器、阀门、部件、仪表等，位置应正确、排列应规整；管道应设独立的支吊架；压力表距阀门位置不宜小于200mm。

5)制冷设备与附属设备之间制冷剂管道的连接，制冷剂管道坡度、坡向应符合设计及设备技术文件的要求。当设计无要求时，应符合表5-71的规定。

表5-71 制冷剂管道坡度、坡向

管道名称	坡向	坡度
压缩机吸气水平管(氟)	压缩机	≥10‰
压缩机吸气水平管(氨)	蒸发器	≥3‰
压缩机排气水平管	油分离器	≥10‰
冷凝器水平供液管	贮液器	1‰～3‰
油分离器至冷凝器水平管	油分离器	3‰～5‰

6)制冷系统投入运行前，应对安全阀进行调试校核，开启和回座压力应符合设备技术文件要求。

7)系统多余的制冷剂不得向大气直接排放，应采用回收装置进行回收。

检查数量：按Ⅰ方案。

检查方法：核查合格证明文件，观察、尺量，查阅测量、调试校核记录。

(8)氨制冷机应采用密封性能良好、安全性好的整体式冷水机组。除磷青铜材料外，氨制冷剂的管道、附件、阀门及填料不得采用铜或铜合金材料，管内不得镀锌。氨系统管道的焊缝应进行射线照相检验，抽检率应为10%，以质量不低于Ⅲ级为合格。

检查数量：全数检查。

检查方法：观察检查、查阅探伤报告和试验记录。

(9)多联机空调(热泵)系统的安装应符合下列规定：

1)多联机空调(热泵)系统室内机、室外机产品的性能、技术参数等应符合设计要求，并应具有出厂合格证、产品性能检验报告。

2)室内机、室外机的安装位置、高度应符合设计及产品技术的要求，固定应可靠。室外机的通风条件应良好。

3)制冷剂应根据工程管路系统的实际情况，通过计算后进行充注。

4)安装在户外的室外机组应可靠接地，并应采取防雷保护措施。

检查数量：按Ⅰ方案。

检查方法：旁站、观察检查和查阅试验记录。

(10)空气源热泵机组的安装应符合下列规定：

1)空气源热泵机组产品的性能、技术参数应符合设计要求，并应具有出厂合格证、产品性能检验报告。

2)机组应有可靠的接地和防雷措施，与基础间的减振应符合设计要求。

3)机组的进水侧应安装水力开关，并应与制冷机的启动开关连锁。

检查数量：全数检查。

检查方法：旁站，观察和查阅产品性能检验报告。

(11)吸收式制冷机组的安装应符合下列规定：

1)吸收式制冷机组的产品的性能、技术参数应符合设计要求。

2)吸收式机组安装后，设备内部应冲洗干净。

3)机组的真空试验应合格。

4)直燃型吸收式制冷机组排烟管的出口应设置防雨帽、防风罩和避雷针，燃油油箱上不得采用玻璃管式油位计。

检查数量：全数检查。

检查方法：旁站、观察、查阅产品性能检验报告和施工记录。

一般项目

(1)制冷(热)机组与附属设备的安装应符合下列规定：

1)设备与附属设备安装允许偏差和检验方法应符合表5-72的规定。

表5-72 设备与附属设备安装允许偏差和检验方法

项次	项目	允许偏差	检验方法
1	平面位置	10mm	经纬仪或拉线或尺量检查
2	标高	±10mm	水准仪或经纬仪、拉线和尺量检查

2)整体组合式制冷机组机身纵、横向水平度的允许偏差应为1‰。当采用垫铁调整机组水平度时，应接触紧密并相对固定。

3)附属设备的安装应符合设备技术文件的要求，水平度或垂直度允许偏差应为1‰。

4)制冷设备或制冷附属设备基(机)座下减振器的安装位置应与设备重心相匹配，各个减振器的压缩量应均匀一致，且偏差不应大于2mm。

5)采用弹性减振器的制冷机组，应设置防止机组运行时水平位移的定位装置。

6)冷热源与辅助设备的安装位置应满足设备操作及维修的空间要求，四周应有排水设施。

检查数量：按Ⅱ方案。

检查方法：水准仪、经纬仪、拉线和尺量检查，查阅安装记录。

(2)模块式冷水机组单元多台并联组合时，接口应牢固、严密不漏，外观应平整完好，目测无扭曲。

检查数量：全数检查。

检查方法：尺量、观察检查。

(3)制冷剂管道、管件的安装应符合下列规定：

1)管道、管件的内外壁应清洁干燥，连接制冷机的吸、排气管道应设独立支架；管径小于或等于 40mm 的铜管道，在与阀门连接处应设置支架。水平管道支架的间距不应大于 1.5m，垂直管道不应大于 2.0m；管道上、下平行敷设时，吸气管应在下方。

2)制冷剂管道弯管的弯曲半径不应小于 3.5 倍管道直径，最大外径与最小外径之差不应大于 8%的管道直径，且不应使用焊接弯管及皱褶弯管。

3)制冷剂管道的分支管，应按介质流向弯成 90°与主管连接，不宜使用弯曲半径小于 1.5 倍管道直径的压制弯管。

4)铜管切口应平整，不得有毛刺、凹凸等缺陷，切口允许倾斜偏差应为管径的 1%；管扩口应保持同心，不得有开裂及皱褶，并应有良好的密封面。

5)铜管采用承插钎焊焊接连接时，应符合表 5-73 的规定，承口应迎着介质流动方向。当采用套管钎焊焊接连接时，插接深度不应小于表 5-73 中最小承插连接的规定；当采用对接焊接时，管道内壁应齐平，错边量不应大于 10%。壁厚不大于 1mm。

表 5-73 铜管承、插口深度(mm)

铜管规格	≤*DN*15	*DN*20	*DN*25	*DN*32	*DN*40	*DN*50	*DN*65
承口的扩口深度	9～12	12～15	15～18	17～20	21～24	24～26	26～30
最小插入深度	7	9	10	12	13	14	
间隙尺寸	0.05～0.27			0.05～0.35			

6)管道穿越墙体或楼板时，应加装套管；管道的支吊架和钢管的焊接应按《通风与空调工程施工质量验收规范》GB 50243—2016 第 9 章的规定执行。

检查数量：按Ⅱ方案。

检查方法：尺量、观察检查。

(4)制冷剂系统阀门的安装应符合下列规定：

1)制冷剂阀门安装前应进行强度和严密性试验。强度试验压力应为阀门公称压力的 1.5 倍，时间不得少于 5min；严密性试验压力应为阀门公称压力的 1.1 倍，持续时间 30s 不漏为合格。

2)阀体应清洁干燥、不得有锈蚀，安装位置、方向和高度应符合设计要求。

3)水平管道上阀门的手柄不应向下，垂直管道上阀门的手柄应便于操作。

4)自控阀门安装的位置应符合设计要求。电磁阀、调节阀、热力膨胀阀、升降式止回阀等的阀头均应向上；热力膨胀阀的安装位置应高于感温包，感温包应装在蒸发器出口处的回气管上，与管道应接触良好、绑扎紧密。

5）安全阀应垂直安装在便于检修的位置，排气管的出口应朝向安全地带，排液管应装在泄水管上。

检查数量：按Ⅱ方案。

检查方法：尺量、观察检查、旁站或查阅试验记录。

（5）制冷系统的吹扫排污应采用压力为 0.5～0.6MPa（表压）的干燥压缩空气或氮气，应以白色（布）标识靶检查 5min，目测无污物为合格。系统吹扫干净后，系统中阀门的阀芯拆下清洗应干净。

检查数量：全数检查。

检查方法：观察、旁站或查阅试验记录。

（6）多联机空调系统的安装应符合下列规定：

1）室外机的通风应通畅，不应有短路现象，运行时不应有异常噪声。当多台机组集中安装时，不应影响相邻机组的正常运行。

2）室外机组应安装在设计专用平台上，并应采取减振与防止紧固螺栓松动的措施。

3）风管式室内机的送、回风口之间，不应形成气流短路。风口安装应平整，且应与装饰线条相一致。

4）室内外机组间冷媒管道的布置应采用合理的短捷路线，并应排列整齐。

检查数量：按Ⅱ方案。

检查方法：尺量、观察检查。

（7）空气源热泵机组除应符合《通风与空调工程施工质量验收规范》GB 50243—2016 第 8.3.1 条的规定外，尚应符合下列规定：

1）机组安装的位置应符合设计要求。同规格设备成排就位时，目测排列应整齐，允许偏差不应大于 10mm。水力开关的前端宜有 4 倍管径及以上的直管段。

2）机组四周应按设备技术文件要求，留有设备维修空间。设备进风通道的宽度不应小于 1.2 倍的进风口高度；当两个及以上机组进风口共用一个通道时，间距宽度不应小于 2 倍的进风口高度。

3）当机组设有结构围挡和隔音屏障时，不得影响机组正常运行的通风要求。

检查数量：按Ⅱ方案。

检查方法：尺量、观察检查、旁站或查阅试验记录。

（8）燃油系统油泵和蓄冷系统载冷剂泵安装时，纵、横向水平度允许偏差应为 1‰，联轴器两轴芯轴向倾斜允许偏差应为 0.2‰，径向允许位移不应大于 0.05mm。

检查数量：全数检查。

检查方法：尺量、观察检查。

（9）吸收式制冷机组安装除应符合《通风与空调工程施工质量验收规范》GB 50243—2016 第 8.3.1 条的规定外，尚应符合下列规定：

1）吸收式分体机组运至施工现场后，应及时运入机房进行组装，并应清洗、抽真空。

2）机组的真空泵到达指定安装位置后，应进行找正、找平。抽气连接管应采用直径与真空泵进口直径相同的金属管，当采用橡胶管时，应采用真空用的胶管，并应对管接头处采取密封措施。

3)机组的屏蔽泵到达指定安装位置后，应进行找正、找平，电线接头处应采取防水密封措施。

4)机组的水平度允许偏差应为2‰。

检查数量：按Ⅱ方案。

检查方法：观察检查，查阅泵安装和真空测试记录。

6.《防腐与绝热施工检验批质量验收记录》填写范例及说明

防腐与绝热施工检验批质量验收记录(风管系统与设备)

06010501 001

单位(子单位)工程名称	××大厦	分部(子分部)工程名称	通风与空调/送风系统	分项工程名称	风管与设备防腐
施工单位	××建筑有限公司	项目负责人	×××	检验批容量	风管:$230m^2$,150 件
分包单位	—	分包单位项目负责人	—	检验批部位	⑯～㊱/Ⓕ～Ⓡ轴 地下一层防火分区十
施工依据	《通风与空调工程施工规范》GB 50738—2011	验收依据	《通风与空调工程施工质量验收规范》GB 50243—2016		

		设计要求及质量验收规范的规定	施工单位质量评定记录	监理(建设)单位验收记录						
				单项检验批产品数量 N	单项抽样样本数 n	检验批汇总数量 ΣN	抽样样本汇总数量 Σn	单项或汇总Σ抽样检验不合格数量	评判结果	备注
主控项目	1	防腐涂料的验证	抽查 $7m^2$,合格 $7m^2$	230	7	530	21	0	合格	95%
	2	绝热材料规定	抽查 7 处,合格 7 处,质量证明文件齐全,进场试验合格,记录编号×××	150	7			0	合格	95%
	3	绝热材料复验规定	抽查 7 处,合格 7 处,质量证明文件齐全,进场试验合格,记录编号×××	150	7			0	合格	95%
	4	洁净室内风管绝热材料规定	—						—	
	…	……								
一般项目	1	防腐涂层质量	抽查 3 件,合格 3 件	150	3	910	20	0	合格	85%
	2	空调设备、部件油漆或绝热	抽查 3 件,合格 3 件	150	3			0	合格	85%
	3	绝热层施工	抽查 $4m^2$,合格 $4m^2$	230	4			0	合格	85%
	4	风管橡塑绝热材料施工	抽查 $4m^2$,合格 $4m^2$	230	4			0	合格	85%
	5	风管绝热层保温钉固定	—						—	
	6	防潮层的施工与绝热胶带固定	—						—	
	7	绝热涂料	—						—	
	8	金属保护壳的施工	抽查 3 件,合格 3 件	150	3			0	合格	85%
	…	……								

施工单位检查结果评定	符合要求 专业工长:××× 项目专业质量检查员:××× ××年×月×日
监理单位验收结论	合格 专业监理工程师:××× ××年×月×日

【填写说明】

1.填写依据

(1)《通风与空调工程质量验收规范》GB 50243—2016。

(2)《建筑工程施工质量验收统一标准》GB 50300—2013。

2.检验批抽样与验收规定

参见《风管与配件产成品检验批质量验收记录》填写说明相关内容。

3.规范摘要

以下内容摘自《通风与空调工程质量验收规范》GB 50243—2016。

主控项目

(1)风管和管道防腐涂料的品种及涂层层数应符合设计要求,涂料的底漆和面漆应配套。

检查数量:按Ⅰ方案。

检查方法:按面积抽查,查对施工图纸和观察检查。

(2)风管和管道的绝热层、绝热防潮层和保护层,应采用不燃或难燃材料,材质、密度、规格与厚度应符合设计要求。

检查数量:按Ⅰ方案。

检查方法:查对施工图纸、合格证和做燃烧试验。

(3)风管和管道的绝热材料进场时,应按现行国家标准《建筑节能工程施工质量验收规范》GB 50411的规定进行验收。

检查数量:按Ⅰ方案。

检查方法:按现行国家标准《建筑节能工程施工质量验收规范》GB 50411的有关规定执行。

(4)洁净室(区)内的风管和管道的绝热层,不应采用易产尘的玻璃纤维和短纤维矿棉等材料。

检查数量:全数检查。

检查方法:观察检查。

一般项目

(1)防腐涂料的涂层应均匀,不应有堆积、漏涂、皱纹、气泡、掺杂及混色等缺陷。

检查数量:按Ⅱ方案。

检查方法:按面积或件数抽查,观察检查。

(2)设备、部件、阀门的绝热和防腐涂层,不得遮盖铭牌标志和影响部件、阀门的操作功能;经常操作的部位应采用能单独拆卸的绝热结构。

检查数量:按Ⅱ方案。

检查方法:观察检查。

(3)绝热层应满铺,表面应平整,不应有裂缝、空隙等缺陷。当采用卷材或板材时,允许偏差应为5mm;当采用涂抹或其他方式时,允许偏差应为10mm。

检查数量:按Ⅱ方案。

检查方法:观察检查。

(4)橡塑绝热材料的施工应符合下列规定：

1)黏结材料应与橡塑材料相适用，无溶蚀被黏结材料的现象。

2)绝热层的纵、横向接缝应错开，缝间不应有孔隙，与管道表面应贴合紧密，不应有气泡。

3)矩形风管绝热层的纵向接缝宜处于管道上部。

4)多重绝热层施工时，层间的拼接缝应错开。

检查数量：按Ⅱ方案。

检查方法：观察检查。

(5)风管绝热材料采用保温钉固定时，应符合下列规定：

1)保温钉与风管、部件及设备表面的连接，应采用黏结或焊接，结合应牢固，不应脱落；不得采用抽芯铆钉或自攻螺丝等破坏风管严密性的固定方法。

2)矩形风管及设备表面的保温钉应均布，风管保温钉数量应符合表5-74的规定。首行保温钉距绝热材料边沿的距离应小于120mm，保温钉的固定压片应松紧适度、均匀压紧。

表5-74 风管保温钉数量(个/m²)

隔热层材料	风管底面	侧面	顶面
铝箔岩棉保温板	≥20	≥16	≥10
铝箔玻璃棉保温板(毡)	≥16	≥10	≥8

3)绝热材料纵向接缝不宜设在风管底面。

检查数量：按Ⅱ方案。

检查方法：观察检查。

(6)管道采用玻璃棉或岩棉管壳保温时，管壳规格与管道外径应相匹配，管壳的纵向接缝应错开，管壳应采用金属丝、黏结带等捆扎，间距应为300～350mm，且每节至少应捆扎两道。

检查数量：按Ⅱ方案。

检查方法：观察检查。

(7)风管及管道的绝热防潮层(包括绝热层的端部)应完整，并应封闭良好。立管的防潮层环向搭接缝口应顺水流方向设置；水平管的纵向缝应位于管道的侧面，并应顺水流方向设置；带有防潮层绝热材料的拼接缝应采用粘胶带封严，缝两侧粘胶带黏结的宽度不应小于20mm。胶带应牢固地粘贴在防潮层面上，不得有胀裂和脱落。

检查数量：按Ⅱ方案。

检查方法：尺量和观察检查。

(8)绝热涂抹材料作绝热层时，应分层涂抹，厚度应均匀，不得有气泡和漏涂等缺陷，表面固化层应光滑牢固，不应有缝隙。

检查数量：按Ⅱ方案。

检查方法：观察检查。

(9)金属保护壳的施工应符合下列规定：

1)金属保护壳板材的连接应牢固严密，外表应整齐平整。

2)圆形保护壳应贴紧绝热层，不得有脱壳、褶皱、强行接口等现象。接口搭接应顺水流方向设置，并应有凸筋加强，搭接尺寸应为20～25mm。采用自攻螺钉紧固时，螺钉间距应匀称，且不得刺破防潮层。

3)矩形保护壳表面应平整，楞角应规则，圆弧应均匀，底部与顶部不得有明显的凸肚及凹陷。

4)户外金属保护壳的纵、横向接缝应顺水流方向设置，纵向接缝应设在侧面。保护壳与外墙面或屋顶的交接处应设泛水，且不应渗漏。

检查数量：按Ⅱ方案。

检查方法：尺量和观察检查。

(10)管道或管道绝热层的外表面，应按设计要求进行标色。

检查数量：按Ⅱ方案。

检查方法：观察检查。

7.《工程系统调试检验批质量验收记录》填写范例及说明

工程系统调试检验批质量验收记录
（单机试运行及调试）

06010701 001

单位(子单位)工程名称	××大厦	分部(子分部)工程名称	通风与空调/送风系统	分项工程名称	系统调试
施工单位	××建筑有限公司	项目负责人	×××	检验批容量	风机：6台
分包单位	—	分包单位项目负责人	—	检验批部位	⑯～㊱/Ⓕ～Ⓡ轴 地下一层防火分区十
施工依据	《通风与空调工程施工规范》GB 50738—2011	验收依据	《通风与空调工程施工质量验收规范》GB 50243—2016		

		设计要求及质量验收规范的规定	施工单位质量评定记录	监理(建设)单位验收记录						
				单项检验批产品数量 N	单项抽样样本数 n	检验批汇总数量 $\sum N$	抽样样本汇总数量 $\sum n$	单项或汇总$\sum$抽样检验不合格数量	评判结果	备注
主控项目	1	通风机、空调机组单机试运转及调试	抽查3台，合格3台；调试合格，记录编号×××	6	3	6	3	0	合格	95%
	2	水泵单机试运转及调试	—						—	
	3	冷却塔单机试运转及调试	—						—	
	4	制冷机组单机试运转及调试	—						—	
	5	多联式空调（热泵）机组系统	—						—	
	6	电控防、排烟阀的动作试验	—						—	
	7	变风量末端装置的试运转及调试	—						—	
	8	蓄能设备运行	—						—	
	…	……								
一般项目	1	风机盘管机组风量	抽查3台，合格3台，调试合格，记录编号×××	6	3	12	6	0	合格	85%
	2	风机、空调机组噪声	抽查3台，合格3台，调试合格，记录编号×××	6	3			0	合格	85%
	3	水泵的安装	—						—	
	4	冷却塔的调试	—						—	
	5	设备监控设备的调试	—						—	
	…	……								

施工单位检查结果评定	符合要求 专业工长：××× 项目专业质量检查员：××× ××年×月×日
监理单位验收结论	合格 专业监理工程师：××× ××年×月×日

工程系统调试检验批质量验收记录
（非设计满负荷条件下系统联合试运转及调试）

06010702 001

单位（子单位）工程名称	××大厦	分部（子分部）工程名称	通风与空调/送风系统	分项工程名称	系统调试
施工单位	××建筑有限公司	项目负责人	×××	检验批容量	风机：6台 风管系统：72套
分包单位	—	分包单位项目负责人	—	检验批部位	⑯～㊱/Ⓕ～Ⓡ轴 地下一层防火分区十
施工依据	《通风与空调工程施工规范》GB 50738—2011	验收依据	《通风与空调工程施工质量验收规范》GB 50243—2016		

		设计要求及质量验收规范的规定	施工单位质量评定记录	监理（建设）单位验收记录						
				单项检验批产品数量 N	单项抽样样本数 n	检验批汇总数量 $\sum N$	抽样样本汇总数量 $\sum n$	单项或汇总$\sum$抽样检验不合格数量	评判结果	备注
主控项目	1	系统总风量	抽查8个系统，合格8个系统；调试合格，记录编号×××	72	8				合格	95%
	2	变风量系统调试	—						—	
	3	冷（热）水系统调试	—						—	
	4	制冷（热泵）机组调试	—						—	
	5	地源（水源）热泵调试	—			72	8		—	
	6	空调区域的温度与湿度调试	—						—	
	7	防、排烟系统调试	—						—	
	8	净化空调风量、压差调试	—						—	
	9	蓄能空调系统的运行调试	—						—	
	10	空调正常运行不少于8h	—						—	
	…	……								
一般项目	1	系统风口风量平衡	抽查3个系统，合格3个系统；调试合格，记录编号×××	72	3			0	合格	85%
	2	系统设备动作协调	抽查3个系统，合格3个系统；调试合格，记录编号×××	72	3			0	合格	85%
	3	湿式除尘与淋洗水系统调试	—			216	9		—	
	4	空调水系统调试	—						—	
	5	空调风系统调试	抽查3个系统，合格3个系统；调试合格，记录编号×××	72	3			0	合格	85%
	6	蓄能空调系统调试	—						—	
	7	系统自控设备的调试	—						—	
	…	……								

施工单位检查结果评定	符合要求 专业工长：××× 项目专业质量检查员：××× ××年×月×日
监理单位验收结论	合格 专业监理工程师：××× ××年×月×日

【填写说明】

1. 填写依据

(1)《通风与空调工程质量验收规范》GB 50243—2016。

(2)《建筑工程施工质量验收统一标准》GB 50300—2013。

2. 检验批抽样与验收规定

参见《风管与配件产成品检验批质量验收记录》填写说明相关内容。

3. 规范摘要

以下内容摘自《通风与空调工程质量验收规范》GB 50243—2016。

主控项目

(1)通风与空调工程安装完毕后应进行系统调试。系统调试应包括下列内容：

1)设备单机试运转及调试。

2)系统非设计满负荷条件下的联合试运转及调试。

检查数量：按Ⅰ方案。

检查方法：观察、旁站、查阅调试记录。

(2)设备单机试运转及调试应符合下列规定：

1)通风机、空气处理机组中的风机，叶轮旋转方向应正确、运转应平稳、应无异常振动与声响，电机运行功率应符合设备技术文件要求。在额定转速下连续运转 2h 后，滑动轴承外壳最高温度不得大于 70℃，滚动轴承不得大于 80℃。

2)水泵叶轮旋转方向应正确，应无异常振动和声响，紧固连接部位应无松动，电机运行功率应符合设备技术文件要求。水泵连续运转 2h 滑动轴承外壳最高温度不得超过 70℃，滚动轴承不得超过 75℃。

3)冷却塔风机与冷却水系统循环试运行不应小于 2h，运行应无异常。冷却塔本体应稳固、无异常振动。冷却塔中风机的试运转尚应符合本条第 1 款的规定。

4)制冷机组的试运转除应符合设备技术文件和现行国家标准《制冷设备、空气分离设备安装工程施工及验收规范》GB 50274 的有关规定外，尚应符合下列规定：

①机组运转应平稳、应无异常振动与声响；

②各连接和密封部位不应有松动、漏气、漏油等现象；

③吸、排气的压力和温度应在正常工作范围内；

④能量调节装置及各保护继电器、安全装置的动作应正确、灵敏、可靠；

⑤正常运转不应少于 8h。

5)多联式空调(热泵)机组系统应在充灌定量制冷剂后，进行系统的试运转，并应符合下列规定：

①系统应能正常输出冷风或热风，在常温条件下可进行冷热的切换与调控；

②室外机的试运转应符合本条第 4 款的规定；

③室内机的试运转不应有异常振动与声响，百叶板动作应正常，不应有渗漏水现象，运行噪声应符合设备技术文件要求；

④具有可同时供冷、热的系统，应在满足当季工况运行条件下，实现局部内机反向工况的运行。

6)电动调节阀、电动防火阀、防排烟风阀(口)的手动、电动操作应灵活可靠,信号输出应正确。

7)变风量末端装置单机试运转及调试应符合下列规定:

①控制单元单体供电测试过程中,信号及反馈应正确,不应有故障显示;

②启动送风系统,按控制模式进行模拟测试,装置的一次风阀动作应灵敏可靠;

③带风机的变风量末端装置,风机应能根据信号要求运转,叶轮旋转方向应正确,运转应平稳,不应有异常振动与声响;

④带风机的末端装置应能根据室内温度实现自动开启与关闭。

8)蓄能设备(能源塔)应按设计要求正常运行。

检查数量:第3、4、8款全数,其他按Ⅰ方案。

检查方法:调整控制模式,旁站、观察、查阅调试记录。

(3)系统非设计满负荷条件下的联合试运转及调试应符合下列规定:

1)系统总风量调试结果与设计风量的允许偏差应为-5%~+10%,建筑内各区域的压差应符合设计要求。

2)变风量空调系统联合调试应符合下列规定:

①系统空气处理机组应在设计参数范围内对风机实现变频调速;

②空气处理机组在设计机外余压条件下,系统总风量应满足本条文第1款的要求,新风量的允许偏差应为0~+10%;

③变风量末端装置的最大风量调试结果与设计风量的允许偏差应为0~+15%;

④改变各空调区域运行工况或室内温度设定参数时,该区域变风量末端装置的风阀(风机)动作(运行)应正确;

⑤改变室内温度设定参数或关闭部分房间空调末端装置时,空气处理机组应自动正确地改变风量;

⑥应正确显示系统的状态参数。

3)空调冷(热)水系统、冷却水系统的总流量与设计流量的偏差不应大于10%。

4)制冷(热泵)机组进出口处的水温应符合设计要求。

5)地源(水源)热泵换热器的水温与流量应符合设计要求。

6)舒适空调与恒温、恒湿空调室内的空气温度、相对湿度及波动范围应符合或优于设计要求。

检查数量:第1、2款及第4款的舒适性空调,按Ⅰ方案;第3、5、6款及第4款的恒温、恒湿空调系统,全数检查。

检查方法:调整控制模式,旁站、观察、查阅调试记录。

(4)防排烟系统联合试运行与调试后的结果,应符合设计要求及国家现行标准的有关规定。

检查数量:全数检查。

检查方法:观察、旁站、查阅调试记录。

(5)净化空调系统除应符合《通风与空调工程施工质量验收规范》GB 50243—2016第11.2.3条的规定外,尚应符合下列规定:

1)单向流洁净室系统的系统总风量允许偏差应为0～+10%，室内各风口风量的允许偏差应为0～+15%。

2)单向流洁净室系统的室内截面平均风速的允许偏差应为0～+10%，且截面风速不均匀度不应大于0.25。

3)相邻不同级别洁净室之间和洁净室与非洁净室之间的静压差不应小于5Pa，洁净室与室外的静压差不应小于10Pa。

4)室内空气洁净度等级应符合设计要求或为商定验收状态下的等级要求。

5)各类通风、化学实验柜、生物安全柜在符合或优于设计要求的负压下运行应正常。

检查数量：第3款，按Ⅰ方案；第1、2、4、5款，全数检查。

检查方法：检查、验证调试记录，按《通风与空调工程施工质量验收规范》GB 50243—2016附录E进行测试校核。

(6)蓄能空调系统的联合试运转及调试应符合下列规定：

1)系统中载冷剂的种类及浓度应符合设计要求。

2)在各种运行模式下系统运行应正常平稳；运行模式转换时，动作应灵敏正确。

3)系统各项保护措施反应应灵敏，动作应可靠。

4)蓄能系统在设计最大负荷工况下运行应正常。

5)系统正常运转不应少于一个完整的蓄冷一释冷周期。

检查数量：全数检查。

检查方法：观察、旁站、查阅调试记录。

(7)空调制冷系统、空调水系统与空调风系统的非设计满负荷条件下的联合试运转及调试，正常运转不应少于8h，除尘系统不应少于2h。

检查数量：全数检查。

检查方法：观察、旁站、查阅调试记录。

一般项目

(1)设备单机试运转及调试应符合下列规定：

1)风机盘管机组的调速、温控阀的动作应正确，并应与机组运行状态一一对应，中档风量的实测值应符合设计要求。

2)风机、空气处理机组、风机盘管机组、多联式空调(热泵)机组等设备运行时，产生的噪声不应大于设计及设备技术文件的要求。

3)水泵运行时壳体密封处不得渗漏，紧固连接部位不应松动，轴封的温升应正常，普通填料密封的泄漏水量不应大于60mL/h，机械密封的泄漏水量不应大于5mL/h。

4)冷却塔运行产生的噪声不应大于设计及设备技术文件的规定值，水流量应符合设计要求。冷却塔的自动补水阀应动作灵活，试运转工作结束后，集水盘应清洗干净。

检查数量：第1、2款按Ⅱ方案；第3、4款全数检查。

检查方法：观察、旁站、查阅调试记录，按《通风与空调工程施工质量验收规范》GB 50243—2016附录E进行测试校核。

(2)通风系统非设计满负荷条件下的联合试运行及调试应符合下列规定：

1)系统经过风量平衡调整，各风口及吸风罩的风量与设计风量的允许偏差不应大于15%。

2)设备及系统主要部件的联动应符合设计要求,动作应协调正确,不应有异常现象。

3)湿式除尘与淋洗设备的供、排水系统运行应正常。

检查数量:按Ⅱ方案。

检查方法:按《通风与空调工程施工质量验收规范》GB 50243—2016 附录E进行测试,校核检查、查验调试记录。

(3)空调系统非设计满负荷条件下的联合试运转及调试应符合下列规定:

1)空调水系统应排除管道系统中的空气,系统连续运行应正常平稳,水泵的流量、压差和水泵电机的电流不应出现10%以上的波动。

2)水系统平衡调整后,定流量系统的各空气处理机组的水流量应符合设计要求,允许偏差应为15%;变流量系统的各空气处理机组的水流量应符合设计要求,允许偏差应为10%。

3)冷水机组的供回水温度和冷却塔的出水温度应符合设计要求;多台制冷机或冷却塔并联运行时,各台制冷机及冷却塔的水流量与设计流量的偏差不应大于10%。

4)舒适性空调的室内温度应优于或等于设计要求,恒温恒湿和净化空调的室内温、湿度应符合设计要求。

5)室内(包括净化区域)噪声应符合设计要求,测定结果可采用Nc或dB(A)的表达方式。

6)环境噪声有要求的场所,制冷、空调设备机组应按现行国家标准《采暖通风与空气调节设备噪声声功率级的测定　工程法》GB 9068的有关规定进行测定。

7)压差有要求的房间、厅堂与其他相邻房间之间的气流流向应正确。

检查数量:第1、3款全数检查,第2款及第4款~第7款,按Ⅱ方案。

检查方法:观察、旁站、用仪器测定、查阅调试记录。

(4)蓄能空调系统联合试运转及调试应符合下列规定:

1)单体设备及主要部件联动应符合设计要求,动作应协调正确,不应有异常。

2)系统运行的充冷时间、蓄冷量、冷水温度、放冷时间等应满足相应工况的设计要求。

3)系统运行过程中管路不应产生凝结水等现象。

4)自控计量检测元件及执行机构工作应正常,系统各项参数的反馈及动作应正确、及时。

检查数量:全数检查。

检查方法:旁站观察、查阅调试。

(5)通风与空调工程通过系统调试后,监控设备与系统中的检测元件和执行机构应正常沟通,应正确显示系统运行的状态,并应完成设备的连锁、自动调节和保护等功能。

检查数量:按Ⅱ方案。

检查方法:旁站观察,查阅调试记录。

二、《分项工程质量验收记录》填写范例与说明

1.《风管与配件制作分项工程质量验收记录》填写范例

风管与配件制作 分项工程质量验收记录

编号： 001

单位(子单位)工程名称	××大厦		分部(子分部)工程名称	通风与空调(送风系统)	
分项工程数量	300 件		检验批数量	5	
施工单位	××建筑有限公司	项目负责人	×××	项目技术负责人	×××
分包单位	—	分包单位项目负责人	—	分包内容	—
序号	检验批名称	检验批数量	部位/区段	施工单位检查结果	监理单位验收结论
1	风管与配件制作检验批质量验收记录	100 件	地下一层送风系统	检验批合格	同意验收
2	风管与配件制作检验批质量验收记录	50 件	一层送风系统	检验批合格	同意验收
3	风管与配件制作检验批质量验收记录	50 件	二层送风系统	检验批合格	同意验收
4	风管与配件制作检验批质量验收记录	50 件	三层送风系统	检验批合格	同意验收
5	风管与配件制作检验批质量验收记录	50 件	四层送风系统	检验批合格	同意验收
说明： 各检验批均合格					
施工单位检查结果	符合要求 项目专业技术负责人：××× ××年×月×日				
监理单位验收结论	同意验收 专业监理工程师：××× ××年×月×日				

2.《风管与配件制作分项工程质量验收记录》填写说明

参见《给水管道及配件安装分项工程质量验收记录》填写说明相关内容。

三、《分部(子分部)工程验收记录》填写范例与说明

1.《通风与空调分部工程质量验收记录》填写范例

表G 通风与空调 分部工程质量验收记录

编号：06

单位(子单位)工程名称	××大厦	子分部工程数量	6	分项工程数量	30
施工单位	××建筑有限公司	项目负责人	×××	技术(质量)负责人	×××
分包单位	—	分包单位负责人	—	分包内容	—

序号	子分部工程名称	分项工程名称	检验批数量	施工单位检查结果	监理单位验收结论
1	送风系统	风管与配件制作	10	符合要求	同意验收
2		部件制作	10	符合要求	同意验收
3		风管系统安装	10	符合要求	同意验收
4		风管与设备防腐	10	符合要求	同意验收
5		系统调试	10	符合要求	同意验收
6	排风系统	风管与配件制作	10	符合要求	同意验收
7		部件制作	10	符合要求	同意验收
8		风管与设备防腐	10	符合要求	同意验收
9		厨房、卫生间排风系统安装	10	符合要求	同意验收
10		系统调试	10	符合要求	同意验收
质量控制资料			齐全、有效		同意验收
安全和功能检验结果			符合要求		同意验收
观感质量检验结果			好		好
综合验收结论	合格				

施工单位	勘察单位	设计单位	监理单位
项目负责人：×××	项目负责人：	项目负责人：×××	总监理工程师：×××
××年×月×日	年 月 日	××年×月×日	××年×月×日

注：1.地基与基础分部工程的验收应由施工、勘察、设计单位项目负责人和总监理工程师参加并签字。

2.主体结构、节能分部工程的验收应由施工、设计单位项目负责人和总监理工程师参加并签字。

3.本表由施工单位填写。

表G 通风与空调 分部工程质量验收记录

编号：06

单位(子单位)工程名称	××大厦	子分部工程数量	6	分项工程数量	30
施工单位	××建筑有限公司	项目负责人	×××	技术(质量)负责人	×××
分包单位	—	分包单位负责人	—	分包内容	—

序号	子分部工程名称	分项工程名称	检验批数量	施工单位检查结果	监理单位验收结论
11	防排烟系统	风管与配件制作	10	符合要求	同意验收
12		部件制作	10	符合要求	同意验收
13		风管系统安装	10	符合要求	同意验收
14		排烟风口	10	符合要求	同意验收
15		防火风管安装	10	符合要求	同意验收
16		系统调试	10	符合要求	同意验收
17	净化空调系统	风管与配件制作	10	符合要求	同意验收
18		部件制作	10	符合要求	同意验收
19		风管系统安装	10	符合要求	同意验收
20		净化空调机组安装	10	符合要求	同意验收
质量控制资料				齐全、有效	同意验收
安全和功能检验结果				符合要求	同意验收
观感质量检验结果				好	好

综合验收结论	合格		
施工单位 项目负责人：××× ××年×月×日	勘察单位 项目负责人： 年 月 日	设计单位 项目负责人：××× ××年×月×日	监理单位 总监理工程师：××× ××年×月×日

注：1.地基与基础分部工程的验收应由施工、勘察、设计单位项目负责人和总监理工程师参加并签字。

2.主体结构、节能分部工程的验收应由施工、设计单位项目负责人和总监理工程师参加并签字。

3.本表由施工单位填写。

表G 通风与空调 分部工程质量验收记录

编号：06

单位(子单位)工程名称	××大厦	子分部工程数量	6	分项工程数量	30
施工单位	××建筑有限公司	项目负责人	×××	技术(质量)负责人	×××
分包单位	—	分包单位项目负责人	—	分包内容	—

序号	子分部工程名称	分项工程名称	检验批数量	施工单位检查结果	监理单位验收结论
21	净化空调系统	系统调试	10	符合要求	同意验收
22	空调水系统	管道系统及部件安装	10	符合要求	同意验收
23		水泵及附属设备安装	10	符合要求	同意验收
24		管道冲洗	10	符合要求	同意验收
25		系统压力试验及调试	10	符合要求	同意验收
26	冷却水系统	管道系统及部件安装	10	符合要求	同意验收
27		水泵及附属设备安装	2	符合要求	同意验收
28		管道冲洗	15	符合要求	同意验收
29		设备防腐	5	符合要求	同意验收
30		设备绝热	5	符合要求	同意验收
质量控制资料			齐全、有效		同意验收
安全和功能检验结果			符合要求		同意验收
观感质量检验结果			好		好
综合验收结论	合格				

施工单位	勘察单位	设计单位	监理单位
项目负责人：×××	项目负责人：	项目负责人：×××	总监理工程师：×××
××年×月×日	年 月 日	××年×月×日	××年×月×日

注：1. 地基与基础分部工程的验收应由施工、勘察、设计单位项目负责人和总监理工程师参加并签字。
2. 主体结构、节能分部工程的验收应由施工、设计单位项目负责人和总监理工程师参加并签字。
3. 本表由施工单位填写。

2.《通风与空调（送风系统）子分部工程质量验收记录》填写范例

通风与空调（送风系统） 子分部工程质量验收记录

编号： 0601

单位（子单位）工程名称	××办公楼工程	子分部工程系统数量	1	分项工程数量	4
施工单位	××建设集团有限公司	项目负责人	×××	技术（质量）负责人	×××
分包单位	××机电安装工程有限公司	分包单位项目负责人	×××	分包内容	通风与空调系统安装调试

序号	分项工程名称	检验批数量	施工单位检查结果	监理单位验收结论
1	风管与配件制作及产成品	21	符合要求	合格
2	部件制作及产成品	21	符合要求	合格
3	风管系统安装	17	符合要求	合格
4	风管与设备防腐	12	符合要求	合格
5	风机安装	14	符合要求	合格
6	空气处理设备安装	2	符合要求	合格
7	旋流等风口安装	2	符合要求	合格
8	织物布风管安装	—	—	—
9	系统调试	1	符合要求	合格
…	…			
质量控制资料			共851份，齐全有效	合格
安全和功能检验结果			抽查4项，符合要求	合格
观感质量检验结果			好	好

验收结论	送风系统子分部工程验收合格	
验收单位	分包单位	项目负责人：××× ××年×月×日
	施工单位	项目负责人：××× ××年×月×日
	设计单位	项目专业负责人：××× ××年×月×日
	监理单位	专业监理工程师：××× ××年×月×日

3.《通风与空调分部工程质量验收记录》填写说明

参见《给水排水及采暖分部工程质量验收记录》填写说明相关内容。

第六章

建筑设备安装工程资料组卷与归档(实例)范本

本章内容包括下列资料：

- ××办公楼建筑给水排水及采暖工程施工资料编制与组卷范例
- ××办公楼通风与空调工程施工资料编制与组卷实例

第一节 ××办公楼建筑给水排水及采暖工程施工资料编制与组卷范例

一、第××卷 C1 施工管理资料

1. 案卷封面、卷内目录

工 程 资 料

工程名称：××办公楼工程

案卷题名：建筑给水排水及采暖工程施工资料

C1 施工管理资料　施工日志、专业人员岗位证书等

编制单位：××建设集团有限公司

技术主管：×××

编制日期：自 2013 年 10 月 20 日起至 2015 年 4 月 28 日 止

保管期限：　　　　　　密级：

保存档号：

共　　册　　　第　　册

工程资料卷内目录

工程名称	××办公楼工程		资料类别	C1施工管理资料		
序号	文件材料题名	原编字号	编制单位	编制日期	页次	备注
1	建筑给水排水及采暖工程施工日志		××建设集团有限公司	2013.11.1～2015.4.28	1～394	
2	监理通知回复单		××建设集团有限公司	2013.12.6～2015.2.12	414～425	
3	建筑给水排水及采暖专业人员岗位证书		××建委考核办	2011.5.10～2012.12.20	426～432	

2.备考表

(表略。——编者注)

二、第××卷 C2 施工技术资料

1. 案卷封面、卷内目录

工 程 资 料

工程名称： ××办公楼工程

案卷题名： 建筑给水排水及采暖工程施工资料

C2 施工技术资料　专项施工方案、技术交底、设计变更文件

编制单位： ××建设集团有限公司

技术主管： ×××

编制日期： 自 2013 年 10 月 11 日起至 2015 年 3 月 20 日 止

保管期限：　　　　**密级：**

保存档号：

共　　册　　第　　册

工程资料卷内目录

工程名称	××办公楼工程		资料类别	C2 施工技术资料		
序号	文件材料题名	原编字号	编制单位	编制日期	页次	备注
1	工程技术文件报审表		××建设集团有限公司	2013.10.20	395	
2	建筑给水排水及采暖工程专项施工方案		××建设集团有限公司	2013.10.11	1～55	
3	建筑给水排水及采暖工程施工方案技术交底记录		××建设集团有限公司	2013.10.28	56～58	
4	建筑给水排水及采暖分项工程施工技术交底记录		××建设集团有限公司	2013.11.10～2015.3.20	59～116	
5	图纸会审记录		××集团开发有限公司	2013.10.13	117～118	
6	设计变更通知单		××建筑设计院	2014.3.22～2014.9.16	119～127	
7	工程变更洽商记录		××建设集团有限公司	2013.12.24～2015.1.16	128～157	

2.建筑给水排水及采暖分项工程施工技术交底记录目录

资料管理通用目录						
工程名称	××办公楼工程	资料类别		建筑给水排水及采暖分项工程施工技术交底记录		
序号	内容摘要	编制单位	编制日期	资料编号	页次	备注
1	室内给水管道及配件安装技术交底	××建设集团有限公司	2013.9.20	001	1～6	
2	室内给水设备安装技术交底	××建设集团有限公司	2013.9.20	002	7～10	
3	室内排水管道及配件安装技术交底	××建设集团有限公司	2013.3.12	003	11～15	
4	室内热水管道及配件安装技术交底	××建设集团有限公司	2013.10.13	004	16～21	
5	室内热水辅助设备安装技术交底	××建设集团有限公司	2013.10.13	005	22～24	
6	卫生器具安装技术交底	××建设集团有限公司	2014.1.11	006	25～30	
7	卫生器具给水配件安装技术交底	××建设集团有限公司	2014.1.11	007	31～33	
8	卫生器具排水管道安装技术交底	××建设集团有限公司	2014.1.11	008	34～35	
9	室内采暖管道及配件安装技术交底	××建设集团有限公司	2013.8.26	009	36～42	
10	辅助设备及散热器安装技术交底	××建设集团有限公司	2013.8.26	010	43～46	
11	室内采暖系统水压试验及调试技术交底	××建设集团有限公司	2013.8.26	011	47～49	
12	建筑中水系统管道及辅助设备安装技术交底	××建设集团有限公司	2013.9.26	012	50～57	

3.图纸会审记录

(实例可参见本书相应范例,本处略。——编者注)

4. 工程变更洽商记录目录

资料管理通用目录						
工程名称	××办公楼工程	资料类别	工程变更洽商记录			
序号	内容摘要	编制单位	编制日期	资料编号	页次	备注
1	穿外墙管道套管部位按《地下工程防水》(88J6—1)图集有关要求进行预留	××建设集团有限公司	2013.12.24	001	1	
2	四层、五层部分散热器及立管位置变更(含附图)	××建设集团有限公司	2014.7.11	002	2～4	
3	更改卫 2、卫 3 部分排水系统及通气立管 2(T/2)管道走向布置等(含附图)	××建设集团有限公司	2014.8.11	003	5～8	
4	四层、五层隔墙变动发生管道位置变更等	××建设集团有限公司	2014.10.19	004	9	
5	五层、二层、四层暖气及暖气立管位置变更等	××建设集团有限公司	2014.10.20	005	10	
6	一层热水管道、采暖管道埋地段保温等	××建设集团有限公司	2014.10.29	006	11	
7	PB 管和钢管接头处采用钢塑转换弯头，PB 管和卫生器具连接处采用内牙弯头	××建设集团有限公司	2014.11.5	007	12	
8	放映机供水管和排水管管材和做法	××建设集团有限公司	2014.12.10	008	13	
9	各层卫生器具及给水配件安装(含附图)	××建设集团有限公司	2014.12.17	009	14～22	
10	部分暖气管道反弯绕梁增加截止阀、排气阀等	××建设集团有限公司	2014.12.18	010	23	
11	各层房间暖气立管开洞及散热器型号、数量变更等(含附图)	××建设集团有限公司	2015.1.5	011	24～28	
12	四～六层办公室部分暖气立管做装饰柱及保温等	××建设集团有限公司	2015.1.16	012	29	

5. 工程变更洽商记录

(实例可参见本书相应范例，本处略。——编者注)

6. 备考表

(表略。——编者注)

三、第××卷 C3 进度造价资料

1. 案卷封面、卷内目录

工 程 资 料

工程名称：××办公楼工程

案卷题名：建筑给水排水及采暖工程施工资料

C3 进度造价资料　工程开工、复工、进度计划报审表等

编制单位：××建设集团有限公司

技术主管：×××

编制日期：自 2013 年 2 月 26 日起至 2015 年 11 月 25 日止

保管期限：　　密级：

保存档号：

共　册　第　册

工程资料卷内目录

工程名称	××办公楼工程		资料类别	C3 进度造价资料		
序号	文件材料题名	原编字号	编制单位	编制日期	页次	备注
1	(3)月工、料、机动态表		××建设集团有限公司	2013.2.26～2015.3.25	1	
2	(4)月工、料、机动态表		××建设集团有限公司	2013.3.26～2015.4.25	2	
3	(5)月工、料、机动态表		××建设集团有限公司	2013.4.26～2015.5.25	3	
4	(6)月工、料、机动态表		××建设集团有限公司	2013.5.26～2015.6.25	4	
5	(7)月工、料、机动态表		××建设集团有限公司	2013.6.26～2015.7.25	5	
6	(8)月工、料、机动态表		××建设集团有限公司	2013.7.26～2015.8.25	6	
7	(9)月工、料、机动态表		××建设集团有限公司	2013.8.26～2015.9.25	7	
8	(10)月工、料、机动态表		××建设集团有限公司	2013.9.26～2015.10.25	8	
9	(11)月工、料、机动态表		××建设集团有限公司	2013.10.26～2015.11.25	9	

2.备考表

(表略。——编者注)

四、第××卷 C4 施工物资资料(1)

1. 案卷封面、卷内目录

工 程 资 料

工程名称：××办公楼工程

案卷题名：建筑给水排水及采暖工程施工资料

C4 施工物资资料(1) 管材、管件产品质量证明文件、检测报告、进场检验记录等

编制单位：××建设集团有限公司

××建设集团有限公司

技术主管：×××

编制日期：自 2013 年 11 月 2 日起至 2014 年 12 月 13 日 止

保管期限：　　　　密级：

保存档号：

共　　册　　　第　　册

工程资料卷内目录

工程名称	××办公楼工程		资料类别	C4 施工物资资料(1)		
序号	文件材料题名	原编字号	编制单位	编制日期	页次	备注
1	管材、管件进场检验记录		××建设集团有限公司	2013.11.15～2014.12.13	1～34	
2	管材、管件产品质量证明文件		××钢管厂等	2013.11.2～2014.11.27	35～309	

2. 管材、管件进场检验记录目录

物资进场检验记录目录								
工程名称	××办公楼工程			资料类别	管材、管件进场检验记录			
序号	物资名称	品种规格、型号	检验单位	检验日期	检验结论	资料编号	页次	备注
1	刚性防水套管	DN40～DN300	××公司	2013.11.15	符合要求	001	1	
2	柔性防水套管	DN100～DN200	××公司	2013.11.20	符合要求	002	2	
3	钢套管	DN50～DN200	××公司	2014.1.8	符合要求	003	3	
4	给水衬塑复合钢管	DN100、DN65、DN50、DN40、DN32、DN25、DN20、DN15	××公司	2014.8.29	符合要求	004	4	
5	给水钢衬塑复合管件	DN65、DN80	××公司	2014.7.26	符合要求	005	5	
6	聚丁烯(PB)管材、管件	DN20	××公司	2014.9.10	符合要求	006	6	
7	衬塑弯头 衬塑变径弯头	DN70～15 DN20×15、DN40×32	××公司	2014.8.31	符合要求	007	7	
8	衬塑管箍 衬塑变径管箍 衬塑三通	DN70～15 DN70×50～DN20×15 DN70×70～DN20×15	××公司	2014.9.2	符合要求	008	8	
9	柔性(A型)铸铁排水管及管件	DN150～DN50等	××公司	2014.3.16	符合要求	009	9	
10	柔性(A型)铸铁排水管及管件	DN150等	××公司	2014.6.30	符合要求	010	10	
11	柔性(A型)铸铁排水管及管件	DN150～DN75等	××公司	2014.7.24	符合要求	011	11	
12	柔性(A型)铸铁排水管及管件	DN150、DN75等	××公司	2014.8.29	符合要求	012	12	
13	柔性(A型)铸铁排水管及管件	DN100～DN50等	××公司	2014.9.25	符合要求	013	13	
14	柔性(A型)铸铁排水管及管件	DN75等	××公司	2014.10.22	符合要求	014	14	
15	柔性(A型)铸铁排水管及管件	DN50等	××公司	2014.10.31	符合要求	015	15	
…	……							

3. 管材、管件进场检验记录

(实例可参见本书相应范例,本处略。——编者注)

4.管材、管件产品质量证明文件目录

资料管理专项目录(质量证明文件)										
工程名称		××办公楼工程			资料类别		管材、管件产品质量证明文件			
序号	物资(资料)名称	厂名	品种规格、型号	产品质量证明编号	数量	进场日期	使用部位	资料编号	页次	备注
1	刚性防水套管质量证明书	××钢管厂	DN40~DN300	0911008、0911009	××	2013.11.2	基础底板反梁地下一层墙体	001	1~2	
2	柔性防水套管质量证明书	××钢管厂	DN100~DN200	0911087	××	2013.11.17	地下一层墙体	002	3	
3	钢套管质量证明书	××钢管厂	DN50~DN200	1001015、0501016	××	2014.1.4	地上结构各系统	003	4~5	
4	给水衬塑复合钢管合格证、检验报告	××钢管厂	DN100	2014(G)0172	36m	2014.7.27	室内给水系统B01~F11层	004	6~9	
5	给水衬塑复合钢管卫生检验报告	××钢管厂	DN100	2014KF0097		2014.5.10	室内给水系统B01~F11层	005	10~12	
6	给水衬塑复合钢管合格证、检验报告	××钢管厂	DN65	2014(G)0173	180m	2014.7.27	室内给水系统B01~F11层	006	13~16	
7	给水衬塑复合钢管卫生检验报告	××钢管厂	DN65	2014KF0098		2014.5.10	室内给水系统B01~F11层	007	17~19	
…	……									
15	给水衬塑复合钢管合格证、检验报告	××钢管厂	DN15	2014(G)0179	156m	2014.7.27	室内给水系统B01~F11层	015	55~58	
16	给水衬塑复合钢管卫生检验报告	××钢管厂	DN15	2014KF0104		2014.5.10	室内给水系统B01~F11层	016	59~61	
17	给水钢衬塑复合管件测试报告	××钢管厂	DN65、DN80	2014(G)0636		2014.7.22	室内给水系统	017	62~65	
18	聚丁烯(PB)管材合格证、测试报告	××公司	DN20	2014(G)0168	1000m	2014.5.5	室内给水系统B01~F11层	018	66~69	
19	聚丁烯(PB)管材卫生检验报告	××公司	DN20	2014K160		2014.4.28	室内给水系统B01~F11层	019	70~72	
20	聚丁烯(PB)管件合格证、测试报告	××公司	DN20	2014(G)0169	××	2014.5.5	室内给水系统B01~F11层	020	73~76	
21	聚丁烯(PB)管件卫生检验报告	××公司	DN20	2014K159		2014.4.28	室内给水系统B01~F11层	021	77~79	
22	北京市生活饮用水供水设备及用品卫生许可批件	××公司	ϕ16~40	(2014)JS第1133号		2014.6.13		022	80~82	

续表

序号	物资(资料)名称	厂名	品种规格、型号	产品质量证明编号	数量	进场日期	使用部位	资料编号	页次	备注
23	进口货物报关单、入境货物检验检疫证明	××公司		11000010-4720001		2014.4.8		023	83~84	
24	衬塑弯头合格证、检验报告	××钢管厂	*DN*70、50、40、32、25、20、15		××	2014.7.10	室内给水系统、热水供应系统	024	85~87	
25	衬塑变径弯头合格证、检验报告	××钢管厂	*DN*20×15、*DN*40×32		××	2014.7.10	室内给水系统、热水供应系统	025	88~90	
26	衬塑管箍合格证、检验报告	××钢管厂	*DN*70、50、40、32、25、20、15		××	2014.7.8	室内给水系统、热水供应系统	026	91~93	
27	衬塑变径管箍合格证、检验报告	××钢管厂	*DN*70×50~*DN*20×15		××	2014.6.30	室内给水系统、热水供应系统	027	94~97	
28	衬塑三通合格证、检验报告	××钢管厂	*DN*70×70~*DN*20×15		××	2014.7.1	室内给水系统、热水供应系统	028	98~103	
29	柔性(A型)铸铁排水管及管件产品合格证、质量保证书	××管道公司	*DN*150~*DN*50等	302-1	见质保书	2014.3.12	室内排水系统B01~F11层	029	104~107	
30	柔性(A型)铸铁排水管检验报告	××管道公司	*DN*150~*DN*50	GTS1005051		2014.5.27	室内排水系统B01~F11层	030	108~110	
…	……									
43	橡胶密封圈合格证、检验报告	××橡胶厂	A型	2005-W159		2014.7.30	室内热水供应系统B01~F11层	043	156~159	
44	热水衬塑复合钢管合格证、检验报告	××钢管厂	*DN*50	2014(G)0180	120m	2014.7.30	室内热水供应系统B01~F11层	044	156~159	
45	热水衬塑复合钢管卫生检验报告	××钢管厂	*DN*50	2014KF0105		2014.5.10	室内热水供应系统B01~F11层	045	160~162	
…	……									
56	焊接钢管合格证、质量证明书、检验报告	××钢管厂	*DN*100	2014-0106	10根×6m	2014.6.18	室内采暖系统F01层	056	198~201	
57	焊接钢管合格证、质量证明书、检验报告	××钢管厂	*DN*80	2014-0107	18根×6m	2014.6.18	室内采暖系统F01层	057	202~205	
…	……									

5.管材、管件产品质量证明文件

(实例可参见本书相应范例,本处略。——编者注)

6.备考表

(表略。——编者注)

五、第××卷 C4 施工物资资料(2)

1. 案卷封面、卷内目录

工 程 资 料

工程名称：××办公楼工程

案卷题名：建筑给水排水及采暖工程施工资料

C4 施工物资资料(2)　主要材料、设备、绝热材料产品质量证明文件、检测报告、进场检验记录等

编制单位：××建设集团有限公司

（印章：××建设集团有限公司）

技术主管：×××

编制日期：自 2014 年 5 月 16 日起至 2014 年 12 月 30 日止

保管期限：　　　　密级：

保存档号：

共　　册　　　第　　册

工程资料卷内目录

工程名称	××办公楼工程		资料类别	C4 施工物资资料(2)		
序号	文件材料题名	原编字号	编制单位	编制日期	页次	备注
1	阀门等进场检验记录		××建设集团有限公司	2014.8.16～2014.12.8	1～10	
2	给水设备、排水设备等开箱检验记录		××建设集团有限公司	2014.10.6～2014.12.19	11～25	
3	设备及管道附件试验记录		××建设集团有限公司	2014.8.16～2014.10.24	26～34	
4	阀门、给水设备、排水设备、散热器等产品质量合格证、检测报告、设备技术文件等		××阀门厂等	2014.5.16～2014.11.20	35～165	
5	绝热材料进场检验记录		××建设集团有限公司	2014.10.9～2014.10.15	166～169	
6	绝热材料产品质量合格证、检测报告		××建材公司	2014.9.6～2014.9.27	170～187	
7	卫生器具开箱检验记录		××建设集团有限公司	2014.9.12～2014.12.30	188～197	
8	卫生器具产品质量合格证、环保检测报告、安装使用说明书		××洁具公司等	2014.7.8～2014.12.29	198～336	
9	水表、热量表计量检定证书		××计量检定测试所	2014.9.12	337～358	

2. 阀门等进场检验记录目录

物资进场检验记录目录

工程名称	××办公楼工程		资料类别		阀门等进场检验记录			
序号	物资名称	品种规格、型号	检验单位	检验日期	检验结论	资料编号	页次	备注
1	蝶阀 平衡阀	DN50～DN100 DN32～DN80	××公司	2014.8.16	符合要求	001	1	
2	防水锤消声止回阀 止回阀 浮球控制阀 防污隔断阀	DN65、DN100 DN80、DN100 DN100 DN25	××公司	2014.8.24	符合要求	002	2	
3	不锈钢球阀 黄铜截止阀	DN15～DN32 DN20～DN40	××公司	2014.8.27	符合要求	003	3	
4	自动排气阀	DN20	××公司	2014.8.29	符合要求	004	4	
5	铜截止阀 暖气温控阀	DN15 DN15	××公司	2014.9.1	符合要求	005	5	
…	……							

3.给水设备、排水设备等开箱检验记录目录

物资进场检验记录目录

工程名称	××办公楼工程			资料类别	给水设备、排水设备等开箱检验记录			
序号	物资名称	品种规格、型号	检验单位	检验日期	检验结论	资料编号	页次	备注
1	给水泵	50DL12-12×3	××公司	2014.10.29	符合要求	001	1	
2	自动搅匀排污泵	50JYWQ25-20	××公司	2014.11.18	符合要求	002	2	
3	内腔无粘砂灰铸铁椭四柱760型散热器	TTZ4-6-6(760)	××公司	2014.10.6	符合要求	003	3	
4	内腔无粘砂灰铸铁圆管五柱300型散热器	TYZ5-230-6(375)	××公司	2014.10.10	符合要求	004	4	
5	钢柱散热器	3067型	××公司	2014.10.24	符合要求	005	5	
6	钢柱散热器	3180型	××公司	2014.10.24	符合要求	006	6	
7	钢柱散热器	3200型	××公司	2014.10.24	符合要求	007	7	
8	钢柱散热器	3220型	××公司	2014.10.24	符合要求	008	8	
…	……							

4.给水设备、排水设备等开箱检验记录

(实例可参见本书相应范例,本处略。——编者注)

5.设备及管道附件试验记录目录

资料管理通用目录

工程名称	××办公楼工程	资料类别	设备及管道附件试验记录			
序号	内容摘要	编制单位	日期	资料编号	页次	备注
1	蝶阀、平衡阀(室内给水系统、排水系统、采暖系统等)	××建设集团有限公司	2014.8.16	001	1	
2	防水锤消声止回阀、止回阀、浮球控制阀、防污隔断阀(室内给水系统、排水系统等)	××建设集团有限公司	2014.8.26	002	2	
3	不锈钢球阀、黄铜截止阀(室内给水系统)	××建设集团有限公司	2014.8.28	003	3	
4	自动排气阀(室内采暖系统)	××建设集团有限公司	2014.8.29	004	4	
5	铜截止阀、暖气温控阀(室内采暖系统)	××建设集团有限公司	2014.9.1	005	5	
6	内腔无粘砂灰铸铁椭四柱760型散热器(F01～F11层)	××建设集团有限公司	2014.10.6	006	6	
7	内腔无粘砂灰铸铁圆管五柱300型散热器(F01～F11层)	××建设集团有限公司	2014.10.10	007	7	
8	钢柱散热器(F01～F05层)	××建设集团有限公司	2014.10.24	008	8	

6.设备及管道附件试验记录

(实例可参见本书相应范例,本处略。——编者注)

7.阀门、给水设备、排水设备、散热器等产品质量合格证、检测报告、设备技术文件等目录

<table>
<tr><td colspan="11">资料管理专项目录(质量证明文件)</td></tr>
<tr><td colspan="2">工程名称</td><td colspan="3">××办公楼工程</td><td colspan="2">资料类别</td><td colspan="4">阀门、给水设备、排水设备、散热器等产品质量合格证、检测报告、设备技术文件等</td></tr>
<tr><td>序号</td><td>物资(资料)名称</td><td>厂名</td><td>品种规格、型号</td><td>产品质量证明编号</td><td>数量</td><td>进场日期</td><td>使用部位</td><td>资料编号</td><td>页次</td><td>备注</td></tr>
<tr><td>1</td><td>蝶阀合格证、质量证明书</td><td>××阀门厂</td><td>DN50～DN100</td><td>20050516-01</td><td>××</td><td>2014.5.16</td><td>B01～F11层</td><td>001</td><td>1～3</td><td></td></tr>
<tr><td>2</td><td>平衡阀合格证、检验报告</td><td>××阀门公司</td><td>DN32～DN80</td><td>05F3058</td><td>××</td><td>2014.6.17</td><td>B01～F11层</td><td>002</td><td>4～7</td><td></td></tr>
<tr><td>3</td><td>防水锤消声止回阀合格证、检测报告</td><td>××机电技术公司</td><td>DN65、DN100</td><td>05F4144</td><td>××</td><td>2014.8.4</td><td>B01～F11层</td><td>003</td><td>8～11</td><td></td></tr>
<tr><td>4</td><td>止回阀合格证、检测报告</td><td>××机电技术公司</td><td>DN80、DN100</td><td>05F4142</td><td>××</td><td>2014.8.4</td><td>B01～F11层</td><td>004</td><td>12～15</td><td></td></tr>
<tr><td>5</td><td>浮球控制阀合格证、检测报告</td><td>××机电技术公司</td><td>DN100</td><td>05F4145</td><td>××</td><td>2014.8.10</td><td>B01～F11层</td><td>005</td><td>16～19</td><td></td></tr>
<tr><td>6</td><td>防污隔断阀合格证、检测报告</td><td>××机电技术公司</td><td>DN25</td><td>05F4147</td><td>××</td><td>2014.8.10</td><td>B01～F11层</td><td>006</td><td>20～23</td><td></td></tr>
<tr><td>7</td><td>不锈钢球阀合格证、检测报告</td><td>××阀门厂</td><td>DN15～DN32</td><td>050529-05307</td><td>××</td><td>2014.5.29</td><td>B01～F11层</td><td>007</td><td>24～27</td><td></td></tr>
<tr><td>8</td><td>黄铜截止阀合格证、检测报告</td><td>××阀门公司</td><td>DN20～DN40</td><td>05F6009</td><td>××</td><td>2014.6.13</td><td>B01～F11层</td><td>008</td><td>28～31</td><td></td></tr>
<tr><td>9</td><td>自动排气阀合格证、检测报告</td><td>××阀门公司</td><td>DN20</td><td>05F6011</td><td>××</td><td>2014.6.20</td><td>B01～F11层</td><td>009</td><td>32～35</td><td></td></tr>
<tr><td>10</td><td>铜截止阀合格证、检测报告</td><td>××阀门公司</td><td>DN15</td><td>05F6244</td><td>××</td><td>2014.7.7</td><td>B01～F11层</td><td>010</td><td>36～39</td><td></td></tr>
<tr><td>11</td><td>暖气温控阀合格证、检测报告</td><td>××公司</td><td>DN15</td><td>W2005-031</td><td>××</td><td>2014.7.30</td><td>B01～F11层</td><td>011</td><td>40～43</td><td></td></tr>
<tr><td>12</td><td>给水泵合格证、出厂试验报告</td><td>××集团公司</td><td>50DL12-12×3</td><td></td><td>1台</td><td>2014.10</td><td>地下一层泵房</td><td>012</td><td>44～45</td><td></td></tr>
<tr><td>13</td><td>给水泵安装使用说明书</td><td>××集团公司</td><td>50DL12-12×3</td><td></td><td></td><td>2014.10</td><td>地下一层泵房</td><td>013</td><td>46～50</td><td></td></tr>
</table>

续表

序号	物资(资料)名称	厂名	品种规格、型号	产品质量证明编号	数量	进场日期	使用部位	资料编号	页次	备注
14	自动搅匀排污泵合格证、出厂检测报告	××机械(集团)公司	50JYWQ 25-20	50801086～50801093	8台	2014.11	地下一层泵房	014	51～66	
15	自动搅匀排污泵安装使用说明书	××机械(集团)公司	50JYWQ 25-20			2014.11	地下一层泵房	015	67～71	
16	内腔无粘砂灰铸铁椭四柱760型散热器合格证、检验报告	××散热器公司	TTZ4-6-6(760)	TJX-2005151	88组	2014.9.30	F01～F11层	016	72～75	
17	内腔无粘砂灰铸铁圆管五柱300型散热器合格证、检验报告	××散热器公司	TYZ5-230-6(375)	TJX-2005131	440组	2014.10.4	F01～F11层	017	76～79	
18	钢柱散热器合格证、检验报告	××散热器公司	3067型	JX-2005269	16组	2014.10.12	F02层报告厅	018	80～83	
19	钢柱散热器合格证、检验报告	××散热器公司	3180型	JX-2005272	4组	2014.10.12	F03层、F04层	019	84～87	
20	钢柱散热器合格证、检验报告	××散热器公司	3200型	JX-2005273	6组	2014.10.12	F01层大厅、F03层、F04层圆弧办公室	020	88～91	
21	钢柱散热器合格证、检验报告	××散热器公司	3220型	JX-2005274	2组	2014.10.12	F05层圆弧办公室	021	92～95	
…	……									

8. 阀门、给水设备、排水设备、散热器等产品质量合格证、检测报告、设备技术文件等（实例可参见本书相应范例，本处略。——编者注）

9. 绝热材料产品质量合格证、检测报告目录

资料管理专项目录(质量证明文件)

工程名称		××办公楼工程			资料类别		绝热材料产品质量合格证、检测报告			
序号	物资(资料)名称	厂名	品种规格、型号	产品质量证明编号	数量	进场日期	使用部位	资料编号	页次	备注
1	难燃橡塑海绵管合格证、检验报告	××建材公司	*DN*34～*DN*114（厚 20mm）	2014-1447	××	2014.9.6	B01～F11 层	001	1～5	
2	难燃橡塑海绵管合格证、检验报告	××建材公司	*DN*27～*DN*43（厚 30mm 等）	2014-1448	××	2014.9.12	B01～F11 层	002	6～10	
3	难燃橡塑海绵板材合格证、检验报告	××建材公司	20mm 厚	2014-1450	××	2014.9.12	B01～F11 层	003	11～13	
4	PEF 高压聚乙烯板材合格证、检验报告	××建材公司	30mm、40mm 厚	2014-3824	××	2014.9.27	B01～F11 层	004	14～17	

10. 卫生器具开箱检验记录目录

物资进场检验记录目录								
工程名称		××办公楼工程		资料类别	卫生器具开箱检验记录			
序号	物资名称	品种 规格、型号	检验单位	检验日期	检验结论	资料 编号	页次	备注
1	蹲便器	CW10	××公司	2014.9.12	符合要求	001	1	
2	连体坐便器	CW436RB CW904B	××公司	2014.10.14	符合要求	002	2	
3	搪瓷浴缸	FBY1720NHP	××公司	2014.10.17	符合要求	003	3	
4	椭圆形溢水口洗面器	LW548B	××公司	2014.10.25	符合要求	004	4	
5	蒸汽房	DF406	××公司	2014.11.8	符合要求	005	5	
6	坐便器	CW2008	××公司	2014.12.1	符合要求	006	6	
7	小便器	UW300B	××公司	2014.12.1	符合要求	007	7	
8	洗面器	LW801	××公司	2014.12.1	符合要求	008	8	
9	环保节能水箱	清道夫 R-002	××公司	2014.12.30	符合要求	009	9	

11. 卫生器具产品质量合格证、环保检测报告、安装使用说明书目录

资料管理专项目录(质量证明文件)

工程名称		××办公楼工程				资料类别	卫生器具产品质量合格证、环保检测报告、安装使用说明书			
序号	物资(资料)名称	厂名	品种规格、型号	产品质量证明编号	数量	进场日期	使用部位	资料编号	页次	备注
1	蹲便器合格证、检验报告	××洁具公司	CW10	TC10O6002	82套	2014.9.3	B01～F10层	001	1～4	
2	蹲便器环保检验报告	××洁具公司	CW10	201447854		2014.7.8	B01～F10层	002	5～7	
3	自动感应小便斗冲水器合格证、检验报告	××洁具公司	UTW-001	(2014)MJDZ-X0070	44个	2014.10.2	B01～F10层	003	8～11	
4	连体坐便器合格证、检验报告	××洁具制造公司	CW436RB	1005128	5套	2014.10.8	F04层、F05层	004	12～15	
5	连体坐便器环保检验报告	××洁具制造公司	CW436RB	201450596		2014.7.25	F04层、F05层	005	16～18	
6	连体坐便器安装使用说明书	××洁具制造公司	CW436RB			2014.10.8	F04层、F05层	006	19～21	
7	连体坐便器合格证、检验报告	××洁具制造公司	CW904B	1001029	1套	2014.10.8	F05层	007	22～25	
8	连体坐便器环保检验报告	××洁具制造公司	CW904B	201450599		2014.7.25	F05层	008	26～28	
9	连体坐便器安装使用说明书	××洁具制造公司	CW904B			2014.10.8	F05层	009	29～31	
10	温水冲洗便座合格证、检验报告	××洁具制造公司	TCF661R·CS	B-10067	6个	2014.10.3	F04层、F05层	010	32～36	
11	搪瓷浴缸合格证、检验报告	××洁具制造公司	FBY1720NHP	(2014)QE34382Z	2套	2014.10.14	F05层	011	37～40	
12	搪瓷浴缸环保检验报告	××洁具制造公司	FBY1720NHP	201450602		2014.7.25	F05层	012	41～43	

续表

序号	物资(资料)名称	厂名	品种规格、型号	产品质量证明编号	数量	进场日期	使用部位	资料编号	页次	备注
13	搪瓷浴缸安装使用说明书	××洁具制造公司	FBY1720NHP			2014.10.14	F05层	013	44～47	
14	椭圆形溢水口洗面器合格证、检验报告	××洁具制造公司	LW548B	10081083	6套	2014.10.16	F04层、F05层	014	48～51	
15	椭圆形溢水口洗面器环保检验报告	××洁具制造公司	LW548B	201450603		2014.7.25	F04层、F05层	015	52～52	
16	椭圆形溢水口洗面器安装使用说明书	××洁具制造公司	LW548B			2014.10.16	F04层、F05层	016	55～57	
17	台式单柄冷热水混合水栓合格证、检验报告	××洁具制造公司	DL306	20140553102	22套	2014.9.7	F01～F05层	016	55～57	
18	壁式单柄冷热水混合水栓(浴盆用三功能淋浴)合格证、检验报告	××洁具制造公司	DM304CMF1	20140453160	2套	2014.9.21	F05层	018	63～67	
19	铸铁地漏合格证、检验报告	××科技发展公司	*DN*50、*DN*100	2014-1240	82套	2014.9.27	B01～F10层	019	68～61	
20	坐便器合格证、检验报告	××洁具公司	CW2008	TC1006006	1套	2014.10.22	F01层	020	72～75	
21	坐便器环保检验报告	××洁具公司	CW2008	201447855		2014.7.8	F01层	021	76～78	
22	坐便器安装使用说明书	××洁具公司	CW2008			2014.10.22	F01层	022	79～81	
23	小便器合格证、检验报告	××洁具公司	UW300B	10101232	44套	2014.11.1	F01～F10层	023	82～85	
24	小便器环保检验报告	××洁具公司	UW300B	201447856		2014.7.8	F01～F10层	024	86～88	

续表

序号	物资(资料)名称	厂名	品种规格、型号	产品质量证明编号	数量	进场日期	使用部位	资料编号	页次	备注
25	洗面器合格证、检验报告	××洁具公司	LW801	10101233	40套	2014.11.4	F01～F10层	025	89～92	
26	洗面器环保检验报告	××洁具公司	LW801	201447857		2014.7.8	F01～F10	026	93～95	
27	拖布池合格证、检验报告	××洁具公司	TW101	10101234	30套	2014.11.4	B01～F10层	027	96～99	
28	拖布池环保检验报告	××洁具公司	TW101	201447858		2014.7.8	B01～F10层	028	100～102	
29	柱盆合格证、检验报告	××洁具公司	LW708	10101235	2套	2014.11.13	B01层、F01层	029	103～106	
30	柱盆环保检验报告	××洁具公司	LW708	201447859		2014.7.8	B01层、F01层	030	107～109	
31	环保节能水箱合格证、检验报告	××卫浴公司	清道夫R-002	SJ10WT0075	82套	2014.12.24	B01～F10层	031	110～113	
32	不锈钢洗物盆合格证、检验报告	××卫厨公司	520×410mm	SJ10WT0086	6套	2014.12.29	F02层、F05层	032	114～117	
33	蒸汽房合格证、检验报告	××洁具制造公司	DF406	SJ10WT0049	4套	2014.9.3	F04层、F05层	033	118～122	
34	蒸汽房安装使用说明书	××洁具制造公司	DF406			2014.9.3	F04层、F05层	034	123～127	

12. 卫生器具产品质量合格证、环保检测报告、安装使用说明书

(实例可参见本书相应范例,本处略。——编者注)

13. 备考表

(表略。——编者注)

六、第××卷 C5 施工记录

1. 案卷封面、卷内目录

工 程 资 料

工程名称：××办公楼工程

案卷题名：建筑给水排水及采暖工程施工资料

C5 施工记录 隐蔽工程验收记录、交接检查记录、施工检查记录

编制单位：××建设集团有限公司

技术主管：×××

编制日期：自 2013 年 11 月 22 日起至 2015 年 1 月 23 日 止

保管期限： 密级：

保存档号：

共 册 第 册

工程资料卷内目录

工程名称		××办公楼工程		资料类别	C5 施工记录	
序号	文件材料题名	原编字号	编制单位	编制日期	页次	备注
1	地下室防水套管预留预埋隐蔽工程验收记录		××建设集团有限公司	2013.11.22～2013.12.23	1～6	
2	室内给水系统隐蔽工程验收记录		××建设集团有限公司	2014.10.3～2015.1.23	7～34	
3	室内排水系统隐蔽工程验收记录		××建设集团有限公司	2014.3.23～2014.12.1	35～62	
4	室内热水供应系统隐蔽工程验收记录		××建设集团有限公司	2014.10.25～2015.1.23	63～90	
5	室内采暖系统隐蔽工程验收记录		××建设集团有限公司	2014.9.6～2015.1.3	91～118	
6	建筑中水系统隐蔽工程验收记录		××建设集团有限公司	2014.10.2～2015.1.21	119～146	
7	交接检查记录		××建设集团有限公司	2014.12.2～2015.1.23	147～149	
8	施工检查记录		××建设集团有限公司	2013.11.22～2015.1.23	150～251	

2. 地下室防水套管预留预埋隐蔽工程验收记录目录

施工记录目录

工程名称	××办公楼工程	资料类别	地下室防水套管预留预埋隐蔽工程验收记录			
序号	施工部位(内容摘要)	编制单位	日期	资料编号	页次	备注
1	基础底板及反梁①～⑦/Ⓐ～Ⓗ轴给水、排水管道防水套管预留预埋	××建设集团有限公司	2013.11.22	001	1	
2	基础底板及反梁⑦～⑬/Ⓐ～Ⓗ轴给水、排水管道防水套管预留预埋	××建设集团有限公司	2013.11.28	002	2	
3	地下一层①～⑧/Ⓐ～Ⓗ轴墙体给水、排水、采暖、消防管道防水套管预留预埋	××建设集团有限公司	2013.12.6	003	3	
4	地下一层⑧～⑬/Ⓐ～Ⓗ轴墙体给水、排水、采暖、消防管道防水套管预留预埋	××建设集团有限公司	2013.12.12	004	4	
5	地下设备夹层①～④/Ⓒ～Ⓓ轴底板给水管道防水套管预留预埋	××建设集团有限公司	2013.12.23	005	5	

3.室内给水系统隐蔽工程验收记录目录

施工记录目录

工程名称	××办公楼工程	资料类别	室内给水系统隐蔽工程验收记录			
序号	施工部位(内容摘要)	编制单位	日期	资料编号	页次	备注
1	地下一层～十一层①～⑬/Ⓐ～Ⓗ轴冷水主干、立管及出户管道安装	××建设集团有限公司	2014.10.3	001	1	
2	十一层①～⑬/Ⓓ～Ⓕ轴冷水支管管道安装	××建设集团有限公司	2014.11.5	002	2	
3	十层①～⑬/Ⓓ～Ⓕ轴冷水支管管道安装	××建设集团有限公司	2014.11.5	003	3	
4	九层①～⑬/Ⓓ～Ⓕ轴冷水支管管道安装	××建设集团有限公司	2014.11.7	004	4	
5	八层①～⑬/Ⓓ～Ⓕ轴冷水支管管道安装	××建设集团有限公司	2014.11.7	005	5	
6	七层①～⑬/Ⓓ～Ⓕ轴冷水支管管道安装	××建设集团有限公司	2014.11.12	006	6	
7	六层①～⑬/Ⓓ～Ⓕ轴冷水支管管道安装	××建设集团有限公司	2014.11.14	007	7	
8	五层①～⑬/Ⓓ～Ⓕ轴冷水支管管道安装	××建设集团有限公司	2014.11.18	008	8	
9	四层①～⑬/Ⓓ～Ⓕ轴冷水支管管道安装	××建设集团有限公司	2014.11.21	009	9	
10	三层①～⑬/Ⓔ～Ⓕ轴冷水支管管道安装	××建设集团有限公司	2014.11.24	010	10	
11	二层①～⑬/Ⓔ～Ⓕ轴冷水支管管道安装	××建设集团有限公司	2014.11.24	011	11	
12	地下一层～十一层①～⑬/Ⓐ～Ⓗ轴冷水主干、立管管道保温	××建设集团有限公司	2014.11.29	012	12	
13	十一层①～⑬/Ⓓ～Ⓕ轴冷水支管管道保温	××建设集团有限公司	2014.12.8	013	13	
14	十层①～⑬/Ⓓ～Ⓕ轴冷水支管管道保温	××建设集团有限公司	2014.12.8	014	14	
15	九层①～⑬/Ⓓ～Ⓕ轴冷水支管管道保温	××建设集团有限公司	2014.12.11	015	15	
16	八层①～⑬/Ⓓ～Ⓕ轴冷水支管管道保温	××建设集团有限公司	2014.12.11	016	16	
17	一层①～⑬/Ⓐ～Ⓖ轴冷水支管管道安装	××建设集团有限公司	2014.12.17	017	17	
18	地下一层①～⑬/Ⓐ～Ⓗ轴冷水支管管道安装	××建设集团有限公司	2014.12.17	018	18	

续表

序号	施工部位(内容摘要)	编制单位	日期	资料编号	页次	备注
19	七层①～⑬/Ⓓ～Ⓕ轴冷水支管管道保温	××建设集团有限公司	2015.1.3	019	19	
20	六层①～⑬/Ⓓ～Ⓕ轴冷水支管管道保温	××建设集团有限公司	2015.1.5	020	20	
21	五层①～⑬/Ⓓ～Ⓕ轴冷水支管管道保温	××建设集团有限公司	2015.1.10	021	21	
22	四层①～⑬/Ⓓ～Ⓕ轴冷水支管管道保温	××建设集团有限公司	2015.1.10	022	22	
23	三层①～⑬/Ⓔ～Ⓕ轴冷水支管管道保温	××建设集团有限公司	2015.1.16	023	23	
24	二层①～⑬/Ⓔ～Ⓕ轴冷水支管管道保温	××建设集团有限公司	2015.1.16	024	24	
25	一层①～⑬/Ⓐ～Ⓖ轴冷水支管管道保温	××建设集团有限公司	2015.1.23	025	25	
26	地下一层①～⑬/Ⓐ～Ⓗ轴冷水支管管道保温	××建设集团有限公司	2015.1.23	026	26	

4.室内给水系统隐蔽工程验收记录

(实例可参见本书相应范例,本处略。——编者注)

5. 室内排水系统隐蔽工程验收记录目录

施工记录目录

工程名称	××办公楼工程	资料类别	室内排水系统隐蔽工程验收记录			
序号	施工部位(内容摘要)	编制单位	日期	资料编号	页次	备注
1	地下一层④～⑬/Ⓓ～Ⓗ轴排水系统管道安装	××建设集团有限公司	2014.3.23	001	1	
2	一层①～⑬/Ⓐ～Ⓗ轴排水系统及出户管管道安装	××建设集团有限公司	2014.5.30	002	2	
3	顶层②～⑩/Ⓓ～Ⓕ轴排水系统管道安装	××建设集团有限公司	2014.9.15	003	3	
4	一层⑫～⑬/Ⓔ～Ⓕ轴卫2排水管及出户管管道安装	××建设集团有限公司	2014.9.30	004	4	
5	二层①～⑬/Ⓐ～Ⓖ轴排水立、支管安装	××建设集团有限公司	2014.10.1	005	5	
6	三层①～⑬/Ⓐ～Ⓖ轴排水立、支管安装	××建设集团有限公司	2014.10.3	006	6	
7	四层①～⑬/Ⓓ～Ⓖ轴排水立、支管安装	××建设集团有限公司	2014.10.19	007	7	
8	五层①～⑬/Ⓓ～Ⓖ轴排水立、支管安装	××建设集团有限公司	2014.10.20	008	8	
9	六层①～⑬/Ⓓ～Ⓖ轴排水立、支管安装	××建设集团有限公司	2014.10.22	009	9	
10	七层①～⑬/Ⓓ～Ⓖ轴排水立、支管安装	××建设集团有限公司	2014.10.24	010	10	
11	八层①～⑬/Ⓓ～Ⓖ轴排水立、支管安装	××建设集团有限公司	2014.10.26	011	11	
12	九层①～⑬/Ⓓ～Ⓖ轴排水立、支管安装	××建设集团有限公司	2014.10.29	012	12	
13	十层①～⑬/Ⓓ～Ⓖ轴排水立、支管安装	××建设集团有限公司	2014.10.30	013	13	
14	一层②～③/Ⓔ～Ⓖ轴卫3排水管及出户管管道安装	××建设集团有限公司	2014.11.3	014	14	
15	一层⑧～⑩/Ⓐ～Ⓑ轴洗漱室、卫7排水管及出户管管道安装	××建设集团有限公司	2014.11.4	015	15	
16	一层①～⑬/Ⓐ～Ⓖ轴排水干管及卫生间排水立、支管保温	××建设集团有限公司	2014.11.10	016	16	
17	二层①～⑬/Ⓐ～Ⓖ轴卫生间排水立、支管保温	××建设集团有限公司	2014.11.12	017	17	
18	三层①～⑬/Ⓐ～Ⓖ轴卫生间排水立、支管保温	××建设集团有限公司	2014.11.14	018	18	

续表

序号	施工部位(内容摘要)	编制单位	日期	资料编号	页次	备注
19	四层①～⑬/Ⓓ～Ⓖ轴卫生间排水立、支管保温	××建设集团有限公司	2014.11.17	019	19	
20	五层①～⑬/Ⓓ～Ⓖ轴卫生间排水立、支管保温	××建设集团有限公司	2014.11.19	020	20	
21	六层①～⑬/Ⓓ～Ⓖ轴卫生间排水立、支管保温	××建设集团有限公司	2014.11.23	021	21	
22	七层①～⑬/Ⓓ～Ⓖ轴卫生间排水立、支管保温	××建设集团有限公司	2014.11.26	022	22	
23	八层①～⑬/Ⓓ～Ⓖ轴卫生间排水立、支管保温	××建设集团有限公司	2014.11.28	023	23	
24	九层①～⑬/Ⓓ～Ⓖ轴卫生间排水立、支管保温	××建设集团有限公司	2014.12.1	024	24	
25	十层①～⑬/Ⓓ～Ⓖ轴卫生间排水立、支管保温	××建设集团有限公司	2014.12.1	025	25	
26	闷顶层①～⑬/Ⓓ～Ⓖ轴排水管保温	××建设集团有限公司	2014.12.1	026	26	

6.室内排水系统隐蔽工程验收记录

(实例可参见本书相应范例,本处略。——编者注)

7.室内热水供应系统隐蔽工程验收记录目录

施工记录目录

工程名称	××办公楼工程	资料类别	室内热水供应系统隐蔽工程验收记录			
序号	施工部位(内容摘要)	编制单位	日期	资料编号	页次	备注
1	地下一层～十一层①～⑬/Ⓐ～Ⓗ轴热水主干、立管及出户管道安装	××建设集团有限公司	2014.10.25	001	1	
2	十一层①～⑬/Ⓓ～Ⓕ轴热水支管管道安装	××建设集团有限公司	2014.11.5	002	2	
3	十层①～⑬/Ⓓ～Ⓕ轴热水支管管道安装	××建设集团有限公司	2014.11.5	003	3	
4	九层①～⑬/Ⓓ～Ⓕ轴热水支管管道安装	××建设集团有限公司	2014.11.7	004	4	
5	八层①～⑬/Ⓓ～Ⓕ轴热水支管管道安装	××建设集团有限公司	2014.11.7	005	5	
6	七层①～⑬/Ⓓ～Ⓕ轴热水支管管道安装	××建设集团有限公司	2014.11.12	006	6	
7	六层①～⑬/Ⓓ～Ⓕ轴热水支管管道安装	××建设集团有限公司	2014.11.14	007	7	
8	五层①～⑬/Ⓓ～Ⓕ轴热水支管管道安装	××建设集团有限公司	2014.11.18	008	8	
9	四层①～⑬/Ⓓ～Ⓕ轴热水支管管道安装	××建设集团有限公司	2014.11.21	009	9	
10	三层①～⑬/Ⓔ～Ⓕ轴热水支管管道安装	××建设集团有限公司	2014.11.24	010	10	
11	二层①～⑬/Ⓔ～Ⓕ轴热水支管管道安装	××建设集团有限公司	2014.11.24	011	11	
12	地下一层～十一层①～⑬/Ⓐ～Ⓗ轴热水主干、立管管道保温	××建设集团有限公司	2014.11.29	012	12	
13	十一层①～⑬/Ⓓ～Ⓕ轴热水支管管道保温	××建设集团有限公司	2014.12.8	013	13	
14	十层①～⑬/Ⓓ～Ⓕ轴热水支管管道保温	××建设集团有限公司	2014.12.8	014	14	
15	九层①～⑬/Ⓓ～Ⓕ轴热水支管管道保温	××建设集团有限公司	2014.12.11	015	15	
16	八层①～⑬/Ⓓ～Ⓕ轴热水支管管道保温	××建设集团有限公司	2014.12.11	016	16	
17	一层①～⑬/Ⓐ～Ⓖ轴热水支管管道安装	××建设集团有限公司	2014.12.17	017	17	
18	地下一层①～⑬/Ⓐ～Ⓗ轴热水支管管道安装	××建设集团有限公司	2014.12.17	018	18	

续表

序号	施工部位(内容摘要)	编制单位	日期	资料编号	页次	备注
19	七层①～⑬/Ⓓ～Ⓕ轴热水支管管道保温	××建设集团有限公司	2015.1.3	019	19	
20	六层①～⑬/Ⓓ～Ⓕ轴热水支管管道保温	××建设集团有限公司	2015.1.5	020	20	
21	五层①～⑬/Ⓓ～Ⓕ轴热水支管管道保温	××建设集团有限公司	2015.1.10	021	21	
22	四层①～⑬/Ⓓ～Ⓕ轴热水支管管道保温	××建设集团有限公司	2015.1.10	022	22	
23	三层①～⑬/Ⓔ～Ⓕ轴热水支管管道保温	××建设集团有限公司	2015.1.16	023	23	
24	二层①～⑬/Ⓔ～Ⓕ轴热水支管管道保温	××建设集团有限公司	2015.1.16	024	24	
25	一层①～⑬/Ⓐ～Ⓖ轴热水支管管道保温	××建设集团有限公司	2015.1.23	025	25	
26	地下一层①～⑬/Ⓐ～Ⓗ轴热水支管管道保温	××建设集团有限公司	2015.1.23	026	26	

8.室内采暖系统隐蔽工程验收记录目录

施工记录目录

工程名称	××办公楼工程	资料类别	室内采暖系统隐蔽工程验收记录			
序号	施工部位(内容摘要)	编制单位	日期	资料编号	页次	备注
1	地下一层～十一层①～⑩/Ⓓ～Ⓖ轴(西区)采暖主干、立管管道安装	××建设集团有限公司	2014.9.6	001	1	
2	地下一层～十一层⑨～⑬/Ⓐ～Ⓖ轴(东区)采暖主干、立管管道安装	××建设集团有限公司	2014.10.21	002	2	
3	地下一层⑧～⑨/Ⓐ轴(东区)、③～④/Ⓒ轴(西区)采暖管道出户管安装	××建设集团有限公司	2014.10.29	003	3	
4	十层①～⑬/Ⓓ～Ⓕ轴采暖立、支管安装	××建设集团有限公司	2014.11.3	004	4	
5	九层①～⑬/Ⓓ～Ⓕ轴采暖立、支管安装	××建设集团有限公司	2014.11.6	005	5	
6	八层①～⑬/Ⓓ～Ⓕ轴采暖立、支管安装	××建设集团有限公司	2014.11.10	006	6	
7	七层①～⑬/Ⓓ～Ⓕ轴采暖立、支管安装	××建设集团有限公司	2014.11.15	007	7	
8	六层①～⑬/Ⓓ～Ⓕ轴采暖立、支管安装	××建设集团有限公司	2014.11.20	008	8	
9	五层①～⑬/Ⓓ～Ⓕ轴采暖立、支管安装	××建设集团有限公司	2014.11.24	009	9	
10	地下一层～十一层①～⑩/Ⓓ～Ⓖ轴(西区)采暖主干、立管管道保温	××建设集团有限公司	2014.11.25	010	10	
11	地下一层～十一层⑨～⑬/Ⓐ～Ⓖ轴(东区)采暖主干、立管管道保温	××建设集团有限公司	2014.11.26	011	11	
12	地下一层⑧～⑨/Ⓐ轴(东区)、③～④/Ⓒ轴(西区)采暖管道出户管保温	××建设集团有限公司	2014.11.28	012	12	
13	四层①～⑬/Ⓓ～Ⓕ轴采暖立、支管安装	××建设集团有限公司	2014.11.30	013	13	
14	三层①～⑬/Ⓓ～Ⓖ轴采暖立、支管安装	××建设集团有限公司	2014.12.5	014	14	
15	二层①～⑬/Ⓐ～Ⓖ轴采暖立、支管安装	××建设集团有限公司	2014.12.10	015	15	
16	顶层及水箱间①～⑬/Ⓓ～Ⓕ轴采暖立、支管安装	××建设集团有限公司	2014.12.15	016	16	
17	一层①～⑬/Ⓐ～Ⓖ轴采暖立、支管安装	××建设集团有限公司	2014.12.18	017	17	
18	十层①～⑬/Ⓓ～Ⓕ轴采暖立、支管保温	××建设集团有限公司	2014.12.22	018	18	

续表

序号	施工部位(内容摘要)	编制单位	日期	资料编号	页次	备注
19	九层①～⑬/Ⓓ～Ⓕ轴采暖立、支管保温	××建设集团有限公司	2014.12.22	019	19	
20	八层①～⑬/Ⓓ～Ⓕ轴采暖立、支管保温	××建设集团有限公司	2014.12.24	020	20	
21	七层①～⑬/Ⓓ～Ⓕ轴采暖立、支管保温	××建设集团有限公司	2014.12.25	021	21	
22	六层①～⑬/Ⓓ～Ⓕ轴采暖立、支管保温	××建设集团有限公司	2014.12.27	022	22	
23	五层①～⑬/Ⓓ～Ⓕ轴采暖立、支管保温	××建设集团有限公司	2014.12.28	023	23	
24	四层①～⑬/Ⓓ～Ⓕ轴采暖立、支管保温	××建设集团有限公司	2014.12.30	024	24	
25	三层①～⑬/Ⓓ～Ⓖ轴采暖立、支管保温	××建设集团有限公司	2015.1.2	025	25	
26	二层①～⑬/Ⓐ～Ⓖ轴采暖立、支管保温	××建设集团有限公司	2015.1.3	026	26	

9.室内采暖系统隐蔽工程验收记录

(实例可参见本书相应范例,本处略。——编者注)

10.建筑中水系统隐蔽工程验收记录

(实例可参见本书相应范例,本处略。——编者注)

11.交接检查记录

(实例可参见本书相应范例,本处略。——编者注)

12.备考表

(表略。——编者注)

七、第××卷 C6 施工试验记录及检测报告

1. 案卷封面、卷内目录

工 程 资 料

工程名称：××办公楼工程

案卷题名：建筑给水排水及采暖工程施工资料

C6 施工试验记录及检测报告　室内给水系统、室内排水系统、室内热水供应系统、卫生器具、室内采暖系统、建筑中水系统[灌(满)水、强度严密性、通水、冲洗、通球等试验记录、设备单机试运转记录、系统试运转记录]

编制单位：××建设集团有限公司

技术主管：×××

编制日期：自 2014 年 3 月 23 日起至 2015 年 4 月 19 日止

保管期限：　　　　密级：

保存档号：

共　　册　　　　第　　册

工程资料卷内目录

工程名称	××办公楼工程		资料类别	C6 施工试验记录及检测报告		
序号	文件材料题名	原编字号	编制单位	编制日期	页次	备注
1	室内给水系统强度严密性试验记录		××建设集团有限公司	2014.10.3～2015.1.22	1～32	
2	室内给水系统通水试验记录		××建设集团有限公司	2015.2.10	33	
3	室内给水系统冲洗试验记录		××建设集团有限公司	2015.1.28～2015.1.29	34～37	
4	室内给水系统设备单机试运转记录		××建设集团有限公司	2015.1.9	38～39	
5	室内生活给水管道消毒试验记录		××建设集团有限公司	2015.4.10	40	
6	室内排水系统灌水试验记录		××建设集团有限公司	2014.3.23～2014.11.4	41～56	
7	压力排水系统强度严密性试验记录		××建设集团有限公司	2015.1.9～2015.1.22	57～66	
8	室内排水系统通水试验记录		××建设集团有限公司	2015.2.10	67	
9	通球试验记录		××建设集团有限公司	2015.2.12	68～72	
10	压力排水系统设备单机试运转记录		××建设集团有限公司	2015.1.9	73～81	
11	压力排水系统试运转记录		××建设集团有限公司	2015.1.10	82～86	
12	室内热水供应系统满水试验记录		××建设集团有限公司	2015.2.10	87～88	
13	室内热水供应系统强度严密性试验记录		××建设集团有限公司	2014.10.25～2015.1.20	89～117	
14	室内热水供应系统通水试验记录		××建设集团有限公司	2015.2.11	118	
15	室内热水供应系统冲洗试验记录		××建设集团有限公司	2015.1.30	119	
16	室内热水供应系统补偿器安装记录		××建设集团有限公司	2014.10.25～2015.1.20	120～131	
17	安全阀调试记录		××建设集团有限公司	2014.11.7～2014.12.17	132～134	
18	室内热水供应系统设备单机试运转记录		××建设集团有限公司	2015.1.11	135	
19	卫生器具满水试验记录		××建设集团有限公司	2015.2.10	136～137	

续表

序号	文件材料题名	原编字号	编制单位	编制日期	页次	备注
20	卫生器具通水试验记录		××建设集团有限公司	2015.2.10	138	
21	室内采暖系统试运转调试记录		××建设集团有限公司	2015.2.25～2015.2.26	139～140	
22	室内采暖系统箱、罐满水试验记录		××建设集团有限公司	2015.2.10	141～142	
23	室内采暖系统强度严密性试验记录		××建设集团有限公司	2014.9.6～2014.12.18	143～171	
24	室内采暖系统吹（冲）洗（脱脂）试验记录		××建设集团有限公司	2015.1.31	172～173	
25	室内采暖系统补偿器安装记录		××建设集团有限公司	2014.9.6～2014.12.18	174～185	
26	减压阀调试记录		××建设集团有限公司	2014.12.15	186	
27	建筑中水系统设备单机试运转记录		××建设集团有限公司	2015.1.15	187～188	
28	建筑中水系统试运行调试记录		××建设集团有限公司	2015.4.19	189	
29	中水系统管道、设备、阀门强度和严密性水压试验记录		××建设集团有限公司	2014.10.3～2015.1.22	190～220	
30	中水系统管道通水试验记录		××建设集团有限公司	2015.2.10	221	
31	中水系统管道冲洗试验记录		××建设集团有限公司	2015.1.28	222	

2. 室内给水系统强度严密性试验记录目录

资料管理通用目录

工程名称	××办公楼工程	资料类别	室内给水系统强度严密性试验记录			
序号	内 容 摘 要	编制单位	日期	资料编号	页次	备注
1	地下一层～十一层①～⑬/Ⓐ～Ⓗ轴冷水主干、立管及出户管	××建设集团有限公司	2014.10.3	001	1	
2	十一层①～⑬/Ⓓ～Ⓕ轴冷水支管(PB管)	××建设集团有限公司	2014.11.5	002	2	
3	十一层①～⑬/Ⓓ～Ⓕ轴冷水支管(给水衬塑复合钢管)	××建设集团有限公司	2014.11.5	003	3	
4	十层①～⑬/Ⓓ～Ⓕ轴冷水支管(PB管)	××建设集团有限公司	2014.11.5	004	4	
5	十层①～⑬/Ⓓ～Ⓕ轴冷水支管(给水衬塑复合钢管)	××建设集团有限公司	2014.11.5	005	5	
6	九层①～⑬/Ⓓ～Ⓕ轴冷水支管(PB管)	××建设集团有限公司	2014.11.7	006	6	
7	九层①～⑬/Ⓓ～Ⓕ轴冷水支管(给水衬塑复合钢管)	××建设集团有限公司	2014.11.7	007	7	
8	八层①～⑬/Ⓓ～Ⓕ轴冷水支管(PB管)	××建设集团有限公司	2014.11.7	008	8	
9	八层①～⑬/Ⓓ～Ⓕ轴冷水支管(给水衬塑复合钢管)	××建设集团有限公司	2014.11.7	009	9	
10	七层①～⑬/Ⓓ～Ⓕ轴冷水支管(PB管)	××建设集团有限公司	2014.11.12	010	10	
11	七层①～⑬/Ⓓ～Ⓕ轴冷水支管(给水衬塑复合钢管)	××建设集团有限公司	2014.11.12	011	11	
12	六层①～⑬/Ⓓ～Ⓕ轴冷水支管(PB管)	××建设集团有限公司	2014.11.14	012	12	
13	六层①～⑬/Ⓓ～Ⓕ轴冷水支管(给水衬塑复合钢管)	××建设集团有限公司	2014.11.14	013	13	
14	五层①～⑬/Ⓓ～Ⓕ轴冷水支管(PB管)	××建设集团有限公司	2014.11.18	014	14	

续表

序号	内容摘要	编制单位	日期	资料编号	页次	备注
15	五层①～⑬/Ⓓ～Ⓕ轴冷水支管(给水衬塑复合钢管)	××建设集团有限公司	2014.11.18	015	15	
16	四层①～⑬/Ⓓ～Ⓕ轴冷水支管(PB管)	××建设集团有限公司	2014.11.21	016	16	
17	四层①～⑬/Ⓓ～Ⓕ轴冷水支管(给水衬塑复合钢管)	××建设集团有限公司	2014.11.21	017	17	
18	三层①～⑬/Ⓔ～Ⓕ轴冷水支管(PB管)	××建设集团有限公司	2014.11.24	018	18	
19	三层①～⑬/Ⓔ～Ⓕ轴冷水支管(给水衬塑复合钢管)	××建设集团有限公司	2014.11.24	019	19	
20	二层①～⑬/Ⓔ～Ⓕ轴冷水支管(PB管)	××建设集团有限公司	2014.11.24	020	20	
21	二层①～⑬/Ⓔ～Ⓕ轴冷水支管(给水衬塑复合钢管)	××建设集团有限公司	2014.11.24	021	21	
22	一层①～⑬/Ⓐ～Ⓖ轴冷水支管(PB管)	××建设集团有限公司	2014.12.17	022	22	
23	一层①～⑬/Ⓐ～Ⓖ轴冷水支管(给水衬塑复合钢管)	××建设集团有限公司	2014.12.17	023	23	
24	地下一层①～⑬/Ⓐ～Ⓗ轴冷水支管(PB管)	××建设集团有限公司	2014.12.17	024	24	
25	地下一层①～⑬/Ⓐ～Ⓗ轴冷水支管(给水衬塑复合钢管)	××建设集团有限公司	2014.12.17	025	25	
26	地下一层～十一层给水系统(PB管)	××建设集团有限公司	2015.1.20	026	26	
27	地下一层～十一层给水系统(给水衬塑复合钢管)	××建设集团有限公司	2015.1.20	027	27	
28	卫7及洗漱室给水系统(PB管)	××建设集团有限公司	2015.1.21	028	28	
29	卫7及洗漱室给水系统(给水衬塑复合钢管)	××建设集团有限公司	2015.1.21	029	29	
30	消防水池给水系统(给水衬塑复合钢管)	××建设集团有限公司	2015.1.22	030	30	

3.室内给水系统强度严密性试验记录

(实例可参见本书相应范例,本处略。——编者注)

4.室内给水系统通水试验记录

(实例可参见本书相应范例,本处略。——编者注)

5.室内给水系统冲洗试验记录目录

资料管理通用目录

工程名称	××办公楼工程	资料类别	室内给水系统冲洗试验记录			
序号	内 容 摘 要	编制单位	日期	资料编号	页次	备注
1	地下一层～十一层给水管道系统	××建设集团有限公司	2015.1.28	001	1	
2	卫7及洗漱室给水管道系统	××建设集团有限公司	2015.1.28	002	2	
3	消防水池给水管道系统	××建设集团有限公司	2015.1.29	003	3	

6.室内给水系统冲洗试验记录

(实例可参见本书相应范例,本处略。——编者注)

7.室内排水系统灌水试验记录目录

资料管理通用目录						
工程名称	××办公楼工程	资料类别	室内排水系统灌水试验记录			
序号	内容摘要	编制单位	日期	资料编号	页次	备注
1	地下一层④～⑬/Ⓓ～Ⓗ轴排水系统	××建设集团有限公司	2014.3.23	001	1	
2	一层①～⑬/Ⓐ～Ⓗ轴排水系统及出户管	××建设集团有限公司	2014.5.30	002	2	
3	闷顶层②～⑩/Ⓓ～Ⓕ轴排水系统	××建设集团有限公司	2014.9.15	003	3	
4	一层⑫～⑬/Ⓔ～Ⓕ轴卫2排水管及出户管	××建设集团有限公司	2014.9.30	004	4	
5	二层①～⑬/Ⓐ～Ⓖ轴排水系统	××建设集团有限公司	2014.10.1	005	5	
6	三层①～⑬/Ⓐ～Ⓖ轴排水系统	××建设集团有限公司	2014.10.3	006	6	
7	四层①～⑬/Ⓓ～Ⓖ轴排水系统	××建设集团有限公司	2014.10.19	007	7	
8	五层①～⑬/Ⓓ～Ⓖ轴排水系统	××建设集团有限公司	2014.10.20	008	8	
9	六层①～⑬/Ⓓ～Ⓖ轴排水系统	××建设集团有限公司	2014.10.22	009	9	
10	七层①～⑬/Ⓓ～Ⓖ轴排水系统	××建设集团有限公司	2014.10.24	010	10	
11	八层①～⑬/Ⓓ～Ⓖ轴排水系统	××建设集团有限公司	2014.10.26	011	11	
12	九层①～⑬/Ⓓ～Ⓖ轴排水系统	××建设集团有限公司	2014.10.29	012	12	
13	十层①～⑬/Ⓓ～Ⓖ轴排水系统	××建设集团有限公司	2014.10.30	013	13	
14	一层②～③/Ⓔ～Ⓖ轴卫3排水管及出户管	××建设集团有限公司	2014.11.3	014	14	
15	一层⑧～⑩/Ⓐ～Ⓑ轴洗漱室、卫7排水管及出户管	××建设集团有限公司	2014.11.4	015	15	

8.室内排水系统灌水试验记录

(实例可参见本书相应范例,本处略。——编者注)

9.室内排水系统通水试验记录

(实例可参见本书相应范例,本处略。——编者注)

10.通球试验记录目录

资料管理通用目录

工程名称	××办公楼工程	资料类别	通球试验记录			
序号	内容摘要	编制单位	日期	资料编号	页次	备注
1	一层～十层卫2、开水间排水干、立管及出户管	××建设集团有限公司	2015.2.12	001	1	
2	一层～十层卫3、卫6排水干、立管及出户管	××建设集团有限公司	2015.2.12	002	2	
3	一层～十层卫4、卫5、卫5反排水干、立管及出户管	××建设集团有限公司	2015.2.12	003	3	
4	一层卫7、洗漱室排水干、立管及出户管	××建设集团有限公司	2015.2.12	004	4	

11.通球试验记录

(实例可参见本书相应范例,本处略。——编者注)

12.室内热水供应系统强度严密性试验记录目录

资料管理通用目录

工程名称	××办公楼工程	资料类别	室内热水供应系统强度严密性试验记录			
序号	内容摘要	编制单位	日期	资料编号	页次	备注
1	地下一层～十一层①～⑬/Ⓐ～Ⓗ轴热水主干、立管及出户管	××建设集团有限公司	2014.10.25	001	1	
2	十一层①～⑬/Ⓓ～Ⓕ轴热水支管(PB管)	××建设集团有限公司	2014.11.5	002	2	
3	十一层①～⑬/Ⓓ～Ⓕ轴热水支管(热水衬塑复合钢管)	××建设集团有限公司	2014.11.5	003	3	
4	十层①～⑬/Ⓓ～Ⓕ轴热水支管(PB管)	××建设集团有限公司	2014.11.5	004	4	
5	十层①～⑬/Ⓓ～Ⓕ轴热水支管(热水衬塑复合钢管)	××建设集团有限公司	2014.11.5	005	5	
6	九层①～⑬/Ⓓ～Ⓕ轴热水支管(PB管)	××建设集团有限公司	2014.11.7	006	6	
7	九层①～⑬/Ⓓ～Ⓕ轴热水支管(热水衬塑复合钢管)	××建设集团有限公司	2014.11.7	007	7	
8	八层①～⑬/Ⓓ～Ⓕ轴热水支管(PB管)	××建设集团有限公司	2014.11.7	008	8	
9	八层①～⑬/Ⓓ～Ⓕ轴热水支管(热水衬塑复合钢管)	××建设集团有限公司	2014.11.7	009	9	
10	七层①～⑬/Ⓓ～Ⓕ轴热水支管(PB管)	××建设集团有限公司	2014.11.12	010	10	
11	七层①～⑬/Ⓓ～Ⓕ轴热水支管(热水衬塑复合钢管)	××建设集团有限公司	2014.11.12	011	11	
12	六层①～⑬/Ⓓ～Ⓕ轴热水支管(PB管)	××建设集团有限公司	2014.11.14	012	12	
13	六层①～⑬/Ⓓ～Ⓕ轴热水支管(热水衬塑复合钢管)	××建设集团有限公司	2014.11.14	013	13	
14	五层①～⑬/Ⓓ～Ⓕ轴热水支管(PB管)	××建设集团有限公司	2014.11.18	014	14	
15	五层①～⑬/Ⓓ～Ⓕ轴热水支管(热水衬塑复合钢管)	××建设集团有限公司	2014.11.18	015	15	
16	四层①～⑬/Ⓓ～Ⓕ轴热水支管(PB管)	××建设集团有限公司	2014.11.21	016	16	
17	四层①～⑬/Ⓓ～Ⓕ轴热水支管(热水衬塑复合钢管)	××建设集团有限公司	2014.11.21	017	17	
18	三层①～⑬/Ⓔ～Ⓕ轴热水支管(PB管)	××建设集团有限公司	2014.11.24	018	18	

续表

序号	内容摘要	编制单位	日期	资料编号	页次	备注
19	三层①～⑬/Ⓔ～Ⓕ轴热水支管(热水衬塑复合钢管)	××建设集团有限公司	2014.11.24	019	19	
20	二层①～⑬/Ⓔ～Ⓕ轴热水支管(PB管)	××建设集团有限公司	2014.11.24	020	20	
21	二层①～⑬/Ⓔ～Ⓕ轴热水支管(热水衬塑复合钢管)	××建设集团有限公司	2014.11.24	021	21	
22	一层①～⑬/Ⓐ～Ⓖ轴热水支管(PB管)	××建设集团有限公司	2014.12.17	022	22	
23	一层①～⑬/Ⓐ～Ⓖ轴热水支管(热水衬塑复合钢管)	××建设集团有限公司	2014.12.17	023	23	
24	地下一层①～⑬/Ⓐ～Ⓗ轴热水支管(PB管)	××建设集团有限公司	2014.12.17	024	24	
25	地下一层①～⑬/Ⓐ～Ⓗ轴热水支管(热水衬塑复合钢管)	××建设集团有限公司	2014.12.17	025	25	
26	地下一层～十一层热水供应系统(PB管)	××建设集团有限公司	2015.1.20	026	26	
27	地下一层～十一层热水供应系统(热水衬塑复合钢管)	××建设集团有限公司	2015.1.20	027	27	

13.卫生器具满水试验记录

(实例可参见本书相应范例,本处略。——编者注)

14.卫生器具通水试验记录

(实例可参见本书相应范例,本处略。——编者注)

15.室内采暖系统强度严密性试验记录目录

资料管理通用目录

工程名称	××办公楼工程	资料类别	室内采暖系统强度严密性试验记录			
序号	内容摘要	编制单位	日期	资料编号	页次	备注
1	地下一层～十一层①～⑩/Ⓓ～Ⓖ轴(西区)采暖主干、立管	××建设集团有限公司	2014.9.6	001	1	
2	地下一层～十一层⑨～⑬/Ⓐ～Ⓖ轴(东区)采暖主干、立管	××建设集团有限公司	2014.10.21	002	2	
3	地下一层⑧～⑨/Ⓐ轴(东区)、③～④/Ⓒ轴(西区)采暖管道出户管	××建设集团有限公司	2014.10.29	003	3	
4	十层①～⑬/Ⓓ～Ⓕ轴采暖立、支管	××建设集团有限公司	2014.11.3	004	4	
5	九层①～⑬/Ⓓ～Ⓕ轴采暖立、支管	××建设集团有限公司	2014.11.6	005	5	
6	八层①～⑬/Ⓓ～Ⓕ轴采暖立、支管	××建设集团有限公司	2014.11.10	006	6	
7	七层①～⑬/Ⓓ～Ⓕ轴采暖立、支管	××建设集团有限公司	2014.11.15	007	7	
8	六层①～⑬/Ⓓ～Ⓕ轴采暖立、支管	××建设集团有限公司	2014.11.20	008	8	
9	五层①～⑬/Ⓓ～Ⓕ轴采暖立、支管	××建设集团有限公司	2014.11.24	009	9	
10	四层①～⑬/Ⓓ～Ⓕ轴采暖立、支管	××建设集团有限公司	2014.11.30	010	10	
11	三层①～⑬/Ⓓ～Ⓖ轴采暖立、支管	××建设集团有限公司	2014.12.5	011	11	
12	二层①～⑬/Ⓐ～Ⓖ轴采暖立、支管	××建设集团有限公司	2014.12.10	012	12	
13	顶层及水箱间①～⑬/Ⓓ～Ⓕ轴采暖立、支管	××建设集团有限公司	2014.12.15	013	13	
14	一层①～⑬/Ⓐ～Ⓖ轴采暖立、支管	××建设集团有限公司	2014.12.18	014	14	
15	一层至十层(东区)采暖系统	××建设集团有限公司	2014.12.20	015	15	
16	一层至屋顶水箱间(西区)采暖系统	××建设集团有限公司	2014.12.20	016	16	
17	十层①～⑬/Ⓓ～Ⓕ轴散热器	××建设集团有限公司	2014.11.3	017	17	
18	九层①～⑬/Ⓓ～Ⓕ轴散热器	××建设集团有限公司	2014.11.6	018	18	

续表

序号	内容摘要	编制单位	日期	资料编号	页次	备注
19	八层①～⑬/Ⓓ～Ⓕ轴散热器	××建设集团有限公司	2014.11.10	019	19	
20	七层①～⑬/Ⓓ～Ⓕ轴散热器	××建设集团有限公司	2014.11.15	020	20	
21	六层①～⑬/Ⓓ～Ⓕ轴散热器	××建设集团有限公司	2014.11.20	021	21	
22	五层①～⑬/Ⓓ～Ⓕ轴散热器	××建设集团有限公司	2014.11.24	022	22	
23	四层①～⑬/Ⓓ～Ⓕ轴散热器	××建设集团有限公司	2014.11.30	023	23	
24	三层①～⑬/Ⓓ～Ⓖ轴散热器	××建设集团有限公司	2014.12.5	024	24	
25	二层①～⑬/Ⓐ～Ⓖ轴散热器	××建设集团有限公司	2014.12.10	025	25	
26	顶层及水箱间①～⑬/Ⓓ～Ⓕ轴散热器	××建设集团有限公司	2014.12.15	026	26	
27	一层①～⑬/Ⓐ～Ⓖ轴散热器	××建设集团有限公司	2014.12.18	027	27	

16.室内采暖系统强度严密性试验记录

(实例可参见本书相应范例,本处略。——编者注)

17.室内采暖系统试运转调试记录

(实例可参见本书相应范例,本处略。——编者注)

18.备考表

(表略。——编者注)

八、第××卷 C7 施工质量验收记录

1. 案卷封面、卷内目录

工 程 资 料

工程名称： ××办公楼工程

案卷题名： 建筑给水排水及采暖工程施工资料

C7 施工质量验收记录　建筑给水排水及采暖分部、子分部、分项、检验批质量验收记录

编制单位： ××建设集团有限公司

技术主管： ×××

编制日期： 自 2014 年 3 月 23 日起至 2015 年 4 月 28 日止

保管期限： 　　**密级：**

保存档号：

共　　册　　第　　册

工程资料卷内目录

工程名称	××办公楼工程	资料类别	C7 施工质量验收记录			
序号	文件材料题名	原编字号	编制单位	编制日期	页次	备注
1	建筑给水排水及采暖分部工程质量验收记录		××建设集团有限公司	2015.4.28	1	
2	室内给水系统子分部工程质量验收记录		××建设集团有限公司	2015.4.12	2	
3	给水管道及配件安装分项工程质量验收记录		××建设集团有限公司	2015.3.12	3	
4	室内给水管道及配件安装工程检验批质量验收记录		××建设集团有限公司	2014.10.3～2014.12.17	4～17	
5	室内给水设备安装分项工程质量验收记录		××建设集团有限公司	2015.1.20	18	
6	室内给水设备安装工程检验批质量验收记录		××建设集团有限公司	2015.1.10	19	
7	室内排水系统子分部工程质量验收记录		××建设集团有限公司	2015.2.15	20	
8	室内排水管道及配件安装分项工程质量验收记录		××建设集团有限公司	2015.2.13	21	
9	室内排水管道及配件安装工程检验批质量验收记录		××建设集团有限公司	2014.3.23～2014.11.4	22～37	
10	室内热水供应系统子分部工程质量验收记录		××建设集团有限公司	2015.2.28	38	
11	室内热水管道及配件安装分项工程质量验收记录		××建设集团有限公司	2015.2.13	39	
12	室内热水管道及配件安装工程检验批质量验收记录		××建设集团有限公司	2014.11.29～2015.1.23	40～53	
13	热水供应系统辅助设备安装分项工程质量验收记录		××建设集团有限公司	2015.1.15	54	
14	热水供应系统辅助设备安装工程检验批质量验收记录		××建设集团有限公司	2015.1.11	55	
15	卫生器具安装子分部工程质量验收记录		××建设集团有限公司	2015.2.21	56	
16	卫生器具及给水配件安装分项工程质量验收记录		××建设集团有限公司	2015.2.12	57	
17	卫生器具及给水配件安装工程检验批质量验收记录		××建设集团有限公司	2015.1.29～2015.2.7	58～68	
18	卫生器具排水管道安装分项工程质量验收记录		××建设集团有限公司	2015.2.12	69	
19	卫生器具排水管道安装工程检验批质量验收记录		××建设集团有限公司	2015.1.29～2015.2.7	70～80	

续表

序号	文件材料题名	原编字号	编制单位	编制日期	页次	备注
20	室内采暖系统子分部工程质量验收记录		××建设集团有限公司	2015.3.5	81	
21	室内采暖管道及配件安装分项工程质量验收记录		××建设集团有限公司	2015.1.8	82	
22	室内采暖管道及配件安装工程检验批质量验收记录		××建设集团有限公司	2014.11.25～2015.1.3	83～97	
23	辅助设备及散热器安装分项工程质量验收记录		××建设集团有限公司	2014.12.23	98	
24	辅助设备及散热器安装工程检验批质量验收记录		××建设集团有限公司	2014.11.3～2014.12.18	99～110	
25	建筑中水系统子分部工程质量验收记录		××建设集团有限公司	2015.4.21	111	
26	建筑中水系统管道及辅助设备安装分项工程质量验收记录		××建设集团有限公司	2015.2.15	112	
27	建筑中水系统管道及辅助设备安装工程检验批质量验收记录		××建设集团有限公司	2014.10.3～2015.1.22	113～130	

2.建筑给水排水及采暖分部工程质量验收记录

(实例可参见本书相应范例,本处略。——编者注)

3. 室内给水系统子分部工程质量验收记录

(实例可参见本书相应范例,本处略。——编者注)

4. 给水管道及配件安装分项工程质量验收记录

(实例可参见本书相应范例,本处略。——编者注)

5. 室内给水管道及配件安装工程检验批质量验收记录目录

质量验收记录目录

工程名称	××办公楼工程	资料类别	室内给水管道及配件安装工程检验批质量验收记录			
序号	验收部位(内容摘要)	编制单位	验收日期	资料编号	页次	备注
1	地下一层～十一层①～⑬/Ⓐ～Ⓗ轴冷水主干、立管及出户管	××建设集团有限公司	2014.10.3	001	1	
2	十一层①～⑬/Ⓓ～Ⓕ轴冷水支管	××建设集团有限公司	2014.11.5	002	2	
3	十层①～⑬/Ⓓ～Ⓕ轴冷水支管	××建设集团有限公司	2014.11.5	003	3	
4	九层①～⑬/Ⓓ～Ⓕ轴冷水支管	××建设集团有限公司	2014.11.7	004	4	
5	八层①～⑬/Ⓓ～Ⓕ轴冷水支管	××建设集团有限公司	2014.11.7	005	5	
6	七层①～⑬/Ⓓ～Ⓕ轴冷水支管	××建设集团有限公司	2014.11.12	006	6	
7	六层①～⑬/Ⓓ～Ⓕ轴冷水支管	××建设集团有限公司	2014.11.14	007	7	
8	五层①～⑬/Ⓓ～Ⓕ轴冷水支管	××建设集团有限公司	2014.11.18	008	8	
9	四层①～⑬/Ⓓ～Ⓕ轴冷水支管	××建设集团有限公司	2014.11.21	009	9	
10	三层①～⑬/Ⓔ～Ⓕ轴冷水支管	××建设集团有限公司	2014.11.24	010	10	
11	二层①～⑬/Ⓔ～Ⓕ轴冷水支管	××建设集团有限公司	2014.11.24	011	11	
12	一层①～⑬/Ⓐ～Ⓖ轴冷水支管	××建设集团有限公司	2014.12.17	012	12	
13	地下一层①～⑬/Ⓐ～Ⓗ轴冷水支管	××建设集团有限公司	2014.12.17	013	13	

6. 室内排水管道及配件安装工程检验批质量验收记录目录

质量验收记录目录

工程名称	××办公楼工程	资料类别	室内排水管道及配件安装工程检验批质量验收记录			
序号	验收部位(内容摘要)	编制单位	验收日期	资料编号	页次	备注
1	地下一层④～⑬/Ⓓ～Ⓗ轴排水系统	××建设集团有限公司	2014.3.23	001	1	
2	一层①～⑬/Ⓐ～Ⓗ轴排水系统及出户管	××建设集团有限公司	2014.5.30	002	2	
3	闷顶层②～⑩/Ⓓ～Ⓕ轴排水系统	××建设集团有限公司	2014.9.15	003	3	
4	一层⑫～⑬/Ⓔ～Ⓕ轴卫2排水管及出户管	××建设集团有限公司	2014.9.30	004	4	
5	二层①～⑬/Ⓐ～Ⓖ轴排水系统	××建设集团有限公司	2014.10.1	005	5	
6	三层①～⑬/Ⓐ～Ⓖ轴排水系统	××建设集团有限公司	2014.10.3	006	6	
7	四层①～⑬/Ⓓ～Ⓖ轴排水系统	××建设集团有限公司	2014.10.19	007	7	
8	五层①～⑬/Ⓓ～Ⓖ轴排水系统	××建设集团有限公司	2014.10.20	008	8	
9	六层①～⑬/Ⓓ～Ⓖ轴排水系统	××建设集团有限公司	2014.10.22	009	9	
10	七层①～⑬/Ⓓ～Ⓖ轴排水系统	××建设集团有限公司	2014.10.24	010	10	
11	八层①～⑬/Ⓓ～Ⓖ轴排水系统	××建设集团有限公司	2014.10.26	011	11	
12	九层①～⑬/Ⓓ～Ⓖ轴排水系统	××建设集团有限公司	2014.10.29	012	12	
13	十层①～⑬/Ⓓ～Ⓖ轴排水系统	××建设集团有限公司	2014.10.30	013	13	
14	一层②～③/Ⓔ～Ⓖ轴卫3排水管及出户管	××建设集团有限公司	2014.11.3	014	14	
15	一层⑧～⑩/Ⓐ～Ⓑ轴洗漱室、卫7排水管及出户管	××建设集团有限公司	2014.11.4	015	15	

7. 室内热水管道及配件安装工程检验批质量验收记录目录

质量验收记录目录

工程名称	××办公楼工程	资料类别	室内热水管道及配件安装工程检验批质量验收记录			
序号	验收部位(内容摘要)	编制单位	验收日期	资料编号	页次	备注
1	地下一层~十一层①~⑬/Ⓐ~Ⓗ轴热水主干、立管及出户管	××建设集团有限公司	2014.11.29	001	1	
2	十一层①~⑬/Ⓓ~Ⓕ轴热水支管	××建设集团有限公司	2014.12.8	002	2	
3	十层①~⑬/Ⓓ~Ⓕ轴热水支管	××建设集团有限公司	2014.12.8	003	3	
4	九层①~⑬/Ⓓ~Ⓕ轴热水支管	××建设集团有限公司	2014.12.11	004	4	
5	八层①~⑬/Ⓓ~Ⓕ轴热水支管	××建设集团有限公司	2014.12.11	005	5	
6	七层①~⑬/Ⓓ~Ⓕ轴热水支管	××建设集团有限公司	2015.1.3	006	6	
7	六层①~⑬/Ⓓ~Ⓕ轴热水支管	××建设集团有限公司	2015.1.5	007	7	
8	五层①~⑬/Ⓓ~Ⓕ轴热水支管	××建设集团有限公司	2015.1.10	008	8	
9	四层①~⑬/Ⓓ~Ⓕ轴热水支管	××建设集团有限公司	2015.1.10	009	9	
10	三层①~⑬/Ⓔ~Ⓕ轴热水支管	××建设集团有限公司	2015.1.16	010	10	
11	二层①~⑬/Ⓔ~Ⓕ轴热水支管	××建设集团有限公司	2015.1.16	011	11	
12	一层①~⑬/Ⓐ~Ⓖ轴热水支管	××建设集团有限公司	2015.1.23	012	12	
13	地下一层①~⑬/Ⓐ~Ⓗ轴热水支管	××建设集团有限公司	2015.1.23	013	13	

8.卫生器具及给水配件安装工程检验批质量验收记录目录

质量验收记录目录

工程名称	××办公楼工程	资料类别	卫生器具及给水配件安装工程检验批质量验收记录			
序号	验收部位(内容摘要)	编制单位	验收日期	资料编号	页次	备注
1	地下一层④～⑬/Ⓒ～Ⓗ轴、一层②～⑬/Ⓐ～Ⓕ轴卫生器具及配件	××建设集团有限公司	2015.1.29	001	1	
2	二层②～⑬/Ⓔ～Ⓕ轴卫生器具及配件	××建设集团有限公司	2015.1.30	002	2	
3	三层②～⑬/Ⓔ～Ⓕ轴卫生器具及配件	××建设集团有限公司	2015.1.31	003	3	
4	四层②～⑬/Ⓓ～Ⓕ轴卫生器具及配件	××建设集团有限公司	2015.2.1	004	4	
5	五层②～⑬/Ⓓ～Ⓕ轴卫生器具及配件	××建设集团有限公司	2015.2.2	005	5	
6	六层②～⑬/Ⓓ～Ⓕ轴卫生器具及配件	××建设集团有限公司	2015.2.3	006	6	
7	七层②～⑬/Ⓓ～Ⓕ轴卫生器具及配件	××建设集团有限公司	2015.2.4	007	7	
8	八层②～⑬/Ⓓ～Ⓕ轴卫生器具及配件	××建设集团有限公司	2015.2.5	008	8	
9	九层②～⑬/Ⓓ～Ⓕ轴卫生器具及配件	××建设集团有限公司	2015.2.6	009	9	
10	十层②～⑬/Ⓓ～Ⓕ轴卫生器具及配件	××建设集团有限公司	2015.2.7	010	10	

9. 卫生器具排水管道安装工程检验批质量验收记录目录

质量验收记录目录

工程名称	××办公楼工程	资料类别	卫生器具排水管道安装工程检验批质量验收记录			
序号	验收部位(内容摘要)	编制单位	验收日期	资料编号	页次	备注
1	地下一层④～⑬/Ⓒ～Ⓗ轴、一层②～⑬/Ⓐ～Ⓕ轴卫生器具排水管道	××建设集团有限公司	2015.1.29	001	1	
2	二层②～⑬/Ⓔ～Ⓕ轴卫生器具排水管道	××建设集团有限公司	2015.1.30	002	2	
3	三层②～⑬/Ⓔ～Ⓕ轴卫生器具排水管道	××建设集团有限公司	2015.1.31	003	3	
4	四层②～⑬/Ⓓ～Ⓕ轴卫生器具排水管道	××建设集团有限公司	2015.2.1	004	4	
5	五层②～⑬/Ⓓ～Ⓕ轴卫生器具排水管道	××建设集团有限公司	2015.2.2	005	5	
6	六层②～⑬/Ⓓ～Ⓕ轴卫生器具排水管道	××建设集团有限公司	2015.2.3	006	6	
7	七层②～⑬/Ⓓ～Ⓕ轴卫生器具排水管道	××建设集团有限公司	2015.2.4	007	7	
8	八层②～⑬/Ⓓ～Ⓕ轴卫生器具排水管道	××建设集团有限公司	2015.2.5	008	8	
9	九层②～⑬/Ⓓ～Ⓕ轴卫生器具排水管道	××建设集团有限公司	2015.2.6	009	9	
10	十层②～⑬/Ⓓ～Ⓕ轴卫生器具排水管道	××建设集团有限公司	2015.2.7	010	10	

10.室内采暖管道及配件安装工程检验批质量验收记录目录

质量验收记录目录

工程名称	××办公楼工程	资料类别	室内采暖管道及配件安装工程检验批质量验收记录			
序号	验收部位(内容摘要)	编制单位	验收日期	资料编号	页次	备注
1	地下一层～十一层①～⑩/Ⓓ～Ⓖ轴(西区)采暖主干、立管	××建设集团有限公司	2014.11.25	001	1	
2	地下一层～十一层⑨～⑬/Ⓐ～Ⓖ轴(东区)采暖主干、立管	××建设集团有限公司	2014.11.26	002	2	
3	地下一层⑧～⑨/Ⓐ轴(东区)、③～④/Ⓒ轴(西区)采暖管道出户管	××建设集团有限公司	2014.11.28	003	3	
4	顶层及水箱间①～⑬/Ⓓ～Ⓕ轴采暖立、支管安装	××建设集团有限公司	2014.12.15	004	4	
5	一层①～⑬/Ⓐ～Ⓖ轴采暖立、支管安装	××建设集团有限公司	2014.12.18	005	5	
6	十层①～⑬/Ⓓ～Ⓕ轴采暖立、支管	××建设集团有限公司	2014.12.22	006	6	
7	九层①～⑬/Ⓓ～Ⓕ轴采暖立、支管	××建设集团有限公司	2014.12.22	007	7	
8	八层①～⑬/Ⓓ～Ⓕ轴采暖立、支管	××建设集团有限公司	2014.12.24	008	8	
9	七层①～⑬/Ⓓ～Ⓕ轴采暖立、支管	××建设集团有限公司	2014.12.25	009	9	
10	六层①～⑬/Ⓓ～Ⓕ轴采暖立、支管	××建设集团有限公司	2014.12.27	010	10	
11	五层①～⑬/Ⓓ～Ⓕ轴采暖立、支管	××建设集团有限公司	2014.12.28	011	11	
12	四层①～⑬/Ⓓ～Ⓕ轴采暖立、支管	××建设集团有限公司	2014.12.30	012	12	
13	三层①～⑬/Ⓓ～Ⓖ轴采暖立、支管	××建设集团有限公司	2015.1.2	013	13	
14	二层①～⑬/Ⓐ～Ⓖ轴采暖立、支管	××建设集团有限公司	2015.1.3	014	14	

11.室内采暖辅助设备及散热器安装工程检验批质量验收记录目录

质量验收记录目录						
工程名称	××办公楼工程	资料类别	室内采暖辅助设备及散热器安装工程检验批质量验收记录			
序号	验收部位(内容摘要)	编制单位	验收日期	资料编号	页次	备注
1	十层①～⑬/Ⓓ～Ⓕ轴散热器	××建设集团有限公司	2014.11.3	001	1	
2	九层①～⑬/Ⓓ～Ⓕ轴散热器	××建设集团有限公司	2014.11.6	002	2	
3	八层①～⑬/Ⓓ～Ⓕ轴散热器	××建设集团有限公司	2014.11.10	003	3	
4	七层①～⑬/Ⓓ～Ⓕ轴散热器	××建设集团有限公司	2014.11.15	004	4	
5	六层①～⑬/Ⓓ～Ⓕ轴散热器	××建设集团有限公司	2014.11.20	005	5	
6	五层①～⑬/Ⓓ～Ⓕ轴散热器	××建设集团有限公司	2014.11.24	006	6	
7	四层①～⑬/Ⓓ～Ⓕ轴散热器	××建设集团有限公司	2014.11.30	007	7	
8	三层①～⑬/Ⓓ～Ⓖ轴散热器	××建设集团有限公司	2014.12.5	008	8	
9	二层①～⑬/Ⓐ～Ⓖ轴散热器	××建设集团有限公司	2014.12.10	009	9	
10	顶层及水箱间①～⑬/Ⓓ～Ⓕ轴散热器	××建设集团有限公司	2014.12.15	010	10	
11	一层①～⑬/Ⓐ～Ⓖ轴散热器	××建设集团有限公司	2014.12.18	011	11	

12.备考表

(表略。——编者注)

九、第××卷 C1 施工管理资料、C2 施工技术资料(消防工程)

1. 案卷封面、卷内目录

工 程 资 料

工程名称： ××办公楼工程

案卷题名： 消防工程施工资料

C1 施工管理资料　施工现场质量管理检查记录、施工日志、施工过程中各种报验报审表、企业资质证明文件及专业人员岗位证书

C2 施工技术资料　施工方案、技术交底记录、设计变更文件

编制日期： 自 2014 年 9 月 10 日起至 2015 年 5 月 1 日 止

保管期限：　　　　**密级：**

保存档号：

共　　册　　　　第　　册

工程资料卷内目录

工程名称	××办公楼工程	资料类别	C1 施工管理资料、C2 施工技术资料			
序号	文件材料题名	原编字号	编制单位	编制日期	页次	备注
1	施工现场质量管理检查记录		××消防工程有限公司	2014.9.20	1～10	含质量管理制度
2	消防工程施工日志		××消防工程有限公司	2014.9.20～2015.4.2	11～142	
3	工程技术文件报审表		××消防工程有限公司	2014.9.8	143	
4	施工进度计划报审表		××消防工程有限公司	2014.9.20～2015.3.20	144～151	
5	分包单位资质报审表		××消防工程有限公司	2014.9.10	152	
6	（ ）月工、料、机动态表		××消防工程有限公司	2014.9.15～2015.3.15	153～160	
7	（ ）月工程进度款报审表		××消防工程有限公司	2014.9.25～2015.3.25	161～168	
8	工程变更费用报审表		××消防工程有限公司	2014.12.31	169	
9	工程款支付申请表		××消防工程有限公司	2014.10.1～2015.5.1	170～177	
10	监理通知回复单		××消防工程有限公司	2014.11.3～2015.3.2	178～180	
11	××消防工程有限公司企业资质证明文件及专业人员岗位证书	B3061811010	××市建设委员会等	2002.10.10	181～198	
12	消防工程专项施工方案		××消防工程有限公司	2014.9.10	199～248	
13	消防工程施工方案技术交底记录		××消防工程有限公司	2014.9.22	249～251	
14	消防分项工程施工技术交底记录		××消防工程有限公司	2014.9.23～2015.2.24	252～277	
15	设计变更通知单		××建筑设计院	2014.9.27～2014.12.20	278～284	
16	工程变更洽商记录		××消防工程有限公司	2014.10.28～2015.2.19	285～303	

2. 备考表

（表略。——编者注）

十、第××卷 C4 施工物资资料(消防工程)

1. 案卷封面、卷内目录

工 程 资 料

工程名称： ××办公楼工程

案卷题名： 消防工程施工资料

C4 施工物资资料　管材、管件、主要材料、设备等产品质量证明文件、检测报告、进场检验记录等

编制单位： ××建设集团有限公司

技术主管： ×××

编制日期： 自 2014 年 5 月 10 日起至 2015 年 1 月 10 日 止

保管期限：　　　　**密级：**

保存档号：

共　　册　　第　　册

工程资料卷内目录

工程名称	××办公楼工程		资料类别	C4 施工物资资料		
序号	文件材料题名	原编字号	编制单位	编制日期	页次	备注
1	管材、管件进场检验记录		××消防工程有限公司	2014.9.26～2014.12.5	1～7	
2	管材、管件产品质量证明文件		××钢管厂等	2014.6.18～2014.11.25	8～64	
3	消防管路用沟槽管件进场检验记录		××消防工程有限公司	2014.9.22～2014.12.15	65～69	
4	消防管路用沟槽管件产品质量证明文件		××铸造公司等	2014.6.12～2014.8.29	70～133	
5	阀门进场检验记录		××消防工程有限公司	2014.9.29～2014.12.2	134～136	
6	消防设备开箱检验记录		××消防工程有限公司	2014.11.28～2014.12.26	137～149	
7	设备及管道附件试验记录		××消防工程有限公司	2014.9.30～2014.12.4	150～153	
8	阀门、消防设备等产品质量合格证、检测报告、设备技术文件等		××消防设备公司等	2014.5.10～2014.12.9	154～264	
9	自动喷水灭火系统设备开箱检验记录		××消防工程有限公司	2014.12.17	265～267	
10	自动喷水灭火系统设备等产品质量合格证、检测报告、设备技术文件等		××消防安全设备公司等	2014.7～2014.10	268～318	
11	气体灭火系统设备开箱检验记录		××消防工程有限公司	2015.1.10	319	
12	气体灭火系统设备等产品质量合格证、检测报告、设备技术文件等		××设备公司	2014.8.6～2014.11.24	320～354	

2. 管材、管件进场检验记录目录

物资进场检验记录目录

工程名称	××办公楼工程		资料类别	管材、管件进场检验记录				
序号	物资名称	品种 规格、型号	检验单位	检验日期	检验结论	资料编号	页次	备注
1	热镀锌焊接钢管	*DN*100、*DN*150	××公司	2014.9.26	符合要求	001	1	
2	热镀锌焊接钢管	*DN*125、*DN*65	××公司	2014.9.30	符合要求	002	2	
3	热镀锌焊接钢管	*DN*50、*DN*40、*DN*32、*DN*25	××公司	2014.10.12	符合要求	003	3	
4	高压无缝镀锌钢管	*DN*27、*DN*34、*DN*42、*DN*48、*DN*60、*DN*76	××公司	2014.11.17	符合要求	004	4	
5	丝接弯头 丝接三通 丝接四通 丝接异径管	*DN*80～25 *DN*80～25 *DN*80～32 *DN*80～15	××公司	2014.10.8	符合要求	005	5	
6	高压锻件管件三通 高压锻件管件直通 高压锻件管件弯头	*DN*20×20×20～50×65×50 *DN*50×40～65 *DN*20～65	××公司	2014.12.5	符合要求	006	6	

3. 管材、管件产品质量证明文件目录

资料管理专项目录(质量证明文件)

工程名称		××办公楼工程			资料类别		管材、管件产品质量证明文件		
序号	物资(资料)名称	厂名	品种规格、型号	产品质量证明编号	数量	进场日期	使用部位	资料编号	页次	备注
1	热镀锌焊接钢管产品合格证、质量证明书	××钢管厂	*DN*100		1296m	2014.6.18	B01～F11层	001	1～2	
2	热镀锌焊接钢管产品合格证、质量证明书	××钢管厂	*DN*150		84m	2014.6.18	B01～F11层	002	3～4	
3	热镀锌焊接钢管产品合格证、质量证明书	××钢管厂	*DN*125		1668m	2014.6.27	B01～F11层	003	5～6	
4	热镀锌焊接钢管产品合格证、质量证明书	××钢管厂	*DN*65		960m	2014.6.27	B01～F11层	004	7～8	
5	热镀锌焊接钢管产品合格证、质量证明书	××钢管厂	*DN*50		384m	2014.7.10	B01～F11层	005	9～10	
6	热镀锌焊接钢管产品合格证、质量证明书	××钢管厂	*DN*40		360m	2014.7.10	B01～F11层	006	11～12	
7	热镀锌焊接钢管产品合格证、质量证明书	××钢管厂	*DN*32		1800m	2014.7.10	B01～F11层	007	13～14	
8	热镀锌焊接钢管产品合格证、质量证明书	××钢管厂	*DN*25		2628m	2014.7.10	B01～F11层	008	15～16	
9	高压无缝镀锌钢管产品合格证、质量证明书	××钢管厂	*DN*27		72m	2014.10.12	F01层	009	17～18	
10	高压无缝镀锌钢管产品合格证、质量证明书	××钢管厂	*DN*34		28m	2014.10.12	F01层	010	19～20	
11	高压无缝镀锌钢管产品合格证、质量证明书	××钢管厂	*DN*42		165m	2014.10.12	F01层	011	21～22	

续表

序号	物资(资料)名称	厂名	品种规格、型号	产品质量证明编号	数量	进场日期	使用部位	资料编号	页次	备注
12	高压无缝镀锌钢管产品合格证、质量证明书	××钢管厂	DN48		88m	2014.10.12	F01 层	012	23～24	
13	高压无缝镀锌钢管产品合格证、质量证明书	××钢管厂	DN60		45m	2014.10.12	F01 层	013	25～26	
14	高压无缝镀锌钢管产品合格证、质量证明书	××钢管厂	DN76		16m	2014.10.12	F01 层	014	27～28	
15	丝接弯头、三通、四通、异径管合格证	××玛钢公司	DN80～25、DN80～25、DN80～32、DN80～15			2014.8.15	B01～F11 层	015	29	
16	玛钢管件检验报告	××玛钢公司	DN80～25、DN80～25、DN80～32、DN80～15	TS1006168～177		2014.6.24	B01～F11 层	016	30～40	
17	高压锻件管件三通合格证、检验报告	××消防设备公司	DN20×20×20～DN50×65×50	WT2014-125		2014.11.25	F01 层	017	41～45	
18	高压锻件管件直通合格证、检验报告	××消防设备公司	DN50×40～DN65	WT2014-126		2014.11.25	F01 层	018	46～50	
19	高压锻件管件弯头合格证、检验报告	××消防设备公司	DN20～DN65	WT2014-127		2014.11.25	F01 层	019	51～55	

4. 消防管路用沟槽管件产品质量证明文件目录

资料管理专项目录(质量证明文件)

工程名称		××办公楼工程			资料类别		消防管路用沟槽管件产品质量证明文件			
序号	物资(资料)名称	厂名	品种规格、型号	产品质量证明编号	数量	进场日期	使用部位	资料编号	页次	备注
1	正三通合格证、检验报告	××铸造公司	DN100×100	2014-1139	4 个	2014.7.15	B01～F11 层	001	1～4	
2	90°弯头合格证、检验报告	××铸造公司	DN100	2014-1140	6 个	2014.7.15	B01～F11 层	002	5～8	
3	变径管箍合格证、检验报告	××铸造公司	DN100×70、DN100×15	2014-1141	2 个 2 个	2014.7.15	B01～F11 层	003	9～12	
4	法兰盘合格证、检验报告	××铸造公司	DN100	2014-1142	24 个	2014.7.21	B01～F11 层	004	13～16	
5	卡箍合格证、检验报告	××铸造公司	DN100	2014-1143	28 个	2014.7.21	B01～F11 层	005	17～20	
6	喷塑沟槽管件卫生检验报告	××铸造公司		20140612		2014.6.12	B01～F11 层	006	21～23	
7	××铸造公司资质文件	××铸造公司				2002.9.10		007	24～30	
8	刚性沟槽接头合格证、检验报告	××机械连接件公司	XGQT001-114、001-140	2014-1857	772 个 778 个	2014.8.9	B01 层至屋顶水箱间	008	31～33	
9	90°弯头合格证、检验报告	××机械连接件公司	XGQT002-114、002-140	2014-1861	194 个 120 个	2014.8.13	B01 层至屋顶水箱间	009	34～36	
10	45°弯头合格证、检验报告	××机械连接件公司	XGQT003-114	2014-1862	48 个	2014.8.13	B01 层至屋顶水箱间	010	37～39	
11	正三通合格证、检验报告	××机械连接件公司	XGQT004-114	2014-1863	56 个	2014.8.15	B01 层至屋顶水箱间	011	40～42	
12	机械三通合格证、检验报告	××机械连接件公司	XGQT302-140×60～114×60	2014-1870		2014.8.29	B01 层至屋顶水箱间	012	43～45	

续表

序号	物资(资料)名称	厂名	品种规格、型号	产品质量证明编号	数量	进场日期	使用部位	资料编号	页次	备注
13	机械四通合格证、检验报告	××机械连接件公司	XGQT304-140×42、140×60	2014-1871	232 个 16 个	2014.8.29	B01 层至屋顶水箱间	013	46～48	
14	同心大小头合格证、检验报告	××机械连接件公司	XGQT008-140×114	2014-1872	106 个	2014.8.29	B01 层至屋顶水箱间	014	49～51	
15	同心大小头合格证、检验报告	××机械连接件公司	XGQT009-114×33、140×60	2014-1873	40 个 10 个	2014.8.29	B01 层至屋顶水箱间	015	52～54	
16	××机械连接件公司资质文件	××机械连接件公司				2003.11.28		016	55～62	

5. 消防设备开箱检验记录目录

物资进场检验记录目录

工程名称	××办公楼工程			资料类别	消防设备开箱检验记录			
序号	物资名称	品种规格、型号	检验单位	检验日期	检验结论	资料编号	页次	备注
1	消火栓箱	SG16A65	××公司	2014.11.28	符合要求	001	1	
2	固定消防专用泵(消防水泵)	XBD6/30-125G/3	××公司	2014.12.10	符合要求	002	2	
3	固定消防专用泵(喷淋水泵)	XBD5/15-80D/2	××公司	2014.12.10	符合要求	003	3	
4	补水泵	50DL12-12×3	××公司	2014.12.10	符合要求	004	4	
5	不锈钢立式多级离心泵(稳压水泵)	SLG3×5	××公司	2014.12.10	符合要求	005	5	
6	气压水罐	ϕ1000×0.6	××公司	2014.12.13	符合要求	006	6	
7	电磁阀	*DN*50	××公司	2014.12.14	符合要求	007	7	
8	空气压缩机	AU2550	××公司	2014.12.19	符合要求	008	8	
9	空压机储气罐	AU2550	××公司	2014.12.19	符合要求	009	9	
10	玻璃钢组合式水箱	4000×3000×2000	××公司	2014.12.20	符合要求	010	10	
11	电缆浮球	CS1-RL-10	××公司	2014.12.22	符合要求	011	11	
12	自洁消毒器	SJ-2	××公司	2014.12.26	符合要求	012	12	

6. 阀门、消防设备等产品质量合格证、检测报告、设备技术文件等目录

资料管理专项目录(质量证明文件)

工程名称		××办公楼工程				资料类别	阀门、消防设备等产品质量合格证、检测报告、设备技术文件等			
序号	物资(资料)名称	厂名	品种规格、型号	产品质量证明编号	数量	进场日期	使用部位	资料编号	页次	备注
1	室内旋转型消火栓合格证、检验报告	××消防设备制造公司	SNZ65	2014-3905	88个	2014.8.26	B01～F11层	001	1～5	
2	有衬里消防水带合格证、检验报告	××消防器材公司	8-65-25	109099	88个	2014.9.1	B01～F11层	002	6～10	CCC认证产品
3	有衬里消防水带CCC认证及证书复印件	××消防器材公司	8-65-25	20080818 03000152		2012.7.15		003	11	
4	消防接口合格证、检验报告	××消防器材厂	KD65	102156	88个	2014.9.5	B01～F11层	004	12～16	
5	消火栓箱合格证、检验报告	××消防设备公司	SG16A65	2014-1908	88个	2014.9.20	B01～F11层	005	17～25	
6	直流水枪合格证、检验报告	××消防器材厂	QZ19	103349	88个	2014.9.21	B01～F11层	006	26～30	
7	固定消防专用泵(消防水泵)产品合格证、出厂试验报告	××集团公司	XBD6/30-125G/3		2台	2014.10.4	B01层消防水泵房	007	31～32	
8	固定消防专用泵(消防水泵)安装使用说明书	××集团公司	XBD6/30-125G/3			2014.10.4	B01层消防水泵房	008	33～35	
9	固定消防专用泵(喷淋水泵)产品合格证、出厂试验报告	××集团公司	XBD5/15-80D/2		2台	2014.10.4	B01层消防水泵房	009	36～37	
10	固定消防专用泵(喷淋水泵)安装使用说明书	××集团公司	XBD5/15-80D/2			2014.10.4	B01层消防水泵房	010	38～40	
11	补水泵产品合格证、出厂试验报告	××集团公司	50DL12-12×3		1台	2014.10.4	B01层消防水泵房	011	41～42	

续表

序号	物资(资料)名称	厂名	品种规格、型号	产品质量证明编号	数量	进场日期	使用部位	资料编号	页次	备注
12	补水泵安装使用说明书	××集团公司	50DL12-12×3			2014.10.4	B01层消防水泵房	012	43～45	
13	不锈钢立式多级离心泵(稳压水泵)产品合格证、出厂试验报告	××集团公司	SLG3×5		2台	2014.10.4	屋顶水箱间	013	46～47	
14	不锈钢立式多级离心泵(稳压水泵)安装使用说明书	××集团公司	SLG3×5			2014.10.4	屋顶水箱间	014	48～50	
15	气压水罐产品合格证、检验报告	××环保机械厂	ϕ1000×0.6	2014-1651	1台	2014.10.21	屋顶水箱间	015	51～52	
16	气压水罐安装使用说明书	××环保机械厂	ϕ1000×0.6			2014.10.21	屋顶水箱间	016	53～55	
17	气压水罐产品安全性能监督检验证书	××环保机械厂	ϕ1000×0.6	MHQ10-166		2014.10.21		56		
18	电磁阀产品合格证、检测报告	××电磁阀厂	*DN*50	10F2015	2个	2014.9.13	B01层消防水泵房	018	57～60	
19	空气压缩机产品合格证、检验报告	××通用机械公司	AU2550	10102022	2台	2014.10.15	B01层消防水泵房	019	61～64	
20	空压机储气罐产品质量证明书、产品铭牌	××通用机械公司	AU2550	10072566	2台	2014.10.15	B01层消防水泵房	020	65～72	
21	空气压缩机安装使用说明书	××通用机械公司	AU2550			2014.10.15	B01层消防水泵房	021	73～77	

续表

序号	物资(资料)名称	厂名	品种规格、型号	产品质量证明编号	数量	进场日期	使用部位	资料编号	页次	备注
22	空压机储气罐产品安全质量监督检验证书及竣工图	××通用机械公司	AU2550	××容监2014-9376		2014.10.15	B01层消防水泵房	022	78～79	
23	玻璃钢组合式水箱产品合格证、检验报告	××玻璃钢集团公司	4000×3000×2000	2014-1179	1组	2014.11.3	屋顶水箱间	023	80～83	
24	玻璃钢组合式水箱卫生检验报告	××玻璃钢集团公司	4000×3000×2000	2014HW-C0079		2014.5.10	屋顶水箱间	024	84～87	
25	玻璃钢组合式水箱安装使用说明书	××玻璃钢集团公司	4000×3000×2000			2014.11.3	屋顶水箱间	025	88～89	
26	电缆浮球产品合格证、出厂检验记录	××科技电子公司	CS1-RL-10	10110114	4个	2014.11.14	消防水池、玻璃钢水箱	026	90～91	
27	自洁消毒器产品合格证、检验报告	××环保技术公司	SJ-2	2014-1186	2套	2014.12.9	消防水池、玻璃钢水箱	027	92～101	
28	自洁消毒器卫生检验报告、卫生许可证	××环保技术公司	SJ-2	(2014)环S0229		2014.8.13	消防水池、玻璃钢水箱	028	102～106	
29	自洁消毒器安装使用说明书	××环保技术公司	SJ-2			2014.12.9	消防水池、玻璃钢水箱	029	107～108	

注：本表适用于C4施工物资资料中产品合格证、检验报告编目。

7. 自动喷水灭火系统设备等产品质量合格证、检测报告、设备技术文件等目录

资料管理专项目录(质量证明文件)

工程名称		××办公楼工程				资料类别	自动喷水灭火系统设备等产品质量合格证、检测报告、设备技术文件等			
序号	物资(资料)名称	厂名	品种规格、型号	产品质量证明编号	数量	进场日期	使用部位	资料编号	页次	备注
1	下垂洒水喷头合格证、检验报告	××消防安全设备公司	ZSTX-15-68℃	2014-1033	1684 个	2014.7	B01～F11 层	001	1～6	CCC 认证产品
2	下垂洒水喷头 CCC 认证及证书复印件	××消防安全设备公司	ZSTX-15-68℃	2008081803000110		2012.4		002	7	
3	直立洒水喷头合格证、检验报告	××消防安全设备公司	ZSTZ-15-68℃	2014-1034	420 个	2014.7	B01～F11 层	003	8～13	CCC 认证产品
4	直立洒水喷头 CCC 认证及证书复印件	××消防安全设备公司	ZSTZ-15-68℃	2008081803000111		2012.4		004	14	
5	水流指示器合格证、检验报告	××消防安全设备公司	*DN*125	2014-1052	12 个	2014.8	F01～F11 层	005	15～17	CCC 认证产品
6	水流指示器 CCC 认证及证书复印件	××消防安全设备公司	*DN*125	2008081803000143		2012.6		006	18	
7	压力开关合格证、检验报告	××消防安全设备公司	ZMPX8	2014-1055	22 个	2014.8	F01～F11 层	007	19～21	CCC 认证产品
8	压力开关 CCC 认证及证书复印件	××消防安全设备公司	ZMPX8	2008081803000144		2012.6		008	22	
9	蝶阀合格证、检验报告	××阀门厂	*DN*150～*DN*50	10F3082	52 个	2014.9	F01～F11 层	009	23～26	
10	沟槽法兰合格证、检验报告	××铸造公司	*DN*150～*DN*100	2014-1337	100 片	2014.9	F01～F11 层	010	27～29	
11	预作用系统装置合格证、检验报告	××消防安全设备公司	ZSFU150	2014-0990	2 套	2014.10	B01 层泵房	011	30～34	

续表

序号	物资(资料)名称	厂名	品种规格、型号	产品质量证明编号	数量	进场日期	使用部位	资料编号	页次	备注
12	止回阀合格证、检验报告	××阀门厂	*DN*65、*DN*50	10F3083	5 个	2014.10	B01 层泵房、屋顶水箱间	012	35～37	
13	闸阀合格证、检验报告	××阀门厂	*DN*150～*DN*50	10F3084	60 个	2014.10	B01～F11 层	013	38～40	
14	电磁阀合格证、检验报告	××电磁阀厂	*DN*50、*DN*25	10F3055	26 个	2014.10	B01～F11 层	014	41～43	
15	止回阀合格证	××阀门厂	*DN*150～*DN*50		60 个	2014.10	B01～F11 层	015	44	
16	蝶阀合格证	××阀门厂	*DN*150～*DN*50		40 个	2014.10	B01～F11 层	016	45	
17	消防水泵接合器产品合格证、检验报告	××消防设备制造公司	SQX100-1.6	100276	3 台	2014.10	室外	017	46～49	

注：本表适用于 C4 施工物资资料中产品合格证、检验报告编目。

8. 自动喷水灭火系统设备等产品质量合格证、检测报告、设备技术文件等

(实例可参见本书相应范例，本处略。——编者注)

9. 备考表

(表略。——编者注)

十一、第××卷 C5 施工记录、C6 施工试验记录及检测报告、C7 施工质量验收记录（消防工程）

1. 案卷封面、卷内目录

工 程 资 料

工程名称：××办公楼工程

案卷题名：消防工程施工资料

C5 施工记录　隐蔽工程验收记录、交接检查记录、施工检查记录

C6 施工试验记录及检测报告　室内消火栓系统、室内自动喷水灭火系统、室内气体灭火系统

C7 施工质量验收记录　消防分项、检验批质量验收记录等

编制单位：××建设集团有限公司

技术主管：×××

编制日期：自 2014 年 10 月 16 日起至 2015 年 3 月 31 日止

保管期限：　　　　密级：

保存档号：

共　　册　　　第　　册

工程资料卷内目录

工程名称	××办公楼工程		资料类别	C5 施工记录、C6 施工试验记录及检测报告、C7 施工质量验收记录		
序号	文件材料题名	原编字号	编制单位	编制日期	页次	备注
1	隐蔽工程验收记录		××消防工程有限公司	2014.10.17～2015.1.14	1～26	
2	交接检查记录		××消防工程有限公司	2015.1.12	27	
3	施工检查记录		××消防工程有限公司	2014.10.16～2015.1.19	28～53	
4	室内消火栓系统强度严密性试验记录		××消防工程有限公司	2014.10.18～2015.1.15	54～65	
5	室内消火栓系统冲洗试验记录		××消防工程有限公司	2015.1.16	66	
6	消火栓试射记录		××消防工程有限公司	2015.1.25	67～68	
7	室内消火栓系统设备单机试运转记录		××消防工程有限公司	2015.1.23～2015.2.3	69～78	
8	室内消火栓系统调试试验记录		××消防工程有限公司	2015.2.23	79	
9	自动喷水灭火系统强度严密性试验记录		××消防工程有限公司	2014.10.28～2015.1.30	80～100	
10	自动喷水灭火系统管网冲洗试验记录		××消防工程有限公司	2015.1.21	101	
11	消防水泵接合器充水试验记录		××消防工程有限公司	2015.2.24	102	
12	水流指示器功能试验记录		××消防工程有限公司	2015.2.25	103	
13	报警阀渗漏试验记录		××消防工程有限公司	2015.2.25	104	
14	闭式喷头密封性能试验记录		××消防工程有限公司	2015.2.25	105	
15	自动喷水灭火系统设备单机试运转记录		××消防工程有限公司	2015.1.24	106～107	
16	自动喷水灭火系统调试记录		××消防工程有限公司	2015.3.18	108	
17	自动喷水灭火系统联动试验记录		××消防工程有限公司	2015.3.15	109	

续表

序号	文件材料题名	原编字号	编制单位	编制日期	页次	备注
18	自动喷水灭火系统模拟灭火功能试验记录		××消防工程有限公司	2015.3.16	110	
19	气体灭火系统选择阀、液体单向阀、高压软管、气体单向阀、组合分配系统集流管试验记录		××消防工程有限公司	2015.1.12	111	
20	气体灭火系统气压强度、严密性试验记录		××消防工程有限公司	2015.2.5～2015.2.7	112～114	
21	气体灭火系统调试记录		××消防工程有限公司	2015.3.20	115	
22	室内消火栓系统安装分项工程质量验收记录		××消防工程有限公司	2015.1.26	116	
23	室内消火栓系统安装工程检验批质量验收记录		××消防工程有限公司	2015.1.1～2015.1.25	117～130	
24	消火栓系统给水管道及配件安装工程检验批质量验收记录		××消防工程有限公司	2014.10.17～2014.12.26	131～141	
25	自动喷水灭火系统给水管道及配件安装工程检验批质量验收记录		××消防工程有限公司	2014.10.28～2014.12.22	142～155	
26	给水设备安装工程检验批质量验收记录		××消防工程有限公司	2015.1.15～2015.1.18	156～158	
27	自动喷水灭火系统质量验收缺陷项目判定记录		××消防工程有限公司	2015.3.25	159	
28	自动喷水灭火系统工程验收记录		××消防工程有限公司	2015.3.30	160	
29	气体灭火系统工程验收记录		××消防工程有限公司	2015.3.31	161	

2. 隐蔽工程验收记录目录

施工记录目录

工程名称	××办公楼工程	资料类别	隐蔽工程验收记录			
序号	施工部位(内容摘要)	编制单位	日期	资料编号	页次	备注
1	地下一层～十一层①～⑬/Ⓐ～Ⓗ轴消火栓系统立管安装	××消防工程有限公司	2014.10.17	001	1	
2	十一层①～⑬/Ⓐ～Ⓖ轴消火栓系统管道安装	××消防工程有限公司	2014.10.29	002	2	
3	十层①～⑬/Ⓐ～Ⓖ轴消火栓系统管道安装	××消防工程有限公司	2014.11.2	003	3	
4	九层①～⑬/Ⓐ～Ⓖ轴消火栓系统管道安装	××消防工程有限公司	2014.11.7	004	4	
5	八层①～⑬/Ⓐ～Ⓖ轴消火栓系统管道安装	××消防工程有限公司	2014.11.13	005	5	
6	七层①～⑬/Ⓐ～Ⓖ轴消火栓系统管道安装	××消防工程有限公司	2014.11.16	006	6	
7	六层①～⑬/Ⓐ～Ⓖ轴消火栓系统管道安装	××消防工程有限公司	2014.11.21	007	7	
8	五层①～⑬/Ⓐ～Ⓖ轴消火栓系统管道安装	××消防工程有限公司	2014.12.5	008	8	
9	四层①～⑬/Ⓐ～Ⓖ轴消火栓系统管道安装	××消防工程有限公司	2014.12.11	009	9	
10	地下一层～三层①～⑬/Ⓐ～Ⓖ轴消火栓系统管道安装	××消防工程有限公司	2014.12.26	010	10	
11	十一层①～⑬/Ⓓ～Ⓖ轴消防喷淋系统干、支管管道安装	××消防工程有限公司	2014.10.28	011	11	
12	十层①～⑬/Ⓓ～Ⓖ轴消防喷淋系统干、支管管道安装	××消防工程有限公司	2014.10.28	012	12	
13	九层①～⑬/Ⓓ～Ⓖ轴消防喷淋系统干、支管管道安装	××消防工程有限公司	2014.11.3	013	13	
14	八层①～⑬/Ⓓ～Ⓖ轴消防喷淋系统干、支管管道安装	××消防工程有限公司	2014.11.8	014	14	
15	七层①～⑬/Ⓓ～Ⓖ轴消防喷淋系统干、支管管道安装	××消防工程有限公司	2014.11.14	015	15	
16	六层①～⑬/Ⓓ～Ⓖ轴消防喷淋系统干、支管管道安装	××消防工程有限公司	2014.11.18	016	16	
17	五层①～⑬/Ⓓ～Ⓖ轴消防喷淋系统干、支管管道安装	××消防工程有限公司	2014.11.23	017	17	
18	四层①～⑬/Ⓓ～Ⓖ轴消防喷淋系统干、支管管道安装	××消防工程有限公司	2014.11.30	018	18	

续表

序号	施工部位(内容摘要)	编制单位	日期	资料编号	页次	备注
19	三层①～⑬/Ⓓ～Ⓖ轴消防喷淋系统干、支管管道安装	××消防工程有限公司	2014.12.8	019	19	
20	二层①～⑬/Ⓓ～Ⓖ轴消防喷淋系统干、支管管道安装	××消防工程有限公司	2014.12.12	020	20	
21	二层⑩～⑬/Ⓐ～Ⓓ轴消防喷淋系统干、支管管道安装	××消防工程有限公司	2014.12.15	021	21	
22	一层①～⑬/Ⓐ～Ⓖ轴消防喷淋系统干、支管管道安装	××消防工程有限公司	2014.12.20	022	22	
23	地下室①～⑬/Ⓐ～Ⓖ轴消防喷淋系统干、支管管道安装	××消防工程有限公司	2014.12.22	023	23	
24	一层④～⑫/Ⓓ～Ⓖ轴气体灭火系统干、支管管道安装	××消防工程有限公司	2015.1.14	024	24	

3. 隐蔽工程验收记录

(实例可参见本书相应范例,本处略。——编者注)

4.室内消火栓系统强度严密性试验记录目录

资料管理通用目录

工程名称	××办公楼工程	资料类别	室内消火栓系统强度严密性试验记录			
序号	内容摘要	编制单位	日期	资料编号	页次	备注
1	地下一层～十一层①～⑬/Ⓐ～Ⓗ轴消火栓系统立管	××消防工程有限公司	2014.10.18	001	1	
2	十一层①～⑬/Ⓐ～Ⓖ轴消火栓系统管道	××消防工程有限公司	2014.10.30	002	2	
3	十层①～⑬/Ⓐ～Ⓖ轴消火栓系统管道	××消防工程有限公司	2014.11.3	003	3	
4	九层①～⑬/Ⓐ～Ⓖ轴消火栓系统管道	××消防工程有限公司	2014.11.8	004	4	
5	八层①～⑬/Ⓐ～Ⓖ轴消火栓系统管道	××消防工程有限公司	2014.11.14	005	5	
6	七层①～⑬/Ⓐ～Ⓖ轴消火栓系统管道	××消防工程有限公司	2014.11.17	006	6	
7	六层①～⑬/Ⓐ～Ⓖ轴消火栓系统管道	××消防工程有限公司	2014.11.22	007	7	
8	五层①～⑬/Ⓐ～Ⓖ轴消火栓系统管道	××消防工程有限公司	2014.12.6	008	8	
9	四层①～⑬/Ⓐ～Ⓖ轴消火栓系统管道	××消防工程有限公司	2014.12.12	009	9	
10	地下一层～三层①～⑬/Ⓐ～Ⓖ轴消火栓系统管道	××消防工程有限公司	2014.12.27	010	10	
11	地下一层～十一层消火栓系统综合试压	××消防工程有限公司	2015.1.15	011	11	

5.室内消火栓系统强度严密性试验记录

(实例可参见本书相应范例,本处略。——编者注)

6.消火栓试射记录

(实例可参见本书相应范例,本处略。——编者注)

7. 室内消火栓系统设备单机试运转记录目录

资料管理通用目录

工程名称	××办公楼工程	资料类别	室内消火栓系统设备单机试运转记录			
序号	内容摘要	编制单位	日期	资料编号	页次	备注
1	固定消防专用泵(消防水泵)单机试运转	××消防工程有限公司	2015.1.23	001	1	
2	固定消防专用泵(消防水泵)单机试运转	××消防工程有限公司	2015.1.23	002	2	
3	固定消防专用泵(喷淋水泵)单机试运转	××消防工程有限公司	2015.1.23	003	3	
4	固定消防专用泵(喷淋水泵)单机试运转	××消防工程有限公司	2015.1.23	004	4	
5	补水泵单机试运转	××消防工程有限公司	2015.1.28	005	5	
6	不锈钢立式多级离心泵(稳压水泵)单机试运转	××消防工程有限公司	2015.1.30	006	6	
7	不锈钢立式多级离心泵(稳压水泵)单机试运转	××消防工程有限公司	2015.1.30	007	7	
8	空气压缩机单机试运转	××消防工程有限公司	2015.2.3	008	8	
9	空气压缩机单机试运转	××消防工程有限公司	2015.2.3	009	9	

8. 自动喷水灭火系统强度严密性试验记录目录

资料管理通用目录

工程名称	××办公楼工程	资料类别	自动喷水灭火系统强度严密性试验记录			
序号	内容摘要	编制单位	日期	资料编号	页次	备注
1	十一层①～⑬/Ⓓ～Ⓖ轴自动喷水灭火系统干、支管	××消防工程有限公司	2014.10.28	001	1	
2	十层①～⑬/Ⓓ～Ⓖ轴自动喷水灭火系统干、支管	××消防工程有限公司	2014.10.28	002	2	
3	九层①～⑬/Ⓓ～Ⓖ轴自动喷水灭火系统干、支管	××消防工程有限公司	2014.11.3	003	3	
4	八层①～⑬/Ⓓ～Ⓖ轴自动喷水灭火系统干、支管	××消防工程有限公司	2014.11.8	004	4	
5	七层①～⑬/Ⓓ～Ⓖ轴自动喷水灭火系统干、支管	××消防工程有限公司	2014.11.14	005	5	
6	六层①～⑬/Ⓓ～Ⓖ轴自动喷水灭火系统干、支管	××消防工程有限公司	2014.11.18	006	6	
7	五层①～⑬/Ⓓ～Ⓖ轴自动喷水灭火系统干、支管	××消防工程有限公司	2014.11.23	007	7	
8	四层①～⑬/Ⓓ～Ⓖ轴自动喷水灭火系统干、支管	××消防工程有限公司	2014.11.30	008	8	
9	三层①～⑬/Ⓓ～Ⓖ轴自动喷水灭火系统干、支管	××消防工程有限公司	2014.12.8	009	9	
10	二层①～⑬/Ⓓ～Ⓖ轴自动喷水灭火系统干、支管	××消防工程有限公司	2014.12.12	010	10	
11	二层⑩～⑬/Ⓐ～Ⓓ轴自动喷水灭火系统干、支管	××消防工程有限公司	2014.12.15	011	11	
12	一层①～⑬/Ⓐ～Ⓖ轴自动喷水灭火系统干、支管	××消防工程有限公司	2014.12.20	012	12	
13	地下室①～⑬/Ⓐ～Ⓖ轴自动喷水灭火系统干、支管	××消防工程有限公司	2014.12.22	013	13	
14	自动喷水灭火系统地下一层～五层水压强度试验	××消防工程有限公司	2015.1.20	014	14	
15	自动喷水灭火系统地下一层～十一层水压强度试验	××消防工程有限公司	2015.1.20	015	15	
16	自动喷水灭火系统地下一层～五层水压严密性试验	××消防工程有限公司	2015.1.23～2015.1.24	016	16	
17	自动喷水灭火系统地下一层～十一层水压严密性试验	××消防工程有限公司	2015.1.24～2015.1.25	017	17	
18	自动喷水灭火系统地下一层～五层气压严密性试验	××消防工程有限公司	2015.1.27～2015.1.28	018	18	
19	自动喷水灭火系统地下一层～十一层气压严密性试验	××消防工程有限公司	2015.1.29～2015.1.30	019	19	

9.自动喷水灭火系统强度严密性试验记录

(实例可参见本书相应范例,本处略。——编者注)

10.自动喷水灭火系统管网冲洗试验记录

(实例可参见本书相应范例,本处略。——编者注)

11.自动喷水灭火系统调试记录

(实例可参见本书相应范例,本处略。——编者注)

12.自动喷水灭火系统联动试验记录

(实例可参见本书相应范例,本处略。——编者注)

13.自动喷水灭火系统质量验收缺陷项目判定记录

(实例可参见本书相应范例,本处略。——编者注)

14.自动喷水灭火系统工程验收记录

(实例可参见本书相应范例,本处略。——编者注)

15.备考表

(表略。——编者注)

第二节　××办公楼通风与空调工程施工资料编制与组卷实例

一、第××卷 C1 施工管理资料

1. 案卷封面、卷内目录

工 程 资 料

工程名称：××办公楼工程

案卷题名：通风与空调工程施工资料

C1 施工管理资料　施工日志、施工过程中各种报验报审表、专业人员岗位证书

编制单位：××建设集团有限公司

技术主管：×××

编制日期：自 2013 年 11 月 9 日 起 至 2015 年 5 月 15 日 止

保管期限：　　　　密级：

保存档号：

共　　册　　　　第　　册

工程资料卷内目录

工程名称	××办公楼工程		资料类别	C1 施工管理资料		
序号	文件材料题名	原编字号	编制单位	编制日期	页次	备注
1	施工日志		××建设集团有限公司	2013.11.9～2015.5.10	1～275	
2	监理通知回复单		××建设集团有限公司	2013.12.28～2015.3.6	296～300	
3	通风与空调专业人员岗位证书		××建设委员会考核办	2012.10～2013.5	301～305	

2. 备考表

（表略。——编者注）

二、第××卷 C2 施工技术资料

1. 案卷封面、卷内目录

工 程 资 料

工程名称： ××办公楼工程

案卷题名： 通风与空调工程施工资料

C2 施工技术资料　通风与空调专项施工方案、技术交底记录、设计变更文件

编制单位： ××建设集团有限公司

××建设集团有限公司

技术主管： ×××

编制日期： 自 2013 年 10 月 13 日起至 2015 年 4 月 5 日 止

保管期限：　　　　密级：

保存档号：

共　　册　　　　第　　册

工程资料卷内目录

工程名称	××办公楼工程		资料类别	C2 施工技术资料		
序号	文件材料题名	原编字号	编制单位	编制日期	页次	备注
1	工程技术文件报审表		××建设集团有限公司	2014.9.3～2015.3.28	276～282	
2	通风与空调专项施工方案		××建设集团有限公司	2014.9.3～2015.3.28	1～127	
3	通风与空调专项施工方案技术交底记录		××建设集团有限公司	2014.9.5～2015.4.3	128～142	
4	通风与空调分项工程施工技术交底记录		××建设集团有限公司	2014.9.6～2015.4.5	143～197	
5	通风与空调图纸会审记录		××集团开发有限公司	2013.10.13	198	
6	设计变更通知单		××建筑设计院	2014.10.8～2015.1.10	199～205	
7	工程变更洽商记录		××建设集团有限公司	2014.9.27～2015.3.15	206～232	

2.通风与空调专项施工方案目录

资料管理通用目录

工程名称	××办公楼工程	资料类别	通风与空调专项施工方案			
序号	内容摘要	编制单位	日期	资料编号	页次	备注
1	通风空调工程施工方案	××建设集团有限公司	2014.9.3	001	1～53	
2	风管安装施工方案	××建设集团有限公司	2014.9.25	002	54～75	
3	通风与空调管道保温施工方案	××建设集团有限公司	2014.10.20	003	76～80	
4	精密空调机组运输施工方案	××建设集团有限公司	2014.10.27	004	81～97	
5	制冷机组运输施工方案	××建设集团有限公司	2014.12.8	005	98～109	
6	通风与空调系统调试施工方案	××建设集团有限公司	2015.3.28	006	110～127	

3.通风与空调分项工程施工技术交底记录目录

资料管理通用目录

工程名称	××办公楼工程	资料类别	通风与空调分项工程施工技术交底记录			
序号	内容摘要	编制单位	日期	资料编号	页次	备注
1	风管与配件制作技术交底	××建设集团有限公司	2015.1.5	001	1～8	
2	风管系统安装技术交底	××建设集团有限公司	2015.1.5	002	9～17	
3	空调水管道及阀门安装技术交底	××建设集团有限公司	2015.1.11	003	18～23	
4	空调水管、风管保温施工技术交底	××建设集团有限公司	2015.1.11	004	24～25	
5	空调机组运输、安装技术交底	××建设集团有限公司	2015.2.10	005	26～28	
6	风机盘管安装技术交底	××建设集团有限公司	2015.2.10	006	29～32	
7	制冷机组运输、安装技术交底	××建设集团有限公司	2015.2.10	007	33～35	
8	风口安装技术交底	××建设集团有限公司	2015.4.1	008	36～37	
9	水泵安装技术交底	××建设集团有限公司	2015.4.1	009	38～42	
10	送排风系统调试技术交底	××建设集团有限公司	2015.4.17	010	43～44	
11	防排烟系统调试技术交底	××建设集团有限公司	2015.4.17	011	45～46	
12	空调风系统调试技术交底	××建设集团有限公司	2015.5.6	012	47～49	
13	制冷机组调试技术交底	××建设集团有限公司	2015.5.6	013	50～51	
14	空调水系统调试技术交底	××建设集团有限公司	2015.5.6	014	52～54	

4.备考表

（表略。——编者注）

三、第××卷 C3 进度造价资料

1. 案卷封面、卷内目录

工 程 资 料

工程名称：××办公楼工程

案卷题名：通风与空调工程施工资料

C3 进度造价资料 （ ）月工、料、机动态表、工程变更费用报审表

编制单位：××建设集团有限公司

技术主管：×××

编制日期：自 2014 年 11 月 5 日起至 2015 年 4 月 15 日 止

保管期限： 密级：

保存档号：

共 册 第 册

工程资料卷内目录

工程名称	××办公楼工程		资料类别	C4 施工物资资料		
序号	文件材料题名	原编字号	编制单位	编制日期	页次	备注
1	(　)月工、料、机动态表		××建设集团有限公司	2013.11.5～2015.4.15	283～291	
2	工程变更费用报审表		××建设集团有限公司	2014.2.6～2014.11.12	292～295	

2. 备考表

(表略。——编者注)

四、第××卷 C4 施工物资资料

1. 案卷封面、卷内目录

工 程 资 料

工程名称：××办公楼工程

案卷题名：通风与空调工程施工资料

C4 施工物资资料 板材、管材、阀件、部件、防腐、保温材料、主要设备等产品合格证、质量证明文件、进场检验、设备开箱检验、设备及管道附件试验记录

编制单位：××建设集团有限公司

技术主管：×××

编制日期：自 2014 年 4 月 1 日起至 2015 年 1 月 20 日 止

保管期限：　　　　密级：

保存档号：

共　　册　　　第　　册

工程资料卷内目录

工程名称	××办公楼工程		资料类别	C4 施工物资资料		
序号	文件材料题名	原编字号	编制单位	编制日期	页次	备注
1	板材、管材进场检验记录		××建设集团有限公司	2014.9.23～2015.1.18	1～13	
2	板材、管材产品质量证明文件		××钢管厂等	2014.7.24～2014.10.20	14～114	
3	管件、配件、辅材进场检验记录		××建设集团有限公司	2014.9.25～2014.11.3	115～122	
4	管件、配件、辅材产品质量证明文件		××管件公司等	2014.4.1～2014.7.30	123～142	
5	阀件、部件进场检验记录		××建设集团有限公司	2014.9.11～2015.1.8	143～150	
6	阀件、部件产品质量证明		××铜阀门有限公司等	2014.6.22～2014.12.17	151～225	
7	防腐、保温材料进场检验记录		××建设集团有限公司	2014.10.26～2015.1.20	226～229	
8	防腐、保温材料产品质量证明		××建材有限公司等	2014.4.13～2014.7.28	230～256	
9	制冷机组等主要设备开箱检验记录		××建设集团有限公司	2014.12.21～2015.1.18	257～288	
10	制冷机组等主要设备产品合格证、质量证明文件		××空调设备公司等	2014.9.7～2014.12.16	289～380	
11	通风与空调设备及管道附件试验记录		××建设集团有限公司	2014.12.21～2015.1.10	381～388	

2.板材、管材进场检验记录

(实例可参见本书相应范例,本处略。——编者注)

3. 板材、管材产品质量证明文件目录

资料管理专项目录(质量证明文件)

工程名称	××办公楼工程			资料类别		板材、管材产品质量证明文件				
序号	物资(资料)名称	厂名	品种规格、型号	产品质量证明编号	数量	进场日期	使用部位	资料编号	页次	备注
1	热镀锌钢管质量证明书	××钢管厂	DN20	1007047	1520m	2014.7.24	F01～F11层	001	1	
2	热镀锌钢管质量证明书	××钢管厂	DN25	1007048	860m	2014.7.24	F01～F11层	002	2	
3	热镀锌钢管质量证明书	××钢管厂	DN32	1007049	400m	2014.7.24	F01～F11层	003	3	
4	热镀锌钢管质量证明书	××钢管厂	DN40	1007093	130m	2014.7.28	F01～F11层	004	4	
5	热镀锌钢管质量证明书	××钢管厂	DN50	1007094	135m	2014.7.28	F01～F11层	005	5	
6	焊接钢管质量证明书	××钢管厂	DN20	XH-077	3100m	2014.7.31	F01～F11层	006	6	
7	焊接钢管质量证明书	××钢管厂	DN25	XH-078	754m	2014.7.31	F01～F11层	007	7	
8	焊接钢管质量证明书	××钢管厂	DN32	XH-124	400m	2014.8.6	F01～F11层	008	8	
9	焊接钢管质量证明书	××钢管厂	DN40	XH-125	506m	2014.8.6	F01～F11层	009	9	
10	焊接钢管质量证明书	××钢管厂	DN50	XH-171	1200m	2014.8.12	F01～F11层	010	10	
11	焊接钢管质量证明书	××钢管厂	DN70	XH-216	472m	2014.8.18	F01～F11层	011	11	
12	焊接钢管质量证明书	××钢管厂	DN80	XH-217	173m	2014.8.18	F01～F11层	012	12	
13	焊接钢管质量证明书	××钢管厂	DN100	XH-218	126m	2014.8.18	F01～F11层	013	13	
14	镀锌钢板质量证明书	××钢铁公司	1.0×100×2000	L2BZ 0524	10.5t	2014.8.20	B01～F11层	014	14	
15	镀锌钢板质量证明书	××钢铁公司	0.75×100×2000	L2BZ 0525	9.355t	2014.8.20	B01～F11层	015	15	
16	镀锌钢板质量证明书	××钢铁公司	0.60×100×2000	L2BZ 0526	6.8t	2014.8.20	B01～F11层	016	16	
17	无缝钢管质量证明书	××钢铁公司	ϕ219×7	1006449	218m	2014.8.25	F01～F11层	017	17	
18	无缝钢管质量证明书	××钢铁公司	ϕ159×5	1006450	81m	2014.8.25	F01～F11层	018	18	
19	无缝钢管质量证明书	××钢铁公司	ϕ133×4.5	1006451	560m	2014.8.25	F01～F11层	019	19	
20	不燃型无机玻璃钢通风管道合格证、检验报告	××集团有限公司	630×250×10300	2014-2182	10.3	2014.8.16	F02层	020	20～23	
21	不燃型无机玻璃钢通风管道合格证、检验报告	××集团有限公司	400×200×12500	2014-2183	12.5	2014.8.16	F01、F03层	021	24～27	
22	不燃型无机玻璃钢通风管道合格证、检验报告	××集团有限公司	200×150×13500	2014-2184	13.5	2014.8.16	B01、F03层	022	28～31	
…	……									
44	不燃型无机玻璃钢通风管道合格证、检验报告	××集团有限公司	ϕ150×5800	2014-2237	5.8	2014.10.20	F01层	044	95～98	

4.管件、配件、辅材产品质量证明文件目录

资料管理专项目录(质量证明文件)

工程名称		××办公楼工程			资料类别		管件、配件、辅材产品质量证明文件			
序号	物资(资料)名称	厂名	品种规格、型号	产品质量证明编号	数量	进场日期	使用部位	资料编号	页次	备注
1	角钢质量证明书	××钢铁厂	25×25×2、30×30×3	HDL9387	12.24 6.80	2014.4.1	F01~F11层	001	1~2	
2	电焊条合格证	××焊条厂	E4315	H201410286	26kg	2014.4.28	F01~F11层	002	3	
3	角钢质量证明书	××钢铁厂	40×40×4、50×50×4.8	HDL9396	8.67 4.30	2014.5.12	F01~F11层	003	4~5	
4	角钢质量证明书	××钢铁厂	80×80×6	10-3-62	5.48	2014.5.12	F01~F11层	004	6	
5	槽钢质量证明书	××钢铁有限公司	60×40×4.8	2322	21.20	2014.5.17	B01层	005	7	
6	圆钢质量证明书	××钢铁有限公司	Φ8	080717	29.98	2014.5.17	吊杆	006	8	
7	圆钢质量证明书	××钢铁有限公司	Φ10	080712	41.08	2014.5.17	吊杆	007	9	
8	热轧槽钢质量证明书	××钢铁有限公司	8#、10#、15#、20#	1552	8.68	2014.6.3	F01~F11层	008	10	
9	膨胀螺栓合格证	××标准件公司	M8、M6	P20408、P21653	2140 1360	2014.6.21	F01~F11层	009	11~12	
10	扁钢质量证明书	××钢铁公司	30×3、40×4、50×5	J20711	60	2014.7.2	F08~F11层	010	13	
11	冲压弯头合格证	××管件公司	Φ159、Φ219、Φ273、Φ325、Φ377、Φ114	B01-72	260个 180个 170个	2014.7.10	B01~F11层	011	14	
12	镀锌弯头、三通、直通合格证	××管件公司	*DN*20、*DN*25、*DN*32、*DN*40、RJI50×150	2014(G)JS第0715	25个 30个 38个 28个	2014.7.15	B01~F11层	012	15	
13	镀锌弯头、三通、直通合格证	××管件公司	*DN*50、*DN*65、*DN*80~100、RJI80×150	2014(G)JS第0720	25个 30个 38个	2014.7.20	B01~F11层	013	16	
14	冲压弯头合格证	××管件公司	Φ426、Φ530	B01-87	260个 180个	2014.7.24	B01~F11层	014	17	
15	压力表合格证	××计量仪器厂	10#	Y100716	56个	2014.7.30	B01层	015	18	
16	温度计合格证	××计量仪器厂	10#	W100716	42支	2014.7.30	B01层	016	19	

5. 阀件、部件产品质量证明目录

资料管理专项目录(质量证明文件)

工程名称	××办公楼工程	资料类别	阀件、部件产品质量证明

序号	物资(资料)名称	厂名	品种规格、型号	产品质量证明编号	数量	进场日期	使用部位	资料编号	页次	备注
1	铜球阀合格证、检验报告	××铜阀门有限公司	*DN*20	JXW20140658	1200 个	2014.6.22	F01～F11 层	001	1～4	
2	黄铜法兰球阀合格证、检验报告	××铜阀门有限公司	*DN*20	JXW20140743	90 个	2014.7.10	F01～F11 层	002	5～8	
3	金属软管合格证、检测报告	××金属软管有限公司	1.6CH01-20A-230	BK/4D 007	1128 根	2014.7.15	F01～F11 层	003	9～11	
4	手动密闭阀合格证、检验报告	××人防设备有限公司	D800		2 个	2014.7.18	B01 层	004	12～13	
5	手动密闭阀合格证、检测报告	××化工有限公司	D40X-0.5 SMF 800		2 个	2014.7.20	B01 层	005	14～16	
6	手动密闭阀合格证	××化工有限公司	D40X-0.5 SMF 1000		2 个	2014.7.20	B01 层	006	17	
7	防爆超压排气阀合格证、检测报告	××化工有限公司	FCS-250/PS-250		2 个	2014.7.20	B01 层	007	18～20	
8	平衡阀合格证、检验报告	××阀门制造有限公司	*DN*50～*DN*125	四检字 10F0862 号	12 个	2014.8.15	F01 层	008	21～24	
9	蝶阀合格证、检验报告	××蝶阀厂	*DN*50～*DN*200	四检字 10F0885 号	90 个	2014.8.29	F01～F11 层	009	25～30	
10	Y 型过滤器合格证、检验报告	××蝶阀厂	*DN*70、*DN*200	四检字 10B0897 号	4 个	2014.8.29	F01 层	010	31～34	
11	防火阀合格证、检验报告	××空调设备有限公司	2000×400、500×200 等	2014-0565		2014.9.27	B01～F11 层	011	35～43	数量见合格证
12	调节阀合格证、检验报告	××空调设备有限公司	400×120、200×120 等	2014-0566		2014.9.27	B01～F11 层	012	44～47	数量见合格证
13	排烟防火阀合格证、检验报告	××空调设备有限公司	FPY400×400	2014-0570	24 个	2014.9.27	B01～F11 层	013	48～54	
14	阻抗复合式消声器合格证、检验报告	××空调设备有限公司	T701-6 型	2014-012F-123	10 个	2014.10.5	B01～F11 层	014	55～59	
15	条形送、回风口、百叶风口合格证	××空调设备有限公司	1150×150、650×200 等			2014.12.3	F01～F11 层	015	60～61	数量见合格证
…	……									

6. 制冷机组等主要设备开箱检验记录

(实例可参见本书相应范例,本处略。——编者注)

7.制冷机组等主要设备产品合格证、质量证明文件目录

资料管理专项目录(质量证明文件)											
工程名称		××办公楼工程					资料类别	制冷机组等主要设备产品合格证、质量证明文件			
序号	物资(资料)名称	厂名	品种规格、型号	产品质量证明编号	数量(台)	进场日期	使用部位	资料编号	页次	备注	
1	新风机组合格证、检验报告	××空调设备公司	ZKD03-JX-Y4	3020153434	4	2014.9.7	F02～F05层	001	1～3		
2	新风机组合格证、检验报告	××空调设备公司	ZKD06-JX-Y4	3020153435	6	2014.9.7	F06～F11层	002	4～6		
3	新风机组合格证、检验报告	××空调设备公司	ZKL25-JX-Z4	3020313042	1	2014.9.14	B01层	003	7～9		
4	风机盘管合格证、检验报告	××空调设备公司	FP-2.5、FP-3.5	1010319	9 168	2014.10.8	F01～F11层	004	10～12		
5	风机盘管合格证、检验报告	××空调设备公司	FP-5.0、FP-6.3	1010320	206 40	2014.10.8	F01～F11层	004	13～15		
6	风机盘管合格证、检验报告	××空调设备公司	FP-7.1、FP-8.0	1010336	20 18	2014.10.10	F01～F11层	006	16～18		
7	风机盘管合格证、检验报告	××空调设备公司	FP-10.0、FP-12.5	1010351	56 15	2014.10.16	F01～F11层	007	19～21		
8	机房专用精密空调机组合格证、检验报告	××空调设备公司	HFDS23N	2014-0124	2	2014.11.3	F01层	008	22～25		
9	机房专用精密空调机组合格证、检验报告	××空调设备公司	HFDS15N	2014-0128	2	2014.11.6	F01层	009	26～29		
10	风管道式户式中央空调合格证、检验报告	××空调设备公司	HGYR-07F(D)	2014-0133	2	2014.11.6	F01层	010	30～32		
11	螺杆式冷水机组合格证、检验报告	××空调设备公司	FS-S-R-400D	1011025	2	2014.11.10	屋顶	011	33～37		
12	隔膜式气压水罐产品合格证、压力容器产品质量证明书、安全性能监督检验证书等	××压力容器厂	$DN600\times6$	R2014S-291	1	2014.11.25	F01层	012	38～48		
13	分水器产品合格证、压力容器产品质量证明书、安全性能监督检验证书等	××压力容器厂	$DN426\times10$	R2014F-466	1	2014.11.27	F01层	013	49～60		
14	集水器产品合格证、压力容器产品质量证明书、安全性能监督检验证书等	××压力容器厂	$DN426\times10$	R2014F-467	1	2014.11.27	F01层	014	61～72		
15	双速排烟风机合格证、出厂检验报告	××空调设备有限公司	GYF-11S1-BX	××质检第10401号	1	2014.12.5	B01层	015	73～76		
16	混流风机合格证、出厂检验报告	××空调设备有限公司	GXF-8-A	××质检第10402号	3	2014.12.5	B01层	016	77～80		
…	……										

8.备考表

(表略。——编者注)

五、第××卷 C5 施工记录、C6 施工试验记录及检测报告

1. 案卷封面、卷内目录

工 程 资 料

工程名称： ××办公楼工程

案卷题名： 通风与空调工程施工资料

C5 施工记录　各系统风管安装、空调水管道安装、保温隐蔽验收、交接检查记录
C6 施工试验记录及检测报告　管道强度严密性、灌水、冲洗试验、漏光、漏风检测、各系统安装调试、风量检测、联合试运转、设备单机试运转记录

编制单位： ××建设集团有限公司

技术主管： ×××

编制日期： 自 2014 年 11 月 10 日 起 至 2015 年 5 月 9 日 止

保管期限：　　　　**密级：**

保存档号：

共　　册　　第　　册

工程资料卷内目录

工程名称	××办公楼工程		资料类别	C5 施工记录、C6 施工试验记录及检测报告		
序号	文件材料题名	原编字号	编制单位	编制日期	页次	备注
1	送排风系统风管安装隐蔽工程验收记录		××建设集团有限公司	2014.11.10～2015.2.6	1～16	
2	防排烟系统风管安装隐蔽工程验收记录		××建设集团有限公司	2014.11.5～2015.1.26	17～28	
3	空调风系统风管安装、风管保温隐蔽工程验收记录		××建设集团有限公司	2014.11.14～2015.2.8	29～51	
4	冷冻水系统管道安装、管道保温隐蔽工程验收记录		××建设集团有限公司	2014.11.25～2015.2.17	52～74	
5	冷凝水系统管道安装、管道保温隐蔽工程验收记录		××建设集团有限公司	2014.11.25～2015.2.17	75～97	
6	交接检查记录		××建设集团有限公司	2015.1.15～2015.2.20	98～110	
7	冷冻水系统管道强度严密性试验记录		××建设集团有限公司	2014.11.5～2015.2.28	111～132	
8	空调水系统管道冲洗试验记录		××建设集团有限公司	2014.11.5～2015.2.28	133～154	
9	冷凝水系统管道灌水试验记录		××建设集团有限公司	2014.11.5～2015.2.18	155～171	
10	补偿器安装记录		××建设集团有限公司	2014.11.5～2015.1.14	172～178	
11	送排风系统风管漏光检测记录		××建设集团有限公司	2014.11.10～2015.2.6	179～194	
12	防排烟系统风管漏光检测记录		××建设集团有限公司	2014.11.5～2015.2.17	195～207	
13	空调风系统风管漏光检测记录		××建设集团有限公司	2014.11.14～2015.2.6	208～219	
14	风管漏风检测记录		××建设集团有限公司	2014.11.5～2015.2.17	220～233	

续表

序号	文件材料题名	原编字号	编制单位	编制日期	页次	备注
15	现场组装空调机漏风检测记录		××建设集团有限公司	2015.2.17～2015.2.20	234～239	
16	各房间室内风量温度测量记录		××建设集团有限公司	2015.4.5～2015.4.16	240～264	
17	管网风量平衡记录		××建设集团有限公司	2015.4.5～2015.4.16	265～289	
18	空调风系统试运转调试记录		××建设集团有限公司	2015.4.5～2015.4.16	290～302	
19	空调水系统试运转调试记录		××建设集团有限公司	2015.5.9	303	
20	防排烟系统联合试运转记录		××建设集团有限公司	2015.4.18～2015.4.24	304～313	
21	送排风系统试运转调试记录		××建设集团有限公司	2015.4.20～2015.4.22	314～316	
22	空调水系统设备单机试运转记录		××建设集团有限公司	2015.4.12～2015.5.8	317～323	
23	送排风系统风机单机试运转记录		××建设集团有限公司	2015.2.2～2015.2.22	324～336	
24	防排烟系统风机单机试运转记录		××建设集团有限公司	2015.1.24～2015.2.25	337～353	
25	空调风系统设备单机试运转记录		××建设集团有限公司	2015.1.24～2015.2.28	354～374	

2.送排风系统风管安装隐蔽工程验收记录

（实例可参见本书相应范例，本处略。——编者注）

3.防排烟系统风管安装隐蔽工程验收记录

（实例可参见本书相应范例，本处略。——编者注）

4.空调风系统风管安装、风管保温隐蔽工程验收记录目录

施工记录目录						
工程名称	××办公楼工程	资料类别	空调风系统风管安装、风管保温隐蔽工程验收记录			
序号	施工部位(内容摘要)	编制单位	日期	资料编号	页次	备注
1	十层①～⑬/Ⓓ～Ⓕ轴吊顶内空调风系统风管安装	××建设集团有限公司	2014.11.14	001	1	
2	十层①～⑬/Ⓓ～Ⓕ轴吊顶内空调风系统风管保温	××建设集团有限公司	2014.11.15	002	2	
3	十一层①～⑬/Ⓓ～Ⓔ轴吊顶内空调风系统风管安装	××建设集团有限公司	2014.11.27	003	3	
4	十一层①～⑬/Ⓓ～Ⓔ轴吊顶内空调风系统风管保温	××建设集团有限公司	2014.11.28	004	4	
5	九层①～⑬/Ⓓ～Ⓕ轴吊顶内空调风系统风管安装	××建设集团有限公司	2014.11.30	005	5	
6	九层①～⑬/Ⓓ～Ⓕ轴吊顶内空调风系统风管保温	××建设集团有限公司	2014.12.2	006	6	
7	八层①～⑬/Ⓓ～Ⓕ轴吊顶内空调风系统风管安装	××建设集团有限公司	2014.12.8	007	7	
8	八层①～⑬/Ⓓ～Ⓕ轴吊顶内空调风系统风管保温	××建设集团有限公司	2014.12.10	008	8	
9	七层①～⑬/Ⓓ～Ⓕ轴吊顶内空调风系统风管安装	××建设集团有限公司	2014.12.15	009	9	
10	七层①～⑬/Ⓓ～Ⓕ轴吊顶内空调风系统风管保温	××建设集团有限公司	2014.12.17	010	10	
11	六层①～⑬/Ⓓ～Ⓕ轴吊顶内空调风系统风管安装	××建设集团有限公司	2014.12.22	011	11	
12	六层①～⑬/Ⓓ～Ⓕ轴吊顶内空调风系统风管保温	××建设集团有限公司	2014.12.24	012	12	
13	五层①～⑬/Ⓓ～Ⓕ轴吊顶内空调风系统风管安装	××建设集团有限公司	2014.12.29	013	13	
14	五层①～⑬/Ⓓ～Ⓕ轴吊顶内空调风系统风管保温	××建设集团有限公司	2014.12.31	014	14	
15	四层①～⑬/Ⓓ～Ⓕ轴吊顶内空调风系统风管安装	××建设集团有限公司	2015.1.3	015	15	
16	四层①～⑬/Ⓓ～Ⓕ轴吊顶内空调风系统风管保温	××建设集团有限公司	2015.1.5	016	16	
17	三层①～⑬/Ⓐ～Ⓖ轴吊顶内空调风系统风管安装	××建设集团有限公司	2015.1.12	017	17	
18	三层①～⑬/Ⓐ～Ⓖ轴吊顶内空调风系统风管保温	××建设集团有限公司	2015.1.14	018	18	
19	二层①～⑬/Ⓐ～Ⓖ轴吊顶内空调风系统风管安装	××建设集团有限公司	2015.1.23	019	19	
20	二层①～⑬/Ⓐ～Ⓖ轴吊顶内空调风系统风管保温	××建设集团有限公司	2015.1.25	020	20	
21	一层①～⑬/Ⓐ～Ⓖ轴吊顶内空调风系统风管安装	××建设集团有限公司	2015.2.6	021	21	
22	一层①～⑬/Ⓐ～Ⓖ轴吊顶内空调风系统风管保温	××建设集团有限公司	2015.2.8	022	22	

5.空调风系统风管安装、风管保温隐蔽工程验收记录

(实例可参见本书相应范例,本处略。——编者注)

6.冷凝水系统管道安装、管道保温隐蔽工程验收记录目录

施工记录目录						
工程名称	××办公楼工程	资料类别	冷凝水系统管道安装、管道保温隐蔽工程验收记录			
序号	施工部位(内容摘要)	编制单位	日期	资料编号	页次	备注
1	十层①~⑬/Ⓓ~Ⓕ轴吊顶内冷凝水系统管道安装	××建设集团有限公司	2014.11.25	001	1	
2	十层①~⑬/Ⓓ~Ⓕ轴吊顶内冷凝水系统管道保温	××建设集团有限公司	2014.11.27	002	2	
3	十一层①~⑬/Ⓓ~Ⓔ轴吊顶内冷凝水系统管道安装	××建设集团有限公司	2014.11.28	003	3	
4	十一层①~⑬/Ⓓ~Ⓔ轴吊顶内冷凝水系统管道保温	××建设集团有限公司	2014.11.30	004	4	
5	九层①~⑬/Ⓓ~Ⓕ轴吊顶内冷凝水系统管道安装	××建设集团有限公司	2014.12.5	005	5	
6	九层①~⑬/Ⓓ~Ⓕ轴吊顶内冷凝水系统管道保温	××建设集团有限公司	2014.12.8	006	6	
7	八层①~⑬/Ⓓ~Ⓕ轴吊顶内冷凝水系统管道安装	××建设集团有限公司	2014.12.14	007	7	
8	八层①~⑬/Ⓓ~Ⓕ轴吊顶内冷凝水系统管道保温	××建设集团有限公司	2014.12.18	008	8	
9	七层①~⑬/Ⓓ~Ⓕ轴吊顶内冷凝水系统管道安装	××建设集团有限公司	2014.12.20	009	9	
10	七层①~⑬/Ⓓ~Ⓕ轴吊顶内冷凝水系统管道保温	××建设集团有限公司	2014.12.22	010	10	
11	六层①~⑬/Ⓓ~Ⓕ轴吊顶内冷凝水系统管道安装	××建设集团有限公司	2014.12.25	011	11	
12	六层①~⑬/Ⓓ~Ⓕ轴吊顶内冷凝水系统管道保温	××建设集团有限公司	2014.12.28	012	12	
13	五层①~⑬/Ⓓ~Ⓕ轴吊顶内冷凝水系统管道安装	××建设集团有限公司	2014.12.31	013	13	
14	五层①~⑬/Ⓓ~Ⓕ轴吊顶内冷凝水系统管道保温	××建设集团有限公司	2015.1.5	014	14	
15	四层①~⑬/Ⓓ~Ⓕ轴吊顶内冷凝水系统管道安装	××建设集团有限公司	2015.1.8	015	15	
16	四层①~⑬/Ⓓ~Ⓕ轴吊顶内冷凝水系统管道保温	××建设集团有限公司	2015.1.11	016	16	
17	三层①~⑬/Ⓐ~Ⓖ轴吊顶内冷凝水系统管道安装	××建设集团有限公司	2015.1.14	017	17	
18	三层①~⑬/Ⓐ~Ⓖ轴吊顶内冷凝水系统管道保温	××建设集团有限公司	2015.1.21	018	18	
19	二层①~⑬/Ⓐ~Ⓖ轴吊顶内冷凝水系统管道安装	××建设集团有限公司	2015.1.26	019	19	
20	二层①~⑬/Ⓐ~Ⓖ轴吊顶内冷凝水系统管道保温	××建设集团有限公司	2015.2.7	020	20	
21	一层①~⑬/Ⓐ~Ⓖ轴吊顶内冷凝水系统管道安装	××建设集团有限公司	2015.2.14	021	21	
22	一层①~⑬/Ⓐ~Ⓖ轴吊顶内冷凝水系统管道保温	××建设集团有限公司	2015.2.17	022	22	

7.冷凝水系统管道安装、管道保温隐蔽工程验收记录

(实例可参见本书相应范例,本处略。——编者注)

8.冷冻水系统管道强度严密性试验记录目录

资料管理通用目录

工程名称	××办公楼工程	资料类别	冷冻水系统管道强度严密性试验记录			
序号	内容摘要	编制单位	日期	资料编号	页次	备注
1	1# 管井冷冻供回水立管强度严密性试验	××建设集团有限公司	2014.11.5	001	1	
2	2# 管井冷冻供回水立管强度严密性试验	××建设集团有限公司	2014.11.9	002	2	
3	3# 管井冷冻供回水立管强度严密性试验	××建设集团有限公司	2014.11.13	003	3	
4	4# 管井冷冻供回水立管强度严密性试验	××建设集团有限公司	2014.11.20	004	4	
5	十层冷冻供回水水平管道强度严密性试验	××建设集团有限公司	2014.11.25	005	5	
6	十一层冷冻供回水水平管道强度严密性试验	××建设集团有限公司	2014.11.28	006	6	
7	九层冷冻供回水水平管道强度严密性试验	××建设集团有限公司	2014.12.5	007	7	
8	八层冷冻供回水水平管道强度严密性试验	××建设集团有限公司	2014.12.14	008	8	
9	七层冷冻供回水水平管道强度严密性试验	××建设集团有限公司	2014.12.20	009	9	
10	六层冷冻供回水水平管道强度严密性试验	××建设集团有限公司	2014.12.25	010	10	
11	五层冷冻供回水水平管道强度严密性试验	××建设集团有限公司	2014.12.31	011	11	
12	四层冷冻供回水水平管道强度严密性试验	××建设集团有限公司	2015.1.8	012	12	
13	三层冷冻供回水水平管道强度严密性试验	××建设集团有限公司	2015.1.11	013	13	
14	二层冷冻供回水水平管道强度严密性试验	××建设集团有限公司	2015.1.26	014	14	
15	一层冷冻供回水水平管道强度严密性试验	××建设集团有限公司	2015.2.14	015	15	
16	地下一层冷冻供回水水平管道强度严密性试验	××建设集团有限公司	2015.2.18	016	16	
…	……					

9. 冷冻水系统管道强度严密性试验记录

(实例可参见本书相应范例,本处略。——编者注)

10. 空调水系统管道冲洗试验记录目录

资料管理通用目录						
工程名称	××办公楼工程	资料类别	空调水系统管道冲洗试验记录			
序号	内容摘要	编制单位	日期	资料编号	页次	备注
1	1# 管井冷冻供回水立管冲洗试验	××建设集团有限公司	2014.11.5	001	1	
2	2# 管井冷冻供回水立管冲洗试验	××建设集团有限公司	2014.11.9	002	2	
3	3# 管井冷冻供回水立管冲洗试验	××建设集团有限公司	2014.11.13	003	3	
4	4# 管井冷冻供回水立管冲洗试验	××建设集团有限公司	2014.11.20	004	4	
5	十层冷冻供回水水平管道冲洗试验	××建设集团有限公司	2014.11.25	005	5	
6	十一层冷冻供回水水平管道冲洗试验	××建设集团有限公司	2014.11.28	006	6	
7	九层冷冻供回水水平管道冲洗试验	××建设集团有限公司	2014.12.5	007	7	
8	八层冷冻供回水水平管道冲洗试验	××建设集团有限公司	2014.12.14	008	8	
9	七层冷冻供回水水平管道冲洗试验	××建设集团有限公司	2014.12.20	009	9	
10	六层冷冻供回水水平管道冲洗试验	××建设集团有限公司	2014.12.25	010	10	
11	五层冷冻供回水水平管道冲洗试验	××建设集团有限公司	2014.12.31	011	11	
12	四层冷冻供回水水平管道冲洗试验	××建设集团有限公司	2015.1.8	012	12	
13	三层冷冻供回水水平管道冲洗试验	××建设集团有限公司	2015.1.11	013	13	
14	二层冷冻供回水水平管道冲洗试验	××建设集团有限公司	2015.1.26	014	14	
15	一层冷冻供回水水平管道冲洗试验	××建设集团有限公司	2015.2.14	015	15	
16	地下一层冷冻供回水水平管道冲洗试验	××建设集团有限公司	2015.2.18	016	16	
…	……					

11. 空调水系统管道冲洗试验记录

(实例可参见本书相应范例,本处略。——编者注)

12.冷凝水系统管道灌水试验记录目录

资料管理通用目录						
工程名称	××办公楼工程	资料类别	冷凝水系统管道灌水试验记录			
序号	内容摘要	编制单位	日期	资料编号	页次	备注
1	1# 管井冷凝水立管灌水试验	××建设集团有限公司	2014.11.5	001	1	
2	2# 管井冷凝水立管灌水试验	××建设集团有限公司	2014.11.9	002	2	
3	3# 管井冷凝水立管灌水试验	××建设集团有限公司	2014.11.13	003	3	
4	4# 管井冷凝水立管灌水试验	××建设集团有限公司	2014.11.20	004	4	
5	十层冷凝水水平管道灌水试验	××建设集团有限公司	2014.11.25	005	5	
6	十一层冷凝水水平管道灌水试验	××建设集团有限公司	2014.11.28	006	6	
7	九层冷凝水水平管道灌水试验	××建设集团有限公司	2014.12.5	007	7	
8	八层冷凝水水平管道灌水试验	××建设集团有限公司	2014.12.14	008	8	
9	七层冷凝水水平管道灌水试验	××建设集团有限公司	2014.12.20	009	9	
10	六层冷凝水水平管道灌水试验	××建设集团有限公司	2014.12.25	010	10	
11	五层冷凝水水平管道灌水试验	××建设集团有限公司	2014.12.31	011	11	
12	四层冷凝水水平管道灌水试验	××建设集团有限公司	2015.1.8	012	12	
13	三层冷凝水水平管道灌水试验	××建设集团有限公司	2015.1.11	013	13	
14	二层冷凝水水平管道灌水试验	××建设集团有限公司	2015.1.26	014	14	
15	一层冷凝水水平管道灌水试验	××建设集团有限公司	2015.2.14	015	15	
16	地下一层冷凝水水平管道灌水试验	××建设集团有限公司	2015.2.18	016	16	
…	……					

13.冷凝水系统管道灌水试验记录

(实例可参见本书相应范例,本处略。——编者注)

14.送排风系统风管漏光检测记录

(实例可参见本书相应范例,本处略。——编者注)

15.空调风系统风管漏光检测记录

(实例可参见本书相应范例,本处略。——编者注)

16. 风管漏风检测记录

（实例可参见本书相应范例，本处略。——编者注）

17. 现场组装空调机漏风检测记录

（实例可参见本书相应范例，本处略。——编者注）

18. 各房间室内风量温度测量记录目录

资料管理通用目录

工程名称	××办公楼工程	资料类别	各房间室内风量温度测量记录			
序号	内容摘要	编制单位	日期	资料编号	页次	备注
1	B01层空调机组系统各房间室内风量温度测量	××建设集团有限公司	2015.4.5	001	1～2	
2	F01层空调机组系统各房间室内风量温度测量	××建设集团有限公司	2015.4.6	002	3～4	
3	F02层新风机组系统各房间室内风量温度测量	××建设集团有限公司	2015.4.7	003	5～6	
4	F03层新风机组系统各房间室内风量温度测量	××建设集团有限公司	2015.4.8	004	7～8	
5	F04层新风机组系统各房间室内风量温度测量	××建设集团有限公司	2015.4.9	005	9～10	
6	F05层新风机组系统各房间室内风量温度测量	××建设集团有限公司	2015.4.10	006	11～12	
7	F06层新风机组系统各房间室内风量温度测量	××建设集团有限公司	2015.4.11	007	13～14	
8	F07层新风机组系统各房间室内风量温度测量	××建设集团有限公司	2015.4.12	008	15～16	
9	F08层新风机组系统各房间室内风量温度测量	××建设集团有限公司	2015.4.13	009	17～18	
10	F09层新风机组系统各房间室内风量温度测量	××建设集团有限公司	2015.4.14	010	19～20	
11	F10层新风机组系统各房间室内风量温度测量	××建设集团有限公司	2015.4.15	011	21～22	
12	F11层新风机组系统各房间室内风量温度测量	××建设集团有限公司	2015.4.16	012	23～24	

19.各房间室内风量温度测量记录

(实例可参见本书相应范例,本处略。——编者注)

20.管网风量平衡记录目录

资料管理通用目录						
工程名称	××办公楼工程	资料类别	管网风量平衡记录			
序号	内容摘要	编制单位	日期	资料编号	页次	备注
1	B01层空调机组系统管网风量平衡调试	××建设集团有限公司	2015.4.5	001	1～2	
2	F01层空调机组系统管网风量平衡调试	××建设集团有限公司	2015.4.6	002	3～4	
3	F02层新风机组系统管网风量平衡调试	××建设集团有限公司	2015.4.7	003	5～6	
4	F03层新风机组系统管网风量平衡调试	××建设集团有限公司	2015.4.8	004	7～8	
5	F04层新风机组系统管网风量平衡调试	××建设集团有限公司	2015.4.9	005	9～10	
6	F05层新风机组系统管网风量平衡调试	××建设集团有限公司	2015.4.10	006	11～12	
7	F06层新风机组系统管网风量平衡调试	××建设集团有限公司	2015.4.11	007	13～14	
8	F07层新风机组系统管网风量平衡调试	××建设集团有限公司	2015.4.12	008	15～16	
9	F08层新风机组系统管网风量平衡调试	××建设集团有限公司	2015.4.13	009	17～18	
10	F09层新风机组系统管网风量平衡调试	××建设集团有限公司	2015.4.14	010	19～20	
11	F10层新风机组系统管网风量平衡调试	××建设集团有限公司	2015.4.15	011	21～22	
12	F11层新风机组系统管网风量平衡调试	××建设集团有限公司	2015.4.16	012	23～24	

21.管网风量平衡记录

(实例可参见本书相应范例,本处略。——编者注)

22.空调风系统试运转调试记录

(实例可参见本书相应范例,本处略。——编者注)

23.空调水系统试运转调试记录

(实例可参见本书相应范例,本处略。——编者注)

24.防排烟系统联合试运行记录

(实例可参见本书相应范例,本处略。——编者注)

25.空调风系统设备单机试运转记录

(实例可参见本书相应范例,本处略。——编者注)

26.备考表

(表略。——编者注)

六、第××卷 C7 施工质量验收记录

1. 案卷封面、卷内目录

工 程 资 料

工程名称： ××办公楼工程

案卷题名： 通风与空调工程施工资料

C7 施工质量验收记录　通风与空调分部、子分部、分项、检验批质量验收记录

编制单位： ××建设集团有限公司

技术主管： ×××

编制日期： 自 2014 年 10 月 10 日起至 2015 年 5 月 10 日止

保管期限：　　　　**密级：**

保存档号：

共　　册　　　第　　册

工程资料卷内目录

工程名称	××办公楼工程		资料类别	C7 施工质量验收记录		
序号	文件材料题名	原编字号	编制单位	编制日期	页次	备注
1	通风与空调分部工程质量验收记录		××建设集团有限公司	2015.5.10	1	
2	送排风系统子分部工程质量验收记录		××建设集团有限公司	2015.4.25	2	
3	送排风系统风管与配件制作分项工程质量验收记录		××建设集团有限公司	2015.2.10	3～4	
4	送排风系统风管与配件制作检验批质量验收记录		××建设集团有限公司	2014.10.10～2015.2.3	5～24	
5	送排风系统风管系统安装分项工程质量验收记录		××建设集团有限公司	2015.2.10	25	
6	送排风系统风管系统安装检验批质量验收记录		××建设集团有限公司	2014.11.10～2015.2.6	26～41	
7	送排风系统风机安装分项工程质量验收记录		××建设集团有限公司	2015.2.25	42	
8	送排风系统风机安装检验批质量验收记录		××建设集团有限公司	2015.2.2～2015.2.22	43～55	
9	送排风系统调试分项工程质量验收记录		××建设集团有限公司	2015.4.22	56	
10	送排风系统调试验收记录		××建设集团有限公司	2015.4.22	57～69	
11	防排烟系统子分部工程质量验收记录		××建设集团有限公司	2015.4.26	70	
12	防排烟系统风管与配件制作分项工程质量验收记录		××建设集团有限公司	2015.1.23	71	
13	防排烟系统风管与配件制作检验批质量验收记录		××建设集团有限公司	2014.10.30～2015.1.18	72～83	
14	防排烟系统风管系统安装分项工程质量验收记录		××建设集团有限公司	2015.2.5	84	
15	防排烟系统风管系统安装检验批质量验收记录		××建设集团有限公司	2014.11.5～2015.1.26	85～96	
16	防排烟系统风机安装分项工程质量验收记录		××建设集团有限公司	2015.2.27	97	
17	防排烟系统风机安装检验批质量验收记录		××建设集团有限公司	2015.1.24～2015.2.25	98～114	
18	防排烟系统调试分项工程质量验收记录		××建设集团有限公司	2015.4.24	115	
19	防排烟系统调试验收记录		××建设集团有限公司	2015.4.24	116～125	

续表

序号	文件材料题名	原编字号	编制单位	编制日期	页次	备注
20	空调风系统子分部工程质量验收记录		××建设集团有限公司	2015.4.23	126	
21	空调风系统风管与配件制作分项工程质量验收记录		××建设集团有限公司	2015.2.5	127	
22	空调风系统风管与配件制作检验批质量验收记录		××建设集团有限公司	2014.10.27～2015.2.2	128～139	
23	空调风系统风管系统安装分项工程质量验收记录		××建设集团有限公司	2015.2.15	140	
24	空调风系统风管系统安装检验批质量验收记录		××建设集团有限公司	2014.11.14～2015.2.6	141～152	
25	空调风系统风管绝热分项工程质量验收记录		××建设集团有限公司	2015.2.15	153	
26	空调风系统风管绝热检验批质量验收记录		××建设集团有限公司	2014.11.15～2015.2.8	154～165	
27	空调风系统设备安装分项工程质量验收记录		××建设集团有限公司	2015.3.4	166～167	
28	空调风系统设备安装检验批质量验收记录		××建设集团有限公司	2015.1.24～2015.2.28	168～188	
29	空调风系统调试分项工程质量验收记录		××建设集团有限公司	2015.4.16	189	
30	空调风系统调试验收记录		××建设集团有限公司	2015.4.16	190～202	
31	风口安装检验批质量验收记录		××建设集团有限公司	2015.2.3～2015.2.27	203～215	
32	制冷设备系统子分部工程质量验收记录		××建设集团有限公司	2015.3.19	216	
33	制冷设备系统制冷机组安装分项工程质量验收记录		××建设集团有限公司	2015.3.18	217	
34	制冷设备系统安装检验批质量验收记录		××建设集团有限公司	2015.3.18	218	
35	空调水系统子分部工程质量验收记录		××建设集团有限公司	2015.5.9	219	
36	空调水系统冷冻水系统管道安装分项工程质量验收记录		××建设集团有限公司	2015.2.20	220	
37	空调水系统冷冻水系统管道安装检验批质量验收记录		××建设集团有限公司	2014.11.25～2015.2.14	221～232	
38	空调水系统冷凝水系统管道安装分项工程质量验收记录		××建设集团有限公司	2015.2.20	233	
39	空调水系统冷凝水系统管道安装检验批质量验收记录		××建设集团有限公司	2014.11.25～2015.2.14	234～245	
40	空调水系统冷冻水系统管道绝热分项工程质量验收记录		××建设集团有限公司	2015.2.22	246	

续表

序号	文件材料题名	原编字号	编制单位	编制日期	页次	备注
41	空调水系统冷冻水系统管道绝热检验批质量验收记录		××建设集团有限公司	2014.11.27～2015.2.17	247～258	
42	空调水系统冷凝水系统管道绝热分项工程质量验收记录		××建设集团有限公司	2015.2.22	259	
43	空调水系统冷凝水系统管道绝热检验批质量验收记录		××建设集团有限公司	2014.11.27～2015.2.17	260～271	
44	空调水系统水泵及附属设备安装分项工程质量验收记录		××建设集团有限公司	2015.5.8	272	
45	空调水系统水泵及附属设备安装检验批质量验收记录		××建设集团有限公司	2015.4.12～2015.5.8	273～279	
46	空调水系统调试分项工程质量验收记录		××建设集团有限公司	2015.5.9	280	
47	空调水系统调试验收记录		××建设集团有限公司	2015.5.9	281	

2.通风与空调分部工程质量验收记录

(实例可参见本书相应范例,本处略。——编者注)

3.空调风系统风管系统安装分项工程质量验收记录

(实例可参见本书相应范例,本处略。——编者注)

4.空调风系统风管系统安装检验批质量验收记录目录

质量验收记录目录

工程名称	××办公楼工程	资料类别	空调风系统风管系统安装检验批质量验收记录			
序号	验收部位(内容摘要)	编制单位	验收日期	资料编号	页次	备注
1	十层①～⑬/Ⓓ～Ⓕ轴吊顶内风管安装	××建设集团有限公司	2014.11.14	001	1	
2	十一层①～⑬/Ⓓ～Ⓔ轴吊顶内风管安装	××建设集团有限公司	2014.11.27	002	2	
3	九层①～⑬/Ⓓ～Ⓕ轴吊顶内风管安装	××建设集团有限公司	2014.11.30	003	3	
4	八层①～⑬/Ⓓ～Ⓕ轴吊顶内风管安装	××建设集团有限公司	2014.12.8	004	4	
5	七层①～⑬/Ⓓ～Ⓕ轴吊顶内风管安装	××建设集团有限公司	2014.12.15	005	5	
6	六层①～⑬/Ⓓ～Ⓕ轴吊顶内风管安装	××建设集团有限公司	2014.12.22	006	6	
7	五层①～⑬/Ⓓ～Ⓕ轴吊顶内风管安装	××建设集团有限公司	2014.12.29	007	7	
8	四层①～⑬/Ⓓ～Ⓕ轴吊顶内风管安装	××建设集团有限公司	2015.1.3	008	8	
9	三层①～⑬/Ⓐ～Ⓖ轴吊顶内风管安装	××建设集团有限公司	2015.1.12	009	9	
10	二层①～⑬/Ⓐ～Ⓖ轴吊顶内风管安装	××建设集团有限公司	2015.1.23	010	10	
11	一层①～⑬/Ⓐ～Ⓖ轴吊顶内风管安装	××建设集团有限公司	2015.2.6	011	11	

5.空调水系统子分部工程质量验收记录

(实例可参见本书相应范例,本处略。——编者注)

6.备考表

(表略。——编者注)

附录 工程资料类别、来源及保存

工程资料类别	工程资料名称		工程资料来源	工程资料保存			
				施工单位	监理单位	建设单位	城建档案馆
A类	工程准备阶段文件						
A1类	决策立项文件	项目建议书	建设单位			●	●
		项目建议书的批复文件	建设行政管理部门			●	●
		可行性研究报告及附件	建设单位			●	●
		可行性研究报告的批复文件	建设行政管理部门			●	●
		关于立项的会议纪要、领导批示	建设单位			●	●
		工程立项的专家建议资料	建设单位			●	●
		项目评估研究资料	建设单位			●	●
A2类	建设用地文件	选址申请及选址规划意见通知书	建设单位 规划部门			●	●
		建设用地批准文件	土地行政管理部门			●	●
		拆迁安置意见、协议、方案等	建设单位			●	●
		建设用地规划许可证及其附件	规划行政管理部门			●	●
		国有土地使用证	土地行政管理部门			●	●
		划拨建设用地文件	土地行政管理部门			●	●
A3类	勘察设计文件	岩土工程勘察报告	勘察单位	●	●	●	●
		建设用地钉桩通知单(书)	规划行政管理部门	●	●	●	●
		地形测量和拨地测量成果报告	测绘单位			●	●
		审定设计方案通知书及审查意见	规划行政管理部门			●	●
		审定设计方案通知书要求征求有关部门的审查意见和要求取得的有关协议	有关部门			●	●
		初步设计图及设计说明	设计单位			●	
		消防设计审核意见	公安机关消防机构	○	○	●	●
		施工图设计文件审查通知书及审查报告	施工图审查机构	○	○	●	●
		施工图及设计说明	设计单位	○	○	●	

续表

工程资料类别	工程资料名称		工程资料来源	工程资料保存			
				施工单位	监理单位	建设单位	城建档案馆
A4类	招投标及合同文件	勘察招投标文件	建设单位 勘察单位			●	
		勘察合同*	建设单位 勘察单位			●	●
		设计招投标文件	建设单位 设计单位			●	
		设计合同*	建设单位 设计单位			●	●
		监理招投标文件	建设单位 监理单位		●	●	
		委托监理合同*	建设单位 监理单位		●	●	●
		施工招投标文件	建设单位 施工单位	●	○	●	
		施工合同*	建设单位 施工单位	●	○	●	●
A5类	开工文件	建设项目列入年度计划的申报文件	建设单位			●	●
		建设项目列入年度计划的批复文件或年度计划项目表	建设行政管理部门			●	●
		规划审批申报表及报送的文件和图纸	建设单位 设计单位			●	
		建设工程规划许可证及其附件	规划部门			●	●
		建设工程施工许可证及其附件	建设行政管理部门	●	●	●	●
		工程质量安全监督注册登记	质量监督机构	○	○	●	●
		工程开工前的原貌影像资料	建设单位	●	●	●	●
		施工现场移交单	建设单位	○	○	○	
A6类	商务文件	工程投资估算资料	建设单位			●	
		工程设计概算资料	建设单位			●	
		工程施工图预算资料	建设单位			●	
A类其他资料							
B类	监理资料						
B1类	监理管理资料	监理规划	监理单位		●	●	●
		监理实施细则	监理单位	○	●	●	●
		监理月报	监理单位		●	●	
		监理会议纪要	监理单位	○	●	●	
		监理工作日志	监理单位		●		

续表

工程资料类别	工程资料名称		工程资料来源	工程资料保存			
				施工单位	监理单位	建设单位	城建档案馆
B1类	监理管理资料	监理工作总结	监理单位		●	●	●
		工作联系单	监理单位 施工单位	○	○		
		监理工程师通知	监理单位	○	○		
		监理工程师通知回复单*	施工单位	○	○		
		工程暂停令	监理单位	○	○	○	●
		工程复工报审表*	施工单位	●	●	●	●
B2类	进度控制资料	工程开工报审表*	施工单位	●	●	●	●
		施工进度计划报审表*	施工单位	○	○		
B3类	质量控制资料	质量事故报告及处理资料	施工单位	●	●	●	●
		旁站监理记录*	监理单位	○	●	●	
		见证取样和送检见证人员备案表	监理单位 或建设单位	●	●	●	
		见证记录*	监理单位	●	●	●	
		工程技术文件报审表*	施工单位	○	○		
B4类	造价控制资料	工程款支付申请表	施工单位	○	○	●	
		工程款支付证书	监理单位	○	○	●	
		工程变更费用报审表*	施工单位	○	○	●	
		费用索赔申请表	施工单位	○	○	●	
		费用索赔审批表	监理单位	○	○	●	
B5类	合同管理资料	委托监理合同*	监理单位		●	●	●
		工程延期申请表	施工单位	●	●	●	●
		工程延期审批表	监理单位	●	●	●	●
		分包单位资质报审表*	施工单位	●	●	●	
B6类	竣工验收资料	单位(子单位)工程竣工预验收报验表*	施工单位	●	●	●	
		单位(子单位)工程质量竣工验收记录**	施工单位	●	●	●	●
		单位(子单位)工程质量控制资料核查记录*	施工单位	●	●	●	●
		单位(子单位)工程安全和功能检验资料核查及主要功能抽查记录*	施工单位	●	●	●	●
		单位(子单位)工程观感质量检查记录*	施工单位	●	●	●	●
		工程质量评估报告	监理单位	●	●	●	●
		监理费用决算资料	监理单位		○	●	
		监理资料移交书	监理单位		●	●	
B类其他资料							

续表

工程资料类别	工程资料名称		工程资料来源	工程资料保存			
				施工单位	监理单位	建设单位	城建档案馆
C类	施工资料						
C1类	施工管理资料	工程概况表	施工单位	●	●	●	●
		施工现场质量管理检查记录*	施工单位	○	○		
		企业资质证书及相关专业人员岗位证书	施工单位	○	○		
		分包单位资质报审表*	施工单位	●	●	●	
		建设工程质量事故调查、勘查记录	调查单位	●	●	●	●
		建设工程质量事故报告书	调查单位	●	●	●	●
		施工检测计划	施工单位	○	○		
		见证记录*	监理单位	●	●	●	
		见证试验检测汇总表	施工单位	●	●		
		施工日志	施工单位	●			
		监理工程师通知回复单*	施工单位	○	○		
C2类	施工技术资料	工程技术文件报审表*	施工单位	○	○		
		施工组织设计及施工方案	施工单位	○	○		
		危险性较大分部分项工程施工方案专家论证表	施工单位	○	○		
		技术交底记录	施工单位	○			
		图纸会审记录**	施工单位	●	●	●	●
		设计变更通知单*	设计单位	●	●	●	●
		工程洽商记录(技术核定单)**	施工单位	●	●	●	●
C3类	进度造价资料	工程开工报审表*	施工单位	●	●	●	●
		工程复工报审表*	施工单位	●	●	●	●
		施工进度计划报审表*	施工单位	○	○		
		施工进度计划	施工单位	○	○		
		人、机、料动态表	施工单位	○	○		
		工程延期申请表	施工单位	●	●	●	●
		工程款支付申请表	施工单位	○	○	●	
		工程变更费用报审表*	施工单位	○	○	●	
		费用索赔申请表*	施工单位	○	○	●	

续表

工程资料类别		工程资料名称	工程资料来源	工程资料保存			
				施工单位	监理单位	建设单位	城建档案馆
C4类	施工物资资料	出厂质量证明文件及检测报告					
		砂、石、砖、水泥、钢筋、隔热保温、防腐材料、轻集料出厂质量证明文件	施工单位	●	●	●	●
		其他物资出厂合格证、质量保证书、检测报告和报关单或商检证等	施工单位	●	○	○	
		材料、设备的相关检验报告、型式检测报告、3C强制认证合格证书或3C标志	采购单位	●	○	○	
		主要设备、器具的安装使用说明书	采购单位	●	○	○	
		进口的主要材料设备的商检证明文件	采购单位	●	○	●	●
		涉及消防、安全、卫生、环保、节能的材料、设备的检测报告或法定机构出具的有效证明文件	采购单位	●	●	●	
		进场检验通用表格					
		材料、构配件进场检验记录*	施工单位	○	○		
		设备开箱检验记录*	施工单位	○	○		
		设备及管道附件试验记录*	施工单位	●	○	●	
		进场复试报告					
		钢材试验报告	检测单位	●	●	●	●
		水泥试验报告	检测单位	●	●	●	●
		砂试验报告	检测单位	●	●	●	●
		碎(卵)石试验报告	检测单位	●	●	●	●
		外加剂试验报告	检测单位	●	●	○	●
		防水涂料试验报告	检测单位	●	○	●	
		防水卷材试验报告	检测单位	●	○	●	
		砖(砌块)试验报告	检测单位	●	●	●	●
		预应力筋复试报告	检测单位	●	●	●	●
		预应力锚具、夹具和连接器复试报告	检测单位	●	●	●	●
		装饰装修用门窗复试报告	检测单位	●	○	●	
		装饰装修用人造木板复试报告	检测单位	●	○	●	
		装饰装修用花岗石复试报告	检测单位	●	○	●	
		装饰装修用安全玻璃复试报告	检测单位	●	○	●	
		装饰装修用外墙面砖复试报告	检测单位	●	○	●	

续表

工程资料类别		工程资料名称	工程资料来源	工程资料保存			
				施工单位	监理单位	建设单位	城建档案馆
C4类	施工物资资料	钢结构用钢材复试报告	检测单位	●	●	●	●
		钢结构用防火涂料复试报告	检测单位	●	●	●	●
		钢结构用焊接材料复试报告	检测单位	●	●	●	●
		钢结构用高强度大六角头螺栓连接副复试报告	检测单位	●	●	●	●
		钢结构用扭剪型高强螺栓连接副复试报告	检测单位	●	●	●	●
		幕墙用铝塑板、石材、玻璃、结构胶复试报告	检测单位	●	●	●	●
		散热器、采暖系统保温材料、通风与空调工程绝热材料、风机盘管机组、低压配电系统电缆的见证取样复试报告	检测单位	●	○	●	
		节能工程材料复试报告	检测单位	●	●	●	
C5类	施工记录	通用表格					
		隐蔽工程验收记录*	施工单位	●	●	●	●
		施工检查记录	施工单位	○			
		交接检查记录	施工单位	○			
		专用表格					
		工程定位测量记录*	施工单位	●	●	●	●
		基槽验线记录	施工单位	●	●	●	●
		楼层平面放线记录	施工单位	○	○		
		楼层标高抄测记录	施工单位	○	○		
		建筑物垂直度、标高观测记录*	施工单位	●	○	●	
		沉降观测记录	建设单位委托测量单位提供	●	○	●	●
		基坑支护水平位移监测记录	施工单位	○	○		
		桩基、支护测量放线记录	施工单位	○	○		
		地基验槽记录**	施工单位	●	●	●	●
		地基钎探记录	施工单位	○	○	●	●
		混凝土浇灌申请书	施工单位	○	○		
		预拌混凝土运输单	施工单位	○			
		混凝土开盘鉴定	施工单位	○	○		
		混凝土拆模申请单	施工单位	○	○		

续表

工程资料类别		工程资料名称	工程资料来源	工程资料保存			
				施工单位	监理单位	建设单位	城建档案馆
C5类	施工记录	混凝土预拌测温记录	施工单位	○			
		混凝土养护测温记录	施工单位	○			
		大体积混凝土养护测温记录	施工单位	○			
		大型构件吊装记录	施工单位	○	○	●	●
		焊接材料烘焙记录	施工单位	○			
		地下工程防水效果检查记录*	施工单位	○	○	●	
		防水工程试水检查记录*	施工单位	○	○	●	
		通风(烟)道、垃圾道检查记录*	施工单位	○	○	●	
		预应力筋张拉记录	施工单位	●	○	●	●
		有粘结预应力结构灌浆记录	施工单位	●	○	●	●
		钢结构施工记录	施工单位	●	○	●	
		网架(索膜)施工记录	施工单位	●	○	●	●
		木结构施工记录	施工单位	●	○	●	
		幕墙注胶检查记录	施工单位	●	○	●	
		自动扶梯、自动人行道的相邻区域检查记录	施工单位	●	○	●	
		电梯电气装置安装检查记录	施工单位	●	○	●	
		自动扶梯、自动人行道电气装置检查记录	施工单位	●	○	●	
		自动扶梯、自动人行道整机安装质量检查记录	施工单位	●	○	●	
C6类	施工试验记录及检测报告	通用表格					
		设备单机试运转记录*	施工单位	●	○	●	●
		系统试运转调试记录*	施工单位	●	○	●	●
		接地电阻测试记录*	施工单位	●	○	●	●
		绝缘电阻测试记录*	施工单位	●	○	●	
		专用表格					
		建筑与结构工程					
		锚杆试验报告	检测单位	●	○	●	●
		地基承载力检验报告	检测单位	●	○	●	●
		桩基检测报告	检测单位	●	○	●	●
		土工击实试验报告	检测单位	●	○	●	●
		回填土试验报告(应附图)	检测单位	●	○	●	●

续表

工程资料类别		工程资料名称	工程资料来源	工程资料保存			
				施工单位	监理单位	建设单位	城建档案馆
C6类	施工试验记录及检测报告	钢筋机械连接试验报告	检测单位	●	○	●	●
		钢筋焊接连接试验报告	检测单位	●	○	●	●
		砂浆配合比申请单、通知单	施工单位	○	○		
		砂浆抗压强度试验报告	检测单位	●	○	●	●
		砌筑砂浆试块强度统计、评定记录	施工单位	●		●	●
		混凝土配合比申请单、通知单	施工单位	○	○		
		混凝土抗压强度试验报告	检测单位	●	○	●	●
		混凝土试块强度统计、评定记录	施工单位	●		●	●
		混凝土抗渗试验报告	检测单位	●	○	●	●
		砂、石、水泥放射性指标报告	施工单位	●	○	●	●
		混凝土碱总量计算书	施工单位	●	○	●	●
		外墙饰面砖样板粘结强度试验报告	检测单位	●	○	●	●
		后置埋件抗拔试验报告	检测单位	●	○	●	●
		超声波探伤报告、探伤记录	检测单位	●	○	●	●
		钢构件射线探伤报告	检测单位	●	○	●	●
		磁粉探伤报告	检测单位	●	○	●	●
		高强度螺栓抗滑移系数检测报告	检测单位	●	○	●	●
		钢结构焊接工艺评定	检测单位	○	○		
		网架节点承载力试验报告	检测单位	●	○	●	●
		钢结构防腐、防火涂料厚度检测报告	检测单位	●	○	●	●
		木结构胶缝试验报告	检测单位	●	○	●	
		木结构构件力学性能试验报告	检测单位	●	○	●	●
		木结构防护剂试验报告	检测单位	●	○	●	●
		幕墙双组分硅酮结构密封胶混匀性及拉断试验报告	检测单位	●	○	●	●
		幕墙的抗风压性能、空气渗透性能、雨水渗透性能及平面内变形性能检测报告	检测单位	●	○	●	●
		外门窗的抗风压性能、空气渗透性能和雨水渗透性能检测报告	检测单位	●	○	●	●
		墙体节能工程保温板材与基层粘结强度现场拉拔试验	检测单位	●	○	●	●

续表

工程资料类别		工程资料名称	工程资料来源	工程资料保存			
				施工单位	监理单位	建设单位	城建档案馆
C6类	施工试验记录及检测报告	外墙保温浆料同条件养护试件试验报告	检测单位	●	○	●	●
		结构实体混凝土强度检验记录*	施工单位	●	○	●	●
		结构实体钢筋保护层厚度检验记录*	施工单位	●	○	●	●
		围护结构现场实体检验	检测单位	●	○	●	
		室内环境检测报告	检测单位	●	○	●	
		节能性能检测报告	检测单位	●	○	●	●
		给排水及采暖工程					
		灌(满)水试验记录*	施工单位	○	○	●	
		强度严密性试验记录*	施工单位	●	○	●	●
		通水试验记录*	施工单位	○	○	●	
		冲(吹)洗试验记录*	施工单位	●	○	●	
		通球试验记录	施工单位	○	○	●	
		补偿器安装记录	施工单位	○	○		
		消火栓试射记录	施工单位	●	○	●	
		安全附件安装检查记录	施工单位	●	○		
		锅炉烘炉试验记录	施工单位	●	○		
		锅炉煮炉试验记录	施工单位	●	○		
		锅炉试运行记录	施工单位	●	○	●	
		安全阀定压合格证书	检测单位	●	○	●	
		自动喷水灭火系统联动试验记录	施工单位	●	○	●	●
		建筑电气工程					
		电气接地装置平面示意图表	施工单位	●	○	●	●
		电气器具通电安全检查记录	施工单位	○	○	●	
		电气设备空载试运行记录*	施工单位	●	○	●	●
		建筑物照明通电试运行记录	施工单位	●	○	●	●
		大型照明灯具承载试验记录*	施工单位	●	○	●	
		漏电开关模拟试验记录	施工单位	●	○	●	
		大容量电气线路结点测温记录	施工单位	●	○	●	
		低压配电电源质量测试记录	施工单位	●	○	●	
		建筑物照明系统照度测试记录	施工单位	○	○	●	

续表

工程资料类别		工程资料名称	工程资料来源	工程资料保存			
				施工单位	监理单位	建设单位	城建档案馆
C6类	施工试验记录及检测报告	智能建筑工程					
		综合布线测试记录*	施工单位	●	○	●	●
		光纤损耗测试记录*	施工单位	●	○	●	●
		视频系统末端测试记录*	施工单位	●	○	●	●
		子系统检测记录*	施工单位	●	○	●	●
		系统试运行记录*	施工单位	●	○	●	●
		通风与空调工程					
		风管漏光检测记录*	施工单位	○	○	●	
		风管漏风检测记录*	施工单位	●	○	●	
		现场组装除尘器、空调机漏风检测记录	施工单位	○	○		
		各房间室内风量测量记录	施工单位	●	○	●	
		管网风量平衡记录	施工单位	●	○	●	
		空调系统试运转调试记录	施工单位	●	○	●	●
		空调水系统试运转调试记录	施工单位	●	○	●	●
		制冷系统气密性试验记录	施工单位	●	○	●	●
		净化空调系统检测记录	施工单位	●	○	●	●
		防排烟系统联合试运行记录	施工单位	●	○	●	●
		电梯工程					
		轿厢平层准确度测量记录	施工单位	○	○	●	
		电梯层门安全装置检测记录	施工单位	●	○	●	
		电梯电气安全装置检测记录	施工单位	●	○	●	
		电梯整机功能检测记录	施工单位	●	○	●	
		电梯主要功能检测记录	施工单位	●	○	●	
		电梯负荷运行试验记录	施工单位	●	○	●	●
		电梯负荷运行试验曲线图表	施工单位	●	○	●	
		电梯噪声测试记录	施工单位	○	○	○	
		自动扶梯、自动人行道安全装置检测记录	施工单位	●	○	●	
		自动扶梯、自动人行道整机性能、运行试验记录	施工单位	●	○	●	●

续表

工程资料类别		工程资料名称	工程资料来源	工程资料保存			
				施工单位	监理单位	建设单位	城建档案馆
C7类	施工质量验收记录	检验批质量验收记录*	施工单位	○	○	●	
		分项工程质量验收记录*	施工单位	●	●	●	
		分部(子分部)工程质量验收记录**	施工单位	●	●	●	●
		建筑节能分部工程质量验收记录**	施工单位	●	●	●	●
		自动喷水系统验收缺陷项目划分记录	施工单位	●	○	○	
		程控电话交换系统分项工程质量验收记录	施工单位	●	○	●	
		会议电视系统分项工程质量验收记录	施工单位	●	○	●	
		卫星数字电视系统分项工程质量验收记录	施工单位	●	○	●	
		有线电视系统分项工程质量验收记录	施工单位	●	○	●	
		公共广播与紧急广播系统分项工程质量验收记录	施工单位	●	○	●	
		计算机网络系统分项工程质量验收记录	施工单位	●	○	●	
		应用软件系统分项工程质量验收记录	施工单位	●	○	●	
		网络安全系统分项工程质量验收记录	施工单位	●	○	●	
		空调与通风系统分项工程质量验收记录	施工单位	●	○	●	
		变配电系统分项工程质量验收记录	施工单位	●	○	●	
		公共照明系统分项工程质量验收记录	施工单位	●	○	●	
		给排水系统分项工程质量验收记录	施工单位	●	○	●	
		热源和热交换系统分项工程质量验收记录	施工单位	●	○	●	
		冷冻和冷却水系统分项工程质量验收记录	施工单位	●	○	●	
		电梯和自动扶梯系统分项工程质量验收记录	施工单位	●	○	●	
		数据通信接口分项工程质量验收记录	施工单位	●	○	●	
		中央管理工作站及操作分站分项工程质量验收记录	施工单位	●	○	●	
		系统实时性、可维护性、可靠性分项工程质量验收记录	施工单位	●	○	●	
		现场设备安装及检测分项工程质量验收记录	施工单位	●	○	●	
		火灾自动报警及消防联动系统分项工程质量验收记录	施工单位	●	○	●	
		综合防范功能分项工程质量验收记录	施工单位	●	○	●	
		视频安防监控系统分项工程质量验收记录	施工单位	●	○	●	
		入侵报警系统分项工程质量验收记录	施工单位	●	○	●	
		出入口控制(门禁)系统分项工程质量验收记录	施工单位	●	○	●	
		巡更管理系统分项工程质量验收记录	施工单位	●	○	●	

续表

工程资料类别	工程资料名称			工程资料来源	工程资料保存			
					施工单位	监理单位	建设单位	城建档案馆
C7类	施工质量验收记录		停车场(库)管理系统分项工程质量验收记录	施工单位	●	○	●	
			安全防范综合管理系统分项工程质量验收记录	施工单位	●	○	●	
			综合布线系统安装分项工程质量验收记录	施工单位	●	○	●	
			综合布线系统性能检测分项工程质量验收记录	施工单位	●	○	●	
			系统集成网络连接分项工程质量验收记录	施工单位	●	○	●	
			系统数据集成分项工程质量验收记录	施工单位	●	○	●	
			系统集成整体协调分项工程质量验收记录	施工单位	●	○	●	
			系统集成综合管理及冗余功能分项工程质量验收记录	施工单位	●	○	●	
			系统集成可维护性和安全性分项工程质量验收记录	施工单位	●	○	●	
			电源系统分项工程质量验收记录	施工单位	●	○	●	
C8类	竣工验收资料		工程竣工报告	施工单位	●	●	●	●
			单位(子单位)工程竣工预验收报验表*	施工单位	●	●	●	
			单位(子单位)工程质量竣工验收记录**	施工单位	●	●	●	●
			单位(子单位)工程质量控制资料核查记录*	施工单位	●	●	●	●
			单位(子单位)工程安全和功能检验资料核查及主要功能抽查记录*	施工单位	●	●	●	●
			单位(子单位)工程观感质量检查记录**	施工单位	●	●	●	●
			施工决算资料	施工单位	○	○	●	
			施工资料移交书	施工单位	●		●	
			房屋建筑工程质量保修书	施工单位	●	●	●	
C类其他资料								
D类	竣工图							
D类	竣工图	建筑与结构竣工图	建筑竣工图	编制单位	●		●	●
			结构竣工图	编制单位	●		●	●
			钢结构竣工图	编制单位	●		●	●
		建筑装饰与装修竣工图	幕墙竣工图	编制单位	●		●	●
			室内装饰竣工图	编制单位	●		●	
			建筑给水、排水与采暖竣工图	编制单位	●		●	●
			建筑电气竣工图	编制单位	●		●	●
			智能建筑竣工图	编制单位	●		●	●

续表

工程资料类别	工程资料名称			工程资料来源	工程资料保存			
					施工单位	监理单位	建设单位	城建档案馆
D类	竣工图	通风与空调竣工图		编制单位	●		●	●
		室外工程竣工图	室外给水、排水、供热、供电、照明管线等竣工图	编制单位	●		●	●
			室外道路、园林绿化、花坛、喷泉等竣工图	编制单位	●		●	●
D类其他资料								
E类	工程竣工文件							
E1类	竣工验收文件	单位(子单位)工程质量竣工验收记录**		施工单位	●	●	●	●
		勘察单位工程质量检查报告		勘察单位	○	○	●	●
		设计单位工程质量检查报告		设计单位	○	○	●	●
		工程竣工验收报告		建设单位	●	●	●	●
		规划、消防、环保等部门出具的认可文件或准许使用文件		政府主管部门	●	●	●	●
		房屋建筑工程质量保修书		施工单位	●	●	●	
		住宅质量保证书、住宅使用说明书		建设单位			●	
		建设工程竣工验收备案表		建设单位	●	●	●	●
E2类	竣工决算文件	施工决算资料*		施工单位	○	○	●	
		监理费用决算资料*		监理单位		○	●	
E3类	竣工交档文件	工程竣工档案预验收意见		城建档案管理部门			●	●
		施工资料移交书*		施工单位	●		●	
		监理资料移交书*		监理单位		●	●	
		城市建设档案移交书		建设单位			●	
E4类	竣工总结文件	工程竣工总结		建设单位			●	●
		竣工新貌影像资料		建设单位	●		●	●
E类其他资料								

注:1. 表中工程资料名称与资料保存单位所对应的栏中“●”表示“归档保存”;“○”表示“过程保存”,是否归档保存可自行确定。

2. 表中注明“*”的表,宜由施工单位和监理或建设单位共同形成;表中注明“**”的表,宜由建设、设计、监理、施工等多方共同形成。

3. 勘察单位保存资料内容应包括工程地质勘查报告、勘察招投标文件、勘察合同、勘察单位工程质量检查报告以及勘察单位签署的有关质量验收记录等。

4. 设计单位保存资料内容应包括审定设计方案通知书及审查意见、审定设计方案通知书要求征求有关部门的审查意见和要求取得的有关协议、初步设计图及设计说明、施工图及设计说明、消防设计审核意见、施工图设计文件审查通知书及审查报告、设计招投标文件、设计合同、图纸会审记录、设计变更通知单、设计单位签署意见的工程洽商记录(包括技术核定单)、设计单位工程质量检查报告以及设计单位签署的有关质量验收记录。

参考文献

[1] 中华人民共和国住房和城乡建设部. 建筑工程资料管理规程:JGJ/T 185—2009[S]. 北京:中国建筑工业出版社,2010.

[2] 中华人民共和国住房和城乡建设部. 建设工程文件归档规范:GB/T 50328—2014[S]. 北京:中国建筑工业出版社,2014.

[3]《建筑工程施工质量验收统一标准》GB 50300—2013 编写组. 建筑工程施工质量验收统一标准解读与资料编写指南[M]. 北京:中国建筑工业出版社,2014.

[4] 中华人民共和国住房和城乡建设部. 建筑给水排水及采暖工程施工质量验收规范:GB 50242—2002[S]. 北京:中国标准出版社,2002.

[5] 中华人民共和国住房和城乡建设部. 通风与空调工程施工规范:GB 50738—2011[S]. 北京:中国建筑工业出版社,2012.

[6] 中华人民共和国住房和城乡建设部. 通风与空调工程施工质量验收规范:GB 50243—2016[S]. 北京:中国计划出版社,2004.

[7] 中华人民共和国住房和城乡建设部. 采暖通风与空气调节工程检测技术规程:JGJ/T 260—2011[S]. 北京:中国建筑工业出版社,2012.

[8] 中华人民共和国住房和城乡建设部. 锅炉安装工程施工及验收规范:GB 50273—2009[S]. 北京:中国计划出版社,2009.

[9] 中华人民共和国住房和城乡建设部. 建设工程施工现场供用电安全规范:GB 50194—2014[S]. 北京:中国计划出版社,2015.